工业和信息化**精品系列**教材

Android Mobile Development Basic Case Tutorial
2nd Edition

Android

移动开发基础

案例教程

第2版

黑马程序员 编著

人民邮电出版社
北京

图书在版编目（CIP）数据

Android移动开发基础案例教程 / 黑马程序员编著
. -- 2版. -- 北京：人民邮电出版社，2021.10
工业和信息化精品系列教材
ISBN 978-7-115-56768-0

Ⅰ. ①A… Ⅱ. ①黑… Ⅲ. ①移动终端－应用程序－
程序设计－教材 Ⅳ. ①TN929.53

中国版本图书馆CIP数据核字(2021)第125041号

内 容 提 要

本书为《Android 移动开发基础案例教程》的升级版，是一本 Android 开发入门图书。本书使用 Android Studio 3.2.0 作为开发工具，使用的 Android 系统版本是 9.0。本书从初学者的角度出发，采用案例驱动式教学方法，对 Android 基础知识进行深入讲解。在案例设计上，本书贴合实际需求，真正做到把书本上的知识应用到实际开发中，非常适合初学者学习。

本书共 12 章，第 1～11 章主要讲解 Android 的基础知识，包括 Android 发展历史、Android 体系结构、搭建 Android 开发环境、Android 常见界面布局、Android 常见界面控件、程序活动单元 Activity、数据存储、内容提供者和内容观察者、广播机制、服务、网络编程、图形图像处理、多媒体应用开发等；第 12 章运用了第 1～11 章的相关知识，开发一个仿美团外卖的项目。通过对该项目的学习，读者可掌握实际开发技术，达到理论与实际相结合的目的，成为一名合格的开发人员。

本书附有配套视频、源代码、教学课件等教学资源。同时为了帮助初学者更好地学习本书，作者还提供了在线答疑服务。

本书既可作为高等教育本、专科院校计算机相关专业的教材，也可作为 Android 开发爱好者的参考读物。

◆ 编　　著　黑马程序员
　　责任编辑　范博涛
　　责任印制　彭志环

◆ 人民邮电出版社出版发行　　北京市丰台区成寿寺路 11 号
　　邮编　100164　　电子邮件　315@ptpress.com.cn
　　网址　https://www.ptpress.com.cn
　　大厂回族自治县聚鑫印刷有限责任公司印刷

◆ 开本：787×1092　1/16
　　印张：18　　　　　　　　　　　2021 年 10 月第 2 版
　　字数：448 千字　　　　　　　　2025 年 6 月河北第10次印刷

定价：59.80 元

读者服务热线：(010)81055256　印装质量热线：(010)81055316
反盗版热线：(010)81055315

FOREWORD

序 言

本书的创作公司——江苏传智播客教育科技股份有限公司（简称"传智教育"）作为我国第一个实现 A 股 IPO 上市的教育企业，是一家培养高精尖数字化专业人才的公司，主要培养人工智能、大数据、智能制造、软件开发、区块链、数据分析、网络营销、新媒体等领域的人才。传智教育自成立以来贯彻国家科技发展战略，讲授的内容涵盖了各种前沿技术，已向我国高科技企业输送数十万名技术人员，为企业数字化转型、升级提供了强有力的人才支撑。

传智教育的教师团队由一批来自互联网企业或研究机构，且拥有 10 年以上开发经验的 IT 从业人员组成，他们负责研究、开发教学模式和课程内容。传智教育具有完善的课程研发体系，一直走在整个行业的前列，在行业内树立了良好的口碑。传智教育在教育领域有 2 个子品牌：黑马程序员和院校邦。

一、黑马程序员——高端 IT 教育品牌

黑马程序员的学员多为大学毕业后想从事 IT 行业，但各方面的条件还达不到岗位要求的年轻人。黑马程序员的学员筛选制度非常严格，包括了严格的技术测试、自学能力测试、性格测试、压力测试、品德测试等。严格的筛选制度确保了学员质量，可在一定程度上降低企业的用人风险。

自黑马程序员成立以来，教学研发团队一直致力于打造精品课程资源，不断在产、学、研 3 个层面创新自己的执教理念与教学方针，并集中黑马程序员的优势力量，有针对性地出版了计算机系列教材百余种，制作教学视频数百套，发表各类技术文章数千篇。

二、院校邦——院校服务品牌

院校邦以"协万千院校育人、助天下英才圆梦"为核心理念，立足于中国职业教育改革，为高校提供健全的校企合作解决方案，通过原创教材、高校教辅平台、师资培训、院校公开课、实习实训、协同育人、专业共建、"传智杯"大赛等，形成了系统的高校合作模式。院校邦旨在帮助高校深化教学改革，实现高校人才培养与企业发展的合作共赢。

（一）为学生提供的配套服务

1. 请同学们登录"传智高校学习平台"，免费获取海量学习资源。该平台可以帮助同学们解决各类学习问题。

2. 针对学习过程中存在的压力过大等问题，院校邦为同学们量身打造了 IT 学习小助手——邦小苑，可为同学们提供教材配套学习资源。同学们快来关注"邦小苑"微信公众号。

（二）为教师提供的配套服务

1. 院校邦为其所有教材精心设计了"教案+授课资源+考试系统+题库+教学辅助案例"的系列教学资源。教师可登录"传智高校教辅平台"免费使用。

2. 针对教学过程中存在的授课压力过大等问题，教师可添加"码大牛"QQ（2770814393），或者添加"码大牛"微信（18910502673），获取最新的教学辅助资源。

前言 PREFACE

本书在编写的过程中，结合党的二十大精神进教材、进课堂、进头脑的要求，将知识教育与思想政治教育相结合，通过案例加深学生对知识的认识与理解，注重培养学生的创新精神、实践能力和社会责任感。案例设计从现实需求出发，激发学生的学习兴趣和动手思考的能力，充分发挥学生的主动性和积极性，增强学习信心和学习欲望。在知识和案例中融入了素质教育的相关内容，引导学生树立正确的世界观、人生观和价值观，进一步提升学生的职业素养，落实德才兼备的高素质卓越工程师和高技能人才的培养要求。此外。编者依据书中的内容提供了线上学习的视频资源，体现现代信息技术与教育教学的深度融合，进一步推动教育数字化发展。

◆ 为什么要升级《Android 移动开发基础案例教程》

Android 是 Google 公司开发的基于 Linux 的开源操作系统，主要应用于智能手机、平板电脑等移动设备。经过短短几年的发展，Android 在全球得到了大规模推广，除智能手机和平板电脑外，还可用于穿戴设备、智能家居等领域。随着 Andriod 的迅速发展，开发 Android 应用使用的工具版本也在不断更新。为了适应市场的需求，让读者看到最新的技术和开发工具，本书在《Android 移动开发基础案例教程》的基础上进行了升级，将开发工具的版本替换为 Android Studio 3.2.0，并添加了一些新颖有趣的案例，例如，仿动物连连看游戏界面、计算器界面、仿今日头条推荐列表、小猴子摘桃、饭堂小广播、数鸭子、仿网易音乐播放器、仿拼多多砍价界面和绘制小狗等。在本书的最后一章中还添加了一个综合项目——仿美团外卖，该项目运用了前面第 1~11 章学习的知识点，有助于读者对前面知识的巩固。

◆ 如何使用本书

本书是一本 Android 入门图书，全书采用案例驱动式教学法，通过 50 余个案例来讲解 Android 基础知识在开发中的运用。读者在学习本书之前，一定要具备 Java 基础知识。众所周知，Android 开发使用的是 Java 语言。初学者在使用本书时，建议从头开始循序渐进地学习，并且反复练习书中的案例，熟能生巧。

本书共 12 章，接下来分别对每章进行简单的介绍，具体如下。

* 第 1~3 章主要讲解 Android 的基础知识，包括 Android 发展历史、Android 体系结构、搭建 Android 开发环境、资源的管理与使用、程序调试、Android 常见界面布局、Android 常见界面控件等。通过这 3 章的学习，读者可以创建简单的布局界面。

* 第 4 章主要讲解 Activity 与 Fragment，包括它们的生命周期、创建和使用等。通过本章的学习，读者可以完成简单的界面交互操作，并且实现界面控件的点击事件。

* 第 5 章主要讲解 Android 中的数据存储，包括文件存储、SharedPreferences 存储、SQLite 数据库存储等知识，并提供了保存 QQ 账号与密码和绿豆通讯录等实际开发中的案例。本章的知识非常重要，几乎每个 Android 程序都会涉及数据的存储，因此要求读者一定要熟练掌握这部分内容。

* 第 6~8 章主要讲解了 Android 中的 3 个组件，分别是内容提供者、广播机制及服务，包括创建内容提供者、访问其他应用程序、内容观察者，创建广播接收者、广播的发送与接收，服务的创建、服务的生命周期等，并讲解了仿网易音乐播放器等案例。通过这 3 章的学习，读者可以使用内容提供者、广播机制及服务开发 Android 程序。

- 第 9 章主要讲解 Android 中的网络编程，包括 HTTP 协议、使用 HttpURLConnection 访问网络、使用 WebView 控件进行网络开发、JSON 数据解析及 Handler 消息机制等知识，并提供了仿拼多多砍价界面等案例。通过本章的学习，读者可以实现网络编程。

- 第 10 章和第 11 章主要讲解 Android 中的图形图像处理和多媒体应用开发的相关知识，包括常用的绘图类、为图像添加特效、动画、音频与视频的播放等。通过这两章的学习，读者可以掌握视频播放器、音频播放器、动画及图像特效的开发原理。

- 第 12 章主要讲解一个仿美团外卖的项目，该项目运用了第 1～11 章的知识点。在仿美团外卖项目的实现过程中使用了异步线程访问网络、Tomcat 服务器、Handler 消息机制、JSON 数据解析等知识。这些知识点在实际开发项目中是必须要使用的，因此希望读者认真分析每个模块的逻辑流程，并按照步骤完成项目。

在上面提到的 12 章中，第 1～3 章主要针对 Android 开发中一些比较基础的知识进行详细讲解，这些知识多而细，要求读者深入理解，奠定好学习后面知识的基础；第 4～8 章是 Android 开发中的核心技术，读者不仅需要掌握原理，还需要动手实践，认真完成书中每个知识点对应的案例；第 9～11 章主要针对 Android 网络编程、图形图像处理及多媒体应用开发进行讲解，要求读者掌握其原理，同时必须动手实践章节中的案例；第 12 章是综合运用第 1～11 章知识点的综合项目。

如果读者在理解知识点的过程中遇到困难，建议不要纠结于某个地方，可以先往后学习，通常来讲，随着学习的不断深入，前面看不懂的知识点一般就能理解了；如果读者在动手实践的过程中遇到问题，建议多思考，理清思路，认真分析问题发生的原因，并在问题解决后多总结。

◆ 致谢

本书的编写和整理工作由江苏传智播客教育科技股份有限公司完成，主要参与人员有高美云、柴永菲、韩冬、张瑞丹、豆翻、王颖等，全体成员在近一年的编写过程中付出了很多辛勤的汗水，在此一并表示衷心的感谢。

◆ 意见反馈

尽管我们尽了最大的努力，但书中难免会有不妥之处，欢迎各界专家和读者朋友们提出宝贵意见，我们将不胜感激。您在阅读本书时，如发现任何问题或不认同之处可以通过电子邮件与我们取得联系。

请发送电子邮件至：itcast_book@vip.sina.com

黑马程序员
2023 年 5 月于北京

目 录
CONTENTS

第 **1** 章

Android基础入门

学习目标

★ 了解通信技术，能够对 1G～5G 技术的发展有一个初步的认识

★ 掌握如何搭建 Android 开发环境

★ 掌握如何开发简单的 Android 程序，并了解 Android 程序的结构

★ 掌握资源的管理，能够灵活运用资源中的文件

★ 掌握单元测试及 Logcat 的使用，能够对程序进行调试

拓展阅读

Android 是 Google 公司基于 Linux 平台开发的主要应用于智能手机及平板电脑的操作系统，它自问世以来，受到了前所未有的关注，并迅速成为移动平台最受欢迎的操作系统之一。Android 手机随处可见，如果能加入 Android 开发者行列，开发应用程序供别人使用，想必是件诱人的事情。那么从今天开始，我们将开启 Android 开发之旅，并逐渐成为一名出色的 Android 开发者。

1.1 Android 简介

1.1.1 通信技术

学习 Android 之前有必要了解一下通信技术。随着智能手机的发展，移动通信技术也在不断地升级，从开始的 1G、2G 技术发展到现在的 3G、4G、5G 技术。接下来将针对这五种通信技术进行详细讲解。

● 1G：第一代移动通信技术，它是指最初的模拟、仅限语音的蜂窝电话标准。摩托罗拉公司生产的第一代模拟制式手机使用的就是这个标准，该手机类似于简单的无线电台，只能进行通话，并且通话锁定在一定频率上，这个频率也就是手机号码。这种标准存在一个很大的缺点，就是很容易被窃听。

● 2G：第二代移动通信技术，以数字语音传输技术为核心，其代表是 GSM。相对于 1G 技术来说，2G 技术已经很成熟了，它增加了接收数据的功能。以前最常见的小灵通手机采用的就是 2G 技术，信号质量和通话质量都非常好。不仅如此，2G 时代也有智能手机，可以支持一些简单的 Java 小程序，如 UC 浏览器、搜狗输入法等。

● 3G：第三代移动通信技术，它是指将无线通信与国际互联网等多媒体通信结合的新一代移动通信系统。它能够处理图像、音乐、视频流等多种媒体形式，提供包括网页浏览、电话会议、电子商务等多种信息服务。

相比前两代移动通信技术来说，3G 技术在传输声音和数据的速度上有很大的提升。

●4G：第四代移动通信技术，该技术包含 TD-LTE 和 FDD-LTE 两种制式。LTE （Long Term Evolution）表示长期演变的过程。严格意义上来讲 LTE 只是 3.9G，虽然被宣传为 4G 无线标准，但还未达到 4G 的标准。只有升级版的 LTE Advanced 才满足国际电信联盟对 4G 技术的要求。4G 技术集 3G 技术与 WLAN 于一体，并能够快速传输数据和高质量的音频、视频、图像等。4G 技术能够以 100Mbit/s 以上的速度下载内容，比家用宽带 ADSL（4M）快 25 倍，满足几乎所有用户对于无线服务的要求。

●5G：第五代移动通信技术。它是具有高速率、低时延和大连续特点的新一代宽带移动通信技术，是实现人机物互联的网络基础。2019 年 6 月 6 日，工信部正式向中国电信、中国移动、中国联通、中国广电发放 5G 商用牌照，中国正式进入了 5G 商用元年。截至 2020 年年底，我国已经累计建成 5G 基站 71.8 万个，"十四五"期间，我国将建成系统完备的 5G 网络，5G 技术垂直应用的场景也将进一步拓展。

以上五种移动通信技术，除了 1G 技术，其他四种技术最本质的区别就是传输速度不同。2G 通信网的传输速度为 9.6kbit/s，3G 通信网在室内、室外和行车的环境中能够分别支持至少 2Mbit/s、384kbit/s 及 144kbit/s 的传输速度。4G 通信网的传输速度为 10Mbit/s 至 20Mbit/s，最高甚至可以达到 100Mbit/s，5G 通信网意味着超快的数据传输速度，其理论传输速度可达 20Gbit/s，这意味着手机用户在不到一秒时间内即可完成一部高清电影的下载。

1.1.2　Android 发展历史

Android 最初是由 Andy Rubin（安迪·鲁宾）创立的一个手机操作系统，后来被 Google 公司收购，并让 Andy Rubin 继续负责 Android 项目。经过数年的研发，2007 年 11 月，Google 公司对外界展示了这款名为 Android 的操作系统，并与由 84 家硬件制造商、软件开发商及电信营运商组建的开放手机联盟共同研发改良 Android。随后 Google 公司以获取 Apache 开源许可证的授权方式发布了 Android 的源代码。

2009 年 5 月，Google 公司发布了 Android 1.5，该版本的 Android 界面非常豪华，吸引了大量开发者目光。接下来，Android 版本升级非常快，几乎每隔半年就会发布一个新的版本。截至 2018 年 8 月，Android 最新版本已经达到 9.0。Android 各版本发布时间及其代号具体如下。

●2009 年 4 月 30 日，Android 1.5 Cupcake（纸杯蛋糕）正式发布。

●2009 年 9 月 15 日，Android 1.6 Donut（甜甜圈）版本发布。

●2009 年 10 月 26 日，Android 2.0/2.1 Eclair（松饼）版本发布。

●2010 年 5 月 20 日，Android 2.2/2.2.1 Froyo（冻酸奶）版本发布。

●2010 年 12 月 7 日，Android 2.3 Gingerbread（姜饼）版本发布。

●2011 年 2 月 3 日，Android 3.0 Honeycomb（蜂巢）版本发布。

●2011 年 5 月 11 日，Android 3.1 Honeycomb（蜂巢）版本发布。

●2011 年 7 月 13 日，Android 3.2 Honeycomb（蜂巢）版本发布。

●2011 年 10 月 19 日，Android 4.0 Ice Cream Sandwich（冰激凌三明治）版本发布。

●2012 年 6 月 28 日，Android 4.1 Jelly Bean（果冻豆）版本发布。

●2012 年 10 月 30 日，Android 4.2 Jelly Bean（果冻豆）版本发布。

●2013 年 7 月 25 日，Android 4.3 Jelly Bean（果冻豆）版本发布。

●2013 年 9 月 4 日，Android 4.4 KitKat（奇巧巧克力）版本发布。

●2014 年 10 月 15 日，Android 5.0 Lollipop（棒棒糖）版本发布。

●2015 年 9 月 30 日，Android 6.0 Marshmallow（棉花糖）版本发布。

●2016 年 8 月 22 日，Android 7.0 Nougat（牛轧糖）版本发布。

●2017 年 8 月 22 日，Android 8.0 / 8.1 Android Oreo（奥利奥）版本发布。

●2018 年 8 月 7 日，Android 9.0 Pie（派）版本发布。

Android 各版本对应的系统名称和图标如图 1-1 所示。

图1-1　Android各版本对应的系统名称和图标

多学一招：Android 图标的由来

　　Android 一词最早出现于法国作家利尔·亚当（Auguste Villiers de l'Isle-Adam）在 1886 年发表的科幻小说《未来夏娃》中，作者将外表像人的机器起名为 Android。Android 本意指"机器人"，Google 公司将 Android 的标识设计为一个绿色机器人，表示 Android 符合环保概念。Android 图标如图 1-2 所示。

图1-2　Android图标

1.1.3　Android 体系结构

　　Android 采用分层结构，由高到低分为 4 层，依次是应用程序层、应用程序框架层、核心类库和 Linux 内核层。Android 体系结构如图 1-3 所示。

　　关于 Android 体系结构的介绍，具体如下。

1. 应用程序层

　　应用程序层（Applications）是一个核心应用程序的集合，所有安装在手机上的应用程序都属于这一层。例如，系统自带的联系人程序、短信程序，或者从 Google Play 上下载的小游戏等都属于应用程序层。

2. 应用程序框架层

　　应用程序框架层（Application Framework）主要提供了构建应用程序时用到的各种 API。Android 自带的一些核心应用程序就是使用这些 API 完成的，例如活动管理器（Activity Manager）、通知管理器（Notification Manager）、内容提供者(Content Provider)等，开发者也可以通过这些 API 开发应用程序。

3. 核心类库

　　核心类库（Libraries）中包含了系统库及 Android 运行时库（Android Runtime）。

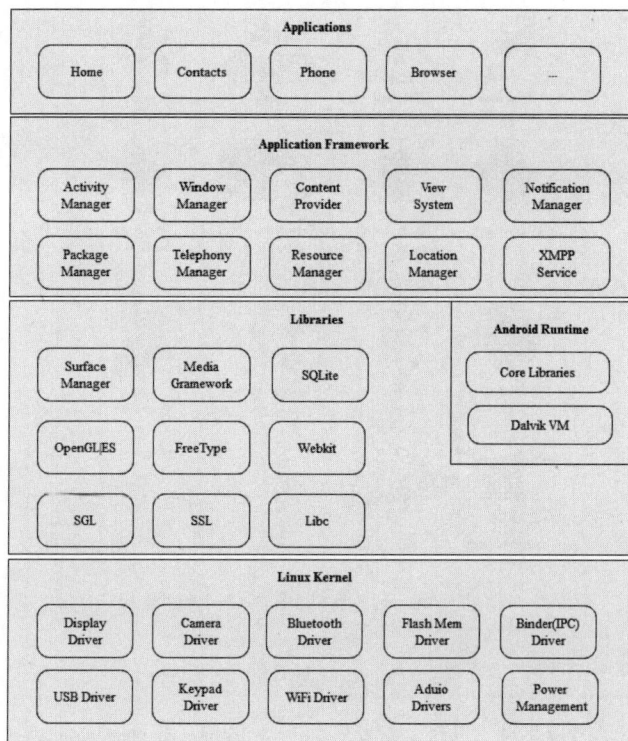

图1-3　Android体系结构

（1）系统库通过 C/C++库为 Android 提供主要的特性支持，如 OpenGL/ES 库提供了 3D 绘图的支持，Webkit 库提供了浏览器内核的支持。

（2）Android 运行时库主要提供了一些核心库，能够允许开发者使用 Java 语言来编写 Android 应用程序。另外，Android 运行时库中还包含了 Dalvik 虚拟机（Dalvik Virtual Machine，Dalvik VM），它使得每一个 Android 应用程序都能运行在独立的进程中，并且拥有一个自己的 Dalvik 虚拟机实例。相较于 Java 虚拟机，Dalvik 虚拟机是专门为移动设备定制的，它针对手机内存、CPU 性能等作了优化处理。

4. Linux 内核层

Linux 内核层（Linux Kernel）为 Android 设备的各种硬件提供了底层的驱动，如显示驱动（Display Driver）、音频驱动（Aduio Drivers）、照相机驱动（Camera Driver）、蓝牙驱动（Bluetooth Driver）、电源管理驱动（Power Management）等。

1.1.4　Dalvik 虚拟机

Android 应用程序的主要开发语言是 Java，它通过 Dalvik 虚拟机来运行 Java 程序。Dalvik 虚拟机是 Google 公司设计的，是在 Android 平台上运行的虚拟机，其指令集基于寄存器架构，通过执行其特有的 dex 文件来实现对象生命周期管理、堆栈管理、线程管理、安全异常管理、垃圾回收等重要功能。

每一个 Android 应用程序在底层都会对应一个独立的 Dalvik 虚拟机实例，其代码在虚拟机的解释下得以执行。Dalvik 虚拟机编译文件的过程如图 1-4 所示。

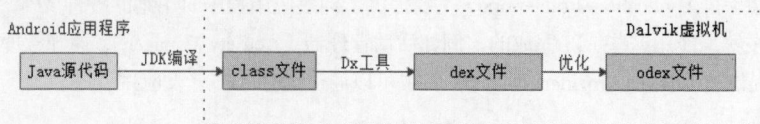

图1-4　Dalvik虚拟机编译文件的过程

在图 1-4 中，Java 源代码经过 JDK 编译器编译成 class 文件之后，Dalvik 虚拟机中的 Dx 工具会将部分 class 文件转换成 dex 文件（dex 文件包含多个类）。为了在运行过程中进一步提高性能，dex 文件还会进一步优化为 odex 文件。

需要注意的是，每个 Android 应用程序都运行在一个 Dalvik 虚拟机实例中，而每一个 Dalvik 虚拟机实例都是一个独立的进程空间，每个进程之间可以通信。Dalvik 虚拟机的线程机制、内存分配和管理等都是依赖底层操作系统实现的，这里不作详解，感兴趣的读者可以自行研究。

多学一招：ART 模式

ART 模式（Android Runtime）是 Android 4.4 新增的一种应用运行模式。ART 模式与传统的 Dalvik 模式不同，它可以实现更为流畅的 Android 体验，不过只能在 Android 4.4 版本以上系统中采用此模式。

事实上，Google 公司的这次优化源于其收购的一家名为 Flexycore 的公司，该公司一直致力于 Android 的优化，而 ART 模式也是由该公司的优化方案演变而来的。

ART 模式与 Dalvik 模式最大的不同在于：在启用 ART 模式后，系统在安装应用程序的时候会进行一次预编译，并先将代码转换为机器语言存储在本地，这样在运行程序时就不会每次都进行一次编译，执行效率也大大提升。

1.2　搭建 Android 开发环境

俗话说："工欲善其事，必先利其器"。在开发 Android 程序之前，要搭建开发环境。最开始 Android 是使用 Eclipse 作为开发工具的，但是在 2015 年年底，Google 公司声明不再对 Eclipse 提供支持服务，Android Studio 将全面取代 Eclipse。接下来，本节将针对如何使用 Android Studio 开发工具搭建 Android 开发环境进行讲解。

1.2.1　安装 Android Studio

Android Studio 是 Google 公司为 Android 提供的一个官方 IDE 工具，它集成了 Android 所需的开发工具。需要注意的是，Android Studio 对安装环境有一定的要求，其中 JDK 的版本不得低于 1.7，系统空闲内存至少为 2GB。

1. 下载 Android Studio

Android Studio 安装包可以从中文社区下载。这里我们以 Windows 64 位系统为例，下载"ANDROID STUDIO 3.2.0"版本。Android Studio 下载页面如图 1-5 所示。

图1-5　Android Studio下载页面

在图 1-5 中，①指向的内容是 Windows 64 位系统对应的"ANDROID STUDIO 3.2.0"版本，单击该内容即可下载"ANDROID STUDIO 3.2.0"版本。

2. Android Studio 的安装过程

成功下载 Android Studio 安装包后，双击扩展名为.exe 的文件，进入 Welcome to Android Studio Setup 页面，如图 1-6 所示。

图1-6   Welcome to Android Studio Setup页面

单击图 1-6 中的"Next"按钮，进入 Choose Components 页面，如图 1-7 所示。

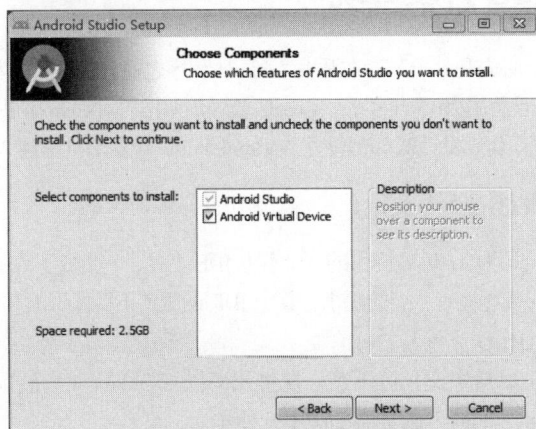

图1-7   Choose Components页面

单击图 1-7 中的"Next"按钮，进入 Configuration Settings 页面，如图 1-8 所示。

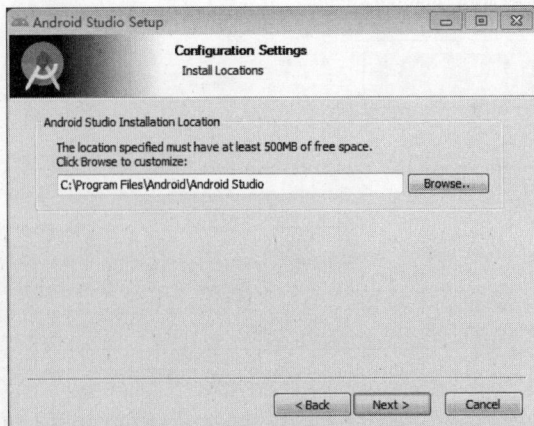

图1-8   Configuration Settings页面

　　图 1-8 中的输入框用于设置 Android Studio 的安装路径，单击"Browse"按钮可更改安装路径。这里，我们不作任何修改，使用系统默认设置的安装路径。单击图 1-8 中的"Next"按钮进入 Choose Start Menu Folder 页面，该页面用于设置在开始菜单中显示的文件夹名称。Choose Start Menu Folder 页面如图 1-9 所示。

图1-9　Choose Start Menu Folder页面

　　单击图 1-9 中的"Install"按钮进入 Installing 页面开始安装，如图 1-10 所示。

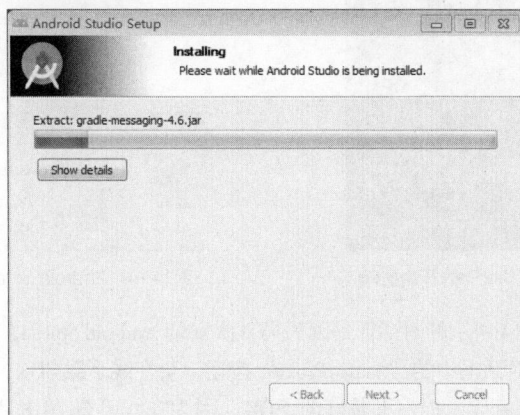

图1-10　Installing页面

　　安装完成后，单击图 1-10 中的"Next"按钮进入 Completing Android Studio Setup 页面，如图 1-11 所示。

图1-11　Completing Android Studio Setup页面

单击图 1-11 中的"Finish"按钮，至此，Android Studio 的安装过程全部完成。

3. 配置 Android Studio

如果我们在图 1-11 所示页面中勾选了"Start Android Studio"复选框，安装完成之后 Android Studio 会自动启动，弹出一个 Complete Installation 对话框（选择导入 Android Studio 配置文件位置的窗口），如图 1-12 所示。

图1-12   Complete Installation对话框

图 1-12 包含 2 个选项，其中选项①表示自定义 Android Studio 配置文件的位置，选项②表示不导入配置文件的位置。如果之前安装过 Android Studio，想要导入之前的配置文件，则可以选择选项①；否则选择选项②。此处可以根据实际情况进行选择。我们选择选项②之后会进入 Android Studio 的开启窗口，如图 1-13 所示。

图 1-13 中的进度完成之后，会弹出 Android Studio First Run 对话框，如图 1-14 所示。

图1-13   Android Studio的开启窗口

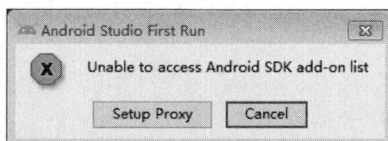

图1-14   Android Studio First Run对话框

在安装过程中弹出图 1-14 所示的对话框是因为第一次安装 Android Studio，启动后检测到默认安装的文件夹中没有 SDK。如果单击对话框中的"Setup Proxy"按钮，会在线下载 SDK；单击"Cancel"按钮，暂时不下载 SDK，稍后再下载或者导入提前下载好的 SDK。因为在线下载 SDK 比较慢，所以我们选择单击"Cancel"按钮，在后续使用时再下载 SDK。单击"Cancel"按钮之后进入 Welcome Android Studio 页面，如图 1-15 所示。

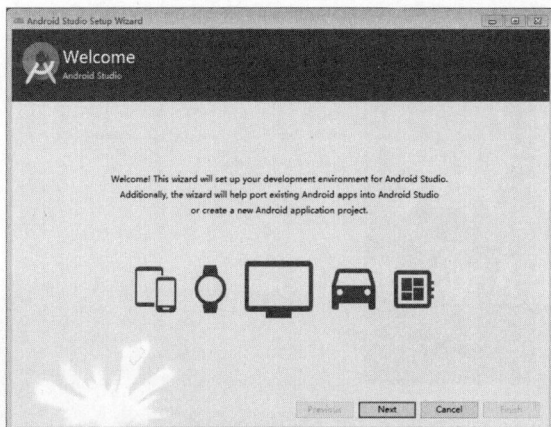

图1-15   Welcome Android Studio页面

单击图 1-15 中的 "Next" 按钮进入 Install Type 页面，如图 1-16 所示。

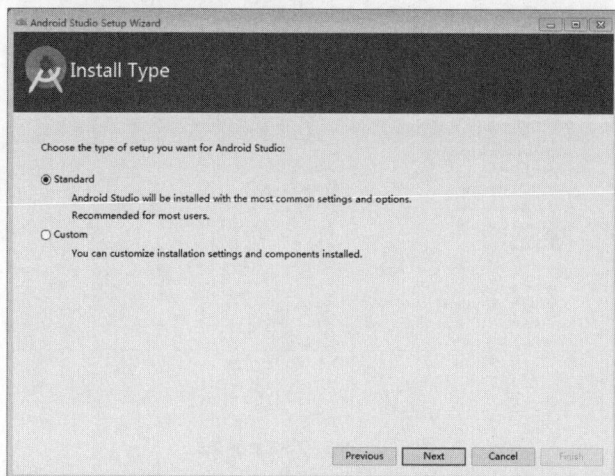

图1-16　Install Type页面

图 1-16 包含 "Standard" 和 "Custom" 两个单选按钮，分别表示安装 Android Studio 的标准设置与自定义设置。如果选择 "Standard" 单选按钮，则程序会默认安装很多配置，满足基本的开发需求。如果选择 "Custom" 单选按钮，则需要自己手动进行配置安装。此处推荐选择 "Standard" 单选按钮，默认安装好开发 Android 程序需要的配置。单击图 1-16 中的 "Next" 按钮进入 Select UI Theme（选择 UI 主题）页面，如图 1-17 所示。

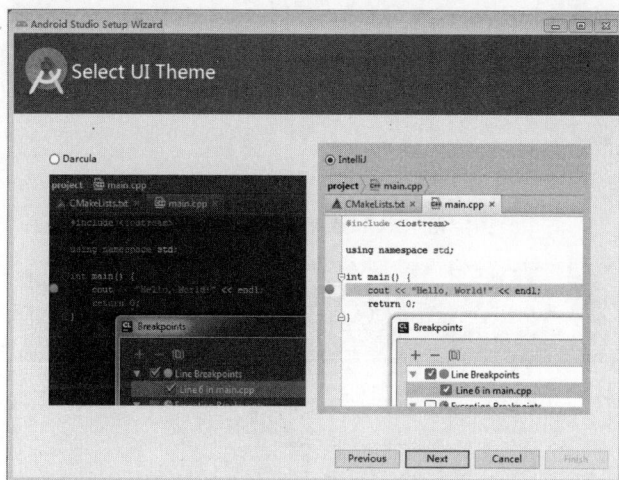

图1-17　Select UI Theme页面

图 1-17 包含的两个单选按钮分别是 "Darcula" 和 "IntelliJ"，这两个单选按钮表示 Android 程序的主题。当选择 "Darcula" 单选按钮时，Android 程序中的主题颜色为黑色；当选择 "IntelliJ" 单选按钮时，Android 程序中的主题颜色为白色。此处可根据个人喜好进行选择。此处选择 "IntelliJ" 单选按钮，单击图 1-17 中的 "Next" 按钮进入 Verify Settings 页面，如图 1-18 所示。

在图 1-18 中可以看到需要下载的 SDK 组件。此时，如果想查看或更改前面的安装设置，单击图 1-18 中的 "Previous" 按钮即可。如果不想下载页面中显示的 SDK 组件，则单击 "Cancel" 按钮即可；否则单击 "Finish" 按钮下载 SDK 组件。此处我们单击 "Finish" 按钮进入 Downloading Components 页面，如图 1-19 所示。

下载完成后的 Downloading Components 页面如图 1-20 所示。

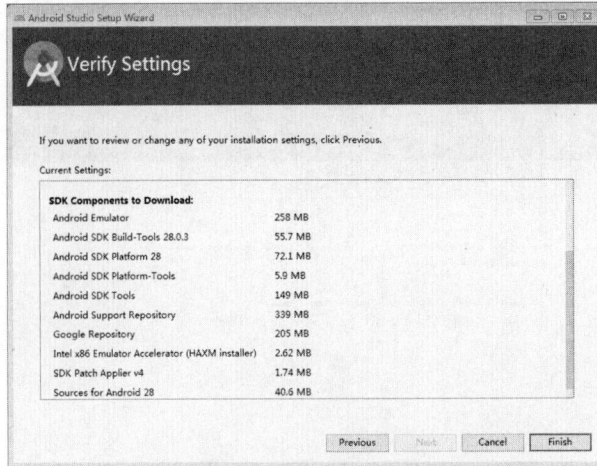

图1-18　Verify Settings页面

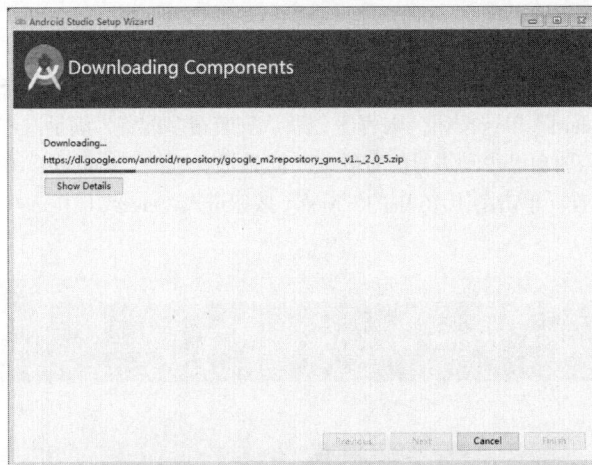

图1-19　Downloading Components页面

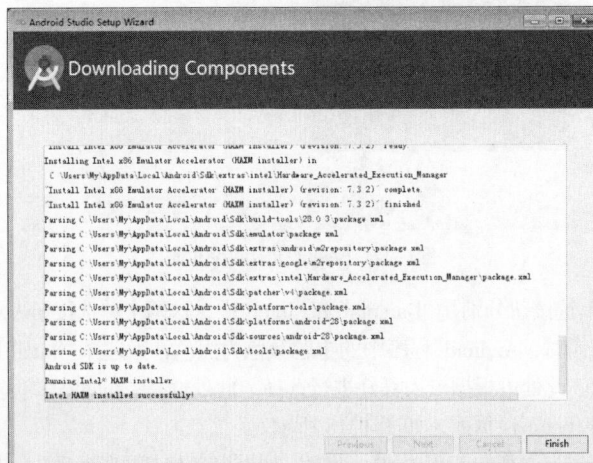

图1-20　下载完成后的Downloading Components页面

　　在图 1-20 中，单击"Finish"按钮，进入 Welcome to Android Studio 窗口，如图 1-21 所示。至此，Android Studio 已经配置完成。

图 1-21　Welcome to Android Studio 窗口

1.2.2　创建模拟器

Android 程序可以运行到手机和平板电脑等物理设备上，若运行 Android 程序时没有手机或平板电脑等物理设备，则可以使用 Android 提供的模拟器。模拟器是一个可以运行在计算机上的虚拟设备。在模拟器上可预览和调试 Android 程序。创建模拟器的具体步骤如下。

（1）单击 AVD Manager 标签。当创建完第一个 Android 程序（创建的具体过程在 1.3 节中讲解）时，在 Android Studio 中单击顶部导航栏中的 "▥" 图标会进入 Your Virtual Devices 页面，如图 1-22 所示。

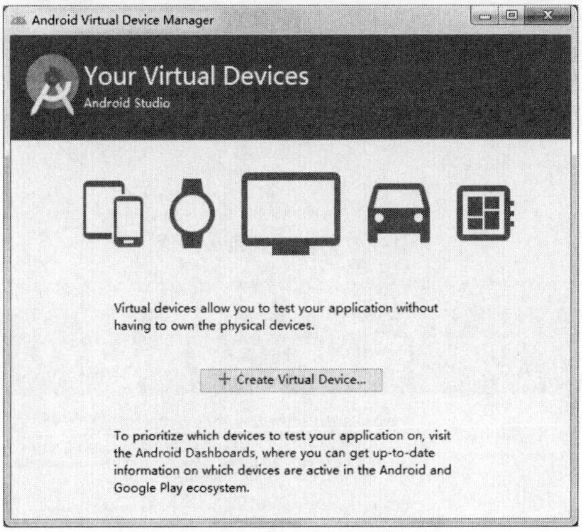

图 1-22　Your Virtual Devices 页面

（2）选择模拟器。单击图 1-22 中的 "Create Virtual Device" 按钮，此时会进入选择模拟器的 Select Hardware 页面，如图 1-23 所示。

（3）下载 SDK System Image。在图 1-23 中，左侧部分的 Category 显示设备类型，中间部分显示设备的名称、尺寸大小、分辨率、密度等信息，右侧部分显示设备的预览图。这里，我们选择【Phone】→【Nexus 4】选项（此选项可根据自己需求选择不同屏幕分辨率的模拟器），单击 "Next" 按钮进入 System Image 页面，如图 1-24 所示。

在图 1-24 中，左侧部分为推荐的 Android 系统镜像，右侧部分为选中的 Android 系统镜像对应的图标。此处我们选择 Android 8.0 的系统版本进行下载。选中 Oreo 版本，单击 "Download" 按钮进入 License Agreement 页面，如图 1-25 所示。

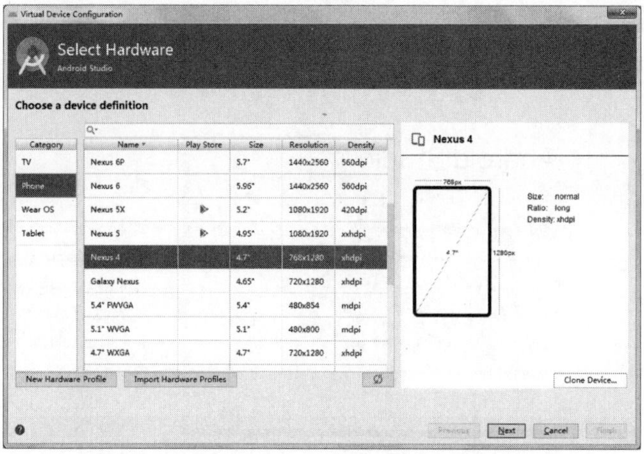

图1-23   Select Hardware页面

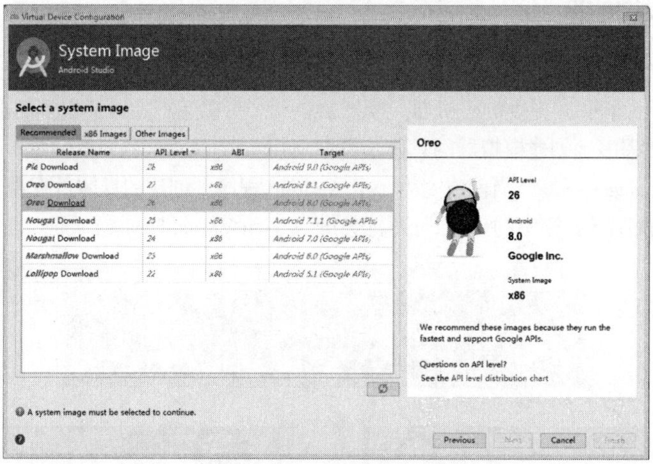

图1-24   System Image页面

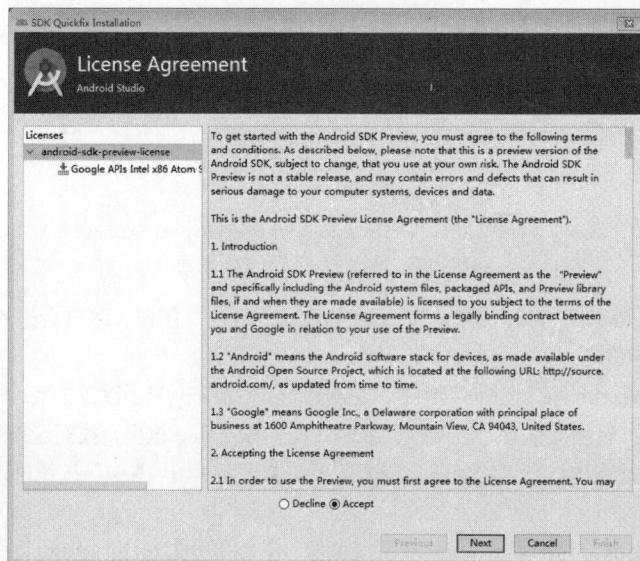

图1-25   License Agreement页面

　　在图 1-25 中，选中"Accept"单选按钮接受页面中显示的信息，并单击"Next"按钮进入 Component Installer 页面，如图 1-26 所示。

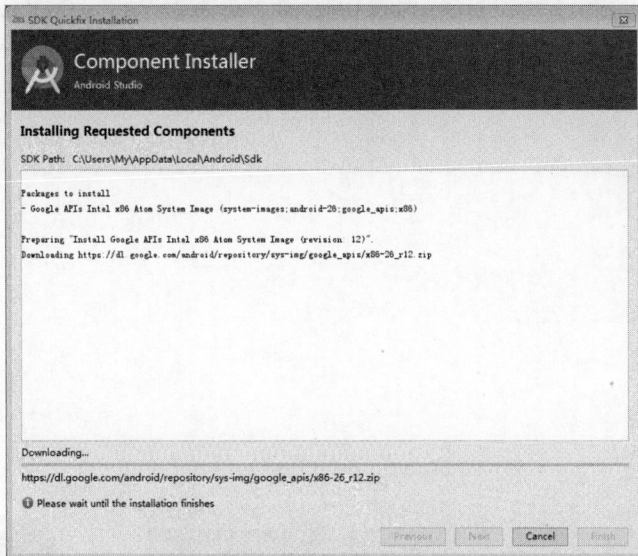

图1-26　Component Installer页面

下载完成后的 Component Installer 页面如图 1-27 所示。

图1-27　下载完成后的Component Installer页面

　　（4）创建模拟器。单击图 1-27 中的"Finish"按钮关闭当前页面并返回到 System Image 页面，此时选中图 1-24 中已下载完成的系统版本名称为 Oreo 的条目，单击"Next"按钮进入 Android Virtual Device（AVD）页面，如图 1-28 所示。

　　单击图 1-28 中的"Finish"按钮，完成模拟器的创建。此时在 Your Virtual Devices 页面中会显示创建完成的模拟器，如图 1-29 所示。

　　（5）打开模拟器。单击图 1-29 中的启动按钮"▶"（位于图中右侧）启动模拟器，启动完成后的 Android 模拟器界面如图 1-30 所示。

图1-28　Android Virtual Device（AVD）页面

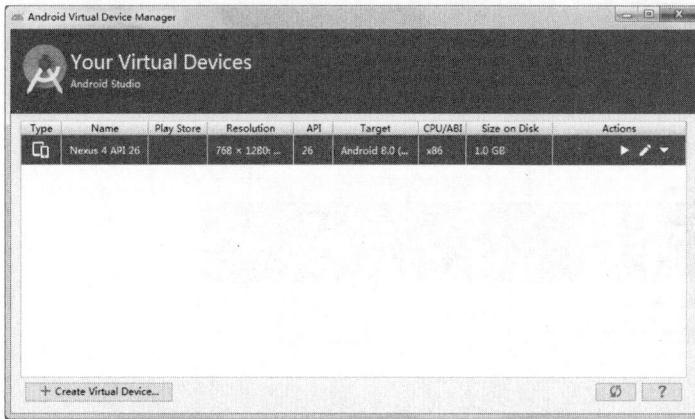

图1-29　模拟器创建完成后的Your Virtual Devices页面

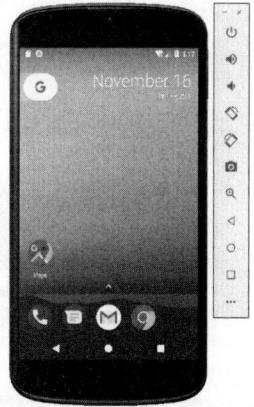

图1-30　启动完成的Android模拟器界面

1.2.3　在 Android Studio 中下载 SDK

虽然安装 Android Studio 时已经附带安装了 SDK，但是 Google 公司会对 Android SDK 进行不断的更新。如果想要安装最新版本或者旧版本的 SDK，则需要重新下载相应版本的 SDK。下载 SDK 的方式有很多种，最简单的方式就是在 Android Studio 中的 Default Settings 窗口中进行下载。打开 Android Studio，单击顶部导航栏中的"🔧"图标，进入 Default Settings 窗口，如图 1–31 所示。

在图 1–31 所示的窗口中，选择左侧部分的【Android SDK】选项，右侧部分对应的是 Android SDK 可设置的一些内容。

● Android SDK Location：用于设置 Android SDK 的存储路径。

● SDK Platforms：表示 Android SDK 的版本信息，该选项卡下显示了所有 SDK 版本的名称、API 级别及下载状态等信息。

● SDK Tools：表示 Android SDK 的工具集合，该选项卡下罗列了 Android 的构建工具（Android SDK Build-Tools）、模拟器镜像等。

我们可以在"SDK Platforms"和"SDK Tools"选项卡中勾选要下载的 SDK 版本和工具。这里，我们以下载 SDK 8.1 版本为例来讲解如何下载 SDK 与工具，具体步骤如下。

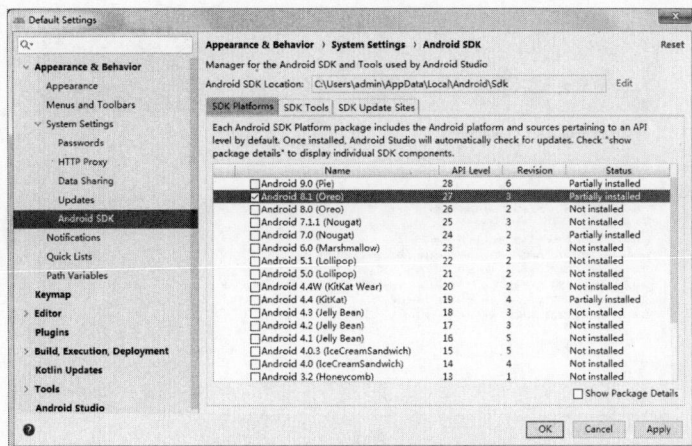

图1-31　Default Settings窗口

（1）下载 SDK 版本

在 "SDK Platforms" 选项卡下选择 Android 8.1（Oreo）条目，单击图 1-31 中的 "OK" 按钮会弹出确认安装 SDK 组件的 Confirm Change 窗口，如图 1-32 所示。

单击图 1-32 中的 "OK" 按钮，进入 Component Installer 页面，如图 1-33 所示。

图1-32　Confirm Change窗口

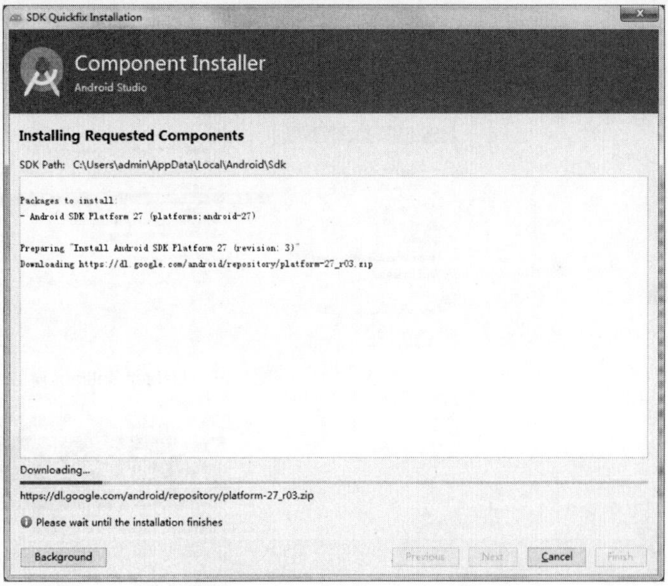

图1-33　Component Installer页面

下载完成后的 Component Installer 页面，如图 1-34 所示。

单击图 1-34 中的 "Finish" 按钮关闭当前窗口。

（2）下载 Tools

在 Default Settings 窗口的 "SDK Tools" 选项卡下，勾选 "Android SDK Build-Tools" 复选框，如图 1-35 所示。

接着勾选 Default Settings 窗口右下角的 "Show Package Details" 复选框，会打开 Android SDK Build-Tools 中的 SDK 版本列表信息，在列表中勾选 "27.0.0" 条目，单击 "OK" 按钮会弹出 Confirm Change 窗口，如图 1-36 所示。

单击图 1-36 中的 "OK" 按钮进入 Component Installer 页面，如图 1-37 所示。

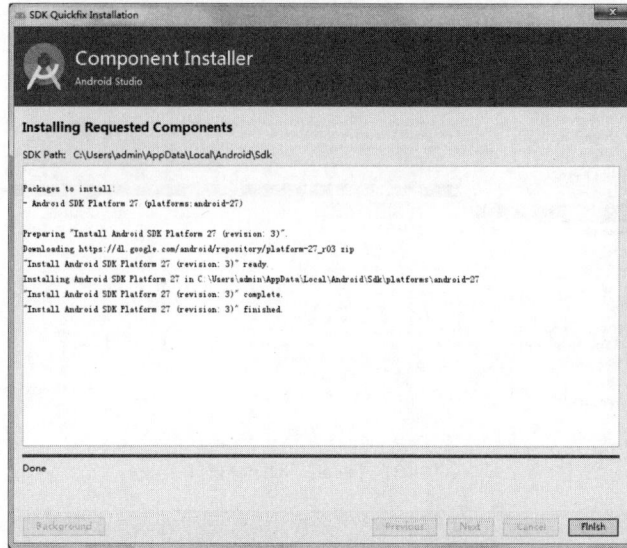

图1-34　下载完成后的Component Installer页面

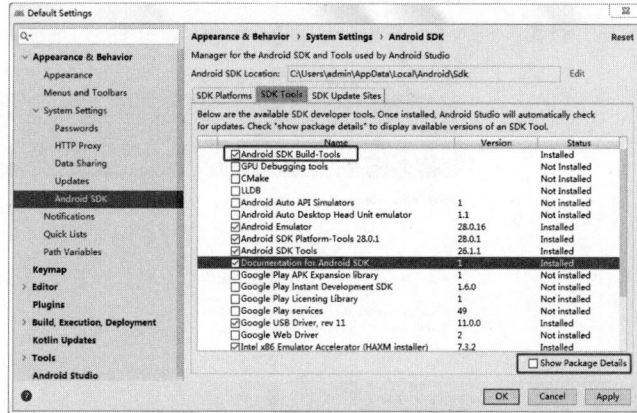

图1-35　Default Settings窗口

图1-36　Confirm Change窗口

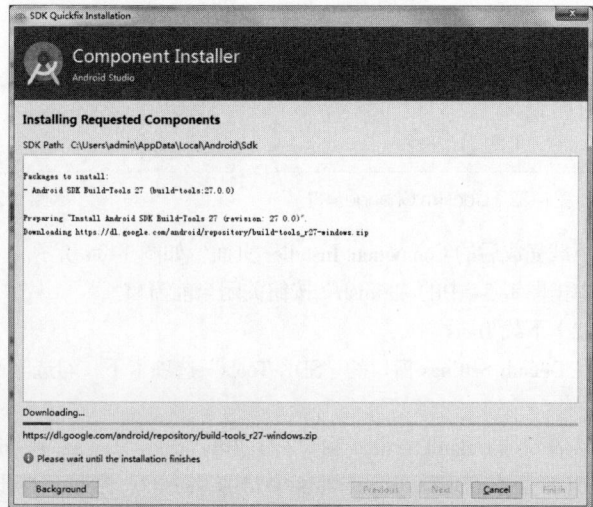

图1-37　Component Installer页面

一段时间之后，SDK 下载完成。下载完成后的 Component Installer 页面如图 1-38 所示。

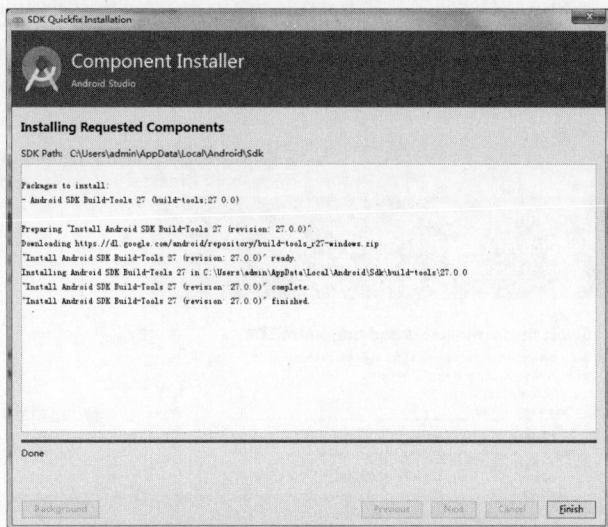

图1-38 下载完成后的Component Installer页面

单击图 1-38 中的"Finish"按钮关闭当前窗口，此时 SDK 8.1 版本的 Tools 已经下载完成。

需要注意的是，本书使用的是 SDK 9.0 的版本，所以我们可以根据 1.2.2 小节与 1.2.3 小节的内容创建 Android 9.0 版本（API 28）的模拟器并下载对应的 SDK 及 Tools。

1.3 开发第一个 Android 程序

在 1.2 节中已经完成了 Android 开发环境的搭建，接下来使用 Android Studio 开发第一个 Android 程序，具体步骤如下。

1. 创建 HelloWorld 程序

单击 Welcome to Android Studio 窗口（图 1-21）中的【Start a new Android Studio project】选项，进入 Create Android Project 页面，如图 1-39 所示。

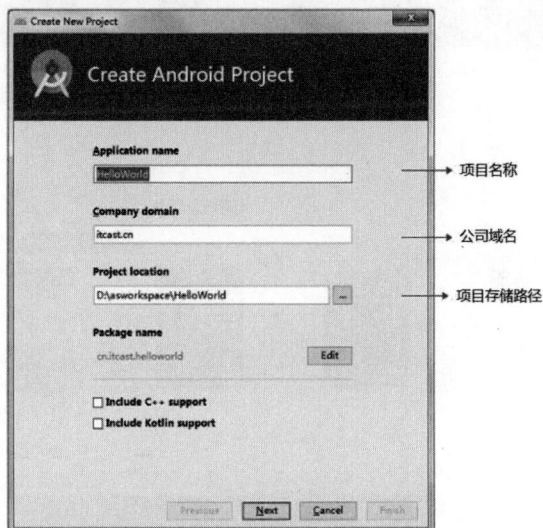

图1-39 Create Android Project页面

　　在图 1–39 中，需要填写的信息主要有 Application name、Company domain 和 Project location，这些信息分别表示项目名称、公司域名和项目存储路径。其中，Project location 下的编辑框中默认会生成一个目录，当然我们也可以单击文本框右侧的"□"按钮，自行选择项目的存储路径。这里，我们将 Application name 设置为 HelloWorld，Company domain 设置为 itcast.cn。设置完这些信息后，单击"Next"按钮，进入 Target Android Devices 页面，如图 1–40 所示。

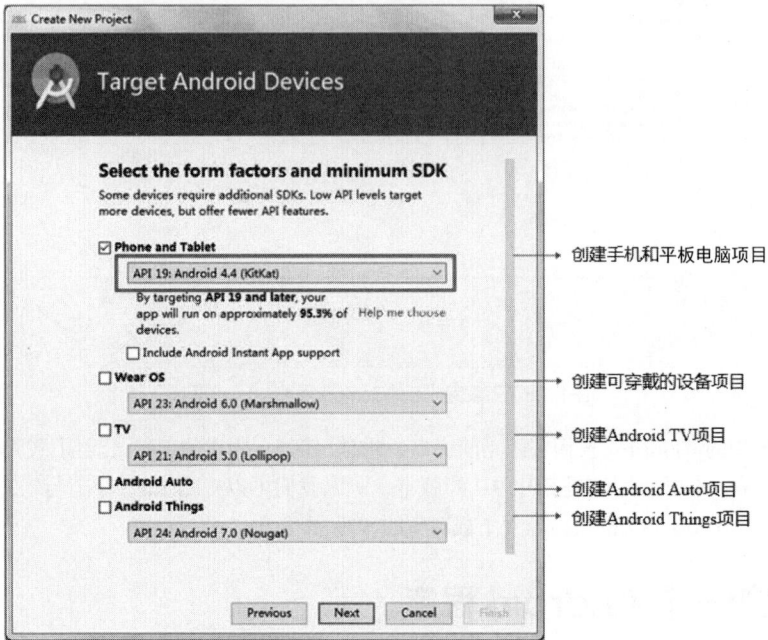

图 1–40　Target Android Devices 页面

　　在图 1–40 中，红框中设置的 API 19: Android 4.4 (KitKat)为 Android 程序的最低 SDK 版本，此处可根据需求选择不同的版本，接着单击"Next"按钮进入 Add an Activity to Mobile 页面，如图 1–41 所示。

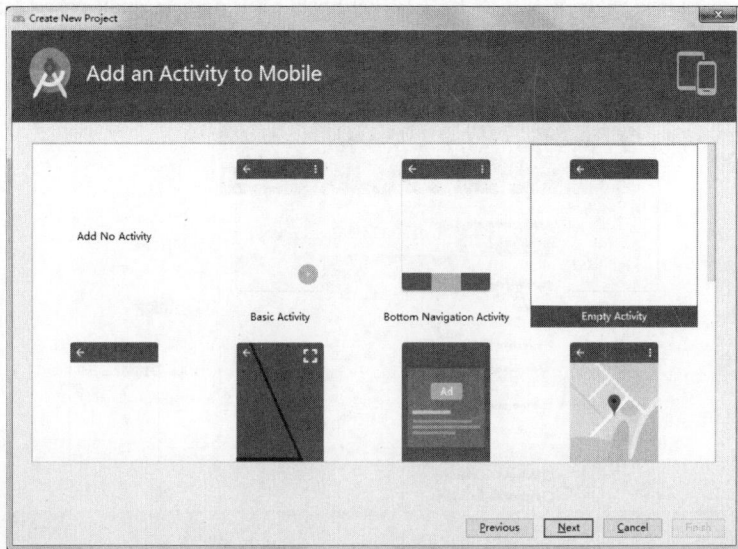

图 1–41　Add an Activity to Mobile 页面

　　图 1–41 显示了不同类型的 Activity，一般情况下会选择 Empty Activity 类型，该类型的 Activity 界面上没

有放任何控件，方便我们开发程序。其他类型的 Activity 都是在 Empty Activity 类型的基础上添加不同功能形成的，我们可以根据实际需求使用不同类型的 Activity。选择完 Activity 的类型之后单击"Next"按钮，进入 Configure Activity 页面，如图 1-42 所示。

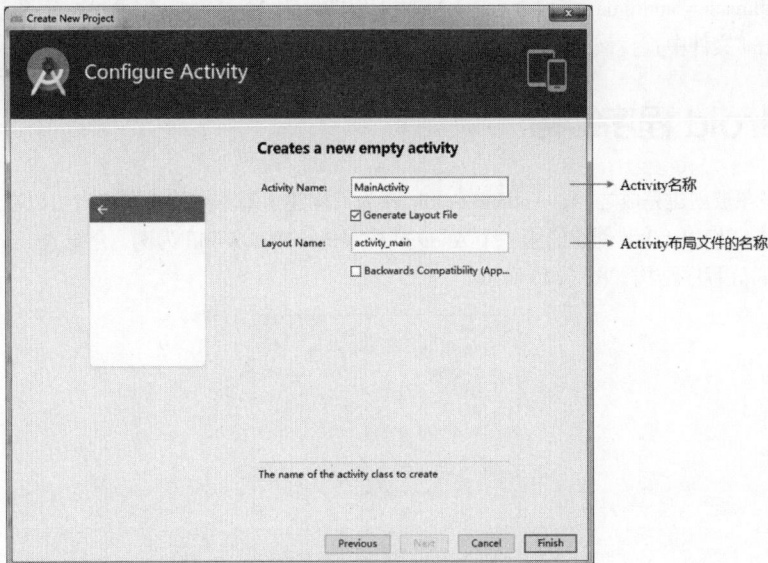

图1-42　Configure Activity页面

在图 1-42 中，需要填写的信息有 Activity Name 和 Layout Name，分别在对应的编辑框中填写 Activity 的名称和布局文件的名称。在创建项目时 Android Studio 会为 Activity Name 和 Layout Name 设置默认值，分别为 MainActivity 和 activity_main。单击"Finish"按钮，项目创建完成。此时会进入 Android Studio 的代码编辑窗口，如图 1-43 所示。

至此，HelloWorld 程序已创建完成。

2. 运行程序

HelloWorld 程序创建完成后，我们暂时不添加任何代码。单击顶部导航栏中的运行按钮"▶"，程序就会运行到模拟器上，运行结果如图 1-44 所示。

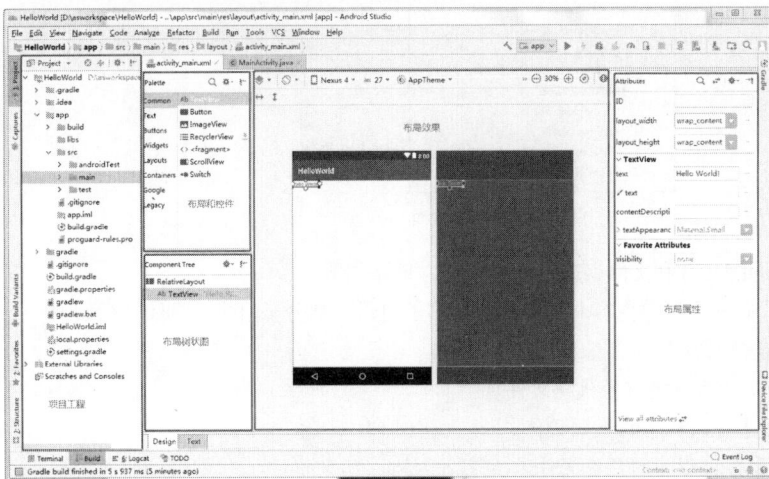

图1-43　Android Studio的代码编辑窗口　　图1-44　运行结果

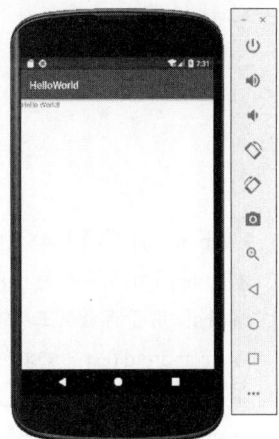

之所以出现图 1-44 所示的结果，是因为当 Android 程序运行时，系统首先查找在 AndroidManifest.xml

文件中注册的 MainActivity，然后在该 Activity 中找到 OnCreate()方法，在该方法中通过 setContentView()方法加载 activity_main.xml 布局文件，从而形成图 1-44 中的 HelloWorld 界面。

需要注意的是，如果在 AndroidManifest.xml 文件的某个<activity>标签中的<intent-filter>标签中添加了<category android:name="android.intent.category.LAUNCHER"/> 内 容 ， 那 么 程 序 运 行 时 会 首 先 在 AndroidManifest.xml 文件中查找该 Activity，该 Activity 对应的界面是程序运行后显示的第一个界面。

1.4　Android 程序结构

Android 程序在被创建完成之后，Android Studio 就为其构建了基本结构，开发者可以在此结构上开发应用程序。接下来，我们以 1.3 节创建的第一个 Android 程序——HelloWorld 为例，介绍 Android 程序的主要组成结构。HelloWorld 程序结构如图 1-45 所示。

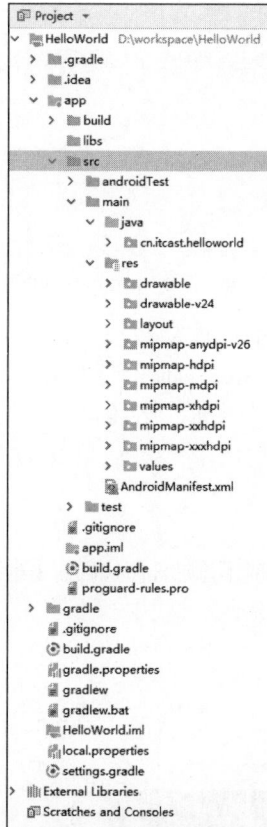

图1-45　HelloWorld程序结构

接下来，针对图 1-45 中常用的文件和文件夹进行详细介绍，具体如下。

（1）app：用于存放程序的代码和资源等内容。它包含了很多子目录，部分子目录的具体介绍如下。

● libs：用于存放第三方 jar 包。

● src/androidTest：该文件夹用于存放调试的代码文件。

● src/main/java：该文件夹用于存放程序的代码文件。

● src/main/res：该文件夹用于存放程序的资源文件。

● src/main/AndroidManifest.xml：它是整个程序的配置文件，在该文件中可以配置程序所需要的权限和注册程序中用到的四大组件。

● app/build.gradle：该文件是 App 的 gradle 构建脚本。在该文件中有四个重要属性，分别是 compileSdkVersion、buildToolsVersion、minSdkVersion、targetSdkVersion，这些属性分别表示编译的 SDK 版本、编译的 Tools 版本、支持的最低 SDK 版本、支持的目标 SDK 版本（当前版本）。

（2）build.gradle：该文件是 Android 程序的 gradle 构建脚本。

（3）local.properties：该文件用于指定 Android 程序中所使用的 SDK 路径。在该文件中可以通过 sdk.dir 的值指定 Android SDK 路径。例如，路径 "sdk.dir=C:\\Users\\admin\\AppData\\Local\\Android\\Sdk"，表示指定 SDK 存放的目录为 C:\Users\admin\AppData\Local\Android\Sdk。Android SDK 的这些路径在程序安装时已经指定，一般不需要修改。

（4）settings.gradle：该文件用于配置在 Android 程序中使用到的子项目（Moudle），如：include ':app' 表示配置的子项目为 app。

1.5　资源的管理与使用

Android 程序中的资源指的是可以在代码中使用的外部文件，这些文件作为程序的一部分，被编译到 App 中。在 Android 程序中，资源文件都保存在 res 目录下。接下来，我们针对 res 目录下的资源进行详细介绍。

1.5.1　图片资源

Android 中的图片资源包括扩展名为.jpg、.gif、.png 等的文件。根据图片资源的用途不同将图片资源分为应用图标资源和界面中使用的图片资源。其中应用图标资源存放在以 mipmap 开头的文件夹中，界面中使用的图片资源存放在以 drawable 开头的文件夹中。

根据设备屏幕密度的不同，Android 会自动匹配不同文件夹中的图片资源。res 目录中以 mipmap 开头的文件夹和以 drawable 开头的文件夹的匹配规则如表 1–1 所示。

表 1-1　匹配规则

密度范围值	以 mipmap 开头的文件夹	以 drawable 开头的文件夹
120~160dpi	mipmap_mdpi	drawable_mdpi
160~240dpi	mipmap_hdpi	drawable_hdpi
240~320dpi	mipmap_xdpi	drawable_xdpi
320~480dpi	mipmap_xxdpi	drawable_xxdpi
480~640dpi	mipmap_xxxdpi	drawable_xxxdpi

如果想要调用表 1–1 中两种文件夹中的资源文件，调用方式有两种，一种是通过 Java 代码来调用，另一种是在 XML 布局文件中调用。这两种方式的具体介绍信息如下所示。

（1）通过 Java 代码调用图片资源

在 Activity 中可以通过 getResources().getDrawable()方法调用图片资源，示例代码如下：

```
getResources().getDrawable(R.mipmap.ic_launcher);    //调用以 mipmap 开头的文件夹中的资源文件
getResources().getDrawable(R.drawable.icon);         //调用以 drawable 开头的文件夹中的资源文件
```

（2）在 XML 布局文件中调用图片资源

在 XML 布局文件中调用图片资源文件的示例代码如下：

```
@mipmap/ic_launcher    //调用以 mipmap 开头的文件夹中的资源文件
@drawable/icon         //调用以 drawable 开头的文件夹中的资源文件
```

1.5.2　主题和样式资源

Android 中的主题和样式主要用于为界面元素定义显示风格，它们的定义方式比较类似，具体介绍如下。

1. 主题

主题是包含一种或多种格式化属性的集合，在程序中调用主题资源可改变窗体的样式，对整个应用程序或某个 Activity 存在全局性影响。

主题资源定义在 res/values 目录下的 styles.xml 文件中，示例代码如下：

```
<resources>
    <!-- Base application theme. -->
    <style name="AppTheme" parent="Theme.AppCompat.Light.DarkActionBar">
        <!-- Customize your theme here. -->
        <item name="colorPrimary">@color/colorPrimary</item>
        <item name="colorPrimaryDark">@color/colorPrimaryDark</item>
        <item name="colorAccent">@color/colorAccent</item>
    </style>
</resources>
```

在上述代码中，<style></style>标签用于定义主题。<style>标签中的 name 属性用于指定主题的名称，parent 属性用于指定 Android 提供的父主题。<style></style>标签中包含的<item></item>标签用于设置主题的样式。

值得注意的是，在<resources></resources>标签中可以包含多个<style></style>标签，每个<style></style>标签中也可以包含多个<item></item>标签。

如果在 Android 程序中，想要调用 styles.xml 文件中定义的主题，可以在 AndroidManifest.xml 文件中设置，也可以在代码中设置，具体介绍如下所示。

（1）在 AndroidManifest.xml 文件中设置主题的示例代码如下：

```
<application
    ......
    android:theme ="@style/AppTheme">
</application>
```

（2）在 Java 代码中设置主题的示例代码如下：

```
setTheme(R.style.AppTheme);
```

2. 样式

通过改变主题可以改变整个窗体的样式，但是主题不能设置 View 控件的具体样式，因此我们需要创建一个样式来美化 View 控件，该样式存放在 res/values 目录下的 styles.xml 文件中，示例代码如下：

```
<resources>
    <style name="textViewStyle">
        <item name="android:layout_width">20dp</item>
        <item name="android:layout_height">20dp</item>
        <item name="android:background">#f54e39</item>
    </style>
</resources>
```

上述代码通过<style>标签中的 name 属性设置样式的名称，通过<item></item>标签设置控件的样式，例如设置 View 控件的宽、高等。

在布局文件的 View 控件中，系统通过 style 属性引用 textViewStyle 样式的示例代码如下：

```
<TextView
    ......
    style="@style/textViewStyle"/>
```

1.5.3　布局资源

在 1.4 节的 Hello World 程序结构图中可以看到，在程序的 res 目录下有一个 layout 文件夹，该文件夹中存放的是程序中的所有布局资源文件，这些布局资源文件通常用于搭建程序中的各个界面。

当创建一个 Android 程序时，默认会在 res/layout 文件夹中生成一个布局资源文件 activity_main.xml（该文件的名称可修改），也可在 res/layout 文件夹中创建新的布局资源文件。

如果想要在程序中调用布局资源文件，调用方式有两种，一种是通过 Java 代码来调用该文件，另一种是在 XML 布局文件中调用该文件，具体介绍如下。

（1）通过 Java 代码调用布局资源文件

在 Activity 中，找到 onCreate()方法，在该方法中通过调用 setContentView()方法来加载 Activity 对应的布局资源文件，如通过 Java 代码调用 activity_main.xml 文件，示例代码如下：

```
setContentView(R.layout.activity_main);
```

（2）在 XML 布局文件中调用布局资源文件

在 XML 布局文件中可通过<include>标签调用其他的布局资源文件，例如在 XML 布局文件中调用 activity_main.xml 文件，示例代码如下：

```
<include layout="@layout/activity_main"/>
```

1.5.4　字符串资源

字符串可以说是使用频率最高的一种资源了，毕竟每一款应用都会用到一些文本提示信息或者标题文字等。为了在开发过程中更加方便快捷地使用字符串，Android 提供了强大的字符串资源，我们可以在目录 res/values/中的 strings.xml 文件中定义字符串，示例代码如下：

```
<resources>
    <string name="app_name">字符串</string>
</resources>
```

在上述代码中，<string></string>标签定义的就是字符串资源，其中 name 属性指定字符串资源的名称，两个标签中间就是字符串的内容。需要注意的是，strings.xml 文件中只能有一个根元素，但是根元素中间可以包含多个<string></string>标签。

如果想要在程序中调用字符串资源文件，调用方式有两种，一种是通过 Java 代码来调用该字符串资源文件，另一种是在 XML 布局文件中调用该字符串资源文件，具体介绍如下。

（1）通过 Java 代码调用字符串资源文件

在 Activity 中，找到 onCreate()方法，在该方法中通过调用 getResources().getString()方法加载字符串资源，如通过 Java 代码调用名称为 app_name 的字符串资源文件，示例代码如下：

```
getResources().getString(R.string.app_name);
```

（2）在 XML 布局文件中调用字符串资源文件

在 XML 布局文件中可通过@string 调用字符串资源文件，例如在 XML 布局文件中调用名称为 app_name 的字符串资源文件，示例代码如下：

```
@string/app_name
```

1.5.5　颜色资源

在 Android 程序中，View 控件默认的颜色不足以满足设计需求，因此会使用颜色资源来改变 View 控件的颜色。颜色资源通常定义在 res/values/colors.xml 文件中，示例代码如下：

```
<?xml version="1.0" encoding="utf-8"?>
<resources>
    <color name="colorPrimary">#3F51B5</color>
    <color name="colorPrimaryDark">#303F9F</color>
    <color name="colorAccent">#FF4081</color>
</resources>
```

在上述代码中，<color></color>标签用于定义颜色资源，其中 name 属性用于指定颜色资源的名称，两个标签中间是设置的颜色值。在 colors.xml 文件中只能有一个根元素，但根元素中间可以包含多个<color></color>标签。

如果想要在程序中调用颜色资源文件，调用方式有两种，一种是通过 Java 代码来调用该颜色资源文件，另一种是在 XML 布局文件中调用该颜色资源文件，具体介绍如下。

（1）通过 Java 代码调用颜色资源文件

在 Activity 中，找到 onCreate()方法，在该方法中通过调用 getResources().getColor()方法加载颜色资源文件，如通过 Java 代码调用名称为 colorPrimary 的颜色资源文件，示例代码如下：

```
getResources().getColor(R.color.colorPrimary);
```

（2）在 XML 布局文件中调用颜色资源文件

在 XML 布局文件中可通过@color 调用颜色资源文件，例如在 XML 布局文件中调用名称为 colorPrimary 的颜色资源文件，示例代码如下：

```
@color/colorPrimary
```

▌▌▌ 多学一招：定义颜色值

在 Android 中，颜色值由三原色（RGB：红、绿、蓝）和一个透明度（Alpha）表示，颜色值必须以"#"开头，"#"后面显示 Alpha-Red-Green-Blue 形式的内容。其中，Alpha 值可以省略，如果省略，表示颜色默认是完全不透明的。一般情况下，使用以下 4 种形式定义颜色。

● #RGB：使用红、绿、蓝三原色的值定义颜色，其中，红、绿、蓝分别使用十六进制数 0~f 表示。例如，可以使用#f00 表示红色。

●#ARGB：使用透明度及红、绿、蓝三原色来定义颜色，其中，透明度、红、绿和蓝分别使用十六进制数 0~f 表示。例如，可以使用#8f00 表示半透明的红色。

● #RRGGBB：使用红、绿、蓝三原色定义颜色，与#RGB 不同的是，这里的红、绿和蓝使用两位十六进制数 00~ff 表示。例如，可以使用#0000ff 表示蓝色。

●#AARRGGBB：使用透明度及红、绿、蓝三原色来定义颜色，其中，透明度、红、绿和蓝分别使用两位十六进制数 00~ff 表示。其中#00 表示完全透明，#ff 表示完全不透明。例如，可以使用#8800ff00 表示半透明的绿色。

值得注意的是，上述表示颜色的十六进制数中的小写字母也可以换成大写字母。如红色用#f00 表示，也可以用#F00 表示。

1.5.6　尺寸资源

在 Android 界面中 View 控件的宽高和 View 控件的间距值是通过尺寸资源设置的。尺寸资源通常定义在 res/values/dimens.xml 文件中。

因为在 Android Studio 3.2.0 版本中，没有默认创建 dimens.xml 文件，所以需要手动创建。鼠标右键单击 values 文件夹，依次选中【New】→【XML】→【Values XML File】，在弹出窗口的输入框中，输入 dimens 即可创建 dimens.xml 文件。dimens.xml 文件中的示例代码如下：

```
<resources>
    <dimen name="activity_horizontal_margin">16dp</dimen>
    <dimen name="activity_vertical_margin">16dp</dimen>
</resources>
```

在上述代码中，<dimen></dimen>标签用于定义尺寸资源，其中 name 属性指定尺寸资源的名称。标签中间设置的是尺寸大小。在 dimens.xml 文件中只能有一个根元素，但根元素中间可以包含多个<dimen></dimen>标签。

如果想要在程序中调用尺寸资源文件，调用方式有两种，一种是通过 Java 代码调用该尺寸资源文件，另一种是在 XML 布局文件中调用该尺寸资源文件，具体如下。

（1）通过 Java 代码调用尺寸资源文件

在 Activity 中，找到 onCreate()方法，在该方法中通过调用 getResources().getDimension()方法加载尺寸资源文件，如通过 Java 代码调用名称为 activity_horizontal_margin 的尺寸资源文件，示例代码如下：

```
getResources().getDimension(R.dimen.activity_horizontal_margin);
```

（2）在 XML 布局文件中调用尺寸资源文件

在 XML 布局文件中可通过@dimen 调用尺寸资源文件，例如在 XML 布局文件中调用名称为 activity_horizontal_margin 的尺寸资源文件，示例代码如下：

```
@dimen/activity_horizontal_margin
```

▌▌▌ 多学一招：Android 支持的尺寸单位

一段距离可以用米或者千米等长度单位表示，和长度单位相似的尺寸也可以用不同的单位表示。在

Android 中，支持的常用尺寸单位如下。

• px（pixels，像素）：每个像素点对应屏幕上的一个点。例如，720px×1080px 的屏幕在横向有 720 个像素点，在纵向有 1080 个像素点。

• dp（Density-independent Pixels，设备独立像素）：dp 与 dip 的意义相同，是一种与屏幕密度无关的尺寸单位。在每英寸 160 点的显示器上，1dip=1px。当程序运行在高分辨率的屏幕上时，设备独立像素就会按比例放大；当运行在低分辨率的屏幕上时，设备独立像素就会被按比例缩小。

• sp（Scaled Pixels，比例像素）：主要处理字体的大小，可以根据系统字体大小首选项进行缩放。比例像素和设备独立像素是比较相似的，都会在不同像素密度的设备上自动适配，但是比例像素还会按照用户对系统字体大小的设置进行比例缩放。换句话说，它能够跟随系统字体大小变化而改变，所以它更加适合作为字体大小的单位。

• in（inches，英寸）：标准长度单位。1 英寸等于 2.54 厘米。例如，形容手机屏幕大小，经常说 3.2（英）寸、3.5（英）寸、4（英）寸就是指这个单位。这些尺寸是屏幕对角线的长度。如果手机的屏幕是 4（英）寸，表示手机的屏幕（可视区域）对角线长度是 4×2.54 = 10.16 厘米。

• pt（points，磅）：屏幕物理长度单位，1 磅为 1/72 英寸。

• mm（millimeters，毫米）：屏幕物理长度单位。

1.6　程序调试

在实际开发中，每个 Android 程序都需要进行一系列的调试工作，确保程序能够正常运行。调试 Android 程序有多种方式，例如单元测试和 Logcat（日志控制台）等，本节将针对这两种调试方式进行详细讲解。

1.6.1　单元测试

在 Android 开发中，如果每次修改一个简单的功能代码后，都需要将程序重新运行到设备中，再进入修改功能的响应界面进行调试，将会浪费大量时间，降低开发工作效率。如果使用单元测试的方法对某些功能进行调试，将会大大提高工作效率。

单元测试是指在 Android 程序开发过程中对最小的功能模块进行调试，它包括 Android 单元测试和 Junit 单元测试，具体如下。

• Android 单元测试：使用该方式的时候需要连接 Android 设备，速度比较慢，适合需要调用 Android API 的单元测试。

• Junit 单元测试：使用该方式的时候不需要依赖 Android 设备，在本地即可运行，速度快，适合只对 Java 代码功能进行的单元测试。

Android Studio 3.2.0 在创建项目时，会默认在 app/src/androidTest 和 app/src/test 文件夹中分别创建 Android 单元测试类 ExampleInstrumentedTest 和 Junit 单元测试类 ExampleUnitTest。接下来，分别对 Android Studio 单元测试类 ExampleInstrumentedTest 和 Junit 单元测试类 ExampleUnitTest 的用法进行详细的讲解，具体如下。

（1）Android 单元测试类 ExampleInstrumentedTest

在 ExampleInstrumentedTest.java 文件中，分别使用@RunWith(AndroidJUnit4.class)注解 ExampleInstrumented-Test 类，@Test 注解该类中的方法。ExampleInstrumentedTest.java 文件的具体代码如文件 1-1 所示。

【文件 1-1】　ExampleInstrumentedTest.java

```
1   package cn.itcast.helloworld;
2   import android.content.Context;
3   import android.support.test.InstrumentationRegistry;
4   import android.support.test.runner.AndroidJUnit4;
5   import org.junit.Test;
6   import org.junit.runner.RunWith;
7   import static org.junit.Assert.*;
```

```
8    @RunWith(AndroidJUnit4.class)
9    public class ExampleInstrumentedTest {
10       @Test
11       public void useAppContext() {
12           // Context of the app under test.
13           Context appContext = InstrumentationRegistry.getTargetContext();
14           assertEquals("cn.itcast.helloworld", appContext.getPackageName());
15       }
16   }
```

上述代码使用 assertEquals()方法判断 "cn.itcast.helloworld" 字符串和 appContext.getPackageName()方法得到的程序包名是否相同。

在方法 useAppContext()上单击鼠标右键，然后选择弹框中的【Run useAppContext()】选项。将程序运行到模拟器上后，在 Android Studio 底部导航栏中单击 "▶ 4: Run" 图标查看运行成功的结果，如图 1-46 所示。

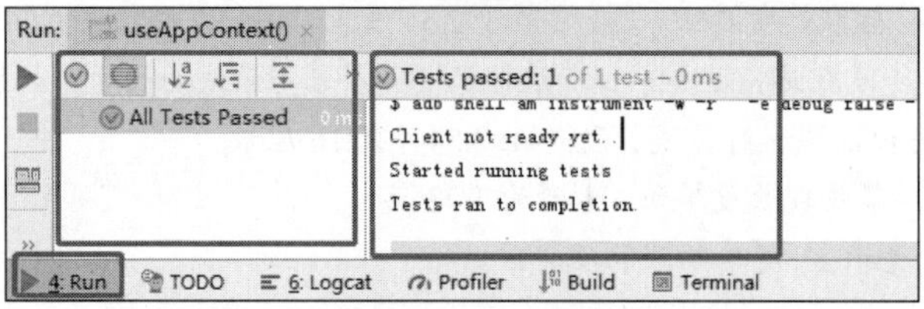

图1-46　运行成功的结果

在图 1-46 中，调试窗口左侧红框中显示 "All Tests Passed"，即所有的方法都调试成功。右侧红框中显示 "Test passed:1"，即调试成功的方法个数。

接下来修改文件 1-1 中 assertEquals()方法的参数，使得系统在调试 useAppContext()方法时，显示错误信息。修改的具体代码如下：

```
assertEquals("helloworld", appContext.getPackageName());
```

运行程序，运行失败的结果如图 1-47 所示。

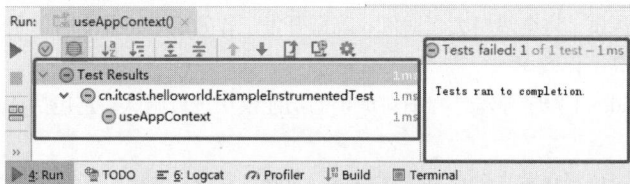

图1-47　运行失败的结果

在图 1-47 中，左侧红框中显示调试失败的方法，右侧红框中显示失败的方法个数。

（2）Junit 单元测试类 ExampleUnitTest

在 ExampleUnitTest.java 文件中，使用@Test 注解该类中的方法。ExampleUnitTest.java 文件的具体代码如文件 1-2 所示。

【文件 1-2】　ExampleUnitTest.java

```
1    package cn.itcast.helloworld;
2    import org.junit.Test;
3    import static org.junit.Assert.*;
4    public class ExampleUnitTest {
5        @Test
6        public void addition_isCorrect() {
7            assertEquals(4, 2 + 2);
8        }
9    }
```

在方法 addition_isCorrect()上单击鼠标右键，然后选择弹框中的【Run addition_isCorrect()】选项。程序运行结束后，在 Android Studio 底部导航栏中单击 "▶ 4: Run" 图标查看运行成功的结果，如图 1-48 所示。

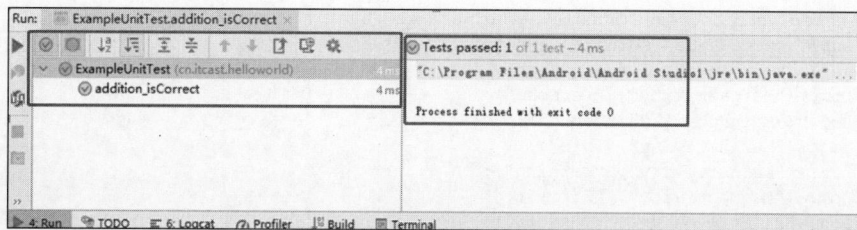

图1-48　运行成功的结果

在图 1-48 中，左侧红框中显示绿色对号图标的部分，表示该方法运行通过，右侧红框中显示调试通过的方法个数。

接下来修改文件 1-2 中 assertEquals()方法的参数，使得系统在调试 addition_isCorrect()方法时，显示错误信息。修改的具体代码如下：

```
assertEquals(4, 1 + 2);
```

运行程序，运行失败的结果如图 1-49 所示。

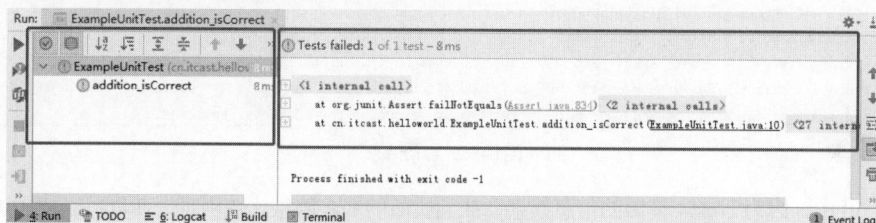

图1-49　运行失败的结果

在图 1-49 中，左侧红框中显示调试失败的方法，右侧红框中显示失败方法中调试失败的位置。

需要注意的是，Android Studio 在创建项目时，会自动在 build.gradle 文件中添加单元测试的支持库。如果在进行单元测试时，程序中的 build.gradle 文件中没有添加单元测试的支持库，则需要手动进行添加。在 build.gradle 文件中添加单元测试支持库的示例代码如下：

```
dependencies {
    ......
    testImplementation 'junit:junit:4.12'
    androidTestImplementation 'com.android.support.test:runner:1.0.2'
    androidTestImplementation
                    'com.android.support.test.espresso:espresso-core:3.0.2'
}
```

1.6.2　Logcat 的使用

Logcat 是 Android 中的命令行工具，用于获取程序从启动到关闭的日志信息。Android 程序运行在设备中时，程序的调试信息就会输出到该设备单独的日志缓冲区中，要想从设备日志缓冲区中取出信息，就需要学会使用 Logcat。

Android 使用 android.util.Log 类（简称 Log 类）的静态方法输出程序的调试信息，Log 类所输出的日志内容分为六个级别，由低到高分别是 Verbose、Debug、Info、Warning、Error、Assert，这些级别分别对应 Log 类中的 Log.v()、Log.d()、Log.i()、Log.w()、Log.e()、Log.wtf()六个静态方法。

接下来通过在 HelloWorld 程序中编译 MainActivity 代码打印 Log 信息，具体代码如文件 1-3 所示。

【文件 1-3】　MainActivity.java

```
1  package cn.itcast.HelloWorld;
2  import android.support.v7.app.AppCompatActivity;
3  import android.os.Bundle;
4  import android.util.Log;
5  public class MainActivity extends AppCompatActivity {
6      @Override
```

```
7      protected void onCreate(Bundle savedInstanceState) {
8          super.onCreate(savedInstanceState);
9          setContentView(R.layout.activity_main);
10         Log.v("MainActivity", "Verbose");
11         Log.d("MainActivity","Debug");
12         Log.i("MainActivity","Info");
13         Log.w("MainActivity", "Warning");
14         Log.e("MainActivity", "Error");
15         Log.wtf("MainActivity","Assert");
16     }
17 }
```

运行上述程序，此时 Logcat 窗口中打印的 Log 信息如图 1-50 所示。

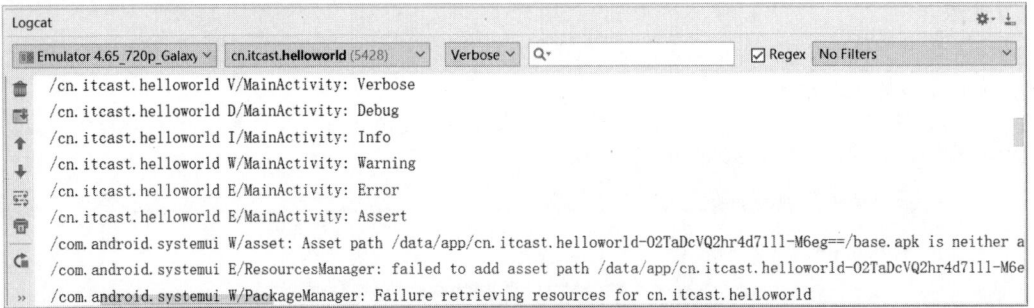

图1-50　Log信息

在图 1-50 中，因为 Logcat 输出的信息繁杂，找到所需的 Log 信息比较困难，所以可以使用过滤器，过滤掉不需要的信息。单击图 1-50 中的 No Filters 下拉框，如图 1-51 所示。

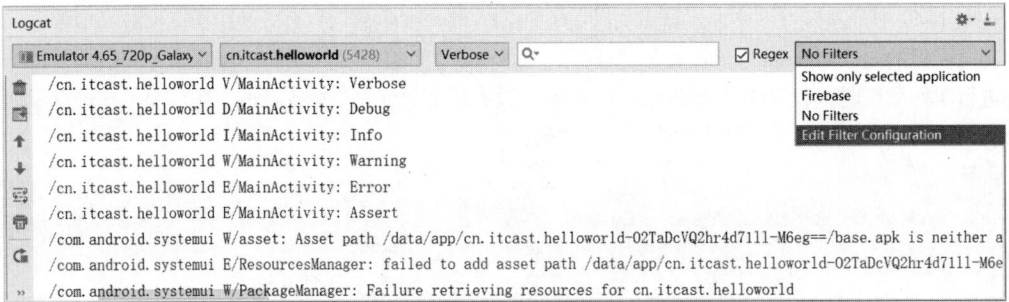

图1-51　No Filters下拉框

在图 1-51 中，单击下拉框中的【Edit Filter Configuration】选项，弹出 Create New Logcat Filter 对话框，在该对话框中设置 Logcat 的过滤器信息，设置过滤器的名称 Filter Name 为 Logcat，设置日志标签 Log Tag 为 MainActivity。Create New Logcat Filter 窗口如图 1-52 所示。

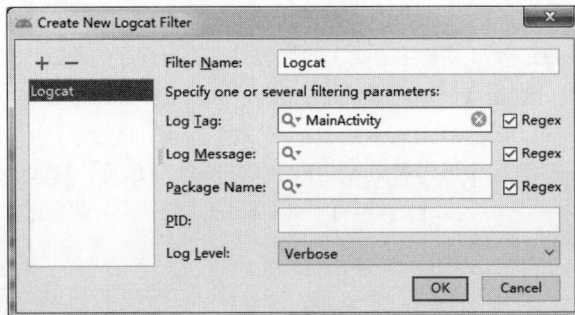

图1-52　Create New Logcat Filter对话框

日志过滤器共有 6 个条目，每个条目都有特定的功能，具体说明如下。

● Filter Name：过滤器的名称，通常使用项目名称。

● Log Tag：根据定义的 Tag 过滤信息，通常使用类名。

● Log Message：根据输出的内容过滤信息。

● Package Name：根据应用包名称过滤信息。

● PID：根据进程 id 过滤信息。

● Log Level：根据日志的级别过滤信息。

按照图 1-52 显示的信息设置完成后，Logcat 窗口中被过滤后的信息如图 1-53 所示。

图1-53 Logcat窗口中被过滤后的信息

在图 1-53 中，右上角的框中显示的就是过滤器的名称，此时 Logcat 窗口中打印的 Log 信息的 Tag 都为 MainActivity。

除了设置过滤器过滤所需的信息，还可以在搜索框中输入 Tag 信息、根据 Log 级别等方式过滤信息，如图 1-54 所示。

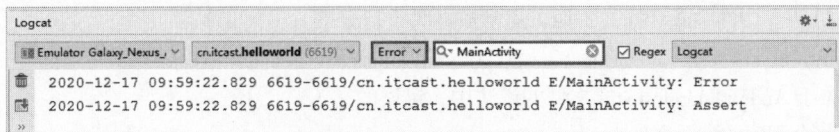

图1-54 根据级别过滤

在图 1-54 中，单击 Logcat 窗口中左侧框中的下拉框，在下拉框中可以选择日志的级别。如果当前选择的日志级别为 Error，在输入框中输入 MainActivity，那么在 Logcat 窗口中显示的就只有 Tag 信息为 MainActivity 的错误级别的日志信息。Logcat 窗口中的日志信息显示的颜色是不同的，输出不同级别的日志信息，会显示不同的颜色，具体介绍如下。

● verbose(V)：显示全部信息，黑色。

● debug(D)：显示调试信息，黑色。

● info(I)：显示一般信息，黑色。

● warning(W)：显示警告信息，蓝色。

● error(E)：显示错误信息，红色。

● assert：显示断言失败后的错误消息，红色。

需要注意的是，Android 中也支持通过 "System.out.println("");" 语句输出信息到 Logcat 窗口中，但是不建议使用。因为程序中的 Java 代码比较多，使用这种方式输出的日志信息很难定位到具体代码中，输出时间也无法确定，也不能添加过滤器，并且日志信息也没有区分级别。

1.7 本章小结

本章主要讲解了 Android 的基础知识，首先介绍了 Android 的发展历史及体系结构，然后讲解了如何搭建 Android 开发环境，接着开发了一个 HelloWorld 程序，帮助大家了解 Android 项目的创建、程序的结构，以及资源文件的使用，最后介绍了程序调试，包括单元测试和 Logcat 的使用。通过本章的学习，希望读者能对 Android 有一个大致的了解，并会独立搭建 Android 开发环境，为后续学习 Android 知识做好铺垫。

1.8　本章习题

一、填空题

1. Dalvik 虚拟机中的 Dx 工具会把部分 class 文件转换成＿＿＿＿＿＿文件。

2. 如果希望在 XML 布局文件中调用颜色资源文件，可以使用＿＿＿＿＿＿调用。

3. Android 程序入口的 Activity 是在＿＿＿＿＿＿文件中注册的。

4. Android 中查看应用程序日志的工具是＿＿＿＿＿＿。

二、判断题

1. Dalvik 虚拟机是 Google 公司设计的用于 Android 平台的虚拟机。（　　）

2. Android 应用程序的主要语言是 Java。（　　）

3. Android 采用分层结构，分别是应用程序层、应用程序框架层、核心类库和 Linux 内核。（　　）

4. 第三代移动通信技术（3G）包括 TD-LTE 和 FDD-LTE 两种制式。（　　）

5. Android 程序中，Log.e() 用于输出警告级别的日志信息。（　　）

6. 每个 Dalvik 虚拟机实例都是一个独立的进程空间，并且每个进程之间不可以通信。（　　）

三、选择题

1. Dalvik 虚拟机是基于（　　）的架构。

A. 栈　　　　　　　　　B. 堆　　　　　　　　　C. 寄存器　　　　　　　　D. 存储器

2. Android 程序中的主题和样式资源，通常放在哪个目录下？（　　）

A. res/drawable　　　　B. res/layout　　　　　C. res/values　　　　　　D. assets

3. 下列关于 AndroidManifest.xml 文件的说法中，错误的是（　　）。

A. 它是整个程序的配置文件

B. 可以在该文件中配置程序所需的权限

C. 可以在该文件中注册程序用到的组件

D. 该文件可以设置 UI 布局

4. Dalvik 虚拟机属于 Android 体系结构中的哪一层？（　　）

A. 应用程序层　　　　　　　　　　　B. 应用程序框架层

C. 核心类库层　　　　　　　　　　　D. Linux 内核层

5. Android 中短信、联系人管理、浏览器等属于 Android 体系结构中的哪一层？（　　）

A. 应用程序层　　　　　　　　　　　B. 应用程序框架层

C. 核心类库层　　　　　　　　　　　D. Linux 内核层

四、简答题

1. 简述如何搭建 Android 开发环境。

2. 简述 Android 源代码的编译过程。

3. 简述 Android 体系结构包含的层次及各层的特点。

第 2 章

Android常见界面布局

学习目标

★ 了解 View 控件与 ViewGroup 容器的作用和关联
★ 掌握界面布局在 XML 布局文件与 Java 代码中的编写方式
★ 掌握常见界面布局的特点及使用

拓展阅读

在 Android 应用程序中，界面由布局和控件组成。布局好比建筑里的框架，控件相当于建筑里的砖瓦。针对界面中控件不同的排列位置，Android 定义了相应的布局进行管理。本章将针对 Android 界面中常见的布局进行详细讲解。

2.1 View 控件

Android 所有的 UI 元素都是通过 View 控件与 ViewGroup 容器构建的。对于一个 Android 应用程序的用户界面来说，ViewGroup 作为容器盛装界面中的控件，它可以包含普通的 View 控件，也可以包含 ViewGroup 容器。接下来通过一个图描述界面中 ViewGroup 容器和 View 控件的包含关系，如图 2-1 所示。

需要注意的是，Android 应用程序的每个界面必须有且只有一个 ViewGroup 容器。

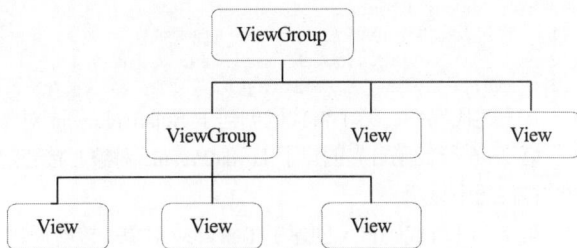

图2-1　ViewGroup容器和View控件的包含关系

2.2 界面布局编写方式

2.2.1 在 XML 布局文件中编写布局

Android 可以使用 XML 布局文件控制界面布局，从而有效地将界面中的布局代码和 Java 代码隔离，使程序的结构更加清晰。因此多数 Android 程序采用这种方式编写布局。

前面讲过布局文件通常放在 res/layout 文件夹中，我们可以在该文件夹的 XML 布局文件中编写布局。下面是 activity_main.xml 文件中的布局代码，具体如文件 2-1 所示。

【文件 2-1】　activity_main.xml

```
1  <?xml version="1.0" encoding="utf-8"?>
2  <RelativeLayout xmlns:android="http://schemas.android.com/apk/res/android"
3      xmlns:tools="http://schemas.android.com/tools"
4      android:layout_width="match_parent"
5      android:layout_height="match_parent"
6      tools:context=".MainActivity">
7      <TextView
8          android:layout_width="wrap_content"
9          android:layout_height="wrap_content"
10         android:text="使用 XML 布局文件控制 UI 界面"
11         android:textColor="#ff0000"
12         android:textSize="18sp"
13         android:layout_centerInParent="true"/>
14 </RelativeLayout>
```

上述代码定义了一个相对布局 RelativeLayout，在该布局中定义了一个 TextView 控件。其中，RelativeLayout
继承自 ViewGroup，TextView 继承自 View。

2.2.2　在 Java 代码中编写布局

Android 程序的布局不仅可以在 XML 布局文件中编写，还可以在 Java 代码中编写。在 Android 中所有布
局和控件的对象都可以通过 new 关键字创建，将创建的 View 控件添加到 ViewGroup 容器中，从而实现在布
局界面中显示 View 控件。

接下来，我们将 2.2.1 小节使用 XML 布局文件编写的布局，使用 Java 代码改写，改写后的示例代码
如下：

```
1  RelativeLayout relativeLayout = new RelativeLayout(this);
2  RelativeLayout.LayoutParams params =  new RelativeLayout.LayoutParams(
3                              RelativeLayout.LayoutParams.WRAP_CONTENT,
4                              RelativeLayout.LayoutParams.WRAP_CONTENT);
5  //addRule 参数对应 RelativeLayout 的 XML 布局属性
6  params.addRule(RelativeLayout.CENTER_IN_PARENT); //设置居中显示
7  TextView textView = new TextView(this);          //创建 TextView 控件
8  textView.setText("Java 代码实现界面布局");          //设置 TextView 控件的文字内容
9  textView.setTextColor(Color.RED);                //设置 TextView 控件的文字颜色
10 textView.setTextSize(18);                        //设置 TextView 控件的文字大小
11 //添加 TextView 对象和 TextView 的布局属性
12 relativeLayout.addView(textView, params);
13 setContentView(relativeLayout);                  //设置在 Activity 中显示 RelativeLayout
```

在上述代码中，第 1 行代码创建了 RelativeLayout 对象。

第 2~6 行代码首先创建了 LayoutParams 对象，接着定义了 RelativeLayout 的宽高，并设置 RelativeLayout
中的控件居中显示。

第 7~10 行代码首先创建了 TextView 对象，接着通过 setText()方法、setTextColor()方法、setTextSize()方法
分别设置文字内容信息、文字颜色及文字大小。

第 12 行代码通过 addView()方法将 TextView 对象和 LayoutParams 对象添加到 RelativeLayout 中。

第 13 行代码通过 setContentView()方法将 RelativeLayout 添加到 Activity 界面中。

需要注意的是，不管使用哪种方式编写布局，它们控制 Android 用户界面行为的本质是完全一样的，大
多数时候，控制 UI 控件的 XML 布局属性都有对应的方法。

2.3　界面布局的通用属性

为了适应不同的界面风格，Android 提供了 4 种常用布局，分别为线性布局、相对布局、表格布局、
帧布局。接下来，本节将针对这些布局的通用属性进行详细讲解。

Android 提供的 4 种常用布局直接或者间接继承自 ViewGroup，因此这 4 种常用布局也支持在 ViewGroup 容器中定义的属性，这些属性可以看作是布局的通用属性。接下来，通过一张表来罗列布局的通用属性，具体如表 2-1 所示。

表 2-1　布局的通用属性

属性名称	功能描述
android:id	设置布局的标识
android:layout_width	设置布局的宽度
android:layout_height	设置布局的高度
android:background	设置布局的背景
android:layout_margin	设置当前布局与屏幕边界、周围布局或控件的距离
android:padding	设置当前布局与该布局中控件的距离

接下来，针对表 2-1 中的属性进行详细讲解，具体如下。

1. android:id

该属性用于设置当前布局的唯一标识。在 XML 布局文件中它的属性值是通过 "@+id/属性名称" 定义的。为布局指定 android:id 属性后，在 R.java 文件中，会自动生成对应的 int 值。在 Java 代码中通过为 findViewById() 方法传入该 int 值来获取该布局对象。

2. android:layout_width

该属性用于设置布局的宽度，其值可以是具体的尺寸，如 50dp，也可以是系统定义的值。系统定义的值的具体介绍如下。

（1）fill_parent：表示该布局的宽度与父容器(从根元素讲是屏幕)的宽度相同。

（2）match_parent：与 fill_parent 的作用相同，从 Android 2.2.0 开始推荐使用 match_parent。

（3）wrap_content：表示该布局的宽度恰好能包裹它的内容。

3. android:layout_height

该属性用于设置布局的高度，其值可以是具体的尺寸，如 50dp，也可以是系统定义的值。系统定义的值的具体介绍如下。

（1）fill_parent：表示该布局的高度与父容器的高度相同。

（2）match_parent：与 fill_parent 的作用相同，从 Android 2.2.0 开始推荐使用 match_parent。

（3）wrap_content：表示该布局的高度恰好能包裹它的内容。

4. android:background

用于设置布局背景，其值可以引用图片资源，也可以引用颜色资源。

5. android:layout_margin

该属性用于设置当前布局与屏幕边界、周围布局或控件的距离，属性值为具体的尺寸，如 45dp。与之相似的还有 android:layout_marginTop、android:layout_marginBottom、android:layout_marginLeft、android:layout_marginRight 属性，分别用于设置当前布局与屏幕、周围布局或者控件的上、下、左、右边界的距离。

6. android:padding

该属性用于设置当前布局与该布局内控件的距离，其值可以是具体的尺寸，如 45dp。与之相似的还有 android:paddingTop、android:paddingBottom、android:paddingLeft、android:paddingRight 属性，分别用于设置当前布局中控件与该布局上、下、左、右边界的距离。

需要注意的是，Android 提供的 4 种常用布局必须设置 android:layout_width 和 android:layout_height 属性指定其宽高，其他的属性可以根据需求进行设置。

2.4　线性布局

2.4.1　线性布局 LinearLayout 简介

线性布局内的子控件通常被指定为水平或者竖直排列。在 XML 布局文件中定义 LinearLayout 的基本语法格式如下：

```
<LinearLayout xmlns:android="http://schemas.android.com/apk/res/android"
    属性 = "属性值"
    ......>
</LinearLayout>
```

除了布局的通用属性，LinearLayout 还有两个比较常用的属性，具体如表 2-2 所示。

表 2-2　LinearLayout 中常用的两个属性

属性名称	功能描述
android:orientation	设置布局内控件的排列顺序
android:layout_weight	在布局内设置控件权重，属性值可直接写 int 值

接下来，针对表 2-2 中的属性进行详细讲解，具体如下。

1. android:orientation

用于设置 LinearLayout 中控件的排列顺序，其可选值为 vertical 和 horizontal，这 2 个值的具体介绍如下。

（1）vertical：表示 LinearLayout 内控件从上到下依次竖直排列。

（2）horizontal：表示 LinearLayout 内控件从左到右依次水平排列。

2. android:layout_weight

该属性称为权重，通过设置该属性值，可使布局内的控件按照权重比显示大小，在进行屏幕适配时起到关键作用。

接下来，我们通过一个案例来演示如何使用 android:layout_weight 为 LinearLayout 中的控件分配权重。本案例中使用的线性布局是 LinearLayout，在 LinearLayout 中放置了 3 个按钮，这 3 个按钮的宽度在水平方向的比重是 1∶1∶2。LinearLayout 界面如图 2-2 所示。

实现图 2-2 中的 LinearLayout 界面的具体步骤如下。

1. 创建程序

创建一个名为 LinearLayout 的应用程序，指定包名为 cn.itcast.linearlayout。

2. 放置界面控件

在 activity_main.xml 文件的 LinearLayout 中放置 3 个 Button 控件（该控件用于在界面上显示一个按钮的样式，将在第 3 章对它进行详细的讲解），分别用于显示按钮 1、按钮 2 和按钮 3，具体代码如文件 2-2 所示。

图2-2　LinearLayout界面

【文件 2-2】　activity_main.xml

```
1  <?xml version="1.0" encoding="utf-8"?>
2  <LinearLayout xmlns:android="http://schemas.android.com/apk/res/android"
3      android:layout_width="match_parent"
4      android:layout_height="match_parent"
5      android:orientation="horizontal">
6      <Button
7          android:layout_width="0dp"
8          android:layout_height="wrap_content"
```

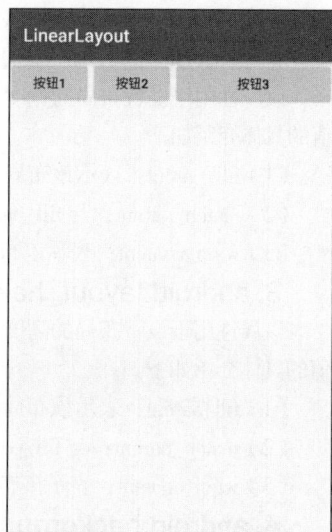

```
 9          android:layout_weight="1"
10          android:text="按钮 1"/>
11      <Button
12          android:layout_width="0dp"
13          android:layout_height="wrap_content"
14          android:layout_weight="1"
15          android:text="按钮 2"/>
16      <Button
17          android:layout_width="0dp"
18          android:layout_height="wrap_content"
19          android:layout_weight="2"
20          android:text="按钮 3"/>
21  </LinearLayout>
```

在上述代码中，第 5 行代码的 android:orientation 属性值为 horizontal，表示在 LinearLayout 中的控件水平排列。

第 6～20 行代码定义了 3 个 Button 控件，它们的 android:layout_weight 属性值分别是 1、1、2，说明这 3 个 Button 控件的宽度占据布局宽度的比值分别是 1/4、1/4 和 1/2。

需要注意的是，LinearLayout 中的 android:layout_width 属性值不可设为 wrap_content。

这是因为 LinearLayout 的优先级比 Button 控件高，如果将 android:layout_width 属性设置为 wrap_content，则 Button 控件的 android:layout_weight 属性会失去作用。当设置了 Button 控件的 android:layout_weight 属性时，控件的 android:layout_width 属性值一般设置为 0dp 才会有权重占比的效果。

2.4.2　实战演练——仿动物连连看游戏界面

在实际开发中，我们经常会使用线性布局来放置水平排列或垂直排列的一些控件。为了让大家更好地理解线性布局在实际开发中的应用，接下来通过一个仿动物连连看游戏界面的案例来演示如何使用线性布局排列界面上的动物和空格子。案例中仿动物连连看游戏界面如图 2-3 所示。

实现仿动物连连看游戏界面的具体步骤如下。

1. 创建程序

创建一个名为 AnimalConnection 的应用程序，指定包名为 cn.itcast. animalconnection。

2. 导入界面图片

将仿动物连连看游戏界面需要的图片 animal_bg.png、box.png、one.png、two.png、three.png、four.png、five.png 导入程序的 drawable-hdpi 文件夹中（默认情况下程序中没有 drawable-hdpi 文件夹，需手动在 res 文件夹中创建一个）。

3. 创建动物图片控件的样式

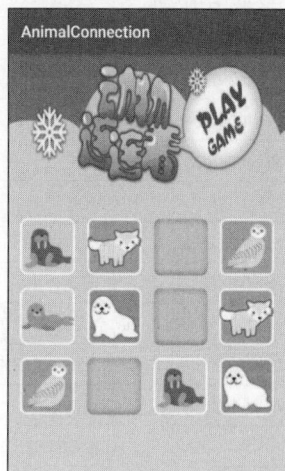

图2-3　仿动物连连看游戏界面

仿动物连连看游戏界面上的每个动物图片的宽度、高度及与右边图片（或空格子或界面边界）的距离都是相同的固定值。为了减少程序中代码的冗余，需要将这些样式代码抽取出来单独放在创建的样式 btnStyle 中。在程序的 res/values/styles.xml 文件中创建一个名为 btnStyle 的样式，具体代码如下：

```
1  <resources>
2      ......
3      <style name="btnStyle">
4          <item name="android:layout_width">70dp</item>
5          <item name="android:layout_height">70dp</item>
6          <item name="android:layout_marginRight">15dp</item>
7      </style>
8  </resources>
```

4. 放置界面控件

在 activity_main.xml 文件的根布局 LinearLayout 中放置 3 个 LinearLayout，每个 LinearLayout 中放置 4 个 Button 控件用于显示不同的动物或空格子，每个 LinearLayout 中的控件都是水平排列的，完整的布局代码如文件 2-3 所示。

扫码查看文件 2-3

2.5　相对布局

2.5.1　相对布局 RelativeLayout 简介

相对布局通过相对定位的方式指定子控件的位置。在 XML 布局文件中定义 RelativeLayout 时使用 <RelativeLayout>标签，定义格式如下：

```
<RelativeLayout xmlns:android="http://schemas.android.com/apk/res/android"
    属性 = "属性值"
    ......>
</RelativeLayout>
```

RelativeLayout 以父容器或其他子控件为参照物，指定布局中子控件的位置。在 RelativeLayout 中的子控件具备一些属性，用于指定子控件的位置，这些子控件的属性如表 2-3 所示。

表 2-3　RelativeLayout 中子控件的属性

属性名称	功能描述
android:layout_centerInParent	设置当前控件位于父布局的中央位置
android:layout_centerVertical	设置当前控件位于父布局的垂直居中位置
android:layout_centerHorizontal	设置当前控件位于父控件的水平居中位置
android:layout_above	设置当前控件位于某控件上方
android:layout_below	设置当前控件位于某控件下方
android:layout_toLeftOf	设置当前控件位于某控件左侧
android:layout_toRightOf	设置当前控件位于某控件右侧
android:layout_alignParentTop	设置当前控件是否与父控件顶端对齐
android:layout_alignParentLeft	设置当前控件是否与父控件左对齐
android:layout_alignParentRight	设置当前控件是否与父控件右对齐
android:layout_alignParentBottom	设置当前控件是否与父控件底端对齐
android:layout_alignTop	设置当前控件的上边界与某控件的上边界对齐
android:layout_alignBottom	设置当前控件的下边界与某控件的下边界对齐
android:layout_alignLeft	设置当前控件的左边界与某控件的左边界对齐
android:layout_alignRight	设置当前控件的右边界与某控件的右边界对齐

接下来，我们通过一个案例来演示如何在相对布局中指定 3 个按钮的位置。本案例中使用的相对布局是 RelativeLayout，在 RelativeLayout 中放置了 3 个按钮，这 3 个按钮以不同的位置进行显示。RelativeLayout 界面如图 2-4 所示。

实现图 2-4 中的 RelativeLayout 界面的具体步骤如下。

1. 创建程序

创建一个名为 RelativeLayout 的应用程序，指定包名为 cn.itcast.relativelayout。

2. 放置界面控件

在 activity_main.xml 文件的 RelativeLayout 中放置 3 个 Button 控件，分别表示"按钮 1""按钮 2"和"按

钮 3"。activity_main.xml 文件的具体代码如文件 2-4 所示。

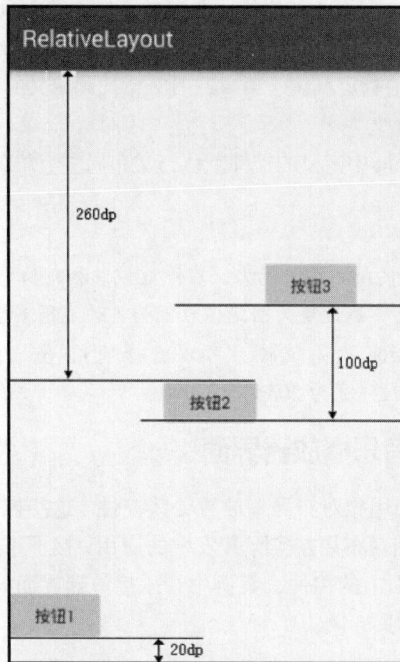

图2-4　RelativeLayout界面

【文件 2-4】 activity_main.xml

```
1  <?xml version="1.0" encoding="utf-8"?>
2  <RelativeLayout xmlns:android="http://schemas.android.com/apk/res/android"
3      android:layout_width="match_parent"
4      android:layout_height="match_parent">
5      <Button
6          android:id="@+id/btn_one"
7          android:layout_width="wrap_content"
8          android:layout_height="wrap_content"
9          android:text="按钮 1"
10         android:layout_alignParentBottom="true"
11         android:layout_marginBottom="20dp"/>
12     <Button
13         android:id="@+id/btn_two"
14         android:layout_width="wrap_content"
15         android:layout_height="wrap_content"
16         android:text="按钮 2"
17         android:layout_centerHorizontal="true"
18         android:layout_marginTop="260dp"/>
19     <Button
20         android:id="@+id/btn_three"
21         android:layout_width="wrap_content"
22         android:layout_height="wrap_content"
23         android:text="按钮 3"
24         android:layout_alignBottom="@id/btn_two"
25         android:layout_marginBottom="100dp"
26         android:layout_toRightOf="@id/btn_two"/>
27 </RelativeLayout>
```

在上述代码中，第 2～4 行代码定义了 RelativeLayout，通过设置 android:layout_width 和 android:layout_ height 属性的值确定该布局的宽高。

第 5～11 行代码定义了一个 Button 控件，通过设置 android:layout_alignParentBottom 和 android:layout_marginBottom 属性的值指定其位于父布局底部高 20dp 的位置。

第 12～18 行代码定义了一个 Button 控件，通过设置 android:layout_centerHorizontal 和 android:layout_marginTop 属性的值指定其在父布局中水平居中且其上边缘位于距离父布局顶部 260dp 的位置。

第 19～26 行代码定义了一个 Button 控件，通过设置 android:layout_alignBottom、android:layout_marginBottom 和 android:layout_toRightOf 属性的值指定其位于第 12～18 行代码定义的 Button 控件右侧且距离其下边缘 100dp 的位置。

需要注意的是，在 RelativeLayout 中定义的控件默认与父布局左上角对齐。

▋▋ 多学一招：布局和控件的宽高

为了让 Android 程序拥有更好的屏幕适配能力，在设置控件和布局宽高时最好使用 "match_parent" 或 "wrap_content"，尽量避免将控件的宽高设置为固定值。因为控件在很多情况下会相互挤压，从而导致控件变形。但特殊情况下需要使用指定宽高值时，可以选择使用 px、pt、dp、sp 四种单位。例如：android:layout_width="20dp"，表示控件宽为 20dp。

2.5.2　实战演练——音乐播放器界面

在实际开发中，我们经常会使用相对布局来放置一些控件，这些控件都是相对于另一个控件的位置放置的。为了让大家更好地理解相对布局在实际开发中的应用，接下来通过一个音乐播放器界面的案例来演示如何使用相对布局放置界面上的控件，案例中音乐播放器界面如图 2-5 所示。

实现音乐播放器界面的具体步骤如下。

1. 创建程序

创建一个名为 MusicLayout 的应用程序，指定包名为 cn.itcast.musiclayout。

2. 导入界面图片

将音乐播放器界面需要的图片 music_bg.png、left_icon.png、middle_icon.png、right_icon.png、music_icon.png、progress_icon.png 导入程序的 drawable-hdpi 文件夹中。

3. 放置界面控件

在 activity_main.xml 文件的根布局 RelativeLayout 中放置 2 个 Button 控件与 1 个相对布局 RelativeLayout。2 个 Button 控件分别用于显示界面上的圆形图片与进度条，1 个相对布局 RelativeLayout 中放置 3 个 Button 控件分别用于显示进度条下方的 3 个按钮，完整布局代码如文件 2-5 所示。

扫码查看文件 2-5

图2-5　音乐播放器界面

2.6　表格布局

2.6.1　表格布局 TableLayout

表格布局采用行、列的形式来管理控件，它不需要明确声明其中包含多少行、多少列，而是通过在表格中添加 TableRow 布局或控件来控制表格的行数，在 TableRow 布局中添加控件来控制表格的列数。在 XML 布局文件中定义 TableLayout 的基本语法格式如下：

```
<TableLayout xmlns:android="http://schemas.android.com/apk/res/android"
    属性 = "属性值">
    <TableRow>
        UI 控件
```

```
    </TableRow>
    UI 控件
    ......
</TableLayout>
```

TableLayout 继承自 LinearLayout，因此它完全支持 LinearLayout 所支持的属性，此外，它还有其他的常用属性。TableLayout 的常用属性如表 2-4 所示。

表 2-4　TableLayout 的常用属性

属性名称	功能描述
android:stretchColumns	设置可拉伸的列。如：android:stretchColumns="0"，表示第 1 列可拉伸
android:shrinkColumns	设置可收缩的列。如：android:shrinkColumns="1,2"，表示第 2 列、第 3 列可收缩
android:collapseColumns	设置可隐藏的列。如：android:collapseColumns="0"，表示第 1 列可隐藏

TableLayout 中的控件有两个常用属性，即 android:layout_column 与 android:layout_span，分别用于设置控件显示的位置、占据的列数。TableLayout 中控件的常用属性如表 2-5 所示。

表 2-5　TableLayout 中控件的常用属性

属性名称	功能描述
android:layout_column	设置该控件显示的位置，如 android:layout_column="1"表示在第 2 个位置显示
android:layout_span	设置该控件占据几列，默认为 1 列

需要注意的是，在 TableLayout 中，列的宽度由该列中最宽的那个单元格（控件）决定，整个 TableLayout 的宽度则取决于父容器的宽度。

接下来，我们通过一个案例来讲解如何设置 3 行 3 列的表格。本案例中使用的表格布局是 TableLayout，在 TableLayout 中放置了 5 个按钮，将这 5 个按钮按照 3 行 3 列的形式进行排列。TableLayout 界面如图 2-6 所示。

实现图 2-6 中的 TableLayout 界面的具体步骤如下。

1. 创建程序

创建一个名为 TableLayout 的应用程序，指定包名为 cn.itcast.tablelayout。

2. 放置界面控件

在 activity_main.xml 文件的 TableLayout 中放置 3 个 TableRow 布局，在 TableRow 布局中添加不同数量的按钮，具体代码如文件 2-6 所示。

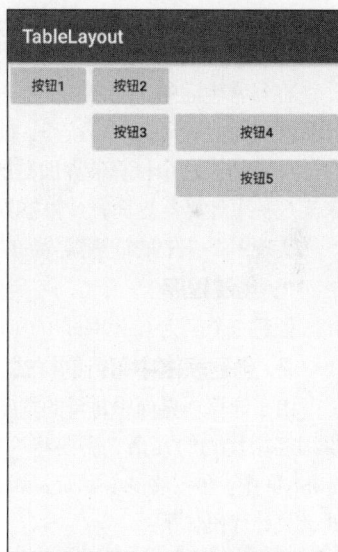

图2-6　TableLayout界面

【文件 2-6】　activity_main.xml

```
1  <?xml version="1.0" encoding="utf-8"?>
2  <TableLayout xmlns:android="http://schemas.android.com/apk/res/android"
3      android:layout_width="wrap_content"
4      android:layout_height="wrap_content"
5      android:stretchColumns="2" >
6      <TableRow>
7          <Button
8              android:layout_width="wrap_content"
9              android:layout_height="wrap_content"
10             android:layout_column="0"
11             android:text="按钮 1" />
12         <Button
```

```
13              android:layout_width="wrap_content"
14              android:layout_height="wrap_content"
15              android:layout_column="1"
16              android:text="按钮 2" />
17      </TableRow>
18      <TableRow>
19          <Button
20              android:layout_width="wrap_content"
21              android:layout_height="wrap_content"
22              android:layout_column="1"
23              android:text="按钮 3" />
24          <Button
25              android:layout_width="wrap_content"
26              android:layout_height="wrap_content"
27              android:layout_column="2"
28              android:text="按钮 4" />
29      </TableRow>
30      <TableRow>
31          <Button
32              android:layout_width="wrap_content"
33              android:layout_height="wrap_content"
34              android:layout_column="2"
35              android:text="按钮 5" />
36      </TableRow>
37  </TableLayout>
```

在上述代码中，第 5 行代码通过 android:stretchColumns 属性设置 TableLayout 的第 3 列被拉伸（下标值从 0 开始计算），Button 控件通过 android:layout_column 属性指定当前控件位于第几列。

2.6.2　实战演练——计算器界面

在日常生活中，超市收银台一般会使用计算器来计算每个人的消费金额，计算器界面上通常有 5 行按钮，前 4 行中每行包含 4 个按钮，剩余 1 行中包含 2 个按钮。这个计算器界面是如何实现的呢？接下来我们通过 TableLayout 来实现一下计算器界面，计算器界面如图 2-7 所示。

实现图 2-7 中的计算器界面的具体步骤如下。

1. 创建程序

创建一个名为 Calculator 的应用程序，指定包名为 cn.itcast.calculator。

2. 创建表格中每行的样式

由于计算器界面中每行的宽度与高度都是自适应的，比重都是 1，为了减少程序中代码的冗余，需要将这些样式代码抽取出来单独放在创建的样式 rowStyle 中。在程序的 res/values/styles.xml 文件中创建一个名为 rowStyle 的样式，具体代码如下：

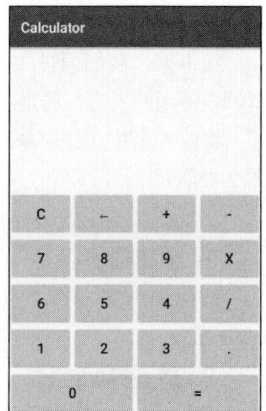

图2-7　计算器界面

```
1  <resources>
2      ......
3      <style name="rowStyle">
4          <item name="android:layout_width">wrap_content</item>
5          <item name="android:layout_height">wrap_content</item>
6          <item name="android:layout_weight">1</item>
7      </style>
8  </resources>
```

3. 创建表格中按钮的样式

由于计算器界面中每个按钮的宽度为自适应，高度为填充父窗体，按钮上的文本大小都为 20sp，为了减少程序中代码的冗余，需要将这些样式代码抽取出来单独放在创建的样式 btnStyle 中。在程序的 res/values/styles.xml 文件中创建一个名为 btnStyle 的样式，具体代码如下：

```
1  <resources>
2      ......
```

```
3       <style name="btnStyle" >
4           <item name="android:layout_width">wrap_content</item>
5           <item name="android:layout_height">match_parent</item>
6           <item name="android:textSize">20sp</item>
7       </style>
8   </resources>
```

4. 放置界面控件

在 activity_main.xml 文件的根布局 TableLayout 中放置了 5 个 TableRow 布局, 每个 TableRow 布局都表示一行, 在该布局中放置 4 个 Button 控件分别用于显示每行的 4 个按钮, 最后 1 个 TableRow 布局中放置 2 个 Button 控件用于显示界面底部的 2 个按钮, 完整布局代码如文件 2-7 所示。

[扫码查看文件 2-7]

2.7　帧布局

2.7.1　帧布局 FrameLayout 简介

帧布局用于在屏幕上创建一块空白区域, 添加到该区域中的每个子控件占一帧, 这些帧会一个一个叠加在一起, 后加入的控件会叠加在上一个控件上层。默认情况下, 帧布局中的所有控件会与布局的左上角对齐。在 XML 布局文件中定义 FrameLayout 的基本语法格式如下:

```
<FrameLayout xmlns:android="http://schemas.android.com/apk/res/android"
    属性 ="属性值">
</FrameLayout>
```

FrameLayout 除了 2.3 节介绍的通用属性, 还有 2 个特殊属性, 如表 2-6 所示。

表 2-6　FrameLayout 的 2 个特殊属性

属性名称	功能描述
android:foreground	设置 FrameLayout 容器的前景图像 (始终在所有子控件之上)
android:foregroundGravity	设置前景图像显示的位置

接下来, 我们通过一个案例来讲解如何在帧布局中使用属性 android:foreground 和 android:foregroundGravity 指定控件位置。本案例中使用的帧布局是 FrameLayout, 在 FrameLayout 中放置了 2 个按钮, 分别是按钮 1 和按钮 2, 按钮 2 在按钮 1 的上一层进行显示。FrameLayout 界面如图 2-8 所示。

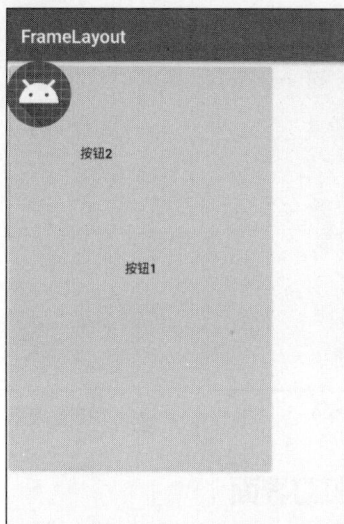

图2-8　FrameLayout界面

实现图 2-8 中的 FrameLayout 界面的具体步骤如下。

1. 创建程序

创建一个名为 FrameLayout 的应用程序，指定包名为 cn.itcast.framelayout。

2. 放置界面控件

在 activity_main.xml 文件的 FrameLayout 中放置 2 个 Button 控件，分别用于显示按钮 1 和按钮 2，具体代码如文件 2-8 所示。

【文件 2-8】   activity_main.xml

```
1  <?xml version="1.0" encoding="utf-8"?>
2  <FrameLayout xmlns:android="http://schemas.android.com/apk/res/android"
3      android:layout_width="match_parent"
4      android:layout_height="match_parent"
5      android:foreground="@mipmap/ic_launcher"
6      android:foregroundGravity="left" >
7      <Button
8          android:layout_width="300dp"
9          android:layout_height="450dp"
10         android:text="按钮 1" />
11     <Button
12         android:layout_width="200dp"
13         android:layout_height="200dp"
14         android:text="按钮 2" />
15 </FrameLayout>
```

在上述代码中，第 2～6 行代码通过 android:foreground 和 android:foregroundGravity 属性设置 ic_launcher.png 为 FrameLayout 的前景图像并居左显示。前景图片始终保持在该布局最上层。

第 7～14 行代码定义了两个 Button 控件，文本信息分别为按钮 1 和按钮 2。显示按钮 2 的 Button 控件位于显示按钮 1 的 Button 控件的上一层。

3. 运行效果

运行上述程序，分别点击按钮 1 和按钮 2，点击前后的效果如图 2-9 所示。

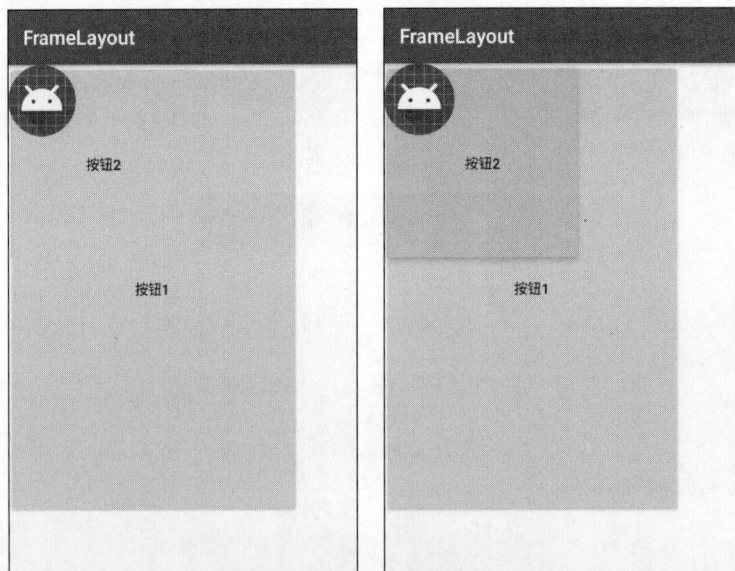

图2-9　点击按钮1和按钮2前后的效果

2.7.2　实战演练——霓虹灯界面

帧布局是一种相对简单的布局，放在该布局中的所有控件都将按照层次堆叠在屏幕的左上角，后添加进来的控件覆盖前面添加的控件。利用这一特性我们可以使用 FrameLayout 来搭建一个霓虹灯界面，如图 2-10 所示。

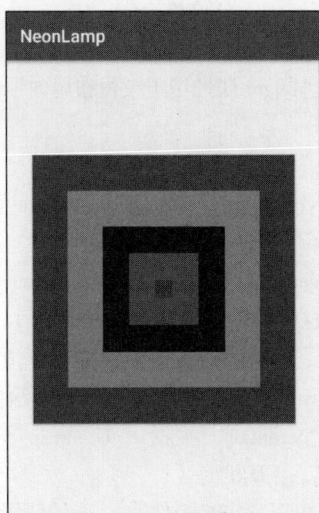

图2-10　霓虹灯界面

实现图 2-10 中霓虹灯界面的具体步骤如下。

1. 创建程序

创建一个名为 NeonLamp 的应用程序，指定包名为 cn.itcast.neonlamp。

2. 放置界面控件

在 activity_main.xml 文件的根布局 FrameLayout 中放置 5 个 Button 控件分别用于显示 5 个按钮，这些按钮的宽度与高度都设置为不同的值，按钮的背景设置为不同的颜色，完整布局代码如文件 2-9 所示。

扫码查看文件 2-9

2.8　本章小结

本章主要针对 Android 常见的界面布局进行详细讲解。因为在 Android 应用程序中，所有功能大部分都体现在界面上，界面的美观会给用户一个较好的视觉体验，所以希望读者能够掌握 Android 中常见的布局 LinearLayout、RelativeLayout、TableLayout、FrameLayout 的使用，同时还需要掌握如何在 XML 布局文件与 Java 代码中编写布局，为以后开发 Android 应用程序做好铺垫。

2.9　本章习题

一、填空题

1. Android 的常见布局都直接或者间接地继承自＿＿＿＿＿类。

2. Android 中的 TableLayout 继承自＿＿＿＿＿。

3. TableLayout 可以通过＿＿＿＿＿控制表格的行数。

4. ＿＿＿＿＿布局通过相对定位的方式指定子控件的位置。

5. 在 R.java 文件中，android:id 属性会自动生成对应的＿＿＿＿＿类型的值。

二、判断题

1. ViewGroup 是盛装界面控件的容器。（　　）

2. 如果在 FrameLayout 中放入 3 个所有属性都相同的按钮，那么能够在屏幕上显示的是第 1 个被添加的按钮。（　　）

3. Android 中的布局文件通常放在 res/layout 文件夹中。（　　）

4. TableLayout 继承自 LinearLayout，因此它完全支持 LinearLayout 所支持的属性。（　　）

5. LinearLayout 中的 android:layout_weight 属性用于设置布局内控件所占的权重。（　　）

三、选择题

1. 下列属性中，用于设置 LinearLayout 方向的是（　　）。

A. orientation　　　　　　B. gravity　　　　　　C. layout_gravity　　　　　　D. padding

2. 下列选项中，不属于 Android 布局的是（　　）。

A. FrameLayout　　　　　　B. LinearLayout　　　　　　C. Button　　　　　　D. RelativeLayout

3. FrameLayout 是将其中的组件放在自己的哪个位置？（　　）

A. 左上角　　　　　　B. 右上角　　　　　　C. 左下角　　　　　　D. 右下角

4. 对于 XML 布局文件，android:layout_width 属性的值不可以是什么？（　　）

A. match_parent　　　　　　B. fill_parent　　　　　　C. wrap_content　　　　　　D. match_content

5. 下列关于 RelativeLayout 的描述，正确的是（　　）。

A. RelativeLayout 表示绝对布局，可以自定义控件的 x、y 的位置

B. RelativeLayout 表示帧布局，可以实现标签切换的功能

C. RelativeLayout 表示相对布局，其中控件的位置都是相对位置

D. RelativeLayout 表示表格布局，需要配合 TableRow 布局一起使用

四、简答题

列举 Android 中的常用布局，并简述它们各自的特点。

五、编程题

使用 TableLayout 实现一个简单的计算器界面。

第 3 章

Android常见界面控件

★ 掌握简单控件的使用，能够搭建简单的界面

★ 掌握 ListView 控件与 RecyclerView 控件的使用，能独立搭建列表界面

★ 了解自定义控件，能自定义一个简单的控件

几乎每一个 Android 应用程序都是通过界面控件与用户交互的，Android 提供了非常丰富的界面控件，借助这些控件，我们可以很方便地进行用户界面开发。接下来，本章将针对 Android 的常见界面控件进行讲解。

3.1 简单控件的使用

在 Android 程序的界面上，我们通常会看到按钮、输入框、文字、图片、单选按钮、复选框等信息，这些信息是通过哪些方式来实现的呢？为了更方便地显示与操作界面上的这些信息，Android 提供了一些控件来显示这些信息，每个控件都由对应的属性用来设置不同的效果。接下来本节将针对 Android 中简单控件的使用进行详细讲解。

3.1.1 TextView 控件

TextView 控件用于显示文本信息，我们可以在 XML 布局文件中以添加属性的方式来控制 TextView 控件的样式。接下来，通过一张表来罗列 TextView 控件的常用属性，如表 3-1 所示。

表 3-1 TextView 控件的常用属性

属性名称	功能描述
android:layout_width	设置 TextView 控件的宽度
android:layout_height	设置 TextView 控件的高度
android:id	设置 TextView 控件的唯一标识
android:background	设置 TextView 控件的背景
android:layout_margin	设置当前控件与屏幕边界或周围控件、布局的距离
android:padding	设置 TextView 控件与该控件中内容的距离
android:text	设置文本内容

（续表）

属性名称	功能描述
android:textColor	设置文本中文字显示的颜色
android:textSize	设置文本中文字大小，推荐单位为 sp，如 android:textSize = "15sp"
android:gravity	设置文本内容的位置，如设置成"center"，文本将居中显示
android:maxLength	设置文本最大长度，超出此长度的文本不显示。如 android:maxLength = "10"
android:lines	设置文本的行数，超出此行数的文本不显示
android:maxLines	设置文本的最大行数，超出此行数的文本不显示
android:ellipsize	设置当文本超出 TextView 控件规定的范围时的显示方式。属性值可选为"start""middle""end"，分别表示当文本超出 TextView 控件规定的范围时，在文本开始、中间或者末尾显示省略号"…"
android:drawableTop	在文本的顶部显示图像，该图像资源可以放在 res/drawable 文件夹中相应分辨率的目录下，通过"@drawable/文件名"调用。类似的属性有 android:drawableBottom、android:drawableLeft、android:drawableRight
android:lineSpacingExtra	设置文本的行间距
android:textStyle	设置文本样式，如 bold（粗体）、italic（斜体）、normal（正常）

注意：

　　Android 中的控件样式除了可以使用 XML 属性设置，也可以使用 Java 中的方法设置。控件的每一个 XML 属性都对应一个 Java 方法，例如，TextView 控件的 android:textColor 属性对应的是 Java 中的 setTextColor()方法。

　　接下来，我们通过一个案例讲解如何将 TextView 控件中的文本信息居中，并且将文本的样式设置为斜体。显示斜体文本的界面如图 3-1 所示。

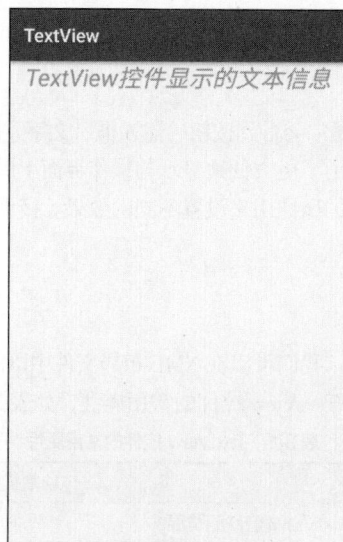

图3-1　显示斜体文本的界面

　　实现图 3-1 中显示斜体文本的界面的具体步骤如下。

1. 创建程序

创建一个名为 TextView 的应用程序，指定包名为 cn.itcast.textview。

2. 放置界面控件

在 res/layout 文件夹的 activity_main.xml 文件中，放置 1 个 TextView 控件，用于显示文本信息。

activity_main.xml 文件的具体代码如文件 3–1 所示。

【文件 3-1】 activity_main.xml

```
1  <?xml version="1.0" encoding="utf-8"?>
2  <RelativeLayout xmlns:android="http://schemas.android.com/apk/res/android"
3      android:layout_width="match_parent"
4      android:layout_height="match_parent">
5      <TextView
6          android:layout_width="match_parent"
7          android:layout_height="wrap_content"
8          android:text="TextView 控件显示的文本信息"
9          android:textColor="#FFF79E38"
10         android:textSize="25sp"
11         android:gravity="center"
12         android:textStyle="italic" />
13 </RelativeLayout>
```

在上述代码中，第 5~12 行代码在布局中添加了 TextView 控件。

第 8 行代码通过 android:text 属性设置 TextView 控件显示的文本信息。

第 9 行代码通过 android:textColor 属性设置文本中文字颜色为"#FFF79E38"。

第 10 行代码通过 android:textSize 属性设置文本中文字大小为 25sp。

第 11 行代码通过 android:gravity 属性设置控件中的内容居中显示。

第 12 行代码通过设置 android:textStyle 的属性值为"italic"，使文本显示为斜体样式。

3.1.2　EditText 控件

EditText 控件表示编辑框，它是 TextView 控件的子类，用户可在此控件中输入信息。除了支持 TextView 控件的属性，EditText 控件还支持一些其他的常用属性，如表 3–2 所示。

表 3-2　EditText 控件的常用属性

属性名称	功能描述
android:hint	控件中内容为空时显示的提示文本信息
android:textColorHint	控件中内容为空时显示的提示文本信息的颜色
android:password	输入文本框中的内容显示为"."
android:phoneNumber	设置输入文本框中的内容只能是数字
android:minLines	设置文本的最小行数
android:scrollHorizontally	设置文本信息超出 EditText 控件的宽度情况下是否出现横拉条
android:editable	设置是否可编辑

接下来，我们通过一个案例来讲解如何使用 EditText 控件编辑文本信息。本案例中显示编辑框的界面如图 3–2 所示。

实现在图 3–2 中的编辑框中编辑文本的功能的具体步骤如下。

1. 创建程序

创建一个名为 EditText 的应用程序，指定包名为 cn.itcast.edittext。

2. 放置界面控件

在 activity_main.xml 文件中，放置 1 个 TextView 控件用于显示标题，放置 1 个 EditText 控件供用户输入文本信息。activity_main.xml 文件的具体代码如文件 3–2 所示。

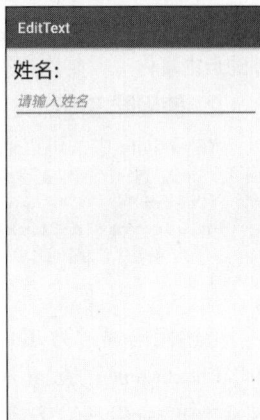

图3-2　显示编辑框的界面

【文件 3-2】 activity_main.xml

```
1  <?xml version="1.0" encoding="utf-8"?>
2  <LinearLayout xmlns:android="http://schemas.android.com/apk/res/android"
3      android:layout_width="match_parent"
4      android:layout_height="match_parent"
5      android:padding="10dp"
6      android:orientation="vertical">
7      <TextView
8          android:layout_width="match_parent"
9          android:layout_height="wrap_content"
10         android:text="姓名:"
11         android:textSize="28sp"
12         android:textColor="#000000" />
13     <EditText
14         android:layout_width="match_parent"
15         android:layout_height="wrap_content"
16         android:hint="请输入姓名"
17         android:maxLines="2"
18         android:textColor="#000000"
19         android:textSize="20sp"
20         android:textStyle="italic" />
21 </LinearLayout>
```

在上述代码中，第 7～12 行代码定义了 TextView 控件，通过 android:text、android:textSize 和 android:textColor 属性为文本控件设置文本信息、文本中文字的大小和文本中文字的颜色值。

第 13～20 行代码定义了 EditText 控件，通过 android:hint 属性使该控件在没有输入内容时，显示提示信息；当点击 EditText 控件输入内容时，输入框中的提示信息消失。将 android:maxLines 属性值设置为 2，即 EditText 控件最多可以输入两行文本信息，如果输入的内容超过了两行，则超过的文本内容将不显示。

3.1.3 Button 控件

Button 控件表示按钮，它继承自 TextView 控件，既可以显示文本，又可以显示图片，同时也允许用户通过点击来执行操作，当 Button 控件被点击时，被按下与弹起的背景会有一个动态的切换效果，这个效果就是点击效果。

通常情况下，对所有控件都可以设置点击事件，Button 控件也不例外，Button 控件最重要的作用就是响应用户的一系列点击事件。接下来，介绍三种为 Button 控件设置点击事件的方式，具体内容如下。

1. 在布局文件中指定 onClick 属性的值

通过在布局文件中指定 onClick 属性的值来设置 Button 控件的点击事件，示例代码如下：

```
<Button
    ......
    android:onClick="click" />
```

在上述代码中，Button 控件指定了 onClick 属性，我们可以在 Activity 中定义专门的方法来实现 Button 控件的点击事件。需要注意的是，在 Activity 中定义实现点击事件的方法名必须与 onClick 属性的值保持一致。

2. 使用匿名内部类

在 Activity 中，可以通过使用匿名内部类的方式为 Button 控件设置点击事件，示例代码如下：

```
btn.setOnClickListener(new View.OnClickListener() {
    @Override
    public void onClick(View view) {
        //实现点击事件的代码
    }
});
```

上述代码通过为 Button 控件设置 setOnClickListener()方法实现对 Button 控件点击事件的监听。setOnClickListener()方法传递的参数是一个匿名内部类。如果监听到 Button 控件被点击，那么程序会调用匿名内部类中的 onClick()方法实现 Button 控件的点击事件。

3. 使用 Activity 实现 OnClickListener 接口

使用当前的 Activity 实现 View.OnClickListener 接口，同样可以为 Button 控件设置点击事件，示例代码如下：

```
public class Activity extends AppCompatActivity implements View.OnClickListener{
    @Override
    protected void onCreate(Bundle savedInstanceState) {
        ......
        btn.setOnClickListener(this); //设置 Button 控件的点击监听事件
    }
    @Override
    public void onClick(View view) {
        //实现点击事件的代码
    }
}
```

在上述代码中，Activity 通过实现 View.OnClickListener 接口中的 onClick()方法来设置点击事件。需要注意的是，在实现 onClick()方法之前，必须调用 Button 控件的 setOnClickListener()方法设置点击监听事件，否则对 Button 控件的点击不会生效。

值得一提的是，在实现 Button 控件的点击事件的三种方式中，前两种方式适合界面上 Button 控件较少的情况，如果界面上 Button 控件较多，建议使用第三种方式实现控件的点击事件。

接下来，我们通过一个案例来讲解如何以三种方式为 Button 控件设置点击事件。本案例的界面上显示了 3 个按钮，这 3 个按钮在垂直方向依次排列。显示 3 个按钮的界面如图 3-3 所示。

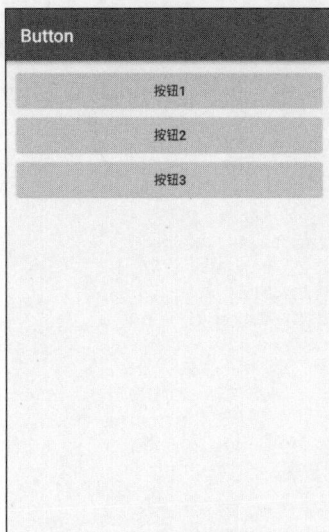

图3-3　显示3个按钮的界面

实现图 3-3 中 3 个按钮的点击事件的具体步骤如下。

1. 创建程序

创建一个名为 Button 的应用程序，指定包名为 cn.itcast.button。

2. 放置界面控件

在 res/layout 文件夹中的 activity_main.xml 文件中，放置 3 个 Button 控件，分别用于显示按钮 1、按钮 2 和按钮 3。activity_main.xml 文件的具体代码如文件 3-3 所示。

【文件 3-3】　activity_main.xml

```
1  <?xml version="1.0" encoding="utf-8"?>
2  <LinearLayout xmlns:android="http://schemas.android.com/apk/res/android"
3      android:layout_width="match_parent"
4      android:layout_height="match_parent"
5      android:orientation="vertical"
6      android:padding="8dp">
```

```
7      <Button
8          android:id="@+id/btn_one"
9          android:layout_width="match_parent"
10         android:layout_height="wrap_content"
11         android:text="按钮 1" />
12     <Button
13         android:id="@+id/btn_two"
14         android:layout_width="match_parent"
15         android:layout_height="wrap_content"
16         android:onClick="click"
17         android:text="按钮 2" />
18     <Button
19         android:id="@+id/btn_three"
20         android:layout_width="match_parent"
21         android:layout_height="wrap_content"
22         android:text="按钮 3" />
23 </LinearLayout>
```

3. 通过代码实现 Button 控件的点击事件

在 MainActivity 中分别采用三种方式实现按钮的点击事件。每个按钮被点击后，按钮对应的文本信息将分别更改为"按钮 1 已被点击""按钮 2 已被点击""按钮 3 已被点击"，具体代码如文件 3-4 所示。

【文件 3-4】　MainActivity.java

```
1  package cn.itcast.button;
2  import android.support.v7.app.AppCompatActivity;
3  import android.os.Bundle;
4  import android.view.View;
5  import android.widget.Button;
6  public class MainActivity extends AppCompatActivity implements View.OnClickListener
7  {
8      private Button btn_one, btn_two, btn_three;
9      @Override
10     protected void onCreate(Bundle savedInstanceState) {
11         super.onCreate(savedInstanceState);
12         setContentView(R.layout.activity_main);
13         btn_one = findViewById(R.id.btn_one);
14         btn_two = findViewById(R.id.btn_two);
15         btn_three = findViewById(R.id.btn_three);
16         btn_three.setOnClickListener(this);
17         //实现按钮 1 的点击
18         btn_one.setOnClickListener(new View.OnClickListener() {
19             @Override
20             public void onClick(View view) { //按钮 1 的点击事件
21                 btn_one.setText("按钮 1 已被点击");
22             }
23         });
24     }
25     /*
26      *实现按钮 2 的点击
27      */
28     public void click(View view) { //按钮 2 的点击事件
29         btn_two.setText("按钮 2 已被点击");
30     }
31     /*
32      *实现按钮 3 的点击
33      */
34     @Override
35     public void onClick(View v) {
36         switch (v.getId()) {
37             case R.id.btn_three:      //按钮 3 的点击事件
38                 btn_three.setText("按钮 3 已被点击");
39                 break;
40         }
41     }
42 }
```

在上述代码中，第 6~42 行代码分别使用三种方式实现了 3 个按钮的点击事件。

其中，第 18~23 行代码主要是通过匿名内部类来实现按钮 1 的点击事件。

第 28~30 行代码创建了一个 click() 方法用于实现按钮 2 的点击事件，该方法的名称必须与布局中按钮 2 控件的 onClick 属性的值保持一致。

第 34~41 行代码主要是实现了 OnClickListener 接口中的 onClick() 方法，在该方法中实现按钮 3 的点击事件。

需要注意的是，在按钮 3 的点击事件中，语句 "btn_three.setOnClickListener(this);" 中有一个 this 参数，该参数代表的是 MainActivity 的引用。因为 MainActivity 实现了 OnClickListener 接口，所以 this 代表的是 OnClickListener 接口的引用。

4. 运行结果

运行程序，依次点击界面上的 3 个按钮，发现按钮上的文本信息都发生了变化，运行结果如图 3-4 所示。

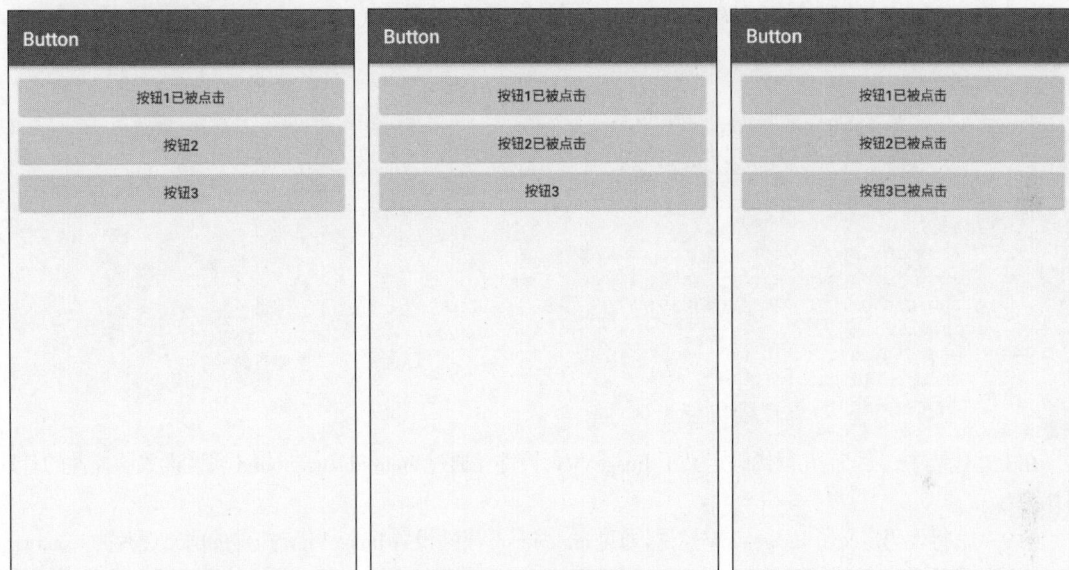

图3-4　运行结果（1）

3.1.4　ImageView 控件

ImageView 控件表示图片，它继承自 View 控件，可以加载各种图片资源。ImageView 控件的常用属性如表 3-3 所示。

表 3-3　ImageView 控件的常用属性

属性名称	功能描述
android:layout_width	设置 ImageView 控件的宽度
android:layout_height	设置 ImageView 控件的高度
android:id	设置 ImageView 控件的唯一标识
android:background	设置 ImageView 控件的背景
android:layout_margin	设置当前控件与屏幕边界或周围控件的距离
android:src	设置 ImageView 控件需要显示的图片资源
android:scaleType	将图片资源缩放或移动，以适应 ImageView 控件的宽高
android:tint	将图片渲染成指定的颜色

接下来，我们通过一个案例来讲解如何使用 ImageView 控件显示图片，本案例的界面上会显示 2 张图片，分别是一张太阳图片和一张天空图片。显示图片的界面如图 3-5 所示。

实现图 3-5 中显示图片的界面的具体步骤如下。

1. 创建程序

创建一个名为 ImageView 的应用程序，指定包名为 cn.itcast.imageview。

2. 放置图片资源

将显示图片的界面所需要的图片 icon.png 和 bg.png 导入程序中创建的 drawable-hdpi 文件夹中。

3. 放置界面控件

在 res/layout 文件夹的 activity_main.xml 文件中，放置 2 个 ImageView 控件，分别用于显示前景图片和背景图片。activity_main.xml 文件的具体代码如文件 3-5 所示。

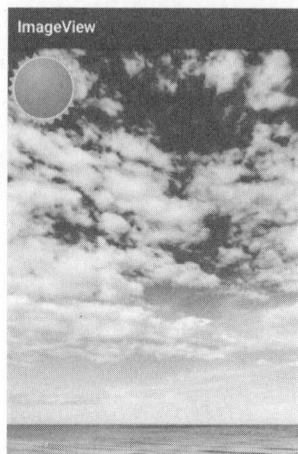

图3-5　显示图片的界面

【文件 3-5】　activity_main.xml

```
1  <?xml version="1.0" encoding="utf-8"?>
2  <RelativeLayout xmlns:android="http://schemas.android.com/apk/res/android"
3      android:layout_width="match_parent"
4      android:layout_height="match_parent">
5      <ImageView
6          android:layout_width="match_parent"
7          android:layout_height="match_parent"
8          android:background="@drawable/bg" />
9      <ImageView
10         android:layout_width="100dp"
11         android:layout_height="100dp"
12         android:src="@drawable/icon" />
13 </RelativeLayout>
```

在上述代码中，第 5~8 行代码定义了 ImageView 控件，通过 android:background 属性设置该控件的背景图片为 bg.png。

第 9~12 行代码定义了 ImageView 控件，通过 android:src 属性设置 ImageView 控件的前景图片为 icon.png。

值得注意的是，通过 android:background 属性和 android:src 属性为 ImageView 控件设置图片的方式相同，都是以"@drawable/图片名称"的方式进行设置的，区别在于 android:background 属性设置的是背景，会根据 ImageView 控件的大小进行伸缩，而 android:src 属性设置的是前景，以原图大小显示。

3.1.5　RadioButton 控件

RadioButton 控件表示单选按钮，它是 Button 控件的子类。每一个单选按钮都有"选中"和"未选中"两种状态，这两种状态是通过 android:checked 属性指定的。当可选值为 true 时，表示选中状态，否则表示未选中状态。

在 Android 程序中 RadioButton 控件经常与 RadioGroup 配合使用，实现单选按钮的功能。RadioGroup 是单选组合框，可容纳多个 RadioButton 控件，但是在 RadioGroup 中不会出现多个 RadioButton 控件同时选中的情况。在 XML 布局文件中，RadioGroup 和 RadioButton 控件配合使用的语法格式如下：

```
<RadioGroup
    android:属性名称 ="属性值"
    ......>
    <RadioButton
        android:属性名称 ="属性值"
        ...... />
    ......
<RadioGroup/>
```

在上述语法格式中，RadioGroup 继承自 LinearLayout，可以使用 android:orientation 属性控制 RadioButton 控件的排列方向。

接下来，我们通过一个案例来讲解如何使用 RadioGroup 和 RadioButton
控件实现单选按钮的功能。本案例的界面上显示了 2 个单选按钮，单选按钮
的文本信息分别是"男"和"女"。显示单选按钮的界面如图 3-6 所示。

实现图 3-6 中 2 个单选按钮单选功能的具体步骤如下。

1. 创建程序

创建一个名为 RadioButton 的应用程序，指定包名为 cn.itcast.radiobutton。

2. 放置界面控件

在 res/layout 文件夹中的 activity_main.xml 文件中，放置 1 个 RadioGroup
布局用于添加 RadioButton 控件。RadioGroup 中添加的 2 个 RadioButton 控件
分别用于显示男和女的单选按钮，1 个 TextView 控件用于显示选择按钮的内
容。activity_main.xml 文件的具体代码如文件 3-6 所示。

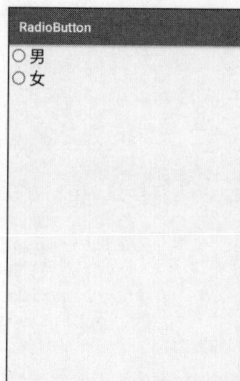

图3-6　显示单选按钮的界面

【文件 3-6】　activity_main.xml

```
1  <?xml version="1.0" encoding="utf-8"?>
2  <LinearLayout xmlns:android="http://schemas.android.com/apk/res/android"
3      android:layout_width="match_parent"
4      android:layout_height="match_parent"
5      android:orientation="vertical">
6      <RadioGroup
7          android:id="@+id/rdg"
8          android:layout_width="match_parent"
9          android:layout_height="wrap_content"
10         android:orientation="vertical">
11         <RadioButton
12             android:id="@+id/rbtn"
13             android:layout_width="wrap_content"
14             android:layout_height="wrap_content"
15             android:textSize="25dp"
16             android:text="男" />
17         <RadioButton
18             android:layout_width="wrap_content"
19             android:layout_height="wrap_content"
20             android:textSize="25dp"
21             android:text="女" />
22     </RadioGroup>
23     <TextView
24         android:id="@+id/tv"
25         android:layout_width="wrap_content"
26         android:layout_height="wrap_content"
27         android:textSize="30dp" />
28 </LinearLayout>
```

在上述代码中，第 6~22 行代码定义了 RadioGroup。第 10 行代码通过设置 android:orientation 属性的
值为"vertical"，使 RadioGroup 中的控件竖直排列。第 11~21 行代码定义了 2 个 RadioButton 控件，这 2
个控件没有设置 android:check 属性的值，默认情况下该属性的值为 false，因此界面上两个单选按钮为未选
中状态。

3. 设置 RadioGroup 的监听事件

在 MainActivity 中设置 RadioGroup 的监听事件，监听该事件中哪一个 RadioButton 控件被点击了，从而处
理被点击控件的点击事件，具体代码如文件 3-7 所示。

【文件 3-7】　MainActivity.java

```
1  package cn.itcast.radiobutton;
2  import android.support.v7.app.AppCompatActivity;
3  import android.os.Bundle;
4  import android.widget.RadioGroup;
5  import android.widget.TextView;
6  public class MainActivity extends AppCompatActivity {
```

```
7       private RadioGroup radioGroup;
8       private TextView textView;
9       @Override
10      protected void onCreate(Bundle savedInstanceState) {
11          super.onCreate(savedInstanceState);
12          setContentView(R.layout.activity_main);
13          radioGroup = findViewById(R.id.rdg);
14          textView = findViewById(R.id.tv);
15          //利用 setOnCheckedChangeListener()为 RadioGroup 设置监听事件
16          radioGroup.setOnCheckedChangeListener(new
17                  RadioGroup.OnCheckedChangeListener() {
18              @Override
19              public void onCheckedChanged(RadioGroup group, int checkedId) {
20                  //判断被点击的是哪一个 RadioButton 控件
21                  if (checkedId == R.id.rbtn) {
22                      textView.setText("您的性别是：男");
23                  } else {
24                      textView.setText("您的性别是：女");
25                  }
26              }
27          });
28      }
29  }
```

在上述代码中，第 16～27 行代码通过 setOnCheckedChangeListener()方法为 RadioGroup 设置监听布局内控件状态是否改变的事件，通过事件返回的 onCheckedChanged()方法获取被点击的控件 id，在 TextView 控件中显示相应的信息。

4. 运行结果

运行上述程序，点击界面上"女"对应的单选按钮，单选按钮的样式会变为选中状态的样式，单选按钮下方会显示被选中的文本信息，运行结果如图 3-7 所示。

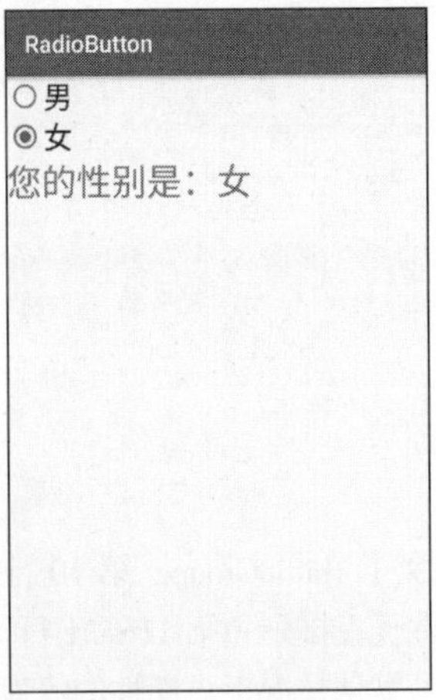

图3-7 运行结果（2）

3.1.6 CheckBox 控件

CheckBox 控件表示复选框，它是 Button 控件的子类，用于实现多选功能。每一个复选框都有"选中"和"未选中"两种状态，这两种状态是通过 android:checked 属性指定的，当该属性的值为 true 时，表示选中状态，否则，表示未选中状态。

接下来，我们通过一个案例讲解如何使用 CheckBox 控件统计用户的兴趣爱好。本案例的界面上显示了 3 个复选框与 2 个文本提示信息，其中，复选框的文本信息分别是"羽毛球""篮球"和"乒乓球"，2 个文本提示信息分别是"请选择兴趣爱好："与"您选择的兴趣爱好为："。显示复选框的界面如图 3-8 所示。

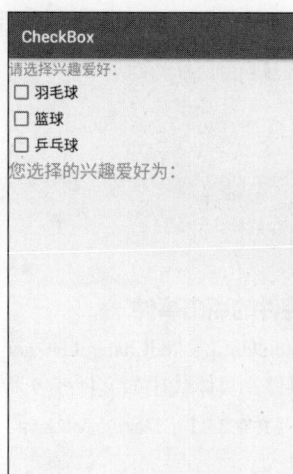

图3-8　显示复选框的界面

通过图 3-8 中的 3 个复选框实现统计用户兴趣爱好功能的具体步骤如下。

1. 创建程序

创建一个名为 CheckBox 的应用程序，指定包名为 cn.itcast.checkbox。

2. 放置界面控件

在 res/layout 文件夹的 activity_main.xml 文件中，放置 2 个 TextView 控件，分别用于显示"请选择兴趣爱好："文本与"您选择的兴趣爱好为："文本；放置 3 个 CheckBox 控件用于显示可选择的兴趣爱好。activity_main.xml 文件的具体代码如文件 3-8 所示。

【文件 3-8】　activity_main.xml

```
1  <?xml version="1.0" encoding="utf-8"?>
2  <LinearLayout xmlns:android="http://schemas.android.com/apk/res/android"
3      xmlns:tools="http://schemas.android.com/tools"
4      android:layout_width="match_parent"
5      android:layout_height="match_parent"
6      tools:context=".MainActivity"
7      android:orientation="vertical">
8      <TextView
9          android:layout_width="wrap_content"
10         android:layout_height="wrap_content"
11         android:text="请选择兴趣爱好："
12         android:textColor="#FF8000"
13         android:textSize="18sp" />
14     <CheckBox
15         android:id="@+id/like_shuttlecock"
16         android:layout_width="wrap_content"
17         android:layout_height="wrap_content"
18         android:text="羽毛球"
19         android:textSize="18sp" />
20     <CheckBox
21         android:id="@+id/like_basketball"
22         android:layout_width="wrap_content"
23         android:layout_height="wrap_content"
24         android:text="篮球"
25         android:textSize="18sp" />
26     <CheckBox
27         android:id="@+id/like_pingpong"
28         android:layout_width="wrap_content"
29         android:layout_height="wrap_content"
30         android:text="乒乓球"
31         android:textSize="18sp" />
32     <TextView
```

```
33            android:layout_width="wrap_content"
34            android:layout_height="wrap_content"
35            android:text="您选择的兴趣爱好为: "
36            android:textColor="#FF8000"
37            android:textSize="22sp" />
38      <TextView
39            android:id="@+id/hobby"
40            android:layout_width="wrap_content"
41            android:layout_height="wrap_content"
42            android:textSize="18sp" />
43  </LinearLayout>
```

3. 通过代码实现 CheckBox 控件的点击事件

在 MainActivity 中实现 CompoundButton.OnCheckedChangeListener 接口，并重写 onCheckedChanged()方法，在该方法中实现 CheckBox 控件的点击事件，具体代码如文件 3-9 所示。

【文件 3-9】　　MainActivity.java

```
1   package cn.itcast.checkbox;
2   import android.support.v7.app.AppCompatActivity;
3   import android.os.Bundle;
4   import android.widget.CheckBox;
5   import android.widget.CompoundButton;
6   import android.widget.TextView;
7   public class MainActivity extends AppCompatActivity implements
8                       CompoundButton.OnCheckedChangeListener {
9       private TextView hobby;
10      private String hobbys;
11      @Override
12      protected void onCreate(Bundle savedInstanceState) {
13          super.onCreate(savedInstanceState);
14          setContentView(R.layout.activity_main);
15          //初始化 CheckBox 控件
16          CheckBox shuttlecock = findViewById(R.id.like_shuttlecock);
17          CheckBox basketball = findViewById(R.id.like_basketball);
18          CheckBox pingpong = findViewById(R.id.like_pingpong);
19          shuttlecock.setOnCheckedChangeListener(this);
20          basketball.setOnCheckedChangeListener(this);
21          pingpong.setOnCheckedChangeListener(this);
22          hobby = findViewById(R.id.hobby);
23          hobbys = new String();//存放选中的 CheckBox 控件的文本信息
24      }
25      @Override
26      public void onCheckedChanged(CompoundButton buttonView, boolean isChecked) {
27          String motion = buttonView.getText().toString();
28          if(isChecked){
29              if(!hobbys.contains(motion)){
30                  hobbys = hobbys + motion;
31                  hobby.setText(hobbys);
32              }
33          }else {
34              if (hobbys.contains(motion)) {
35                  hobbys = hobbys.replace(motion, "");
36                  hobby.setText(hobbys);
37              }
38          }
39      }
40  }
```

在上述代码中，第 19~21 行代码设置了 3 个 CheckBox 控件的监听事件。

第 25~39 行代码实现了 CompoundButton.OnCheckedChangeListener 接口中的 onCheckedChanged()方法，该方法中的参数 buttonView 与 isChecked 分别表示被点击的控件和控件状态。其中，第 27~38 行代码通过 isChecked 值判断当前被点击的 CheckBox 控件是否为选中状态，若为选中状态，则判断 hobbys 字符串中是否包含了此 CheckBox 控件的文本信息，若不包含，则将该文本信息添加到 hobbys 字符串中并显示到 TextView 控件上；若为未选中状态，则查看 hobbys 字符串中是否包含 CheckBox 控件的文本信息，若包含，则通过 replace()方法使用空字符串替换 CheckBox 控件的文本信息，再将返回的 hobbys 字符串显示到 TextView 控件上。

4. 运行结果

运行上述程序，点击界面上"羽毛球"和"篮球"对应的复选框，复选框会显示被勾选的样式，并且"您选择兴趣爱好为："下方会显示被选择的兴趣爱好信息，运行结果如图 3-9 所示。

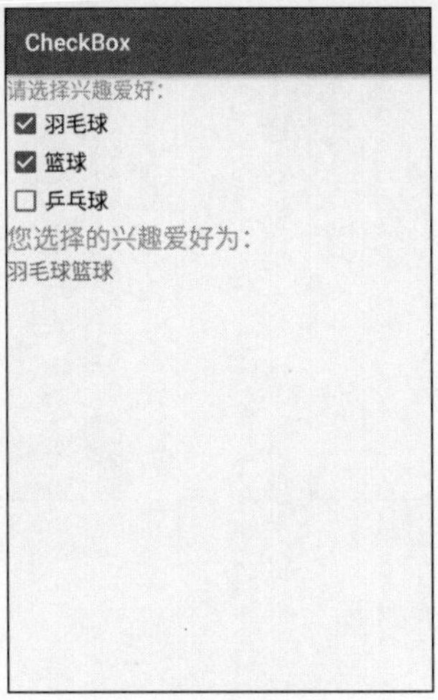

图3-9　运行结果（3）

3.1.7　Toast 类

Toast 类是 Android 提供的轻量级信息提醒机制，用于向用户提示即时消息，它显示在应用程序界面的最上层，显示一段时间后自动消失不会打断当前操作，也不获得焦点。

使用 Toast 类显示提示信息的示例代码如下：

```
Toast.makeText(Context,Text,Time).show();
```

上述代码首先通过调用 Toast 类的 makeText()方法设置提示信息，然后调用 show()方法将提示信息显示到界面中。makeText()方法中参数的相关介绍具体如下。

● Context：表示应用程序环境的信息，即当前组件的上下文环境。Context 是一个抽象类，如果在 Activity 中使用 Toast 类的提示信息，那么该参数可设置为"当前 Activity.this"。

● Text：表示提示的字符串信息。

● Time：表示显示信息的时长，其属性值包括 Toast.LENGTH_SHORT 和 Toast.LENGTH_LONG，分别表示显示较短时间和较长时间。

例如，使用 Toast 类提示用户"Wi-Fi 已断开"的信息，示例代码如下：

```
Toast.makeText(MainActivity.this, "Wi-Fi 已断开", Toast.LENGTH_SHORT).show();
```

上述代码运行结果如图 3-10 所示。

默认情况下，Toast 类的消息会显示在屏幕的下方，它通常适用于信息提醒，比如提示网络未连接、用户名密码输入错误或者退出应用程序等场景下的信息提醒。

3.1.8　实战演练——实现注册界面效果

在日常生活中，我们经常会使用淘宝、QQ、微信、京东等应用程序，当第一次使用这些程序时，都需要注册一个新账户，不同的应用程序注册的账户信息不同。为了让大家熟练地掌握前面讲解的简单控件的使用，接下来我们通过实现一个注册界面来演示如何使用 Android 中常用的简单控件。注册界面如图 3-11 所示。

图3-10　运行结果（4）　　　　　　　图3-11　注册界面

实现图 3-11 中注册界面的具体步骤如下。

1. 创建程序

创建一个名为 Register 的应用程序，指定包名为 cn.itcast.register。

2. 导入界面图片

将注册界面需要的图片 qq_icon.png、weixin_icon.png、email_icon、register_bg.png 导入程序的 drawable-hdpi 文件夹（在 res 文件夹中手动创建）中。

3. 创建分割线样式

因为注册界面上有 8 条白色分割线，其中有 7 条横向的分割线样式是一样的，所以需要将这些样式代码抽取出来单独放在创建的样式 hLine 中，剩余的 1 条分割线的方向是垂直的，需要将其样式单独放在创建的样式 vLine 中。在程序的 res/values/styles.xml 文件中创建一个名为 hLine 的样式与一个名为 vLine 的样式，具体代码如下：

```
1  <style name="hLine">
2      <item name="android:layout_width">match_parent</item>
3      <item name="android:layout_height">1dp</item>
4      <item name="android:background">@android:color/white</item>
5  </style>
6  <style name="vLine">
7      <item name="android:layout_width">1dp</item>
8      <item name="android:layout_height">match_parent</item>
9      <item name="android:background">@android:color/white</item>
10 </style>
```

4. 创建文本样式

因为在注册界面中需要显示"用 QQ 注册"与"用微信注册"的文本信息，这 2 个文本信息具有相同的样式，所以可将这些样式代码抽取出来放在样式 tvOne 中。除了前面 2 个文本信息，注册界面还需要显示"名字""邮箱""密码""性别"等文本信息，这些文本信息也具有相同的样式，所以也需要将这些样式代码抽取出来放在样式 tvTwo 中。在程序的 res/values/styles.xml 文件中创建一个名为 tvOne 的样式与一个名为 tvTwo 的样式，具体代码如下：

```
1  <style name="tvOne">
2      <item name="android:layout_width">0dp</item>
3      <item name="android:layout_height">match_parent</item>
```

```
4         <item name="android:layout_weight">1</item>
5         <item name="android:drawablePadding">8dp</item>
6         <item name="android:gravity">center_horizontal</item>
7         <item name="android:paddingTop">40dp</item>
8         <item name="android:textColor">@android:color/white</item>
9         <item name="android:textSize">15dp</item>
10    </style>
11    <style name="tvTwo">
12        <item name="android:layout_width">wrap_content</item>
13        <item name="android:layout_height">wrap_content</item>
14        <item name="android:layout_marginLeft">20dp</item>
15        <item name="android:textColor">@android:color/white</item>
16        <item name="android:textSize">15dp</item>
17    </style>
```

5. 创建输入框样式

因为注册界面需要输入一些用户信息，如名字、邮箱、密码等，这些输入框具有相同的样式，所以需要将这些样式代码抽取出来放在样式 etOne 中。在程序的 res/values/styles.xml 文件中创建一个名为 etOne 的样式，具体代码如下：

```
1    <style name="etOne">
2        <item name="android:layout_width">match_parent</item>
3        <item name="android:layout_height">wrap_content</item>
4        <item name="android:layout_marginLeft">30dp</item>
5        <item name="android:background">@null</item>
6        <item name="android:textColor">@android:color/white</item>
7    </style>
```

6. 放置界面控件

在 activity_main.xml 文件中，放置 9 个 TextView 控件分别用于显示界面标题"注册""用 QQ 注册""用微信注册""使用电子邮箱注册""名字""邮箱""密码""性别""请选择兴趣爱好："等文本信息；放置 8 个 View 控件用于显示 8 条分割线；放置 1 个 ImageView 控件用于显示邮箱图标；放置 3 个 EditText 控件分别用于显示 3 个输入框；放置 2 个 RadioButton 控件分别用于显示性别"男"与"女"的单选信息；放置 3 个 CheckBox 控件分别用于显示"唱歌""跳舞""读书"的多选信息；放置 1 个 Button 控件用于显示"提交"按钮。完整布局代码详见文件 3-10。

扫码查看文件 3-10

7. 去掉默认标题栏

因为程序创建后界面上会有一个默认的标题栏，该标题栏不够美观，所以需要在 AndroidManifest.xml 文件的<application>标签中修改 theme 属性的值为"@style/Theme.AppCompat.NoActionBar"，去掉默认标题栏，具体代码如下：

```
android:theme="@style/Theme.AppCompat.NoActionBar"
```

8. 实现注册功能

在 MainActivity 中，首先创建一个 init()方法，在该方法中获取界面的控件并设置单选按钮的点击事件，其次创建一个 getData()方法获取界面上输入的用户信息，然后实现 OnClickListener 接口与 OnCheckedChangeListener 接口，并重写 onClick()方法与 onCheckedChanged()方法，在这 2 个方法中分别实现"提交"按钮的点击事件与复选框的点击事件，具体代码如文件 3-11 所示。

【文件 3-11】　MainActivity.java

```
1    package cn.itcast.register;
2    public class MainActivity extends AppCompatActivity implements
3    View.OnClickListener, CompoundButton.OnCheckedChangeListener {
4        private EditText et_name, et_email, et_pwd;
5        private Button btn_submit;
6        private String name, email, pwd, sex, hobbys;
7        private RadioGroup rg_sex;
8        private CheckBox cb_sing,cb_dance,cb_read;
9        @Override
10       protected void onCreate(Bundle savedInstanceState) {
11           super.onCreate(savedInstanceState);
```

```
12            setContentView(R.layout.activity_main);
13            init();
14        }
15        private void init() {
16            //获取界面控件
17            et_name = findViewById(R.id.et_name);
18            et_email = findViewById(R.id.et_email);
19            et_pwd = findViewById(R.id.et_pwd);
20            rg_sex = findViewById(R.id.rg_sex);
21            cb_sing = findViewById(R.id.cb_sing);
22            cb_dance = findViewById(R.id.cb_dance);
23            cb_read = findViewById(R.id.cb_read);
24            btn_submit = findViewById(R.id.btn_submit);
25            btn_submit.setOnClickListener(this);//设置提交按钮的点击事件的监听器
26            //设置复选框控件的点击事件的监听器
27            cb_sing.setOnCheckedChangeListener(this);
28            cb_dance.setOnCheckedChangeListener(this);
29            cb_read.setOnCheckedChangeListener(this);
30            hobbys=new String();
31            //设置单选按钮的点击事件
32            rg_sex.setOnCheckedChangeListener(new RadioGroup.
33                                                    OnCheckedChangeListener() {
34                @Override
35                public void onCheckedChanged(RadioGroup group, int checkedId) {
36                    switch (checkedId){ //判断被点击的是哪一个RadioButton控件
37                        case R.id.rb_boy:
38                            sex = "男";
39                            break;
40                        case R.id.rb_girl:
41                            sex = "女";
42                            break;
43                    }
44                }
45            });
46        }
47        /**
48         * 获取界面输入的信息
49         */
50        private void getData() {
51            name = et_name.getText().toString().trim();
52            email = et_email.getText().toString().trim();
53            pwd = et_pwd.getText().toString().trim();
54        }
55        @Override
56        public void onClick(View v) {
57            switch (v.getId()) {
58                case R.id.btn_submit: //提交按钮的点击事件
59                    getData();
60                    if (TextUtils.isEmpty(name)) {
61                        Toast.makeText(MainActivity.this, "请输入名字",
62                                                    Toast.LENGTH_SHORT).show();
63                    } else if (TextUtils.isEmpty(email)) {
64                        Toast.makeText(MainActivity.this, "请输入邮箱",
65                                                    Toast.LENGTH_SHORT).show();
66                    } else if (TextUtils.isEmpty(pwd)) {
67                        Toast.makeText(MainActivity.this, "请输入密码",
68                                                    Toast.LENGTH_SHORT).show();
69                    } else if (TextUtils.isEmpty(sex)) {
70                        Toast.makeText(MainActivity.this, "请选择性别",
71                                                    Toast.LENGTH_SHORT).show();
72                    } else if (TextUtils.isEmpty(hobbys)) {
73                        Toast.makeText(MainActivity.this, "请选择兴趣爱好",
74                                                    Toast.LENGTH_SHORT).show();
75                    } else {
76                        Toast.makeText(MainActivity.this, "注册成功",
```

```
77                                        Toast.LENGTH_SHORT).show();
78                Log.i("MainActivity","注册的用户信息: "+"名字: "+name+", 邮箱: "
79                                +email+", 性别: "+sex+", 兴趣爱好: "+hobbys);
80            }
81            break;
82        }
83    }
84    /**
85     * 复选框的点击事件
86     */
87    @Override
88    public void onCheckedChanged(CompoundButton buttonView, boolean isChecked) {
89        String motion = buttonView.getText().toString();//获取复选框中的内容
90        if (isChecked) {
91            if (!hobbys.contains(motion)) { //判断之前选择的内容与此次选择的是否不一样
92                hobbys = hobbys + motion;
93            }
94        } else {
95            if (hobbys.contains(motion)) {
96                hobbys = hobbys.replace(motion, "");
97            }
98        }
99    }
100}
```

9. 运行结果

运行上述程序，运行成功后在界面上输入用户的注册信息，此时的注册界面与前面图 3-11 所示的界面是一样的。点击图 3-11 中的"提交"按钮，若注册成功，注册界面上会提示"注册成功"信息，同时 Logcat 窗口中会输出注册成功的用户信息；若注册不成功，注册界面上会提示对应的注册不成功信息。以注册成功为例，注册成功时的界面效果与 Logcat 窗口信息分别如图 3-12 和图 3-13 所示。

图3-12　注册成功时的界面效果

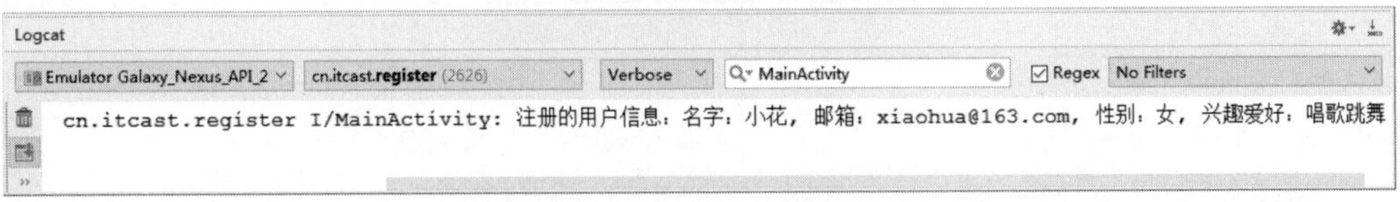

图3-13　Logcat窗口信息

3.2　列表控件的使用

在日常生活中，大家经常会使用微信、淘宝等应用程序，这些应用程序通常会在一个页面中展示多个条目，并且每个条目的布局风格一致，这种数据的展示方式是通过 ListView 控件或 RecyclerView 控件实现的。本节将针对 ListView 控件与 RecyclerView 控件进行详细讲解。

3.2.1　ListView 控件的使用

在 Android 开发中，ListView 控件是一个比较常用的控件，它以列表的形式展示数据内容，并且能够根据列表的高度自适应屏幕显示。ListView 控件的样式是由其属性决定的，它的常用属性的具体介绍如表 3–4 所示。

表 3-4　ListView 控件的常用属性

属性名称	功能描述
android:listSelector	当条目被点击后，改变条目的背景颜色
android:divider	设置分割线的颜色
android:dividerHeight	设置分割线的高度
android:scrollbars	是否显示滚动条
android:fadingEdge	去掉上边和下边的黑色阴影

在 XML 布局文件的 RelativeLayout 中添加 ListView 控件的示例代码如下：

```
1   <?xml version="1.0" encoding="utf-8"?>
2   <RelativeLayout xmlns:android="http://schemas.android.com/apk/res/android"
3       xmlns:tools="http://schemas.android.com/tools"
4       android:layout_width="match_parent"
5       android:layout_height="match_parent"
6       tools:context=".MainActivity">
7       <ListView
8           android:id="@+id/lv"
9           android:layout_width="match_parent"
10          android:layout_height="match_parent"
11          android:listSelector="#fefefefe"
12          android:scrollbars="none">
13      </ListView>
14  </RelativeLayout>
```

3.2.2　常用数据适配器

在为 ListView 控件添加数据时会用到数据适配器。数据适配器（Adapter）是数据与视图之间的桥梁，它类似于一个转换器，将复杂的数据转换成用户可以接受的方式进行呈现。在 Android 中提供了多种数据适配器对 ListView 控件进行数据适配，接下来介绍几种常用的数据适配器。

1. BaseAdapter

顾名思义，BaseAdapter 是基本的数据适配器。它实际上是一个抽象类，通常在自定义数据适配器时，自定义的数据适配器会继承 BaseAdapter，该类拥有 4 个抽象方法，根据这几个抽象方法对 ListView 控件进行数据适配。BaseAdapter 中的 4 个抽象方法如表 3–5 所示。

表 3-5　BaseAdapter 中的 4 个抽象方法

方法名称	功能描述
public int getCount()	获取 Item 条目的总数
public Object getItem(int position)	根据 position（位置）获取某个 Item 的对象
public long getItemId(int position)	根据 position（位置）获取某个 Item 的 id
public View getView(int position, View convertView, ViewGroup parent)	获取相应 position 对应的 Item 视图，position 是当前 Item 的位置，convertView 用于复用旧视图，parent 用于加载 XML 布局文件

2. SimpleAdapter

SimpleAdapter 继承自 BaseAdapter，实现了 BaseAdapter 的 4 个抽象方法并将方法进行封装。因此在使用 SimpleAdapter 进行数据适配时，只需要在构造方法中传入相应的参数即可。SimpleAdapter 的构造方法的具体信息如下：

```
public SimpleAdapter(Context context, List<? extends Map<String, ?>> data,
                                    int resource, String[] from, int[] to)
```

在 SimpleAdapter()构造方法中的 5 个参数的含义如下。

- context：上下文对象。
- data：数据集合。data 中的每一项对应 ListView 控件中条目的数据。
- resource：Item 布局的资源 id。
- from：Map 集合中的 key 值。
- to：Item 布局中对应的控件。

3. ArrayAdapter

ArrayAdapter 也是 BaseAdapter 的子类，用法与 SimpleAdapter 类似，开发者只需要在构造方法里面传入相应参数即可。ArrayAdapter 通常用于适配 TextView 控件，例如 Android 中的 Setting（设置菜单）。ArrayAdapter 有多个构造方法，构造方法的具体信息如下：

```
public ArrayAdapter(Context context,int resource);
public ArrayAdapter(Context context,int resource,int textViewResourceId);
public ArrayAdapter(Context context,int resource,T[] objects);
public ArrayAdapter(Context context,int resource,int textViewResourceId,T[] objects);
public ArrayAdapter(Context context,int resource,List<T> objects);
public ArrayAdapter(Context context,int resource,int textViewResourceId,List<T> objects)
```

在 ArrayAdapter()构造方法中的 5 个参数含义如下。

- context：Context 上下文对象。
- resource：Item 布局的资源 id。
- textViewResourceId：Item 布局中相应 TextView 控件的 id。
- T[] objects：需要适配数组类型的数据。
- List<T> objects：需要适配 List 类型的数据。

在创建数据适配器后，可以通过 ListView 控件的 setAdapter()方法添加数据适配器，如将继承 BaseAdapter 的 MyBaseAdapter 实例添加到 ListView 控件中，示例代码如下：

```
ListView mListView = (ListView)findViewById(R.id.lv);      //初始化 ListView 控件
MyBaseAdapter mAdapter = new MyBaseAdapter();              //创建 MyBaseAdapter 的实例
mListView.setAdapter(mAdapter);                            //设置数据适配器到 ListView 控件上
```

3.2.3　实战演练——购物商城

前面我们学习了 ListView 控件与几种常用的数据适配器，为了能更熟练地掌握这些知识，接下来我们通过一个购物商城的案例来演示如何通过 ListView 控件与数据适配器显示一个商品信息的列表。本案例中的购物商城列表界面如图 3-14 所示。

实现图 3-14 中的购物商城列表界面的具体步骤如下。

1. 创建程序

创建一个名为 ListView 的应用程序，指定包名为 cn.itcast.listview。

2. 导入界面图片

将购物商城界面所需要的图片 table.png、apple.png、cake.png、wireclothes.png、kiwifruit.png、scarf.png 导入程序中创建的 drawable-hdpi 文件夹中。

3. 放置界面控件

在 res/layout 文件夹的 activity_main.xml 文件中，放置 1 个 TextView 控件用于显示购物商城界面的标题；放置 1 个 ListView 控件用于显示购物商城界面的列表。完整布局代码见文件 3-12。

4. 创建购物商城列表条目界面

购物商城界面的列表是由若干个条目组成的，每个条目上都需要显示商品的图片、名称及价格，购物商城列表条目界面如图 3-15 所示。

图3-14　购物商城列表界面

图3-15　购物商城列表条目界面

扫码查看文件 3-12

在 res/layout 文件夹中创建一个列表条目界面的布局文件 list_item.xml，在该文件中放置 1 个 ImageView 控件用于显示商品图片；放置 2 个 TextView 控件分别用于显示商品名称和价格。完整布局代码详见文件 3-13。

扫码查看文件 3-13

5. 实现购物商城列表界面的显示效果

在 MainActivity 中创建一个继承自 BaseAdapter 类的 MyBaseAdapter 类，并在该类中实现对 ListView 控件的数据适配，具体代码如文件 3-14 所示。

【文件 3-14】　MainActivity.java

```
1   package cn.itcast.listview;
2   ......
3   public class MainActivity extends Activity {
4       private ListView mListView;
5       //商品名称与价格数据集合
6       private String[] titles = {"桌子", "苹果", "蛋糕", "线衣", "猕猴桃","围巾"};
7       private String[] prices = {"1800 元", "10 元/kg", "300 元", "350 元", "10 元/kg",
8                                   "280 元"};
9       //图片数据集合
10      private int[] icons = {R.drawable.table,R.drawable.apple,R.drawable.cake,
11                  R.drawable.wireclothes,R.drawable.kiwifruit,R.drawable.scarf};
12      protected void onCreate(Bundle savedInstanceState) {
13          super.onCreate(savedInstanceState);
14          setContentView(R.layout.activity_main);
15          mListView = findViewById(R.id.lv);             //初始化 ListView 控件
16          MyBaseAdapter mAdapter = new MyBaseAdapter(); //创建 MyBaseAdapter 的实例
17          mListView.setAdapter(mAdapter);                //设置数据适配器到 ListView 控件上
18      }
19      class MyBaseAdapter extends BaseAdapter {
20          @Override
21          public int getCount() {                        //获取条目的总数
22              return titles.length;                      //返回条目的总数
23          }
24          @Override
25          public Object getItem(int position) {
26              return titles[position];                   //返回条目的数据对象
```

```
27          }
28          @Override
29          public long getItemId(int position) {
30              return position; //返回条目的id
31          }
32          //获取条目的视图
33          @Override
34          public View getView(int position, View convertView, ViewGroup parent) {
35              //加载list_item.xml布局文件
36              View view = View.inflate(MainActivity.this,R.layout.list_item, null);
37              TextView title = view.findViewById(R.id.title);
38              TextView price = view.findViewById(R.id.price);
39              ImageView iv = view.findViewById(R.id.iv);
40              title.setText(titles[position]);
41              price.setText(prices[position]);
42              iv.setBackgroundResource(icons[position]);
43              return view;
44          }
45      }
46  }
```

在上述代码中，第 6~11 行代码定义了数组 titles、prices、icons，这 3 个数组分别用于存储商品列表中显示的商品名称、价格和图片，并且这 3 个数组的长度一致。

第 17 行代码通过 setAdapter()方法为 ListView 控件设置数据适配器。

第 19~45 行代码创建了一个继承 BaseAdapter 类的 MyBaseAdapter 类，并重写 BaseAdapter 类中的一些方法。其中，在重写的 getView()方法中通过 inflate()方法加载了列表条目的布局文件 list_item.xml，接着通过 findViewById()方法获取列表条目上的控件，最后通过 setText()方法与 setBackgroundResource()方法设置界面上的文本和图片的数据信息。

6. 优化 ListView 控件

运行上述程序后，当 ListView 控件上加载的 Item 过多，并快速滑动该列表控件时，界面会出现卡顿的现象。出现这种现象的原因如下。

（1）当滑动屏幕时，不断地创建 Item 对象

ListView 控件在当前屏幕上显示多少个 Item，就会在 MyBaseAdapter 的 getView()方法中创建多少个 Item 对象。当滑动 ListView 控件时，滑出屏幕的 Item 对象会被销毁，然后对新加载到屏幕上的 Item 创建新的对象，因此快速滑动 ListView 控件时会不断地对 Item 对象进行销毁和创建。

（2）不断执行 findViewById()方法初始化控件

每创建一个 Item 对象都需要加载一次 Item 布局，加载布局时会不断地执行 findViewById()方法初始化控件。这些操作比较耗费设备（模拟器、手机等设备）的内存并且浪费时间，如果每个 Item 都需要加载网络图片（加载网络图片是比较耗时的操作），就会造成程序内存溢出的异常。

由于上述两点原因，我们需要对 ListView 控件进行优化，优化的目的是使 ListView 控件在快速滑动时不再重复创建 Item 对象，减少内存的消耗和屏幕渲染的处理。接下来，对购物商城案例中的 ListView 控件进行优化，优化的具体内容如下所示。

在 MainActivity 中创建一个 ViewHolder 类，将需要加载的控件变量放在该类中，具体代码如下：

```
class ViewHolder{
    TextView title,price;
    ImageView iv;
}
```

在 MyBaseAdapter 的 getView(int position, View convertView, ViewGroup parent)方法中，第 2 个参数 convertView 代表的就是之前滑出屏幕的 Item 对象。如果第一次加载 getView()方法时会创建 Item 对象，当滑动 ListView 控件时，滑出屏幕的 Item 对象会以缓存的形式存在，而 convertView 代表的就是缓存的 Item 对象，我们可以通过复用 convertView 来减少 Item 对象的创建。在 getView()方法中进行优化的具体代码如下：

```
1   public View getView(int position, View convertView, ViewGroup parent) {
2       ViewHolder holder = null;
3       if(convertView == null){
4           //将 list_item.xml 文件找出来并转换成 View 对象
5           convertView = View.inflate(MainActivity.this, R.layout.list_item, null);
6           //找到 list_item.xml 中创建的 TextView 控件
7           holder = new ViewHolder();
8           holder.title = convertView.findViewById(R.id.title);
9           holder.price = convertView.findViewById(R.id.price);
10          holder.iv = convertView.findViewById(R.id.iv);
11          convertView.setTag(holder);
12      }else{
13          holder = (ViewHolder) convertView.getTag();
14      }
15      holder.title.setText(titles[position]);
16      holder.price.setText(prices[position]);
17      holder.iv.setBackgroundResource(icons[position]);
18      return convertView;
19  }
20  }
```

在上述代码中，第 2～19 行代码主要用于判断 convertView 是否为 null，如果为 null，则会创建 ViewHolder 类的对象 holder，并将获取的界面控件赋值给 ViewHolder 类的属性，最后通过 setTag()方法将 holder 对象添加到 convertView 中；否则，不会重新创建 ViewHolder 类的对象，而是通过 getTag()方法获取缓存在 convertView 中的 ViewHolder 类的对象。

3.2.4   RecyclerView 控件的使用

在 Android 5.0 之后，Google 公司提供了用于在有限的窗口范围内显示大量数据的控件 RecyclerView。与 ListView 控件相似，RecyclerView 控件同样是以列表的形式展示数据，并且数据都是通过数据适配器加载的。但是，RecyclerView 控件的功能更加强大，接下来我们从以下几个方面来分析。

1. 展示效果

RecyclerView 控件可以通过 LayoutManager 类实现横向或竖向的列表效果、瀑布流效果和 GridView 效果，而 ListView 控件只能实现竖直的列表效果。

2. 数据适配器

RecyclerView 控件使用的是 RecyclerView.Adapter，该数据适配器将 BaseAdapter 中的 getView()方法拆分为 onCreateViewHolder()方法和 onBindViewHolder()方法；强制使用 ViewHolder 类，使代码编写规范化，避免出现初学者写的代码性能不佳的情况。

3. 复用效果

RecyclerView 控件复用 Item 对象的工作由该控件自己实现，而 ListView 控件复用 Item 对象的工作需要开发者通过 convertView 的 setTag()方法和 getTag()方法进行操作。

4. 动画效果

RecyclerView 控件可以通过 setItemAnimator()方法为 Item 添加动画效果，而 ListView 控件不可以通过该方法为 Item 添加动画效果。

接下来，我们通过一个案例来讲解如何通过 RecyclerView 控件显示一个动物列表界面。本案例中的动物列表界面如图 3–16 所示。

实现图 3–16 中的动物列表界面的具体步骤如下。

1. 创建程序

创建一个名为 RecyclerView 的应用程序，包名为 cn.itcast.recyclerview。

2. 导入界面图片

将动物列表界面所需要的图片 cat.png、siberianhusky.png、yellowduck.png、fawn.png、tiger.png 导入

drawable-hdpi 文件夹中。

3. 添加 recyclerview-v7 库

由于动物列表界面中使用了 RecyclerView 控件，该控件存在于 com.
android.support:recyclerview-v7 库（简称 recyclerview-v7 库）中，所以需要将该
库添加到程序中。首先选中程序名称，单击鼠标右键并选择【Open Module
Settings】选项，在 Project Structure 窗口中的左侧选择【app】选项。接着选择
【Dependencies】选项卡，单击右上角的绿色加号并选择【Library dependency】
选项，会弹出 Choose Library Dependency 窗口。在该窗口中找到 recyclerview-v7
库，双击该库将其添加到程序中。

添加 recyclerview-v7 库后，查看程序中的 build.gradle 文件，在该文件中
的 dependencies{}节点中，会看到添加 recyclerview-v7 库的语句，具体代码
如下：

图3-16　动物列表界面

```
dependencies {
    ......
    implementation 'com.android.support:recyclerview-v7:28.0.0'
}
```

需要注意的是，添加的 recyclerview-v7 库的版本需要和 com.android.support:appcompat 库的版本一致，否
则 build.gradle 文件中导入的 recyclerview-v7 库会报错。

4. 放置界面控件

在 res/layout 文件夹的 activity_main.xml 文件中，放置 1 个 RecyclerView 控件，用于显示一个列表，具体
代码如文件 3-15 所示。

【文件 3-15】　activity_main.xml

```
1  <?xml version="1.0" encoding="utf-8"?>
2  <RelativeLayout xmlns:android="http://schemas.android.com/apk/res/android"
3      android:layout_width="match_parent"
4      android:layout_height="match_parent">
5      <android.support.v7.widget.RecyclerView
6          android:id="@+id/id_recyclerview"
7          android:layout_width="match_parent"
8          android:layout_height="match_parent">
9      </android.support.v7.widget.RecyclerView>
10 </RelativeLayout>
```

在上述代码中，第 5~9 行代码引入了 RecyclerView 控件，由于该控件是 recyclerview-v7 库中的，所以
在引入时需要使用完整的路径（android.support.v7.widget.RecyclerView）。

5. 创建动物列表条目界面

RecyclerView 控件显示的列表界面是由若干个条目组成的，每个条目上都需要显示动物的图片、名称及
简介信息。动物列表条目界面如图 3-17 所示。

图3-17　动物列表条目界面

在 res/layout 文件夹中创建一个列表条目界面的布局文件 recycler_item.xml，在该文
件中放置 1 个 ImageView 控件用于显示动物的图片；放置 2 个 TextView 控件分别用于显
示动物的名称和简介信息。完整布局代码详见文件 3-16。

6. 实现动物列表界面的显示效果

在 MainActivity 中通过逻辑代码对 RecyclerView 控件进行数据适配并将数据显示到

扫码查看文件 3-16

列表界面上，具体代码如文件 3–17 所示。

【文件 3-17】　MainActivity.java

```
1   package cn.itcast.recyclerview;
2   ......
3   public class MainActivity extends AppCompatActivity {
4       private RecyclerView mRecyclerView;
5       private HomeAdapter mAdapter;
6       private String[] names = { "小猫", "哈士奇", "小黄鸭","小鹿","老虎"};
7       private int[]  icons= { R.drawable.cat,R.drawable.siberianhusky,
8                       R.drawable.yellowduck,R.drawable.fawn, R.drawable.tiger};
9       private String[] introduces = {
10          "猫，属于猫科动物，分家猫、野猫，是全世界家庭中较为广泛的宠物。",
11          "西伯利亚雪橇犬，常见别名哈士奇，昵称为二哈。",
12          "鸭的体型相对较小，颈短，一些属的嘴要大些。腿位于身体后方，因而步态蹒跚。",
13          "鹿科是哺乳纲偶蹄目下的一科动物。体型大小不等，为有角的反刍类。",
14          "虎，大型猫科动物；毛色浅黄或棕黄色，满布黑色横纹；头圆、耳短，耳背面黑色，中央有一
15              白斑甚显著；四肢健壮有力；尾粗长，具黑色环纹，尾端黑色。"
16          };
17      @Override
18      protected void onCreate(Bundle savedInstanceState) {
19          super.onCreate(savedInstanceState);
20          setContentView(R.layout.activity_main);
21          mRecyclerView = (RecyclerView) findViewById(R.id.id_recyclerview);
22          mRecyclerView.setLayoutManager(new LinearLayoutManager(this));
23          mAdapter = new HomeAdapter();
24          mRecyclerView.setAdapter(mAdapter);
25      }
26      class HomeAdapter extends RecyclerView.Adapter<HomeAdapter.MyViewHolder> {
27          @Override
28          public MyViewHolder onCreateViewHolder(ViewGroup parent, int viewType) {
29              MyViewHolder holder = new MyViewHolder(LayoutInflater.from(MainActivity.
30                      this).inflate(R.layout.recycler_item, parent, false));
31              return holder;
32          }
33          @Override
34          public void onBindViewHolder(MyViewHolder holder, int position) {
35              holder.name.setText(names[position]);
36              holder.iv.setImageResource(icons[position]);
37              holder.introduce.setText(introduces[position]);
38          }
39          @Override
40          public int getItemCount() {
41              return names.length;
42          }
43          class MyViewHolder extends RecyclerView.ViewHolder {
44              TextView name;
45              ImageView iv;
46              TextView introduce;
47              public MyViewHolder(View view) {
48                  super(view);
49                  name = view.findViewById(R.id.name);
50                  iv = view.findViewById(R.id.iv);
51                  introduce = view.findViewById(R.id.introduce);
52              }
53          }
54      }
55  }
```

在上述代码中，第 6～16 行代码定义了 3 个数组 names、icons、introduces，分别用于存储动物的名称、图片及简介信息。

第 21～24 行代码首先获取了 RecyclerView 控件，接着通过 setLayoutManager()方法设置 RecyclerView

控件的显示方式为线性垂直的效果，最后通过 setAdapter()方法将 HomeAdapter 的对象设置到 RecyclerView
控件上。

第 26～54 行代码创建了一个继承 RecyclerView.Adapter 类的 HomeAdapter 类，并在该类中重写了
onCreateViewHolder()方法、onBindViewHolder()方法及 getItemCount()方法。其中，onCreateViewHolder()方
法主要用于加载 Item 界面的布局文件，并将 MyViewHolder 类的对象返回。onBindViewHolder()方法主要
是将获取的数据设置到对应的控件上。getItemCount()方法用于获取列表条目的总数。其中，第 43～53
行代码创建了一个继承 RecyclerView.ViewHolder 类的 MyViewHolder 类，在该类中获取 Item 界面上的
控件。

运行上述程序可知，RecyclerView 控件与 ListView 控件展示的列表效果相同，但是使用 RecyclerView 控
件时，每个 Item 之间默认没有分割线。这是因为 RecyclerView 控件的使用比较灵活，可以自由设计界面，
开发者可以通过 RecyclerView 控件的 addItemDecoration()方法对列表的分割线进行设置。

3.2.5　实战演练——仿今日头条推荐列表

在日常生活中，我们经常会浏览一些新闻信息，最常使用的新闻客户端有今日头条、腾讯新闻、搜狐新
闻、新浪新闻等，这些新闻客户端的首页列表是比较类似的，会
以不同的形式显示不同类型的新闻信息。为了让大家熟练地掌握
前面讲解的 RecyclerView 控件的使用，接下来以仿今日头条推荐
列表为例，演示如何使用 RecyclerView 控件。仿今日头条推荐列
表界面如图 3-18 所示。

实现仿今日头条推荐列表界面的具体步骤如下。

1. 创建程序

创建一个名为 HeadLine 的应用程序，指定包名为 cn.itcast.
headline。

2. 导入界面图片

将仿今日头条推荐列表界面需要的图片 food.png、e_sports.png、
fruit1.png、fruit2.png、fruit3.png、search_bg.png、sleep1.png、sleep2.png、
sleep3.png、takeout.png、top.png 导入程序中创建的 drawable-hdpi 文
件夹中。

3. 添加 recyclerview-v7 库

由于仿今日头条推荐列表界面使用了 RecyclerView 控件，该控件
存在于 recyclerview-v7 库中，所以需要将该库添加到程序中。

图3-18　仿今日头条推荐列表界面

添加完 recyclerview-v7 库后，查看程序中的 build.gradle 文件，在该文件的 dependencies{}节点中，会看
到添加 recyclerview-v7 库的语句，具体代码如下：

```
dependencies {
    ......
    implementation 'com.android.support:recyclerview-v7:28.0.0'
}
```

需要注意的是，添加的 recyclerview-v7 库的版本需要和 com.android.support:appcompat 库的版本一致，否
则，build.gradle 文件中导入的 recyclerview-v7 库会报错。

4. 创建文本样式

由于仿今日头条推荐列表界面顶部一行内容的文字样式是一样的，所以需要将这些样式代码抽取出来单
独放在创建的样式 tvStyle 中。仿今日头条推荐列表界面中每个条目的底部灰色文字的文字样式也是一样的，
所以需要将这些样式代码抽取出来单独放在创建的样式 tvInfo 中。在程序的 res/values/styles.xml 文件中创建
一个名为 tvStyle 的样式与一个名为 tvInfo 的样式，具体代码如下：

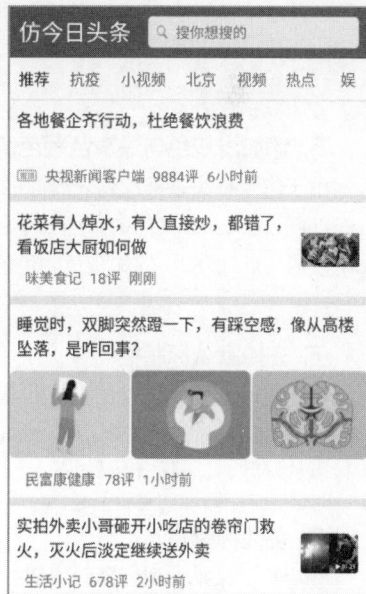

```
1   <style name="tvStyle" >
2       <item name="android:layout_width">wrap_content</item>
3       <item name="android:layout_height">match_parent</item>
4       <item name="android:padding">10dp</item>
5       <item name="android:gravity">center</item>
6       <item name="android:textSize">15sp</item>
7   </style>
8   <style name="tvInfo" >
9       <item name="android:layout_width">wrap_content</item>
10      <item name="android:layout_height">wrap_content</item>
11      <item name="android:layout_marginLeft">8dp</item>
12      <item name="android:layout_gravity">center_vertical</item>
13      <item name="android:textSize">14sp</item>
14      <item name="android:textColor">@color/gray_color</item>
15  </style>
```

5. 创建图片样式

由于仿今日头条推荐列表界面的条目上显示的 3 张图片的样式是一样的，所以需要将这些样式代码抽取出来放在创建的样式 ivImg 中。在程序的 res/values/styles.xml 文件中创建一个名为 ivImg 的样式，具体代码如下：

```
1   <style name="ivImg" >
2       <item name="android:layout_width">0dp</item>
3       <item name="android:layout_height">90dp</item>
4       <item name="android:layout_weight">1</item>
5       <!--ll_info 为布局文件 list_item_one.xml 中的 id -->
6       <item name="android:layout_toRightOf">@id/ll_info</item>
7   </style>
```

6. 添加浅灰色与深灰色颜色值

由于仿今日头条推荐列表界面的背景为浅灰色，列表中每个条目底部的文字都为深灰色，所以需要在 res/values/colors.xml 文件中添加一个名为 light_gray_color（#eeeeee）的浅灰色颜色值，还需要添加一个名为 gray_color（#828282）的深灰色颜色值，方便后续多次调用这些颜色，具体代码如下：

```
<color name="light_gray_color">#eeeeee</color>
<color name="gray_color">#828282</color>
```

7. 去掉默认标题栏

由于程序创建后仿今日头条推荐列表界面上会有一个默认的标题栏，该标题栏不够美观，所以需要在 AndroidManifest.xml 文件的<application>标签中修改 theme 属性的值为 "@style/Theme.AppCompat.NoActionBar"，去掉默认标题栏，具体代码如下：

```
android:theme="@style/Theme.AppCompat.NoActionBar"
```

8. 创建标题栏

仿今日头条推荐列表界面顶部有一个带有搜索框的标题栏，为了避免推荐列表界面的布局文件中代码太多，可以将标题栏代码抽取出来单独放在创建的 title_bar.xml 文件中。在 res/layout 文件夹中创建一个名为 title_bar.xml 的布局文件，在该文件中放置 1 个 TextView 控件用于显示 "今日头条" 文本信息；放置 1 个 EditText 控件用于显示一个搜索框。完整布局代码详见文件 3-18。

扫码查看文件 3-18

9. 搭建仿今日头条推荐列表界面

在 activity_main.xml 文件中搭建仿今日头条推荐列表界面并通过<include>标签将标题栏（title_bar.xml 文件）引入布局文件中，放置 7 个 TextView 控件分别用于显示界面顶部的 "推荐" "抗疫" "小视频" "北京" "视频" "热点" "娱乐" 等文本信息；放置 1 个 View 控件用于显示一条灰色分割线；放置 1 个 RecyclerView 控件用于显示新闻列表。完整布局代码详见文件 3-19。

扫码查看文件 3-19

需要注意的是，由于仿今日头条推荐列表界面中的列表需要通过 RecyclerView 控件来显示，该控件是 recyclerview-v7 库中的控件，所以在搭建仿今日头条推荐列表界面之前需要将 recyclerview-v7 库添加到程序中，前面已经讲过详细的添加步骤，此处不再进行讲解。

10. 搭建仿今日头条推荐列表界面的条目界面

仿今日头条推荐列表界面的条目有 3 种显示形式，第 1 种是不显示图片的形式，第 2 种是显示 1 张图片的形式，第 3 种是显示 3 张图片的形式。其中，不显示图片的形式与显示 1 张图片的形式可以用同一个条目界面来展示，显示 3 张图片的形式可以通过另一个条目界面来展示。接下来搭建这 2 个条目界面，具体如下。

（1）搭建显示 1 张图片的条目界面

在 res/layout 文件夹中，创建一个布局文件 list_item_one.xml，在该文件中放置 4 个 TextView 控件分别用于显示新闻标题、用户名、用户评论数、新闻发布时间；放置 2 个 ImageView 控件分别用于显示置顶图标与新闻图片。完整布局代码详见文件 3–20。

扫码查看文件 3-20

（2）搭建显示 3 张图片的条目界面

在 res/layout 文件夹中，创建一个布局文件 list_item_two.xml，在该文件中放置 4 个 TextView 控件分别用于显示新闻标题、用户名、用户评论数、新闻发布时间；放置 3 个 ImageView 控件分别用于显示新闻信息中的 3 张图片。完整布局代码详见文件 3–21。

扫码查看文件 3-21

11. 封装新闻信息实体类

由于新闻信息具有新闻 id、新闻标题、新闻图片、用户名、用户评论数、新闻发布时间、新闻类型等属性，所以我们需要创建一个 NewsBean 类来存放新闻信息的这些属性。接下来在程序中创建一个 NewsBean 类，在该类中创建新闻信息属性对应的字段，具体代码如文件 3–22 所示。

【文件 3-22】　NewsBean.java

```java
package cn.itcast.headline;
import java.util.List;
public class NewsBean {
    private int id;                 //新闻 id
    private String title;           //新闻标题
    private List<Integer> imgList;  //新闻图片
    private String name;            //用户名
    private String comment;         //用户评论数
    private String time;            //新闻发布时间
    private int type;               //新闻类型
    public int getId() {
        return id;
    }
    public void setId(int id) {
        this.id = id;
    }
    public String getTitle() {
        return title;
    }
    public void setTitle(String title) {
        this.title = title;
    }
    public String getName() {
        return name;
    }
    public void setName(String name) {
        this.name = name;
    }
    public String getComment() {
        return comment;
    }
    public void setComment(String comment) {
        this.comment = comment;
    }
    public String getTime() {
        return time;
    }
    public void setTime(String time) {
        this.time = time;
    }
```

```
41    public List<Integer> getImgList() {
42        return imgList;
43    }
44    public void setImgList(List<Integer> imgList) {
45        this.imgList = imgList;
46    }
47    public int getType() {
48        return type;
49    }
50    public void setType(int type) {
51        this.type = type;
52    }
53 }
```

12. 编写仿今日头条推荐列表界面的数据适配器

在程序中创建一个继承 RecyclerView.Adapter<RecyclerView.ViewHolder>类的 NewsAdapter 类，该类重写了 onCreateViewHolder()方法、getItemViewType()方法、onBindViewHolder()方法、getItemCount()方法，分别用于加载条目视图、获取条目类型、绑定界面数据、获取条目总数，具体代码如文件 3-23 所示。

【文件 3-23】 NewsAdapter.java

```
1  package cn.itcast.headline;
2  ......
3  public class NewsAdapter extends RecyclerView.Adapter<RecyclerView.ViewHolder> {
4      private Context mContext;
5      private List<NewsBean> NewsList;
6      public NewsAdapter(Context context,List<NewsBean> NewsList) {
7          this.mContext = context;
8          this.NewsList=NewsList;
9      }
10     @Override
11     public RecyclerView.ViewHolder onCreateViewHolder(@NonNull ViewGroup parent,
12     int viewType) {
13         View itemView=null;
14         RecyclerView.ViewHolder holder=null;
15         if (viewType == 1){
16             itemView = LayoutInflater.from(mContext).inflate(R.layout.
17                                                  list_item_one, parent, false);
18             holder= new MyViewHolder1(itemView);
19         }else if (viewType == 2){
20             itemView = LayoutInflater.from(mContext).inflate(R.layout.
21                                                  list_item_two, parent, false);
22             holder= new MyViewHolder2(itemView);
23         }
24         return holder;
25     }
26     @Override
27     public int getItemViewType(int position) {
28         return NewsList.get(position).getType();
29     }
30     @Override
31     public void onBindViewHolder(@NonNull RecyclerView.ViewHolder holder,
32     int position) {
33         NewsBean bean=NewsList.get(position);
34      if (holder instanceof MyViewHolder1){
35          if (position==0) {
36              ((MyViewHolder1) holder).iv_top.setVisibility(View.VISIBLE);
37              ((MyViewHolder1) holder).iv_img.setVisibility(View.GONE);
38          } else {
39              ((MyViewHolder1) holder).iv_top.setVisibility(View.GONE);
40              ((MyViewHolder1) holder).iv_img.setVisibility(View.VISIBLE);
41          }
42          ((MyViewHolder1) holder).title.setText(bean.getTitle());
43          ((MyViewHolder1) holder).name.setText(bean.getName());
44          ((MyViewHolder1) holder).comment.setText(bean.getComment());
45          ((MyViewHolder1) holder).time.setText(bean.getTime());
46          if (bean.getImgList().size()==0)return;
```

```
47          ((MyViewHolder1) holder).iv_img.setImageResource(bean.getImgList()
48                                                              .get(0));
49      }else if (holder instanceof MyViewHolder2){
50          ((MyViewHolder2) holder).title.setText(bean.getTitle());
51          ((MyViewHolder2) holder).name.setText(bean.getName());
52          ((MyViewHolder2) holder).comment.setText(bean.getComment());
53          ((MyViewHolder2) holder).time.setText(bean.getTime());
54          ((MyViewHolder2) holder).iv_img1.setImageResource(bean.getImgList()
55                                                              .get(0));
56          ((MyViewHolder2) holder).iv_img2.setImageResource(bean.getImgList()
57                                                              .get(1));
58          ((MyViewHolder2) holder).iv_img3.setImageResource(bean.getImgList()
59                                                              .get(2));
60      }
61  }
62  @Override
63  public int getItemCount() {
64      return NewsList.size();
65  }
66  class MyViewHolder1 extends RecyclerView.ViewHolder {
67      ImageView iv_top,iv_img;
68      TextView title,name,comment,time;
69      public MyViewHolder1(View view) {
70          super(view);
71          iv_top = view.findViewById(R.id.iv_top);
72          iv_img = view.findViewById(R.id.iv_img);
73          title = view.findViewById(R.id.tv_title);
74          name = view.findViewById(R.id.tv_name);
75          comment = view.findViewById(R.id.tv_comment);
76          time = view.findViewById(R.id.tv_time);
77      }
78  }
79  class MyViewHolder2 extends RecyclerView.ViewHolder {
80      ImageView iv_img1,iv_img2,iv_img3;
81      TextView title,name,comment,time;
82      public MyViewHolder2(View view) {
83          super(view);
84          iv_img1 = view.findViewById(R.id.iv_img1);
85          iv_img2 = view.findViewById(R.id.iv_img2);
86          iv_img3 = view.findViewById(R.id.iv_img3);
87          title = view.findViewById(R.id.tv_title);
88          name = view.findViewById(R.id.tv_name);
89          comment = view.findViewById(R.id.tv_comment);
90          time = view.findViewById(R.id.tv_time);
91      }
92  }
93 }
```

13. 显示仿今日头条推荐列表的数据

在程序的 MainActivity 中首先定义 6 个数组，分别是 titles、names、comments、times、icons1、icons2，这些数组中存放的分别是新闻标题数据、用户名数据、评论数据、新闻发布时间数据、图片数据 1（条目上显示 1 张图片的数据）、图片数据 2（条目上显示 3 张图片的数据）。其次创建一个 setData()方法，在该方法中将定义的数组中的数据添加到新闻数据集合 NewsList 中，并将该集合数据设置到 NewsAdapter 中，具体代码如文件 3-24 所示。

【文件 3-24】　MainActivity.java

```
1  package cn.itcast.headline;
2  ......
3  public class MainActivity extends AppCompatActivity {
4      private String[] titles = {"各地餐企齐行动，杜绝餐饮浪费",
5              "花菜有人焯水，有人直接炒，都错了，看饭店大厨如何做",
6              "睡觉时，双脚突然蹬一下，有踩空感，像从高楼坠落，是咋回事？",
7              "实拍外卖小哥砸开小吃店的卷帘门救火，灭火后淡定继续送外卖",
```

```
 8              "还没成熟就被迫提前采摘，8 毛一斤却没人要，果农无奈: 不摘不行",
 9              "大会、大展、大赛一起来，北京电竞"好嗨哟"" };
10      private String[] names = {"央视新闻客户端", "味美食记", "民富康健康", "生活小记",
11                                              "禾木报告", "燕鸣"};
12      private String[] comments = {"9884 评", "18 评", "78 评", "678 评", "189 评",
13                                              "304 评"};
14      private String[] times = {"6 小时前", "刚刚", "1 小时前", "2 小时前", "3 小时前",
15                                              "4 小时前"};
16      private int[] icons1 = {R.drawable.food, R.drawable.takeout,
17                                              R.drawable.e_sports};
18      private int[] icons2 = {R.drawable.sleep1, R.drawable.sleep2, R.drawable.sleep3,
19                          R.drawable.fruit1,R.drawable.fruit2, R.drawable.fruit3};
20  //新闻类型，1 表示置顶新闻或只有 1 张图片的新闻，2 表示包含 3 张图片的新闻
21      private int[] types = {1, 1, 2, 1, 2, 1};
22      private RecyclerView mRecyclerView;
23      private NewsAdapter mAdapter;
24      private List<NewsBean> NewsList;
25      @Override
26      protected void onCreate(Bundle savedInstanceState) {
27          super.onCreate(savedInstanceState);
28          setContentView(R.layout.activity_main);
29          setData();
30          mRecyclerView = findViewById(R.id.rv_list);
31          mRecyclerView.setLayoutManager(new LinearLayoutManager(this));
32          mAdapter = new NewsAdapter(MainActivity.this, NewsList);
33          mRecyclerView.setAdapter(mAdapter);
34      }
35      private void setData() {
36          NewsList = new ArrayList<NewsBean>();
37          NewsBean bean;
38          for (int i = 0; i < titles.length; i++) {
39              bean = new NewsBean();
40              bean.setId(i + 1);
41              bean.setTitle(titles[i]);
42              bean.setName(names[i]);
43              bean.setComment(comments[i]);
44              bean.setTime(times[i]);
45              bean.setType(types[i]);
46              switch (i) {
47                  case 0: //置顶新闻的图片设置
48                      List<Integer> imgList0 = new ArrayList<>();
49                      bean.setImgList(imgList0);
50                      break;
51                  case 1://设置第 2 个条目的图片数据
52                      List<Integer> imgList1 = new ArrayList<>();
53                      imgList1.add(icons1[i - 1]);
54                      bean.setImgList(imgList1);
55                      break;
56                  case 2://设置第 3 个条目的图片数据
57                      List<Integer> imgList2 = new ArrayList<>();
58                      imgList2.add(icons2[i - 2]);
59                      imgList2.add(icons2[i - 1]);
60                      imgList2.add(icons2[i]);
61                      bean.setImgList(imgList2);
62                      break;
63                  case 3://设置第 4 个条目的图片数据
64                      List<Integer> imgList3 = new ArrayList<>();
65                      imgList3.add(icons1[i - 2]);
66                      bean.setImgList(imgList3);
67                      break;
68                  case 4://设置第 5 个条目的图片数据
69                      List<Integer> imgList4 = new ArrayList<>();
70                      imgList4.add(icons2[i - 1]);
71                      imgList4.add(icons2[i]);
72                      imgList4.add(icons2[i + 1]);
```

```
73              bean.setImgList(imgList4);
74              break;
75          case 5://设置第 6 个条目的图片数据
76              List<Integer> imgList5 = new ArrayList<>();
77              imgList5.add(icons1[i - 3]);
78              bean.setImgList(imgList5);
79              break;
80          }
81          NewsList.add(bean);
82      }
83    }
84 }
```

14. 运行结果

运行上述程序，运行成功后的界面与图 3-18 一致，此处不再重复展示图 3-18 所示的界面。

3.3　自定义控件

通常开发 Android 应用程序的界面时，都不直接使用 View 控件，而是使用 View 控件的子类。例如，如果要显示一段文字，可以使用 View 控件的子类 TextView 控件；如果要显示一个按钮，可以使用 View 控件的子类 Button 控件。虽然 Android 提供了很多继承自 View 类的控件，但是在实际开发中，还会出现不满足需求的情况。此时我们可以通过自定义控件的方式实现。

最简单的自定义控件就是创建一个继承 View 类或其子类的类，并重写该类的构造方法，示例代码如下：

```
1 public class Customview extends View{
2     public Customview(Context context) {
3         super(context);
4     }
5     public Customview(Context context, AttributeSet attrs) {
6         super(context, attrs);
7     }
8 }
```

定义自定义类 Customview 之后，如果想要创建一个该类的对象，则需要使用到该类的第 1 个构造方法（第 2~4 行代码）。如果想要在布局文件中引入该自定义 Customview 类，则需要使用到该类的第 2 个构造方法（第 5~7 行代码）。

由于系统自带的控件不能满足需求中的某种样式或功能，所以我们需要在自定义控件中通过重写指定的方法来添加额外的样式和功能。自定义控件常用的 3 个方法的具体介绍如下。

1. onMeasure()方法

该方法用于测量尺寸，在该方法中可以设置控件本身或其子控件的宽高，onMeasure()方法的具体介绍如下：

```
onMeasure(int widthMeasureSpec, int heightMeasureSpec)
```

onMeasure()方法中的第 1 个参数 widthMeasureSpec 表示获取父容器指定的该控件宽度，第 2 个参数 heightMeasureSpec 表示获取父容器指定的该控件高度。

widthMeasureSpec 和 heightMeasureSpec 参数不仅包含父容器指定的属性值，还包括父容器指定的测量模式。测量模式分为三种，具体介绍如下。

● EXACTLY：当自定义控件的宽高值设置为具体值时使用，如 100dp、match_parent 等，此时控件的宽高值是精确的尺寸。

● AT_MOST：当自定义控件的宽高值为 wrap_content 时使用，此时控件的宽高值是控件中的数据内容可获得的最大空间值。

● UNSPECIFIED：当父容器没有指定自定义控件的宽高值时使用。

需要注意的是，虽然参数 widthMeasureSpec 和 heightMeasureSpec 是父容器为该控件指定的宽高，但是该控件还需要通过 setMeasuredDimension(int,int) 方法设置具体的宽高。

2. onDraw()方法

该方法用于绘制图像。onDraw()方法的具体介绍如下：

```
onDraw(Canvas canvas)
```

onDraw()方法中的参数 canvas 表示画布。Canvas 类经常与 Paint 类(画笔)配合使用，使用 Paint 类可以在 Canvas 类中绘制图像。

3. onLayout()方法

onLayout()方法用于指定布局中子控件的位置，该方法通常在自定义的 ViewGroup 容器中重写。onLayout() 方法的具体介绍如下：

```
onLayout(boolean changed, int left, int top, int right, int bottom)
```

onMeasure()方法中有 5 个参数，其中，第 1 个参数 changed 表示自定义控件的大小和位置是否发生变化，剩余的 4 个参数 left、top、right、bottom 分别表示子控件与父容器左边、顶部、右边、底部的距离。

接下来，我们通过一个案例讲解如何使用自定义控件在界面中画一个圆形。显示圆形的界面如图 3-19 所示。

图3-19　显示圆形的界面

实现图 3-19 中显示圆形界面的具体步骤如下。

1. 创建程序

创建一个名为 CustomView 的应用程序，指定包名为 cn.itcast.customview。

2. 创建自定义 CircleView 类

在 cn.itcast.customview 包中创建一个继承 View 类的 CircleView 类，并在该类中重写 onDraw()方法，具体代码如文件 3-25 所示。

【文件 3-25】　CircleView.java

```
1  package cn.itcast.customview;
2  ......//省略导入包
3  public class CircleView extends View{
4      public CircleView(Context context) {
5          super(context);
6      }
7      public CircleView(Context context, AttributeSet attrs) {
8          super(context, attrs);
9      }
10     @Override
11     protected void onDraw(Canvas canvas) {
12         super.onDraw(canvas);
```

```
13          int r = getMeasuredWidth() / 2;
14          int centerX = getLeft() + r;
15          int centerY = getTop()+ r;
16          Paint paint = new Paint();
17          paint.setColor(Color.RED);
18          //开始绘制
19          canvas.drawCircle(centerX, centerY, r, paint);
20      }
21 }
```

在上述代码中，第 4~9 行代码重写了 CircleView 类的 2 个构造方法。

第 10~20 行代码重写了 onDraw()方法，在该方法中绘制一个圆形图像。其中，第 13 行代码获取了圆的半径，第 14 行、第 15 行代码获取了圆心在界面上的位置坐标。第 16~19 行代码首先创建了一个 Paint 类的对象，接着通过 setColor()方法设置该画笔的颜色为红色，最后调用 drawCircle()方法绘制一个圆形。

创建自定义控件后，在 activity_main.xml 文件中引入该自定义控件，具体代码如文件 3-26 所示。

【文件 3-26】　activity_main.xml

```
1  <?xml version="1.0" encoding="utf-8"?>
2  <RelativeLayout xmlns:android="http://schemas.android.com/apk/res/android"
3      android:layout_width="match_parent"
4      android:layout_height="match_parent"
5      android:layout_marginLeft="16dp"
6      android:layout_marginTop="16dp">
7      <cn.itcast.customview.CircleView
8          android:layout_width="100dp"
9          android:layout_height="100dp"/>
10 </RelativeLayout>
```

此时，运行 CustomView 程序，运行后的界面与图 3-19 一致。

如果大家对 AlertDialog 对话框的使用感兴趣，可以扫描下方的二维码来查看对话框的相关知识。

AlertDialog 对话框
的相关知识

3.4　本章小结

本章主要讲解了 Android 中常见界面控件的使用，包括简单控件的使用、ListView 控件和 RecyclerView 控件的使用，以及如何自定义控件。由于创建任何 Android 程序都会用到这些控件，所以通过本章的学习，希望初学者能够熟练掌握 Android 中常见界面控件的基本使用，为后续创建其他 Android 程序做好铺垫。

3.5　本章习题

一、判断题

1. Android 的控件样式，其每一个 XML 属性都对应一个 Java 方法。（　　　）

2. 当指定 RadioButton 控件的 android:checked 属性为 true 时，表示该控件为未选中状态。（　　　）

3. AlertDialog 对话框能够直接通过 new 关键字创建对象。（　　　）

4. Toast 是 Android 提供的轻量级信息提醒机制，用于向用户提示即时消息。（　　　）

5. ListView 控件中的数据是通过数据适配器加载的。（　　　）

二、选择题

1. 在 XML 布局文件中定义了一个 Button 控件，决定 Button 控件上显示的文字的属性是（　　　）。

A. android:value　　　　　B. android:text　　　　　C. android:id　　　　　D. android:textvalue

2. 下列选项中，哪个用于设置 TextView 控件中文字的大小？（　　　）

A. android:textSize="18"   B. android:size="18"   C. android:textSize='18sp' D. android:size="18sp"

3. 使用 EditText 控件时，当文本内容为空时，如果想做一些提示，那么可以使用的属性是（   ）。

A. android:text   B. android:background   C. android:inputType   D. android:hint

4. 为了让一个 ImageView 控件显示一张图片，可以设置的属性是（   ）。

A. android:src   B. android:background   C. android：img   D. android:value

5. 下列关于 ListView 控件的说法中，正确的是（   ）。

A. ListView 控件的条目不能设置点击事件

B. ListView 控件不设置数据适配器也能显示数据内容

C. 当数据超出能显示的范围时，ListView 自动具有可滚动的特性

D. 一共有 100 条数据，若 ListView 控件当前能显示 10 条，则产生了 100 个 View 控件

6. CheckBox 控件被选中的监听事件通常使用以下哪个方法？（   ）

A. setOnClickListener   B. setOnCheckedChangeListener

C. setOnMenuItemSelectedListener   D. setOnCheckedListener

7. 当使用 EditText 控件时，能够将文本框设置为多行显示的属性是（   ）。

A. android:lines   B. android:layout_height

C. android:textcolor   D. android:textsize

8. 下列关于 AlertDialog 对话框的描述，错误的是（   ）。

A. 使用 new 关键字创建 AlertDialog 对话框的实例

B. 对话框的显示需要调用 show() 方法

C. setPositiveButton() 方法是用来设置确定按钮的

D. setNegativeButton() 方法是用来设置取消按钮的

三、简答题

1. 简述 ListView 控件与 RecyclerView 控件的区别

2. 简述实现 Button 控件的点击事件的方式。

3. 简述 AlertDialog 对话框的创建过程。

四、编程题

1. 开发一个整数加法的程序，实现将计算结果显示到界面上的功能。

2. 开发一个自定义对话框，其界面中显示标题、提示内容、确定和取消按钮。当点击返回键时，用于提示用户是否退出应用程序。

第 4 章

程序活动单元Activity

Android 中的四大组件分别是 Activity、Service、ContentProvider 和 BroadcastReceiver。其中，Activity 是一个负责与用户交互的组件，每个 Android 应用程序中都会用 Activity 来显示界面及处理界面上一些控件的事件。本章将针对 Activity 进行详细讲解，其他组件的介绍会在后续章节中讲解。

4.1　Activity 的生命周期

4.1.1　生命周期状态

Activity 的生命周期指的是 Activity 从创建到销毁的整个过程。这个过程大致可以分为 5 种状态，分别是启动状态、运行状态、暂停状态、停止状态和销毁状态。这 5 种状态的相关讲解具体如下。

1. 启动状态

Activity 的启动状态很短暂。一般情况下，当 Activity 启动之后便会进入运行状态。

2. 运行状态

Activity 在此状态时处于界面最前端，它是可见的、有焦点的，并且可以与用户进行交互，如点击界面中的按钮和在界面上输入信息等。

值得一提的是，当 Activity 处于运行状态时，Android 会尽可能地保持这种状态，即使出现内存不足的情况，Android 也会先销毁栈底的 Activity 来确保当前 Activity 正常运行。

3. 暂停状态

在某些情况下，Activity 对用户来说仍然可见，但它无法获取焦点，对用户的操作没有响应，此时它就处于暂停状态。例如，当 Activity 上覆盖了一个透明或者非全屏的界面时，被覆盖的 Activity 就处于暂停状态。

4. 停止状态

当 Activity 完全不可见时，它就处于停止状态。如果系统内存不足，那么这种状态下的 Activity 很容易被销毁。

5. 销毁状态

当 Activity 处于销毁状态时，将被清理出内存。

需要注意的是，Activity 生命周期的启动状态和销毁状态是过渡状态，Activity 不会在这两个状态停留。

4.1.2 生命周期方法

Activity 的生命周期包括创建、可见、获取焦点、失去焦点、不可见、重新可见、销毁等环节，针对每个环节 Activity 都定义了相应的回调方法。Activity 中的回调方法具体如下。

（1）onCreate()：创建 Activity 时调用，通常做一些初始化设置。

（2）onStart()：Activity 即将可见时调用。

（3）onResume()：Activity 获取焦点时调用。

（4）onPause()：当前 Activity 被其他 Activity 覆盖或屏幕锁屏时调用。

（5）onStop()：Activity 对用户不可见时调用。

（6）onRestart()：Activity 从停止状态到再次启动状态时调用。

（7）onDestroy()：销毁 Activity 时调用。

为了帮助开发者更好地理解 Activity 的生命周期，Google 公司提供了 Activity 的生命周期模型，如图 4-1 所示。

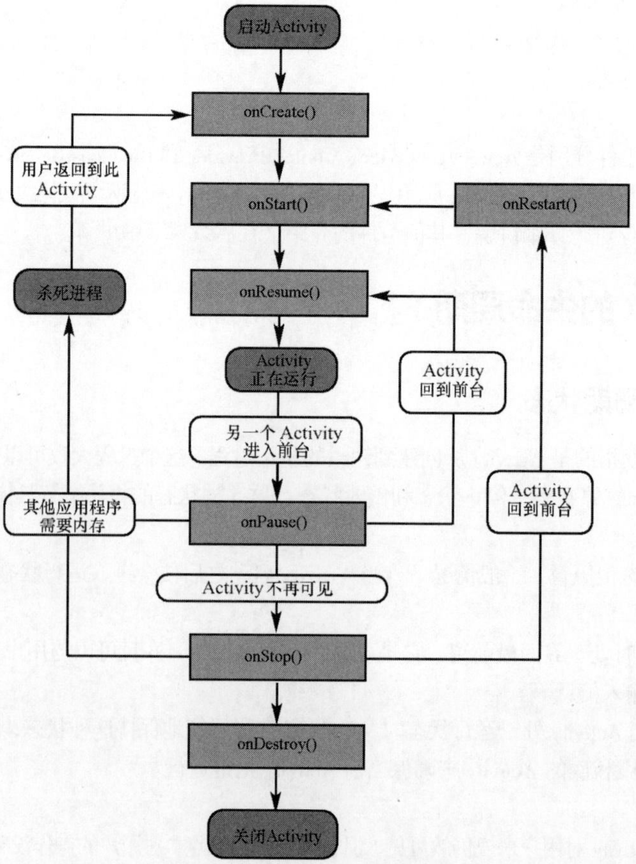

图4-1 Activity的生命周期模型

接下来通过在一个程序中创建一个 Activity 来让初学者更直观地认识 Activity 的生命周期。首先创建一个名为 ActivityLifeCycle 的应用程序，指定其包名为 cn.itcast.activitylifecycle。在程序中的 MainActivity 中重写 Activity 生命周期的方法，并在每个方法中通过调用 Log 类中的 i()方法来打印信息并观察具体的调用情况，具体代码如文件 4-1 所示。

【文件 4-1】　MainActivity.java

```java
package cn.itcast.activitylifecycle;
import android.support.v7.app.AppCompatActivity;
import android.os.Bundle;
import android.util.Log;
public class MainActivity extends AppCompatActivity {
    @Override
    protected void onCreate(Bundle savedInstanceState) {
        super.onCreate(savedInstanceState);
        setContentView(R.layout.activity_main);
        Log.i("MainActivity","调用 onCreate()");
    }
    @Override
    protected void onStart() {
        super.onStart();
        Log.i("MainActivity", "调用 onStart()");
    }
    @Override
    protected void onResume() {
        super.onResume();
        Log.i("MainActivity", "调用 onResume()");
    }
    @Override
    protected void onPause() {
        super.onPause();
        Log.i("MainActivity", "调用 onPause()");
    }
    @Override
    protected void onStop() {
        super.onStop();
        Log.i("MainActivity", "调用 onStop()");
    }
    @Override
    protected void onDestroy() {
        super.onDestroy();
        Log.i("MainActivity", "调用 onDestroy()");
    }
    @Override
    protected void onRestart() {
        super.onRestart();
        Log.i("MainActivity", "调用 onRestart()");
    }
}
```

运行上述程序，运行成功后，Logcat 窗口中输出的日志信息如图 4-2 所示。

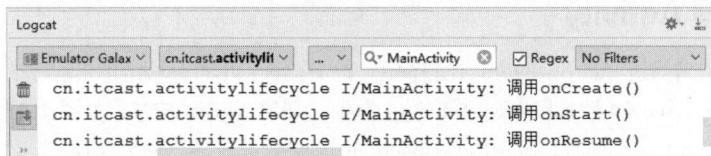

图4-2　Logcat窗口中输出的日志信息

由图 4-2 可知，第一次运行程序时，程序启动后依次调用了 onCreate()方法、onStart()方法、onResume()方法。当程序调用 onResume()方法之后，不再继续向下进行，此时程序处于运行状态，等待与用户进行交互。

接下来点击模拟器上的返回键，退出当前程序，此时 Logcat 窗口中输出的日志信息如图 4-3 所示。

图4-3　Logcat窗口中输出的日志信息

由图 4-3 可知，当点击模拟器上的返回键后，程序会依次调用 onPause()方法、onStop()方法、onDestory()方法。程序执行这些方法之后当前 Activity 会被销毁并清理出内存，同时当前程序会退出。

需要注意的是，虽然在文件 4-1 的代码中重写了 onRestart()方法，但是在 Activity 生命周期中并没有对其进行调用，这是因为程序中只有一个 Activity，无法使其进行从停止状态到再次启动状态的操作，当程序中有多个 Activity 进行切换时就可以调用 onRestart()方法。

脚下留心：横竖屏切换时 Activity 的生命周期

现实生活中，使用手机时会根据不同情况进行横竖屏切换。当手机进行横竖屏切换时，程序会根据 AndroidManifest.xml 文件中 Activity 的 configChanges 属性值调用相应的生命周期方法。

若没有设置 configChanges 属性的值，同时屏幕处于竖屏状态下，运行程序，程序会依次调用 Activity 生命周期中的 onCreate()方法、onStart()方法、onResume()方法。当由竖屏切换横屏时，依次调用 onPause()方法、onStop()方法、onDestory()方法、onCreate()方法、onStart()方法和 onResume()方法。

在进行横竖屏切换时，程序首先会调用 onDestory()方法销毁 Activity，然后调用 onCreate()方法重建 Activity。这种横竖屏切换的操作在实际开发中会对程序有一定的影响。例如，用户在界面上输入信息时进行横竖屏切换，用户输入的信息会被清除。如果不希望在横竖屏切换时 Activity 被销毁重建，可以通过 configChanges 属性进行设置，示例代码如下：

```
<activity android:name=".MainActivity"
          android:configChanges="orientation|keyboardHidden">
```

当 configChanges 属性设置完成后，打开程序时同样会调用 onCreate()方法、onStart()方法、onResume()方法，但是当进行横竖屏切换时不会再执行其他的生命周期方法。

如果希望某一个界面一直处于竖屏或者横屏状态，并且此状态不随手机的晃动而改变，此效果可以通过在清单文件中设置 Activity 的 screenOrientation 属性来实现，示例代码如下：

```
竖屏：android:screenOrientation="portrait"
横屏：android:screenOrientation="landscape"
```

4.2　Activity 的创建、配置、启动和关闭

4.2.1　创建 Activity

在 Android Studio 中创建 Activity 的方式比较简单，只需要首先用鼠标右键单击程序中存放 Activity 的包，然后选择【New】→【Activity】→【Empty Activity】选项。创建 Activity 的过程如图 4-4 所示。

单击【Empty Activity】选项时，会弹出 Configure Activity 页面，如图 4-5 所示。

图 4-5 显示了 3 个输入框，分别为【Activity Name】、【Layout Name】和【Package name】，这 3 个输入框分别用于输入 Activity 名称、布局名称和包名。填写完这些信息后，单击"Finish"按钮完成 Activity 的创建。

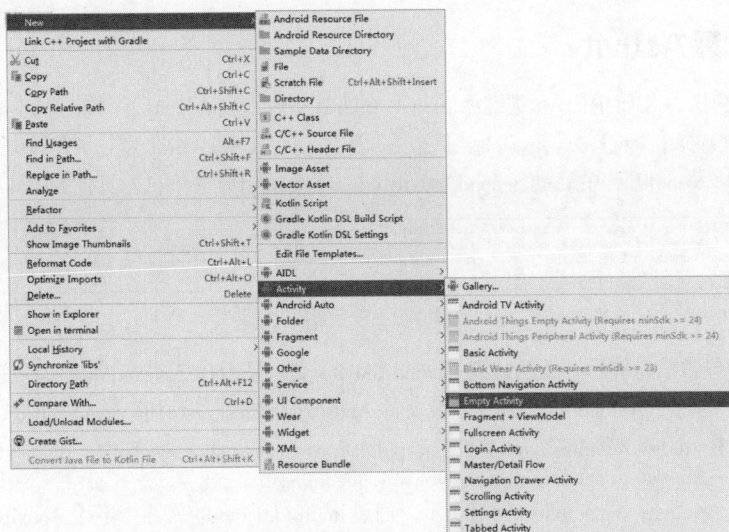

图4-4　创建Activity的过程

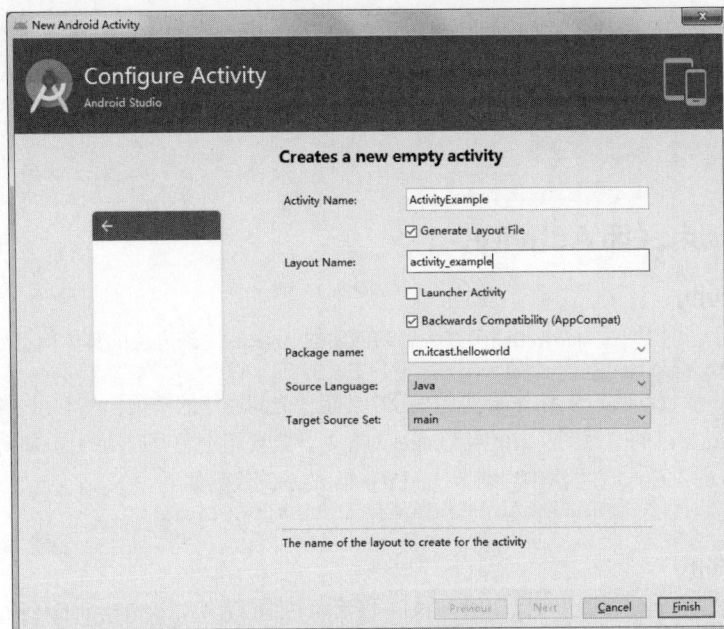

图4-5　Configure Activity页面

接下来以创建一个 ActivityBasic 应用程序为例，指定其包名为 cn.itcast.activitybasic，Activity 名为 ActivityExample。创建完成的 ActivityExample 的具体代码如文件 4-2 所示。

【文件 4-2】　ActivityExample.java

```java
 1  package cn.itcast.activitybasic;
 2  import android.support.v7.app.AppCompatActivity;
 3  import android.os.Bundle;
 4  public class ActivityExample extends AppCompatActivity {
 5      @Override
 6      protected void onCreate(Bundle savedInstanceState) {
 7          super.onCreate(savedInstanceState);
 8          setContentView(R.layout.activity_example);
 9      }
10  }
```

4.2.2　配置 Activity

在 Android 程序中，可以使用 Java 类继承 Activity 的方式实现创建 Activity。例如，选中 cn.itcast.activitybasic 包，单击鼠标右键并选择【New】→【Java class】选项，创建一个 SecondActivity 类，并使该类继承 Activity。当在 ActivityExample 的 onCreate()方法中启动 SecondActivity 时，将会抛出异常信息，具体如图 4-6 所示。

```
09-21 09:38:14.146 14893-14893/cn.itcast.activitybasic E/AndroidRuntime: java.lang.RuntimeException:
Unable to start activity ComponentInfo{cn.itcast.activitybasic/cn.itcast.activitybasic.ActivityExample}:
android.content.ActivityNotFoundException: Unable to find explicit activity class {cn.itcast.activitybasic/cn.itcast.activitybasic.SecondActivity};
have you declared this activity in your AndroidManifest.xml?
```

图4-6　异常信息

图 4-6 所示的异常信息提示"无法找到 SecondActivity 类，是否在 AndroidManifest.xml 文件中声明了该 Activity"。由于创建的每个 Activity 都必须在清单文件 AndroidManifest.xml 中配置才能生效，所以我们需要将 SecondActivity 配置在 AndroidManifest.xml 文件的<application></application>标签中，示例代码如下：

```
<activity android:name="cn.itcast.activitybasic.SecondActivity" />
```

在上述代码中，Activity 用<activity>标签表示，通过 android:name 的属性指定该 Activity 的名称。

多学一招：在清单文件中引用 Activity 的方式

如果 Activity 所在的包与在 AndroidManifest.xml 文件的<manifest></manifest>标签中通过 package 属性指定的包名称一致，则 android:name 属性的值可以直接设置为".Activity 名称"。以 SecondActivity 为例，示例代码如下：

```
<activity>
    android:name=".SecondActivity">
</activity>
```

4.2.3　启动和关闭 Activity

1. 启动 Activity

创建 Activity 后，可以通过 startActivity()方法启动创建的 Activity。该方法的具体信息如下：
```
public void startActivity (Intent intent)
```
在上述方法中，参数 Intent 为 Android 应用程序中各组件之间通信的桥梁，一个 Activity 可以通过 Intent（详见 4.3 节）来表达自己的"意图"。在创建 Intent 对象时，需要指定想要启动的 Activity。

在 MainActivity 的 onCreate()方法中启动 SecondActivity 的示例代码如下：
```
Intent intent = new Intent(MainActivity.this,SecondActivity.class);
startActivity(intent);
```

2. 关闭 Activity

如果想要关闭当前的 Activity，可以调用 Activity 提供的 finish()方法。该方法的具体信息如下：
```
public void finish()
```
finish()方法既没有参数，也没有返回值，只需要在 Activity 的相应事件中调用该方法即可。例如，在 MainActivity 中按钮的点击事件中关闭该 Activity，示例代码如下：
```
Button button1 = (Button)findViewById(R.id.button1);
button1.setOnClickListener(new View.OnClickListener() {
    @Override
    public void onClick(View v) {
        finish(); //关闭当前 Activity
    }
});
```

4.3　Intent 与 IntentFilter

在 Android 中，一般应用程序是由多个核心组件构成的。如果用户需要从一个 Activity 切换到另一个

Activity，则必须使用 Intent。实际上，Activity、Service 和 BroadcastReceiver 这 3 种核心组件都需要使用 Intent
进行操作，Intent 用于相同或者不同的应用程序组件间的绑定。本节将针对 Intent 的相关知识进行详细
讲解。

4.3.1　Intent

Intent 为意图，是程序中各组件间进行交互的一种重要方式，它不仅可以指定当前组件要执行的动作，
还可以在不同组件之间进行数据传递。一般用于启动 Activity 和 Service 及发送广播等（Service 和广播将在后
续章节讲解）。根据开启目标组件的方式不同，Intent 分为两种类型，分别为显式 Intent 和隐式 Intent，具体介绍
如下。

1. 显式 Intent

显式 Intent 指直接指定目标组件。例如，使用显式 Intent 指定要跳转的目标 Activity，示例代码
如下：

```
Intent intent = new Intent(this, SecondActivity.class);
startActivity(intent);
```

在上述代码中，创建的 Intent 对象中传入了 2 个参数，其中第 1 个参数 this 表示当前的 Activity，第 2 个
参数 SecondActivity.class 表示要跳转到的目标 Activity。

2. 隐式 Intent

隐式 Intent 不会明确指出需要激活的目标组件，它被广泛地应用在不同应用程序之间，进行消息传递。
Android 会使用 IntentFilter 匹配相应的组件，匹配的属性主要包括 3 个，分别是 action、data 和 category 属性。
这 3 个属性的具体介绍如下。

- action 属性：表示 Intent 对象要完成的动作。
- data 属性：表示 Intent 对象中传递的数据。
- category 属性：表示为 action 属性添加的额外信息。

例如，在 Project1 程序的 MainActivity 中开启 Project2 程序的 SecondActivity，SecondActivity 的 action 属性
值为 "cn.itcast.START_ACTIVITY"。具体步骤如下。

（1）在 Project2 程序的清单文件（AndroidManifest.xml）中，配置 SecondActivity 的 action 属性为 "cn.itcast.
START_ACTIVITY" 的代码如下：

```
<activity android:name=".SecondActivity">
    <intent-filter>
        <action android:name="cn.itcast.START_ACTIVITY"/>
        <category android:name="android.intent.category.DEFAULT"/>
    </intent-filter>
</activity>
```

（2）在 Project1 程序的 MainActivity 中开启 SecondActivity 的示例代码如下：

```
Intent intent = new Intent();
// 设置 action 动作,该动作要和清单文件中设置的一样
intent.setAction("cn.itcast.START_ACTIVITY");
startActivity(intent);
```

需要注意的是，在使用隐式 Intent 开启 Activity 时，系统会默认为该 Intent 添加 category 属性的 name，
其值为 "android.intent.category.DEFAULT"，因此为了被开启的 Activity 能够接收隐式 Intent，必须在
AndroidManifest.xml 文件的 SecondActivity 对应的<intent-filter></intent-filter>标签中，将 SecondActivity 对应的
标签中属性 android:name 的值设置为 "android.intent.category.DEFAULT"。

4.3.2　IntentFilter

当系统发送一个隐式 Intent 后，Android 会将它与程序中每一个组件的过滤器进行匹配，匹配属性有
action、data 和 category 属性，需要这 3 个属性都匹配成功才能唤起相应的组件。接下来，针对这 3 个属性的
匹配规则进行具体介绍。

1. action 属性匹配规则

action 属性用来指定 Intent 对象的动作，在清单文件中设置 action 属性的示例代码如下：

```
<intent-filter>
    <action android:name="android.intent.action.EDIT" />
    <action android:name="android.intent.action.VIEW" />
    ......
</intent-filter>
```

在上述代码中，<intent-filter>标签中间可以罗列多个 action 属性，但是当使用隐式 Intent 激活组件时，只要声明 Intent 携带的 action 属性与其中一个<intent-filter>标签的 action 属性相同，action 属性就匹配成功。

需要注意的是，在清单文件中为 Activity 添加<intent-filter>标签时，必须添加 action 属性，否则隐式 Intent 无法开启该 Activity。

2. data 属性匹配规则

data 属性用来指定数据的 Uri 或者数据 MIME 类型，它的值通常与 Intent 的 action 属性有关联。在清单文件中设置 data 属性的示例代码如下：

```
<intent-filter>
    <data android:mimeType="video/mpeg" android:scheme="http......" />
    <data android:mimeType="audio/mpeg" android:scheme="http......" />
    ......
</intent-filter>
```

在上述代码中，<intent-filter>标签中间可以罗列多个 data 属性，每个 data 属性可以指定数据的 MIME 类型和 Uri（详见第 7 章）。其中，MIME 类型可以表示 image/ipeg、video/*等媒体类型。

只要声明隐式 Intent 携带的 data 属性只要与 IntentFilter 中的任意一个 data 属性相同，data 属性就匹配成功。

3. category 属性匹配规则

category 属性用于为 action 属性添加额外信息，一个 IntentFilter 可以不声明 category 属性，也可以声明多个 category 属性。在清单文件中设置 category 属性的示例代码如下：

```
<intent-filter>
    <category android:name="android.intent.category.DEFAULT" />
    <category android:name="android.intent.category.BROWSABLE" />
    ......
</intent-filter>
```

隐式 Intent 中声明的 category 属性必须全部能够与某一个 IntentFilter 中的 category 属性匹配才算匹配成功。需要注意的是，只有 IntentFilter 中罗列的 category 属性数量大于或者等于隐式 Intent 携带的 category 属性数量时，category 属性才能匹配成功。如果一个隐式 Intent 没有设置 category 属性，那么它可以与任何一个 IntentFilter（过滤器）的 category 属性匹配。

4.4   Activity 之间的跳转

一个 Android 程序通常会包含多个 Activity，这些 Activity 之间可以互相跳转并传递数据。接下来，本节将针对 Activity 之间的跳转进行详细讲解。

4.4.1   Activity 之间的数据传递

Android 提供的 Intent 可以在界面跳转时传递数据。使用 Intent 传递数据有两种方式，具体如下。

（1）使用 Intent 的 putExtra()方法传递数据

由于 Activity 之间需要传递不同类型的数据，所以 Android 提供了多个重载的 putExtra()方法，具体信息如图 4-7 所示。

图 4-7 中重载的 putExtra ()方法都包含 2 个参数，参数 name 表示传递的数据名称，参数 value 表示传递的数据信息。

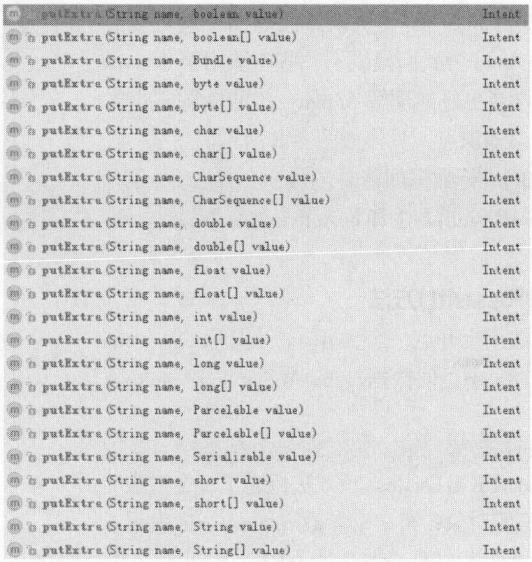

图4-7　putExtra()方法

通过 putExtra()方法将传递的数据存储在 Intent 对象中后，如果想获取该数据，可以通过 getXxxExtra()方法来实现。例如，在从 MainActivity 中跳转到 SecondActivity 时，通过 Intent 传递学生姓名（studentName）、成绩(englishScore)和成绩是否及格（isPassed）等数据的示例代码如下：

```
Intent intent = new Intent();
intent.setClass(MainActivity.this,SecondActivity.class); //设置跳转到的Activity
intent.putExtra("studentName","王晓明");      //姓名
intent.putExtra("englishScore",98);          //成绩
intent.putExtra("isPassed",true);            //是否及格
startActivity(intent);
```

此时，在 SecondActivity 中可以通过 getXxxExtra()方法来获取传递过来的数据，示例代码如下：

```
Intent intent = getIntent();
String name = intent.getStringExtra("studentName");      //获取姓名
int englishScore = intent.getIntExtra("englishScore",0);     //获取成绩
boolean isPassed = intent.getBooleanExtra("isPassed",true); //获取成绩是否及格
```

在上述代码中，由于 MainActivity 中传递的数据类型为 String、Int、Boolean，所以在 SecondActivity 中分别通过 getStringExtra()方法、getIntExtra()方法及 getBooleanExtra()方法获取对应的数据。

（2）使用 Bundle 类传递数据

Bundle 类与 Map 接口比较类似，都是通过键值对的形式保存数据。例如，在从 MainActvitiy 中跳转到 SecondActivity 时，首先需要使用 Bundle 对象保存用户名（account）和用户密码（password），然后调用 putExtras() 方法将这些数据封装到 Intent 对象中，并传递到 SecondActivity 中，示例代码如下：

```
Intent intent = new Intent();
intent.setClass(this,SecondActivity.class);        //设置跳转到的Activity
Bundle bundle = new Bundle();                      //创建Bundle对象
bundle.putString("account", "王小明");             //将用户名信息封装到Bundle对象中
bundle.putString("password", "123456");            //将用户密码信息封装到Bundle对象中
intent.putExtras(bundle);                          //将Bundle对象封装到Intent对象中
startActivity(intent);
```

在 SecondActivity 中，系统获取传递的数据的示例代码如下：

```
Bundle bundle = getIntent().getExtras();           //获取Bundle对象
String account = bundle.getString("account");      //获取用户名
String password = bundle.getString("password");    //获取用户密码
```

4.4.2　Activity 之间的数据回传

当我们从 MainActivity 界面跳转到 SecondActivity 界面时，需要在 SecondActivity 界面上进行一些操

作；当关闭 SecondActivity 界面时，需要从该界面返回一些数据到 MainActivity 界面。此时，Android 为我们提供了一些方法用于 Activity 之间数据的回传。为了让初学者更好地理解 Activity 之间的数据回传，我们通过一个流程图来演示该知识点，具体如图 4-8 所示。

在图 4-8 中，Activity 之间进行数据回传时包含 3 个方法，分别是 startActivityForResult()方法、setResult()方法和 onActivityResult()方法。这 3 个方法的具体介绍如下。

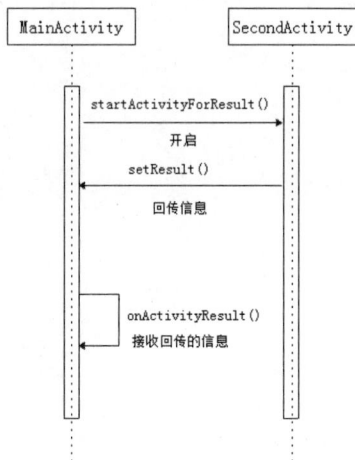

图4-8　Activity之间数据回传的流程图

1. startActivityForResult()方法

startActivityForResult()方法用于开启一个 Activity，当开启的 Activity 被销毁时，会从销毁的 Activity 中返回数据。startActivityForResult()方法的语法格式如下：

```
startActivityForResult(Intent intent, int requestCode)
```

在上述语法格式中，startActivityForResult()方法传递了 2 个参数，其中第 1 个参数 intent 表示意图对象；第 2 个参数 requestCode 表示请求码，用于标识请求的来源。如果在 MainActivity 的 2 个按钮的点击事件中都需要跳转到 SecondActivity，则可以使用请求码来判断是从哪个按钮的点击事件中跳转过来的。

2. setResult()方法

setResult()方法用于携带数据进行回传，该方法的语法格式如下：

```
setResult(int resultCode, Intent intent)
```

在上述语法格式中，setResult()方法传递了 2 个参数，其中第 1 个参数 resultCode 表示返回码，用于标识返回的数据来自哪一个 Activity；第 2 个参数 intent 用于携带数据并回传到上一个界面。

3. onActivityResult()方法

onActivityResult()方法用于接收回传的数据，该方法的语法格式如下：

```
onActivityResult(int requestCode, int resultCode, Intent data)
```

在上述语法格式中，onActivityResult()方法传递了 3 个参数，其中第 1 个参数 requestCode 表示请求码，第 2 个参数 resultCode 表示回传码，第 3 个参数 data 表示回传的数据。程序会根据传递的参数 requestCode 与 resultCode 来识别数据的来源。

例如，在 MainActivity 的 button1 控件的点击事件中，添加跳转到 SecondActivity 的环节，示例代码如下：

```
button1.setOnClickListener(new View.OnClickListener() {
    @Override
    public void onClick(View view) {
        Intent intent = new Intent(MainActivity.this,SecondActivity.class);
        startActivityForResult(intent,1);
    }
});
```

在 SecondActivity 的 button2 控件的点击事件中，将需要回传的数据封装到 Intent 对象中，并调用 setResult()方法将 Intent 对象中的数据回传到 MainActivity 中，示例代码如下：

```
button2.setOnClickListener(new View.OnClickListener() {
    @Override
    public void onClick(View view) {
        Intent intent = new Intent();
        intent.putExtra("data","Hello MainActivity");
        setResult(2,intent);
        finish();
    }
});
```

需要注意的是，在调用 setResult()方法之后，程序需要调用 finish()方法关闭 SecondActivity，因为 setResult()方法只负责返回数据，没有跳转的功能。

由于当 SecondActivity 被销毁后，程序会回调 MainActivity 的 onActivityResult()方法接收回传的数据，所以

需要在 MainActivity 中重写 onActivityResult()方法，示例代码如下：

```
@Override
protected void onActivityResult(int requestCode, int resultCode, Intent data) {
    super.onActivityResult(requestCode, resultCode, data);
    if (requestCode == 1&&resultCode == 2){
        String acquiredData= data.getStringExtra("data"); //获取回传的数据
        Toast.makeText(MainActivity.this,acquiredData,Toast.LENGTH_SHORT).show();
    }
}
```

4.4.3　实战演练——小猴子摘桃

为了让初学者更好地掌握 Activity 之间的数据回传知识，本小节我们将通过一个小猴子摘桃的案例来演示 Activity 之间是如何进行数据回传的，实现本案例的具体步骤如下所示。

1. 搭建首页界面布局

在小猴子摘桃的程序中显示 2 个界面，分别是首页界面和桃园界面，此处我们先搭建首页界面。首页界面主要用于展示小猴子图片、"去桃园"按钮、桃子图片和一共摘到的桃子个数。首页界面如图 4-9 所示。

搭建首页界面布局的具体步骤如下所示。

（1）创建程序

创建一个名为 PickPeach 的应用程序，指定包名为 cn.itcast.pickpeach。

（2）导入界面图片

将首页界面所需要的图片 bg.png、monkey.png、btn_peach.png、peach_pic.png 导入程序中创建的 drawable-hdpi 文件夹中。

（3）放置界面控件

在 activity_main.xml 布局文件中，放置 2 个 TextView 控件分别用于显示界面标题与摘到的桃子个数；放置 2 个 ImageView 控件分别用于显示小猴子图片和桃子图片；放置 1 个 Button 控件用于显示"去桃园"按钮。完整布局代码详见文件 4-3。

扫码查看文件 4-3

（4）去掉默认标题栏

由于程序创建后界面上会有一个默认的标题栏，该标题栏不够美观，所以需要在 AndroidManifest.xml 文件的<application>标签中修改 theme 属性的值为"@style/Theme.AppCompat.NoActionBar"，去掉默认标题栏，具体代码如下：

```
android:theme="@style/Theme.AppCompat.NoActionBar"
```

2. 搭建桃园界面布局

点击首页界面中的"去桃园"按钮，程序会跳转到桃园界面，该界面主要用于展示一棵桃树、桃树上结的 6 个桃子和"退出桃园"按钮。桃园界面如图 4-10 所示。

图4-9　首页界面　　　　　　　图4-10　桃园界面

搭建桃园界面布局的具体步骤如下所示。

（1）创建桃园界面

在 cn.itcast.pickpeach 包中创建一个 PeachActivity，并将布局文件名指定为 activity_peach。

（2）导入界面图片

将桃园界面所需要的图片 tree_bg.png 与 tree.png 导入程序的 drawable-hdpi 文件夹中。

（3）放置界面控件

在 activity_peach.xml 布局文件中，放置 1 个 TextView 控件用于显示界面标题；放置 7 个 Button 控件分别用于显示桃树上结的 6 个桃子与"退出桃园"按钮。完整布局代码详见文件 4-4。

扫码查看文件 4-4

3. 实现小猴子摘桃的功能

当进入小猴子摘桃的程序时，首先会显示首页界面，该界面主要用于显示小猴子摘到的桃子个数。点击首页界面中的"去桃园"按钮，程序会跳转到桃园界面。在该界面显示一棵桃树，树上结了 6 个桃子，每点击一个桃子，程序就会通过 Toast 类提示用户摘到一个桃子，并且被点击的桃子会被隐藏掉，摘到的桃子个数会加 1。当点击桃园界面的"退出桃园"按钮或设备上的返回键时，程序会调用 setResult() 方法将摘到的桃子个数回传到首页界面并进行显示。实现小猴子摘桃功能的具体步骤如下所示。

（1）实现首页界面的显示效果

由于首页界面需要显示摘到的桃子个数与实现"去桃园"按钮的点击事件，所以需要在 MainActivity 中创建一个 init() 方法用于获取界面控件并实现"去桃园"按钮的点击事件，同时还需要重写 onActivityResult() 方法，该方法用于获取桃园界面回传过来的桃子个数。MainActivity 中的具体代码如文件 4-5 所示。

【文件 4-5】　MainActivity.java

```java
package cn.itcast.pickpeach;
......
public class MainActivity extends AppCompatActivity {
    private Button btn_peach;
    private TextView tv_count;
    private int totalCount = 0;
    @Override
    protected void onCreate(Bundle savedInstanceState) {
        super.onCreate(savedInstanceState);
        setContentView(R.layout.activity_main);
        init();
    }
    private void init() {
        btn_peach = findViewById(R.id.btn_peach);
        tv_count = findViewById(R.id.tv_count);
        btn_peach.setOnClickListener(new View.OnClickListener() {
            @Override
            public void onClick(View view) {
                Intent intent = new Intent(MainActivity.this, PeachActivity.class);
                startActivityForResult(intent, 1);
            }
        });
    }
    @Override
    protected void onActivityResult(int requestCode, int resultCode,
                                                @Nullable Intent data) {
        super.onActivityResult(requestCode, resultCode, data);
        if (requestCode == 1&&resultCode==1) {
            int count = data.getIntExtra("count", 0); //获取回传的数据
            totalCount = totalCount + count;
            tv_count.setText("摘到" + totalCount + "个");
        }
    }
}
```

在上述代码中，第 13～23 行代码创建了 init() 方法，该方法用于获取界面控件并实现"去桃园"按钮的点击事件。其中，第 14 行、第 15 行代码调用 findViewById() 方法获取界面控件。第 16～22 行代码用于实现"去桃园"按钮的点击事件，当点击"去桃园"按钮时，程序会调用 startActivityForResult() 方法跳转到桃园界面，该方法的第 1 个参数 intent 表示意图对象，第 2 个参数 1 表示请求码为 1，用于标识请求的来源。

第 24～33 行代码重写了 onActivityResult() 方法，该方法用于获取桃园界面回传过来的桃子个数。其中，第 28 行代码通过 if 语句判断请求码与返回码（在桃园界面会设置）是否为 1，如果都为 1，则表示回传过来的数据是从桃园界面回传到首页界面的数据，此时首先调用 getIntExtra() 方法获取回传过来的数据 count（摘到的桃子个数），然后利用加法计算小猴子摘到的桃子总数，最后调用 setText() 方法将桃子的总数显示到首页界面上。

（2）实现桃园界面的摘桃效果

由于桃园界面需要实现 6 个桃子与 1 个"退出桃园"按钮的点击事件，所以需要用 PeachActivity 实现 OnClickListener 接口，并重写 onClick() 方法，在该方法中实现界面上 7 个按钮的点击事件。PeachActivity 中的具体代码如文件 4-6 所示。

【文件 4-6】　PeachActivity.java

```
1   package cn.itcast.pickpeach;
2   ......
3   public class PeachActivity extends AppCompatActivity implements
4                                              View.OnClickListener {
5       private Button btn_one, btn_two, btn_three, btn_four, btn_five,btn_six,btn_exit;
6       private int count=0;//桃子个数
7       @Override
8       protected void onCreate(Bundle savedInstanceState) {
9           super.onCreate(savedInstanceState);
10          setContentView(R.layout.activity_peach);
11          init();
12      }
13      private void init() {
14          btn_one = findViewById(R.id.btn_one);
15          btn_two = findViewById(R.id.btn_two);
16          btn_three = findViewById(R.id.btn_three);
17          btn_four = findViewById(R.id.btn_four);
18          btn_five = findViewById(R.id.btn_five);
19          btn_six = findViewById(R.id.btn_six);
20          btn_exit = findViewById(R.id.btn_exit);
21          btn_one.setOnClickListener(this);
22          btn_two.setOnClickListener(this);
23          btn_three.setOnClickListener(this);
24          btn_four.setOnClickListener(this);
25          btn_five.setOnClickListener(this);
26          btn_six.setOnClickListener(this);
27          btn_exit.setOnClickListener(this);
28      }
29      @Override
30      public void onClick(View view) {
31          switch (view.getId()){
32              case R.id.btn_one:     //第 1 个桃子的点击事件
33                  info(btn_one);
34                  break;
35              case R.id.btn_two:     //第 2 个桃子的点击事件
36                  info(btn_two);
37                  break;
38              case R.id.btn_three:   //第 3 个桃子的点击事件
39                  info(btn_three);
40                  break;
41              case R.id.btn_four:    //第 4 个桃子的点击事件
42                  info(btn_four);
43                  break;
44              case R.id.btn_five:    //第 5 个桃子的点击事件
45                  info(btn_five);
```

```
46            break;
47        case R.id.btn_six:      //第 6 个桃子的点击事件
48            info(btn_six);
49            break;
50        case R.id.btn_exit:    //"退出桃园"按钮的点击事件
51            returnData();
52            break;
53        }
54    }
55    /**
56     * 按钮的点击事件处理
57     */
58    private void info(Button btn){
59        count++; //桃子个数加 1
60        btn.setVisibility(View.INVISIBLE);
61        Toast.makeText(PeachActivity.this,"摘到"+count+"个桃子",
62                                        Toast.LENGTH_LONG).show();
63    }
64    /**
65     * 将数据回传到上一个界面
66     */
67    private void returnData(){
68        Intent intent = new Intent();
69        intent.putExtra("count",count);
70        setResult(1,intent);
71        PeachActivity.this.finish();
72    }
73    @Override
74    public boolean onKeyDown(int keyCode, KeyEvent event) {
75        if(keyCode==KeyEvent.KEYCODE_BACK&&event.getRepeatCount()==0){
76            returnData(); //调用数据回传方法
77        }
78        return false;
79    }
80 }
```

在上述代码中，第 13～28 行代码创建了一个 init()方法，在该方法中通过调用 findViewById()方法获取界面控件，通过调用 setOnClickListener()方法设置界面控件的点击事件的监听器。

第 29～54 行代码重写了 onClick()方法，该方法用于实现界面上控件的点击事件。

第 58～63 行代码创建了一个 info()方法，该方法用于处理界面上 6 个桃子的点击事件。当点击界面上任意一个桃子时，程序会调用 info()方法，在该方法中首先将桃子的个数 count 加 1，然后调用 setVisibility()方法将桃子控件设置为不显示的状态，最后调用 Toast 类提示用户摘到多少个桃子。

第 67～72 行代码创建了一个 returnData()方法，该方法用于将桃园界面的数据回传到首页界面。当点击"退出桃园"按钮或设备的返回键时，程序会调用 returnData()方法。在该方法中首先创建 Intent 的实例对象 intent，其次调用 putExtra()方法将摘到的桃子个数 count 设置到实例对象 intent 中，然后调用 setResult()方法将实例对象 intent 回传到首页界面。其中，setResult()方法的第 1 个参数 1 表示返回码为 1，第 2 个参数 intent 表示意图对象。最后调用 finish()方法关闭当前界面。

第 73～79 行代码重写了 onKeyDown()方法，当点击设备的返回键时，程序会回调 onKeyDown()方法，在该方法中调用 returnData()方法将桃子个数回传到首页界面。

4.5　任务栈和启动模式

4.5.1　Android 中的任务栈

Android 的任务栈是一种用来存放 Activity 实例的容器。任务栈最大的特点就是先进后出，它主要有两个基本操作，分别是压栈和出栈。通常 Android 应用程序都有一个任务栈，每打开一个 Activity 时，该 Activity

就会被压入任务栈。每销毁一个 Activity 时，该 Activity 就会被弹出任务栈。用户操作的 Activity 永远都是栈顶的 Activity。接下来，通过一张图来描述 Activity 在任务栈中的存放情况，具体如图 4-11 所示。

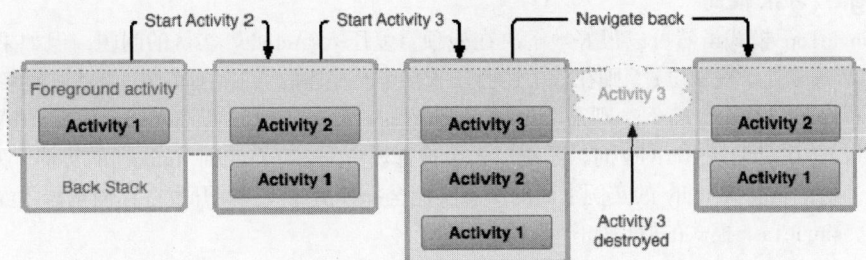

图4-11　Activity在任务栈中的存放情况

在图 4-11 中，Activity1 处于栈顶位置，当在 Activity1 中开启 Activity2 时，Activity2 的实例会被压入栈顶的位置；同样，当在 Activity2 中开启 Activity3 时，Activity3 的实例也被压入栈顶的位置。以此类推，无论开启多少个 Activity，最后开启的 Activity 的实例都会被压入栈的顶端，而之前开启的 Activity 仍然保存在栈中，但活动已经停止了，系统会保存 Activity 被停止时的状态。当用户点击返回按钮时，Activity3 会被弹出栈，Activity2 处于栈顶的位置并且恢复 Activity2 被保存的界面状态。

4.5.2　Activity 的启动模式

Activity 启动模式有 4 种，分别是 standard、singleTop、singleTask 和 singleInstance 模式。具体介绍如下。

1. standard 模式

standard 模式是 Activity 的默认启动模式。这种模式的特点是：每启动一个 Activity，就会在栈顶创建一个新的实例。在实际开发中，闹钟程序通常使用这种模式。

如果 Activity01、Activity02 和 Activity03 的启动模式为 standard，则在 Activity01 界面中启动 Activity02 界面，在 Activity02 界面中启动 Activity03 界面。此时 standard 模式的原理如图 4-12 所示。

在图 4-12 中，standard 模式下最先启动的 Activity01 位于栈底，向上依次为 Activity02、Activity03；出栈的时候，位于栈顶的 Activity03 最先出栈。

2. singleTop 模式

在某些情况下，会发现使用 standard 模式启动 Activity 并不合理。例如，当 Activity 已经位于栈顶时，再次启动该 Activity 还需要创建一个新的实例压入任务栈，而不能直接复用之前的 Activity 实例。在这种情况下，使用 singleTop 模式启动 Activity 更合理，该模式会判断要启动的 Activity 实例是否位于栈顶，如果位于栈顶，则直接复用，否则创建新的实例。实际开发中，浏览器的书签程序通常采用这种模式。singleTop 模式的原理如图 4-13 所示。

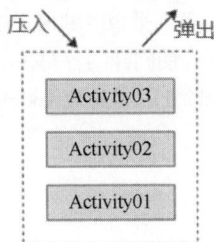

图4-12　standard模式

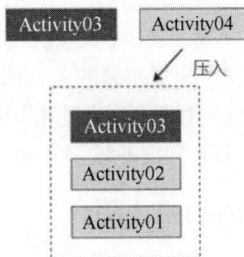

图4-13　singleTop模式

在图 4-13 中，Activity03 位于栈顶，如果再次启动的还是 Activity03，则复用当前实例；如果启动的是 Activity04，则需要创建新的实例放入栈顶的位置。

3. singleTask 模式

使用 singleTop 模式虽然可以很好地解决在栈顶重复压入 Activity 实例的问题，但如果要启动的 Activity 的实例并未处于栈顶位置，则在栈中还会压入多个不相连的 Activity 实例。如果想要某个 Activity 在整个应用程序中只有一个实例，则需要借助 singleTask 模式实现。当 Activity 的启动模式指定为 singleTask 时，每次启动该 Activity 时，系统首先会检查栈中是否存在当前 Activity 的实例，如果存在，则直接使用，并把当前 Activity 的实例上面的所有实例全部弹出栈。实际开发中，浏览器主界面通常采用这种模式。singleTask 模式的原理如图 4-14 所示。

在图 4-14 中，当再次启动 Activity01 时，任务栈会将 Activity02 和 Activity03 实例直接弹出栈，复用 Activity01 实例。

4. singleInstance 模式

singleInstance 模式是 4 种启动模式中最特殊的一种。指定 singleInstance 模式的 Activity 会启动一个新的任务栈来管理 Activity 实例，无论从哪个任务栈中启动该 Activity，该 Activity 实例在整个系统中都只有一个。Android 的桌面使用的就是该模式。

启动使用 singleInstance 模式的 Activity 分两种情况：一种是要启动的 Activity 实例在栈中不存在，则系统会先创建一个新的任务栈，然后压入 Activity 实例；另一种是要启动的 Activity 已存在，系统会把 Activity 所在的任务栈转移到前台，从而使 Activity 显示。实际开发中，来电界面通常使用 singleInstance 模式。singleInstance 模式的原理如图 4-15 所示。

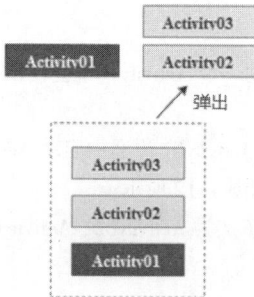

图4-14　singleTask模式　　　　　　　图4-15　singleInstance模式

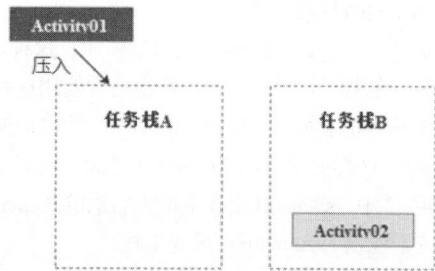

至此，Activity 的 4 种启动模式已经讲解完成，在实际开发中需要根据实际情况选择合适的启动模式。

4.6　使用 Fragment

随着移动设备的迅速发展，不仅手机成为人们生活中的必需品，就连平板电脑也变得越来越普及。平板电脑与手机最显著的差别就是屏幕的大小不同，屏幕大小的差距可能会使同样的界面在不同的设备上显示出不同的效果，为了能够同时兼顾到手机和平板电脑的开发，从 Android 3.0 版本开始 Android 提供了 Fragment。本节将针对 Fragment 进行详细讲解。

4.6.1　Fragment 简介

Fragment（碎片）是一种嵌入在 Activity 中的 UI 片段，它可以用来描述 Activity 中的一部分布局。如果 Activity 界面布局中的控件较多、比较复杂，那么 Activity 管理起来就很麻烦，我们可以使用 Fragment 把屏幕划分成几个片段，进行模块化管理，从而可以充分地利用屏幕的空间。

　　一个 Activity 中可以包含多个 Fragment，一个 Fragment 也可以在多个 Activity 中使用，如果在 Activity 中有多个相同的业务模块，则可以复用 Fragment。

　　为了让初学者更好地理解 Fragment 的作用，接下来通过一个效果图来讲解 Fragment 的用途。Fragment 效果如图 4–16 所示。

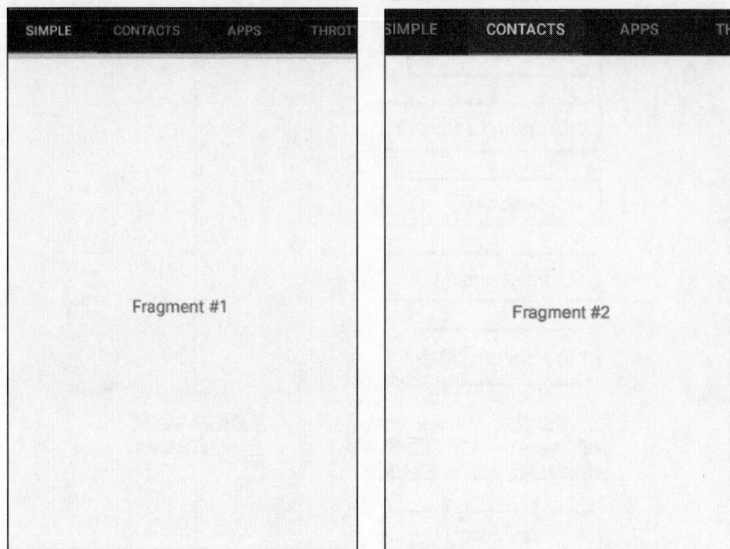

图4–16　Fragment效果图

　　在图 4–16 中，界面上方每个选项卡对应一个 Fragment，通过点击选项卡可以切换界面中显示的 Fragment，如 SIMPLE 选项卡对应 Fragment #1。

4.6.2　Fragment 的生命周期

　　通过学习 4.1 节的内容可知，Activity 生命周期有 5 种状态，分别是启动状态、运行状态、暂停状态、停止状态和销毁状态，Fragment 的生命周期也有这几种状态。

　　因为 Fragment 是被嵌入 Activity 中使用的，所以它的生命周期的状态直接受其所属 Activity 的生命周期状态影响。当在 Activity 中创建 Fragment 时，Fragment 处于启动状态；当 Activity 被暂停时，其中的所有 Fragment 也被暂停；当 Activity 被销毁时，所有在该 Activity 中的 Fragment 也被销毁。当一个 Activity 处于运行状态时，可以单独地对每一个 Fragment 进行操作，如添加或删除，当进行添加操作时，Fragment 处于启动状态；当进行删除操作时，Fragment 处于销毁状态。

　　为了让初学者更好地理解 Fragment 的生命周期，接下来通过流程图的方式进行讲解，具体如图 4–17 所示。

　　在图 4–17 中，Fragment 的生命周期与 Activity 的生命周期十分相似。Fragment 的生命周期比 Activity 的生命周期多了以下几个方法，具体如下。

- onAttach()：Fragment 和 Activity 建立关联时调用。
- onCreateView()：Fragment 创建视图（加载布局）时调用。
- onActivityCreate()：Fragment 相关联的 Activity 已经创建完成时调用。
- onDestroyView()：Fragment 关联的视图被移除时调用。
- onDetach()：Fragment 和 Activity 解除关联时调用。

初学者可以自己创建 Fragment 并重写其生命周期的方法，了解它的生命周期的执行顺序，这里不做演示。

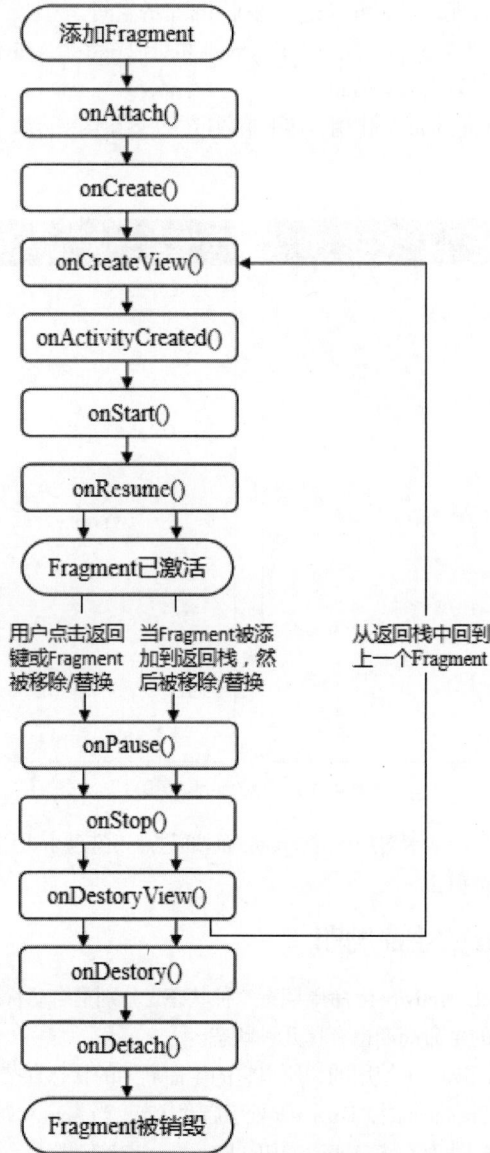

图4-17　Fragment的生命周期

4.6.3　创建 Fragment

与 Activity 类似，创建 Fragment 时必须创建一个类继承 Fragment。创建 NewsListFragment 类的示例代码如下：

```
public class NewsListFragment extends Fragment{
    @Override
    public View onCreateView(LayoutInflater inflater, ViewGroup container,
            Bundle savedInstanceState) {
        View v = inflater.inflate(R.layout.fragment, container, false);
        return v;
    }
}
```

上述代码重写了 Fragment 的 onCreateView()方法，并在该方法中通过 LayoutInflater 的 inflate()方法将布局文件 fragment.xml 动态加载到 Fragment 中。

需要注意的是，Android 中提供了两个 Fragment 类，这两个类分别是 android.app.Fragment 和 android.support.v4.app.Fragment。如果 NewsListFragment 类继承的是 android.app.Fragment 类，则程序只能兼容 3.0 版本以上的 Android；如果 NewsListFragment 类继承的是 android.support.v4.app.Fragment 类，则程序可以兼容 1.6 版本以上的 Android。

4.6.4　在 Activity 中添加 Fragment

Fragment 创建完成后并不能单独使用，需要将 Fragment 添加到 Activity 中。在 Activity 中添加 Fragment 有两种方式，具体如下。

1. 在布局文件中添加 Fragment

在 Activity 引用的布局文件中添加 Fragment 时，需要使用<fragment></fragment>标签，该标签与其他控件的标签类似，但必须指定 android:name 属性，其属性值为 Fragment 的全路径名称。在 LinearLayout 中添加 NewsListFragment 的示例代码如下：

```
<LinearLayout xmlns:android="http://schemas.android.com/apk/res/android"
    xmlns:tools="http://schemas.android.com/tools"
    android:layout_width="match_parent"
    android:layout_height="match_parent"
    tools:context=".MainActivity" >
    <fragment
        android:name="cn.itcast.NewsListFragment"
        android:id="@+id/newslist"
        android:layout_width="match_parent"
        android:layout_height="match_parent"/>
</LinearLayout>
```

2. 在 Activity 中动态加载 Fragment

当 Activity 运行时，也可以将 Fragment 动态添加到 Activity 中，具体步骤如下。

（1）创建 Fragment 的对象。

（2）获取 FragmentManager(Fragment 管理器)的实例。

（3）开启 FragmentTransaction(事务)。

（4）向 Activity 的布局容器(一般为 FrameLayout)中添加 Fragment。

（5）通过 commit()方法提交事务。

在 Activity 中添加 Fragment 的示例代码如下：

```
1   public class MainActivity extends Activity {
2       @SuppressLint("NewApi")
3       @Override
4       protected void onCreate(Bundle savedInstanceState) {
5           super.onCreate(savedInstanceState);
6           setContentView(R.layout.activity_main);
7           NewsListFragment fragment = new NewsListFragment();//实例化 Fragment 对象
8           FragmentManager fm = getFragmentManager();//获取 FragmentManager 实例
9           //获取 FragmentTransaction 实例
10          FragmentTransaction beginTransaction = fm.beginTransaction();
11          beginTransaction.replace(R.id.ll,fragment); //添加一个 Fragment
12          beginTransaction.commit();//提交事务
13      }
14  }
```

在上述代码中，第 7 行、第 8 行代码创建了 NewsListFragment 类和 FragmentManager 类的对象。

第 10 行代码通过 FragmentManager 类的 beginTransaction()方法开启事务并获取 FragmentTransaction 类的对象。

第 11 行代码通过 FragmentTransaction 类的 replace()方法将 Fragment 添加到 Activity 布局的 ViewGroup 容器中。replace()方法中的第 1 个参数表示 Activity 布局中的 ViewGroup 容器资源 id，第 2 个参数表示需要添加的 Fragment 对象。

第 12 行代码通过 commit()方法提交事务。

需要注意的是，调用 replace()方法将 Fragment 添加到 Activity 布局中之前，需要导入 android.app.Fragment 类型的 Fragment。

4.6.5　实战演练——仿美团外卖菜单

为了让初学者更好地掌握 Fragment 的使用，本小节我们通过仿美团外卖菜单的案例来演示如何在一个 Activity 中展示两个 Fragment，并实现 Activity 与 Fragment 之间的通信功能。实现本案例的具体步骤如下所示。

1. 搭建菜单界面布局

在仿美团外卖菜单的程序中只显示一个菜单界面，该界面主要包含 3 部分内容，分别为顶部的导航栏、左侧的菜单栏和右侧的菜单列表。其中，顶部的导航栏中包含"点菜""评价""商家"和"好友拼单"文本信息，左侧的菜单栏中包含"推荐"和"进店必买"文本信息，右侧的菜单列表中包含菜品名称、菜品月售信息和菜品价格等信息。菜单界面如图 4-18 所示。

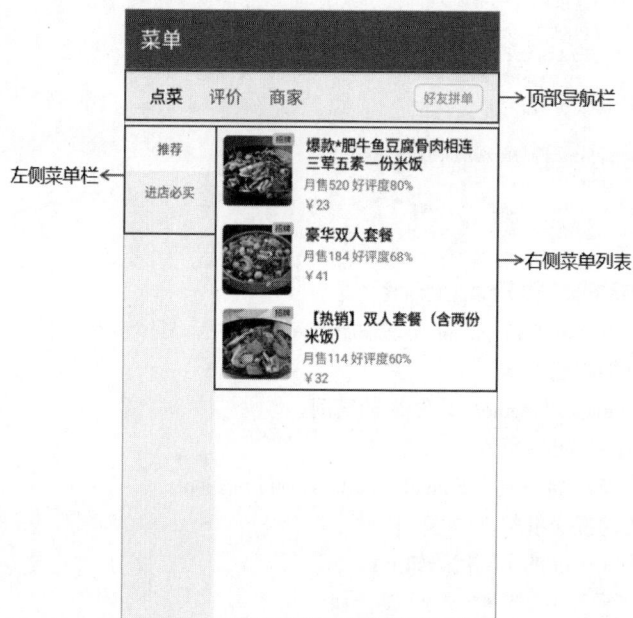

图4-18　菜单界面

搭建菜单界面布局的具体步骤如下所示。

（1）创建程序

创建一个名为 Menu 的应用程序，指定包名为 cn.itcast.menu。

（2）导入界面图片

将菜单界面需要的图片 friend_list.png、must_buy_one.png、must_buy_two.png、must_buy_three.png、recom_one.png、recom_two.png、recom_three.png 导入程序中创建的 drawable-hdpi 文件夹中。

（3）创建文本样式

由于菜单界面的顶部导航栏中"点菜""评价"和"商家"文本信息的样式是一样的，所以需要将这些相同的样式代码抽取出来单独放在创建的样式 tvNavigationBarStyle 中。菜单界面中左侧菜单栏中的"推荐"和"进店必买"文本信息的样式也是一样的，也需要将这些样式代码抽取出来单独放在创建的样式 tvLeftStyle 中。在程序的 res/values/styles.xml 文件中创建一个名为 tvNavigationBarStyle 的样式与一个名为 tvLeftStyle 的样式，具体代码如下：

```
1   <style name="tvNavigationBarStyle">
```

```
2        <item name="android:layout_width">wrap_content</item>
3        <item name="android:layout_height">wrap_content</item>
4        <item name="android:layout_marginLeft">25dp</item>
5        <item name="android:layout_marginTop">4dp</item>
6        <item name="android:textSize">16sp</item>
7    </style>
8    <style name="tvLeftStyle">
9        <item name="android:layout_width">100dp</item>
10       <item name="android:layout_height">40dp</item>
11       <item name="android:gravity">center</item>
12       <item name="android:textColor">@color/dark_gray</item>
13       <item name="android:textSize">12sp</item>
14   </style>
```

（4）添加浅灰色与深灰色颜色值

由于菜单界面顶部导航栏的背景与左侧菜单栏的背景都是浅灰色的，同时顶部导航栏中的文字"评价"和"商家"是深灰色的，左侧菜单栏中的文字"推荐"与"进店必买"也是深灰色的，所以需要在程序的 res/values/colors.xml 文件中分别添加一个名为 gray 和 dark_gray 的颜色，这 2 个颜色的值分别为 "#f7f8f9"（浅灰色）和 "#626262"（深灰色），具体代码如下：

```
<color name="gray">#f7f8f9</color>
<color name="dark_gray">#626262</color>
```

（5）放置界面控件

在 activity_main.xml 布局文件中，放置 4 个 TextView 控件分别用于显示菜单界面顶部导航栏中的"点菜""评价""商家"和"好友拼单"文本信息；放置 2 个 Fragment 控件分别用于显示菜单界面中左侧菜单栏与右侧菜单列表。完整布局代码详见文件 4-7。

（6）搭建左侧菜单栏界面布局

在 Menu 程序的 res/layout 文件夹中创建一个 left_layout.xml 文件，在该文件中通过代码来搭建左侧菜单栏界面布局。在 left_layout.xml 文件中，放置 2 个 TextView 控件分别用于显示左侧菜单栏中的"推荐"与"进店必买"文本信息。完整布局代码详见文件 4-8。

（7）搭建右侧菜单列表界面布局

在 Menu 程序的 res/layout 文件夹中创建一个 right_layout.xml 文件，在该文件中通过代码来搭建右侧菜单列表界面布局。在 right_layout.xml 文件中，放置 1 个 ListView 控件用于显示菜单列表信息。完整布局代码详见文件 4-9。

（8）搭建菜单列表界面的条目布局

在 Menu 程序的 res/layout 文件夹中创建一个 list_item.xml 文件，在该文件中通过代码来搭建菜单列表的条目布局。在 list_item.xml 文件中，放置 1 个 ImageView 控件用于显示菜品的图片；放置 3 个 TextView 控件分别用于显示菜品名称、菜品月售信息和菜品价格。完整布局代码详见文件 4-10。

| 扫码查看文件 4-7 | 扫码查看文件 4-8 | 扫码查看文件 4-9 | 扫码查看文件 4-10 |

（9）修改默认标题栏的名称

由于仿美团外卖菜单程序的名称为"Menu"，所以程序中默认标题栏的名称就为"Menu"。为了将默认标题栏的名称修改为"菜单"，我们需要修改 res/values 文件夹中的 strings.xml 文件，在该文件中找到属性 name 的值为 app_name 的标签，将该标签中的值设置为"菜单"，具体代码如下：

```
<string name="app_name">菜单</string>
```

2. 实现菜单界面功能

在仿美团外卖菜单程序中，当点击菜单界面左侧菜单栏中的"推荐"或"进店必买"文本时，界面右侧会显示对应的菜单列表，每个菜单列表都是由多个菜单条目组成的，每个菜单条目中需要显示菜品的图片、菜品的月售信息和菜品的价格。实现菜单界面功能的具体步骤如下所示。

（1）封装菜品信息的实体类

由于菜单界面中的菜单列表信息包含菜品名称、菜品的月售信息、菜品图片和菜品价格等属性，所以需要在 Menu 程序中创建一个 FoodBean 类来存放这些属性。在程序中创建一个 FoodBean 类，由于该类的对象中存储的信息需要在 Activity 与 Fragment 之间进行传输，所以将 FoodBean 类进行序列化，也就是 FoodBean 类需要实现 Serializable 接口，具体代码如文件 4-11 所示。

【文件 4-11】　FoodBean.java

```
1   package cn.itcast.menu;
2   import java.io.Serializable;
3   public class FoodBean implements Serializable {
4       //序列化时保持 FoodBean 类版本的兼容性
5       private static final long serialVersionUID = 1L;
6       private String name;        //菜品名称
7       private String sales;       //菜品月售信息
8       private String price;       //菜品价格
9       private int img;            //菜品图片
10      public String getName() {
11          return name;
12      }
13      public void setName(String name) {
14          this.name = name;
15      }
16      public String getSales() {
17          return sales;
18      }
19      public void setSales(String sales) {
20          this.sales = sales;
21      }
22      public String getPrice() {
23          return price;
24      }
25      public void setPrice(String price) {
26          this.price = price;
27      }
28      public int getImg() {
29          return img;
30      }
31      public void setImg(int img) {
32          this.img = img;
33      }
34  }
```

（2）加载左侧菜单栏界面布局

由于在菜单界面中需要显示左侧菜单栏，所以我们可以通过创建 Fragment 来显示左侧菜单栏的信息。在 Menu 程序中创建一个 LeftFragment，在该 Fragment 的 onCreateView()方法中，通过调用 inflate()方法加载左侧菜单栏的布局文件 left_layout.xml，具体代码如文件 4-12 所示。

【文件 4-12】　LeftFragment.java

```
1   package cn.itcast.menu;
2   ......
3   public class LeftFragment extends Fragment {
4       @Override
5       public void onCreate(Bundle savedInstanceState) {
6           super.onCreate(savedInstanceState);
7       }
8       @Override
```

```
9      public View onCreateView(LayoutInflater inflater, ViewGroup container,
10                                       Bundle savedInstanceState) {
11         View view =inflater.inflate(R.layout.left_layout,container,false);
12         return view;
13     }
14     @Override
15     public void onPause() {
16         super.onPause();
17     }
18 }
```

（3）编写右侧菜单列表的数据适配器

由于菜单界面中的右侧菜单列表是用 ListView 控件展示的，所以我们需要创建一个数据适配器 RightAdapter 对 ListView 控件进行数据适配。在 Menu 程序中创建一个 RightAdapter，在该数据适配器中重写 getCount()方法、getItem()方法、getItemId()方法和 getView()方法，这些方法分别用于获取列表条目的总数、对应的条目对象、条目对象的 id、对应的条目视图。为了减少缓存，在 getView()方法中复用了 convertView，具体代码如文件 4-13 所示。

【文件 4-13】　RightAdapter.java

```
1  package cn.itcast.menu;
2  ......
3  public class RightAdapter extends BaseAdapter {
4      private Context mContext;
5      private List<FoodBean> list;
6      public RightAdapter(Context context ,List<FoodBean> list) {
7          this.mContext = context;
8          this.list=list;
9      }
10     @Override
11     public int getCount() {    //获取列表条目的总数
12         return list.size();      //返回 ListView 控件的条目总数
13     }
14     @Override
15     public Object getItem(int position) {
16         return list.get(position); //返回列表条目的数据对象
17     }
18     @Override
19     public long getItemId(int position) {
20         return position; //返回列表条目对象的 Id
21     }
22     @Override
23     public View getView(int position, View convertView, ViewGroup parent) {
24         ViewHolder holder = null;
25         if (convertView == null) {
26             convertView = View.inflate(mContext, R.layout.list_item, null);
27             holder = new ViewHolder();
28             holder.tv_name = convertView.findViewById(R.id.tv_name);
29             holder.tv_sale = convertView.findViewById(R.id.tv_sale);
30             holder.tv_price = convertView.findViewById(R.id.tv_price);
31             holder.iv_img = convertView.findViewById(R.id.iv_img);
32             convertView.setTag(holder);
33         } else {
34             holder = (ViewHolder) convertView.getTag();
35         }
36         FoodBean bean=list.get(position);
37         holder.tv_name.setText(bean.getName());
38         holder.tv_sale.setText(bean.getSales());
39         holder.tv_price.setText(bean.getPrice());
40         holder.iv_img.setBackgroundResource(bean.getImg());
41         return convertView;
42     }
43     class ViewHolder {
44         TextView tv_name, tv_sale,tv_price;
45         ImageView iv_img;
```

```
46      }
47  }
```

在上述代码中，第 22～42 行代码重写了 getView()方法，该方法用于获取菜单列表中对应的条目视图。

其中，第 24～35 行代码复用了 convertView，在这段代码中首先判断 convertView 是否为 null，如果为 null，则说明程序是第一次加载列表界面的条目。此时首先需要通过 inflate()方法加载列表条目界面的布局文件 list_item.xml，然后调用 findViewById()方法获取界面控件，并将获取的控件存放在 ViewHolder 类的对象中，最后调用 setTag()方法将 ViewHolder 类的对象存放到 convertView 中。如果 convertView 不为 null，说明程序已经加载过界面的布局文件并获取了界面的控件，此时只需要调用 getTag()方法获取存储的 ViewHolder 类的对象即可。

第 36～40 行代码用于将数据设置到界面控件上，在这段代码中首先调用 get()方法获取位置 position 对应的条目视图数据，然后调用 setText()方法设置界面上的文本数据，最后调用 setBackgroundResource()方法设置界面上的图片。

第 43～46 行代码创建了一个 ViewHolder 类，该类用于定义需要存放界面控件的变量。由于我们需要获取界面上的菜品名称、菜品月售信息、菜品价格和菜品图片，所以我们在该类中定义了 4 个变量，分别是存放文本控件的变量 tv_name、tv_sale 和 tv_price，存放图片控件的变量 iv_img。

（4）加载右侧菜单列表界面布局

由于在菜单界面中需要显示右侧菜单列表，所以我们可以通过创建 Fragment 来显示右侧菜单列表的信息。在 Menu 程序中创建一个 RightFragment，在该 Fragment 的 onCreateView()方法中，通过调用 inflate()方法加载右侧菜单列表的布局文件 right_layout.xml，具体代码如文件 4-14 所示。

【文件 4-14】　RightFragment.java

```
1   package cn.itcast.menu;
2   ......
3   public class RightFragment extends Fragment {
4       private ListView lv_list;
5       public RightFragment() {
6       }
7       public RightFragment getInstance(List<FoodBean> list) {
8           RightFragment rightFragment = new RightFragment();
9           //通过 Bundle 对象传递数据可以保证在设备横竖屏切换时传递的数据不丢失
10          Bundle bundle = new Bundle();
11          //将需要传递的字符串以键值对的形式传入 Bundle 对象
12          bundle.putSerializable("list", (Serializable) list);
13          rightFragment.setArguments(bundle);
14          return rightFragment;
15      }
16      @Override
17      public void onCreate(Bundle savedInstanceState) {
18          super.onCreate(savedInstanceState);
19      }
20      @Override
21      public View onCreateView(LayoutInflater inflater, ViewGroup container,
22                                          Bundle savedInstanceState) {
23          View view = inflater.inflate(R.layout.right_layout, container, false);
24          lv_list = view.findViewById(R.id.lv_list);
25          if (getArguments() != null) {
26              List<FoodBean> list = (List<FoodBean>) getArguments().
27                                                  getSerializable("list");
28              RightAdapter adapter = new RightAdapter(getActivity(), list);
29              lv_list.setAdapter(adapter);
30          }
31          return view;
32      }
33  }
```

在上述代码中，第 7～15 行代码定义了一个 getInstance()方法，该方法主要用于在实例化 RightFragment 对象时，通过 Bundle 对象将数据传递到 RightFragment 的 onCreateView()方法中。其中，第 12 行代码调用

putSerializable()方法来传递集合数据 list。在传递集合数据时，集合数据中的对象只有进行序列化（也就是实体类 FoodBean 实现 Serializable 接口）才能传递成功。第 13 行代码通过调用 setArguments()方法将对象 bundle 添加到对象 rightFragment 中。

第 20～32 行代码重写了 onCreateView()方法，在该方法中首先调用 inflate()方法加载右侧菜单列表界面布局文件 right_layout.xml，其次调用 findViewById()方法获取界面上的列表控件 lv_list，然后调用 getSerializable()方法获取集合数据 list，最后根据集合数据 list 创建 RightAdapter 的对象 adapter，并通过 setAdapter()方法将对象 adapter 设置到界面的列表控件 lv_list 上。

（5）实现显示菜单的效果

由于仿美团外卖菜单的界面中需要显示推荐菜单列表与进店必买菜单列表信息，所以我们需要在 MainActivity 中定义 init()方法、setData()方法、clickEvent()方法和 switchData()方法，这些方法分别用于初始化界面控件、设置界面数据、实现界面控件的点击事件和切换右侧菜单列表的数据，具体代码如文件 4-15 所示。

【文件 4-15】　MainActivity.java

```
1   package cn.itcast.menu;
2   ......
3   public class MainActivity extends AppCompatActivity {
4       private FragmentManager fragmentManager;
5       private FragmentTransaction fragmentTransaction;
6       private LeftFragment leftFragment;
7       private TextView tv_recommend, tv_must_buy;
8       private RightFragment rightFragment;
9       //推荐菜单列表数据
10      private String[] names1 = {"爆款*肥牛鱼豆腐骨肉相连三荤五素一份米饭", "豪华双人套餐",
11                                              "【热销】双人套餐（含两份米饭）"};
12      private String[] sales1 = {"月售 520 好评度 80%", "月售 184 好评度 68%",
13                                              "月售 114 好评度 60%"};
14      private String[] prices1 = {"¥23", "¥41", "¥32"};
15      private int[] imgs1 = {R.drawable.recom_one, R.drawable.recom_two,
16                                          R.drawable.recom_three};
17      //进店必买菜单列表数据
18      private String[] names2 = {"蔬菜主义 1 人套餐", "2 人经典套餐", "3 人经典套餐"};
19      private String[] sales2 = {"月售 26 好评度 70%", "月售 12 好评度 50%",
20                                              "月售 4 好评度 40%"};
21      private String[] prices2 = {"¥44", "¥132", "¥180"};
22      private int[] imgs2 = {R.drawable.must_buy_one, R.drawable.must_buy_two,
23                                          R.drawable.must_buy_three};
24      private Map<String,List<FoodBean>> map;
25      @Override
26      protected void onCreate(Bundle savedInstanceState) {
27          super.onCreate(savedInstanceState);
28          setContentView(R.layout.activity_main);
29          setData();
30          init();
31          clickEvent();
32      }
33      private void init() {
34          fragmentManager = getFragmentManager();//获取 fragmentManager
35          //通过 findFragmentById()方法获取 leftFragment
36          leftFragment = (LeftFragment) fragmentManager.findFragmentById(R.id.left);
37          //获取左侧菜单栏中的控件
38          tv_recommend = leftFragment.getView().findViewById(R.id.tv_recommend);
39          tv_must_buy = leftFragment.getView().findViewById(R.id.tv_must_buy);
40      }
41      private void setData(){
42          map=new HashMap<>();
43          List<FoodBean> list1=new ArrayList<>();
44          List<FoodBean> list2=new ArrayList<>();
45          for (int i=0;i<names1.length;i++){
```

```
46              FoodBean bean=new FoodBean();
47              bean.setName(names1[i]);
48              bean.setSales(sales1[i]);
49              bean.setPrice(prices1[i]);
50              bean.setImg(imgs1[i]);
51              list1.add(bean);
52          }
53          map.put("1",list1);//将推荐菜单列表的数据添加到 Map 集合中
54          for (int i=0;i<names2.length;i++){
55              FoodBean bean=new FoodBean();
56              bean.setName(names2[i]);
57              bean.setSales(sales2[i]);
58              bean.setPrice(prices2[i]);
59              bean.setImg(imgs2[i]);
60              list2.add(bean);
61          }
62          map.put("2",list2); //将进店必买菜单列表的数据添加到 Map 集合中
63      }
64      private void clickEvent() {
65          tv_recommend.setOnClickListener(new View.OnClickListener() {
66              @Override
67              public void onClick(View v) {
68                  //调用 switchData()方法填充 Rightfragment 中的数据
69                  switchData(map.get("1"));
70                  tv_recommend.setBackgroundColor(Color.WHITE);
71                  tv_must_buy.setBackgroundResource(R.color.gray);
72              }
73          });
74          tv_must_buy.setOnClickListener(new View.OnClickListener() {
75              @Override
76              public void onClick(View v) {
77                  switchData(map.get("2"));
78                  tv_must_buy.setBackgroundColor(Color.WHITE);
79                  tv_recommend.setBackgroundResource(R.color.gray);
80              }
81          });
82          //设置首次进入界面后，默认需要显示的数据
83          switchData(map.get("1"));
84      }
85      /**
86       * 填充 Activity 右侧的 Fragment，并传递列表数据 list
87       */
88      public void switchData(List<FoodBean> list) {
89          fragmentManager = getFragmentManager();
90          fragmentTransaction = fragmentManager.beginTransaction();//开启一个事务
91          //通过调用 getInstance()方法实例化 RightFragment
92          rightFragment = new RightFragment().getInstance(list);
93          //调用 replace()方法
94          fragmentTransaction.replace(R.id.right, rightFragment);
95          fragmentTransaction.commit();
96      }
97  }
```

在上述代码中，第 33～40 行代码定义了一个 init()方法，在该方法中首先通过 findFragmentById()方法获取 LeftFragment，然后调用 findViewById()方法获取左侧菜单栏界面上的控件。

第 41～63 行代码定义了一个 setData()方法，在该方法中通过 for 循环分别将菜单界面上的推荐菜单列表数据和进店必买菜单列表数据添加到 Map 集合中。

第 64～84 行代码定义了一个 clickEvent()方法，在该方法中分别实现"推荐"与"进店必买"文本的点击事件。其中，第 65～73 行代码实现了"推荐"文本的点击事件，在该点击事件中首先调用 switchData()方法填充推荐菜单列表中的数据，然后设置"推荐"与"进店必买"文本控件的背景颜色分别为白色和灰色。第 74～81 行代码实现了"进店必买"文本的点击事件，在该点击事件中首先调用 switchData()方法填充进店

必买菜单列表中的数据，然后设置"推荐"与"进店必买"文本控件的背景颜色分别为灰色和白色。

第 88～96 行代码定义了一个 switchData()方法，该方法用于填充界面右侧的菜单列表数据。在 switchData()方法中首先调用 getFragmentManager()方法获取 FragmentManager 类的对象 fragmentManager，其次调用 beginTransaction()方法开启一个事务，然后调用 getInstance()方法实例化 RightFragment 类，最后调用 replace()方法将 RightFragment 添加到 MainActivity 界面的布局中，同时调用 commit()方法将事务提交。

3. 运行程序

运行上述程序，运行成功后菜单界面如图 4-19 所示。

点击图 4-19 中的"进店必买"选项后，菜单界面如图 4-20 所示。

图4-19　菜单界面（显示推荐菜单列表数据）

图4-20　菜单界面（显示进店必买菜单列表数据）

4.7　本章小结

本章主要介绍了 Activity 的相关知识，包括了 Activity 的生命周期，如何创建、开启和关闭单个 Activity，Intent 和 IntentFilter，Activity 之间的跳转及 Activity 的启动模式，以及 Fragment 的使用。在 Android 程序中用得最多的就是 Activity 的使用及 Activity 之间的跳转，因此要求读者必须掌握这部分内容。

4.8　本章习题

一、填空题

1. Activity 的启动模式包括 standard、singleTop、singleTask 和＿＿＿＿＿＿＿。
2. 启动一个新的 Activity 并且获取这个 Activity 的返回数据，需要重写＿＿＿＿＿＿方法。
3. 发送隐式 Intent 后，Android 会使用＿＿＿＿＿＿匹配相应的组件。
4. 在清单文件中为 Activity 添加<intent-filter>标签时，必须添加的属性名为＿＿＿＿＿＿，否则隐式 Intent 无法开启该 Activity。
5. Activity 的＿＿＿＿＿＿方法用于关闭当前的 Activity。

二、判断题

1. 如果 Activity 不设置启动模式，则默认为 standard。（　　　）

2. Fragment 与 Activity 的生命周期方法是一致的。(　　　)

3. 如果想要关闭当前的 Activity，可以调用 Activity 提供的 finish()方法。(　　　)

4. <intent-filter>标签中间只能包含一个 action 属性。(　　　)

5. 默认情况下，Activity 的启动模式是 standard。(　　　)

三、选择题

1. 下列选项中，不属于 Android 四大组件的是（　　　）。

A. Service　　　　　　B. Activity　　　　　　C. Handler　　　　　　D. ContentProvider

2. 下列关于 Android 中 Activity 管理方式的描述中，正确的是（　　　）。

A. Android 以堆的形式管理 Activity　　　B. Android 以栈的形式管理 Activity

C. Android 以树的形式管理 Activity　　　D. Android 以链表的形式管理 Activity

3. 下列选项中，哪个不是 Activity 生命周期方法？（　　　）

A. onCreate()　　　　B. startActivity()　　　C. onStart()　　　　　D. onResume()

4. 下列方法中，哪个是启动 Activity 的方法？（　　　）

A. startActivity()　　B. goToActivity()　　C. startActivityResult()　　D. 以上都是

5. 下列关于 Intent 的描述中，正确的是（　　　）。

A. Intent 不能够实现应用程序间的数据共享

B. Intent 可以实现界面的切换，还可以在不同组件间直接进行数据传递

C. 使用显式 Intent 可以不指定要跳转的目标组件

D. 隐式 Intent 不会明确指出需要激活的目标组件，所以无法实现组件之间的数据跳转

四、简答题

1. 简述 Activity 的生命周期方法及什么时候被调用。

2. 简述 Activity 的四种启动模式及其特点。

3. 简述 Activity、Intent、IntentFilter 的作用。

第 5 章

数据存储

学习目标

★ 了解 5 种数据存储方式
★ 掌握文件存储方式的使用，能够实现使用文件存储数据的功能
★ 掌握 SharedPreferences 的使用，能够实现使用 SharedPreferences 存储数据的功能
★ 掌握 SQLite 数据库的使用，能够针对 SQLite 数据库进行增、删、改、查操作

拓展阅读

大部分应用程序都会涉及数据存储，Android 程序也不例外。Android 中的数据存储方式有 5 种，分别为文件存储、SharedPreferences 存储、SQLite 数据库存储、ContentProvider 及网络存储。因为 ContentProvider 与网络存储会在后续章节中讲解，所以本章将重点针对文件存储、SharedPreferences 存储和 SQLite 数据库存储的知识进行讲解。

5.1 数据存储方式

Android 平台提供了 5 种数据存储方式，每种方式都有不同的特点。下面就针对这 5 种方式进行简单的介绍。

● 文件存储：Android 提供了 openFileInput()方法和 openFileOutput()方法来读取设备上的文件，其读取方式与 Java 中 I/O 程序是完全一样的。

● SharedPreferences 存储：SharedPreferences 是 Android 提供的用来存储一些简单配置信息的一种机制，它采用 XML 格式将数据存储到设备中。通常情况下，我们使用 SharedPreferences 存储一些应用程序的各种配置信息，如用户名、密码等。

● SQLite 数据库存储：SQLite 是 Android 自带的一个轻量级的数据库，其运算速度快，占用资源少，还支持基本 SQL 语法。一般使用它作为复杂数据的存储引擎，可以存储用户信息等。

● ContentProvider：ContentProvider 是 Android 四大组件之一，主要用于应用程序之间的数据交换，它可以将自己的数据共享给其他应用程序使用。

● 网络存储：网络存储需要与 Android 网络数据包打交道，将数据存储到服务器上，通过网络提供的存储空间来存储或获取数据信息。

需要注意的是，上述数据存储方式各有优缺点，具体使用哪种方式，可根据开发需求选择。

5.2 文件存储

文件存储是 Android 中最基本的一种数据存储方式，它与 Java 中的文件存储类似，都是通过 I/O 流的形式把数据直接存储到文件中。接下来，本节将针对文件存储的相关知识进行讲解。

5.2.1 将数据存入文件中

如果想要将数据存入文件中，有两种存储方式，一种是内部存储，另一种是外部存储。

1. 内部存储

内部存储是指将应用程序中的数据以文件的形式存储到应用程序中（该文件默认位于 data/data/<packagename>/目录下），此时存储的文件会被其所在的应用程序私有化，如果其他应用程序想要操作本应用程序中的文件，则需要申请权限。当创建的应用程序被卸载时，其内部存储文件也随之被删除。

Android 开发中，内部存储使用的是 Context 提供的 openFileOutput()方法和 openFileInput()方法，这两个方法能够返回进行读写操作的 FileOutputStream 对象和 FileInputStream 对象，示例代码如下：

```
FileOutputStream fos = openFileOutput(String name, int mode);
FileInputStream fis = openFileInput(String name);
```

在上述代码中，openFileOutput()方法用于打开应用程序中对应的输出流，将数据存储到指定的文件中；openFileInput()方法用于打开应用程序对应的输入流，读取指定文件中的数据，它们的参数 name 表示文件名；mode 表示文件的操作模式，也就是读写文件的方式。mode 的取值有 4 种，具体如下。

- MODE_PRIVATE：该文件只能被当前程序读写。
- MODE_APPEND：该文件的内容可以追加。
- MODE_WORLD_READABLE：该文件的内容可以被其他程序读。
- MODE_WORLD_WRITEABLE：该文件的内容可以被其他程序写。

需要注意的是，Android 有一套自己的安全模式，默认情况下任何应用程序创建的文件都是私有的，其他程序无法访问，除非在文件创建时指定了操作模式为 MODE_WORLD_READABLE 或者 MODE_WORLD_WRITEABLE。如果希望文件能够被其他程序进行读写操作，则需要同时指定该文件的操作模式为 MODE_WORLD_READABLE 和 MODE_WORLD_WRITEABLE。

存储数据时，使用 FileOutputStream 对象将数据存储到文件中，示例代码如下：

```
String fileName = "data.txt";   //文件名称
String content = "helloworld";  //保存数据
FileOutputStream fos = null;
try {
    fos = openFileOutput(fileName, MODE_PRIVATE);
    fos.write(content.getBytes());        //将数据写入文件中
} catch (Exception e) {
    e.printStackTrace();
}finally {
    try {
        if(fos!=null){
            fos.close();      //关闭输出流
        }
    } catch (IOException e) {
        e.printStackTrace();
    }
}
```

上述代码首先定义了两个 String 类型的变量 fileName 和 content，这两个变量的值 "data.txt" 与 "helloworld" 分别表示文件名与要写入文件的数据；接着创建了 FileOutputStream 对象 fos，通过该对象的 write()方法将数据 "helloworld" 写入 "data.txt" 文件。

2. 外部存储

外部存储是指将数据以文件的形式存储到一些外部设备（例如 SD 卡或者设备内嵌的存储卡）上，属于永久性的存储方式（外部存储的文件通常位于 storage/emulated/0 目录下，不同厂商生产的手机的存储路径可能会不同）。外部存储的文件可以被其他应用程序共享，当将外部存储设备连接到计算机时，这些文件可以被浏览、修改和删除，因此这种方式不安全。

因为外部存储设备可能被移除、丢失或者处于其他状态，所以在使用外部设备之前必须使用 Environment.getExternalStorageState()方法确认外部设备是否可用，当外部设备可用并且具有读写权限时，就可以通过 FileInputStream 对象和 FileOutputStream 对象来读写外部设备中的文件。

向外部设备（SD 卡）中存储数据的示例代码如下：

```
String state = Environment.getExternalStorageState();        //获取 SD 卡的状态
if (state.equals(Environment.MEDIA_MOUNTED) {                //判断 SD 卡是否可用
    File SDPath = Environment.getExternalStorageDirectory();//获取 SD 卡路径
    File file = new File(SDPath, "data.txt");
    String data = "HelloWorld";
    FileOutputStream fos = null;
    try {
        fos = new FileOutputStream(file);
        fos.write(data.getBytes());
    } catch (Exception e) {
        e.printStackTrace();
    }finally {
        try {
            if(fos != null){
                fos.close();
            }
        } catch(IOException e) {
            e.printStackTrace();
        }
    }
}
```

在上述代码中，Environment 的 getExternalStorageState()方法和 getExternalStorageDirectory()方法分别用于获取 SD 卡是否可用的状态和获取 SD 卡路径。因为手机厂商不同，SD 卡路径也可能不同，所以通过 getExternalStorageDirectory()方法获取 SD 卡路径可以避免把路径写成固定的值而找不到 SD 卡。

5.2.2 从文件中读取数据

上个小节讲解了如何将数据以文件的形式写入内部存储和外部存储的文件中。存储好数据之后，如果需要获取这些数据，则需要从文件中读取存储的数据。读取内部存储和外部存储文件中数据的具体方式如下所示。

1. 读取内部存储文件中的数据

FileInputStream 对象能够读取内部存储文件中的数据，示例代码如下：

```
String content = "";
FileInputStream fis = null;
try {
    fis = openFileInput("data.txt");                //获得文件输入流对象
    byte[] buffer = new byte[fis.available()];      //创建缓冲区,并获取文件长度
    fis.read(buffer);                               //将文件内容读取到 buffer 缓冲区
    content = new String(buffer);   //转换成字符串
} catch (Exception e) {
    e.printStackTrace();
}finally {
    try {
        if(fis!=null){
            fis.close();                            //关闭输入流
        }
```

```
    } catch (IOException e) {
        e.printStackTrace();
    }
}
```

上述代码首先通过 openFileInput()方法获取文件输入流对象，然后通过 available()方法获取文件的长度并创建相应大小的 byte 数组作为缓冲区，再通过 read()方法将文件内容读取到 buffer 缓冲区中，最后将读取到的内容转换成指定字符串。

2. 读取外部存储文件中的数据

在读取外部存储文件中的数据时，首先需要获取外部设备（SD 卡）的路径，并通过该路径来读取对应文件中的数据，示例代码如下：

```
String state = Environment.getExternalStorageState();
if (state.equals(Environment.MEDIA_MOUNTED)) {
    File SDPath = Environment.getExternalStorageDirectory(); //获取 SD 卡路径
    File file = new File(SDPath, "data.txt");  //创建文件对象
    FileInputStream fis = null;
    BufferedReader br = null;
    try {
        fis = new FileInputStream(file);        //创建文件输入流对象
        br = new BufferedReader(new InputStreamReader(fis));//创建字符输入缓冲流的对象
        String data = br.readLine();            //读取数据
    } catch (Exception e) {
        e.printStackTrace();
    }finally {
        if(br != null){
            try {
                br.close(); //关闭字符输入缓冲流
            } catch (IOException e) {
                e.printStackTrace();
            }
        }
        if(fis != null){
            try {
                fis.close(); //关闭输入流
            } catch (IOException e) {
                e.printStackTrace();
            }
        }
    }
}
```

多学一招：申请 SD 卡写文件的权限

为了保证应用程序的安全性，Android 规定，当程序访问系统的一些关键信息时，必须申请权限，否则程序运行时会因为没有访问系统信息的权限而直接崩溃。根据程序适配的 Android SDK 版本的不同，申请权限分为两种方式，分别为静态申请权限和动态申请权限，具体如下。

（1）静态申请权限

静态申请权限的方式适用于适配 Android SDK 6.0 以下版本的程序。该方式是在清单文件（AndroidManifest.xml）的<manifest>标签中声明需要申请的权限。以申请 SD 卡的写权限为例，代码如下：

```
<uses-permission android:name="android.permission.WRITE_EXTERNAL_STORAGE"/>
```

（2）动态申请权限

当程序适配的 Android SDK 版本为 6.0 及以上时，Android 改变了权限的管理模式，权限被分为正常权限和危险权限。具体如下。

● 正常权限：表示不会直接给用户隐私权带来风险的权限。如请求网络的权限。

● 危险权限：表示涉及用户隐私的权限。申请了该权限的应用程序，可能涉及用户隐私信息的数据或资源，也可能对用户存储的数据或其他应用程序的操作产生影响。危险权限一共有 9 组，分别为位置

（LOCATION）、日历（CALENDAR）、照相机（CAMERA）、联系人（CONTACTS）、存储卡（STORAGE）、传感器（SENSORS）、麦克风（MICROPHONE）、电话（PHONE）和短信（SMS）的相关权限。

　　申请正常权限时使用静态申请权限的方式即可，但是一些涉及用户隐私的危险权限需要用户的授权才可以获得，因此对于危险权限不仅需要在清单文件（AndroidManifest.xml）的<manifest>标签中声明需要申请的权限，还需要在代码中动态申请权限。以动态申请 SD 卡的写权限为例，示例代码如下：

```
ActivityCompat.requestPermissions(MainActivity.this,
        new String[]{"android.permission.WRITE_EXTERNAL_STORAGE"}, 1);
```

　　requestPermissions()方法包含 3 个参数，第 1 个参数为 Context 上下文，第 2 个参数为需要申请的权限，第 3 个参数为请求码。

　　添加完需要动态申请的权限后，运行程序，界面上会弹出申请权限的对话框，由用户进行授权，如图 5-1 所示。

　　在图 5-1 中，提示内容为"是否允许访问设备上照片、媒体和文件的申请权限"，"DENY"按钮表示拒绝，"ALLOW"按钮表示允许。

　　当用户点击对话框中的"ALLOW"按钮时，程序会执行动态申请权限的回调方法 onRequestPermissionsResult()，在该方法中可以获取用户申请权限是否成功的信息。onRequestPermissionsResult()方法的示例代码如下：

图5-1　申请权限对话框

```
@Override
public void onRequestPermissionsResult(int requestCode, String[] permissions,
                                        int[] grantResults) {
    super.onRequestPermissionsResult(requestCode, permissions, grantResults);
    if (requestCode == 1) {
        for (int i = 0; i < permissions.length; i++) {
            if(permissions[i].equals("android.permission.WRITE_EXTERNAL_STORAGE")
                    && grantResults[i] == PackageManager.PERMISSION_GRANTED){
                Toast.makeText(this, "" + "权限" + permissions[i] + "申请成功",
                                            Toast.LENGTH_SHORT).show();
            }else{
                Toast.makeText(this, "" + "权限" + permissions[i] + "申请失败",
                                            Toast.LENGTH_SHORT).show();
            }
        }
    }
}
```

　　在上述代码中，onRequestPermissionsResult()方法包含 requestCode、permissions 和 grantResults 3 个参数，分别表示请求码、请求的权限和用户授予权限的结果。当用户授予 SD 卡写权限时，对应该权限的 grantResults 数组的值为 PackageManager.PERMISSION_GRANTED。

5.2.3　实战演练——保存 QQ 账号与密码

　　在日常生活中，登录 QQ 时通常都会有记住账号与密码的功能，这个记录账号与密码的过程实际上就是将数据保存到文件中的过程。接下来我们通过一个保存 QQ 账号与密码的案例来演示如何将数据信息存储到指定文件中。本案例中只有一个保存 QQ 账号与密码的界面，该界面中显示 2 个输入框，分别用于输入账号与密码信息；显示 1 个"登录"按钮。保存 QQ 账号与密码界面如图 5-2 所示。

　　实现保存 QQ 账号与密码界面功能的具体步骤如下。

1. 创建程序

　　创建一个名为 SaveQQ 的应用程序，指定包名为 cn.itcast.saveqq。

2. 导入界面图片

　　将保存 QQ 密码界面所需要的图片 head.png 导入程序中创建的 drawable–hdpi 文件夹中。

3. 放置界面控件

　　在 activity_main.xml 布局文件中，放置 1 个 ImageView 控件用于显示用户头像；放置 2 个 TextView 控件分别用于显示"账号："与"密码："文本信息；放置 2 个 EditText 控件分别用于输入账号和密码信息；放置 1 个 Button 控件用于显示"登录"按钮。完整布局代码详见文件 5-1。

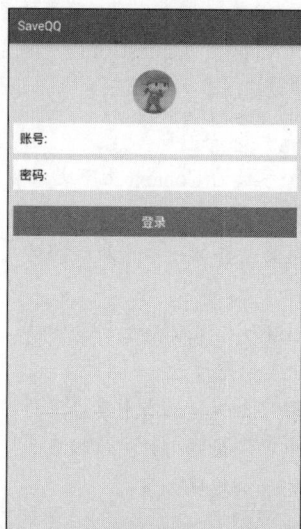

图5-2　保存QQ账号与密码界面

扫码查看文件 5-1

4. 创建工具类

因为 QQ 账号与密码需要存放在文件中，所以需要在程序的 cn.itcast.saveqq 包中创建一个工具类 FileSaveQQ，在该类中实现 QQ 账号与密码的存储与读取功能，具体代码如文件 5-2 所示。

【文件 5-2】　FileSaveQQ.java

```
1  package cn.itcast.saveqq;
2  ......//省略导入包
3  public class FileSaveQQ {
4      //保存 QQ 账号与密码到 data.txt 文件中
5      public static boolean saveUserInfo(Context context, String account, String
6          password) {
7      FileOutputStream fos = null;
8      try {
9          //获取文件的输出流对象 fos
10         fos = context.openFileOutput("data.txt",
11             Context.MODE_PRIVATE);
12         //将数据转换为字节码的形式写入 data.txt 文件中
13         fos.write((account + ":" + password).getBytes());
14         return true;
15     } catch (Exception e) {
16         e.printStackTrace();
17         return false;
18     }finally {
19         try {
20             if(fos != null){
21                 fos.close();
22             }
23         } catch (IOException e) {
24             e.printStackTrace();
25         }
26     }
27     }
28     //从 data.txt 文件中获取存储的 QQ 账号与密码
29     public static Map<String, String> getUserInfo(Context context) {
30         String content = "";
31         FileInputStream fis = null;
32         try {
```

```
33              //获取文件的输入流对象 fis
34              fis = context.openFileInput("data.txt");
35              //将输入流对象中的数据转换为字节码的形式
36              byte[] buffer = new byte[fis.available()];
37              fis.read(buffer);//通过 read()方法读取字节码中的数据
38              content = new String(buffer); //将获取的字节码转换为字符串
39              Map<String, String> userMap = new HashMap<String, String>();
40              String[] infos = content.split(":");//将字符串以 ":" 分隔后形成一个数组的形式
41              userMap.put("account", infos[0]);   //将数组中的第一个数据放入 userMap 集合中
42              userMap.put("password", infos[1]); //将数组中的第二个数据放入 userMap 集合中
43              return userMap;
44          } catch (Exception e) {
45              e.printStackTrace();
46              return null;
47          }finally {
48              try {
49                  if(fis != null){
50                      fis.close();
51                  }
52              } catch (IOException e) {
53                  e.printStackTrace();
54              }
55          }
56      }
57  }
```

在上述代码中，第 5~27 行代码创建了一个 saveUserInfo()方法，用于将 QQ 账号与密码保存到 data.txt 文件中。其中，第 9~12 行代码首先创建了一个输出流的对象 fos，接着调用该对象的 write()方法将 QQ 账号与密码以字节码的形式写入 data.txt 文件中。

第 28~56 行代码创建了一个 getUserInfo()方法，用于从 data.txt 文件中获取 QQ 账号与密码。其中，第 33~37 行代码首先创建了一个输入流的对象 fis，接着将该对象转换为字节码的形式，并通过 read()方法读取 data.txt 文件中的 QQ 账号与密码。

5. 编写界面交互代码

在 MainActivity 中编写逻辑代码，实现 QQ 账号与密码的存储和读取功能，具体代码如文件 5-3 所示。

【文件 5-3】 MainActivity.java

```
1   package cn.itcast.saveqq;
2   ......//省略导入包
3   public class MainActivity extends AppCompatActivity implements View.OnClickListener
4   {
5       private EditText et_account;   //账号输入框
6       private EditText et_password;  //密码输入框
7       private Button btn_login;      // "登录" 按钮
8       @Override
9       protected void onCreate(Bundle savedInstanceState) {
10          super.onCreate(savedInstanceState);
11          setContentView(R.layout.activity_main);
12          initView();
13          //通过工具类 FileSaveQQ 中的 getUserInfo()方法获取 QQ 账号与密码信息
14          Map<String, String> userInfo = FileSaveQQ.getUserInfo(this);
15          if (userInfo != null) {
16              et_account.setText(userInfo.get("account"));   //将获取的账号显示到界面上
17              et_password.setText(userInfo.get("password")); //将获取的密码显示到界面上
18          }
19      }
20      private void initView() {
21          et_account = findViewById(R.id.et_account);
22          et_password = findViewById(R.id.et_password);
23          btn_login = findViewById(R.id.btn_login);
24          //设置按钮的点击监听事件
25          btn_login.setOnClickListener(this);
26      }
```

```
27        @Override
28        public void onClick(View v) {
29            switch (v.getId()) {
30                case R.id.btn_login:
31                    //当点击"登录"按钮时，获取界面上输入的 QQ 账号与密码
32                    String account = et_account.getText().toString().trim();
33                    String password = et_password.getText().toString();
34                    //检验输入的账号与密码是否为空
35                    if (TextUtils.isEmpty(account)) {
36                        Toast.makeText(this, "请输入 QQ 账号", Toast.LENGTH_SHORT).show();
37                        return;
38                    }
39                    if (TextUtils.isEmpty(password)) {
40                        Toast.makeText(this, "请输入密码", Toast.LENGTH_SHORT).show();
41                        return;
42                    }
43                    Toast.makeText(this, "登录成功", Toast.LENGTH_SHORT).show();
44                    //保存用户信息
45                    boolean isSaveSuccess = FileSaveQQ.saveUserInfo(this, account,
46                                                                    password);
47                    if (isSaveSuccess) {
48                        Toast.makeText(this, "保存成功", Toast.LENGTH_SHORT).show();
49                    } else {
50                        Toast.makeText(this, "保存失败", Toast.LENGTH_SHORT).show();
51                    }
52                break;
53            }
54        }
55  }
```

在上述代码中，第 14～18 行代码主要通过工具类 FileSaveQQ 中的 getUserInfo() 方法获取之前保存的 QQ 账号与密码信息，如果之前保存过这些信息，则将获取的信息显示到界面控件上，否则不显示信息到界面控件上。

第 20～26 行代码创建了一个 initView() 方法，用于初始化界面控件。

第 27～54 行代码重写了 onClick() 方法，在该方法中处理了"登录"按钮的点击事件。当点击界面上的"登录"按钮时，首先会获取界面上账号与密码输入框中的信息。如果获取的账号与密码为空，则提示用户"请输入 QQ 账号"和"请输入密码"，否则会提示用户"登录成功"，然后调用工具类 FileSaveQQ 中的 saveUserInfo() 方法将登录信息保存到本地文件中。

6. 运行程序

运行上述程序，在界面中输入账号与密码，点击"登录"按钮，会弹出"登录成功"与"保存成功"的提示信息，运行结果如图 5-3 所示。

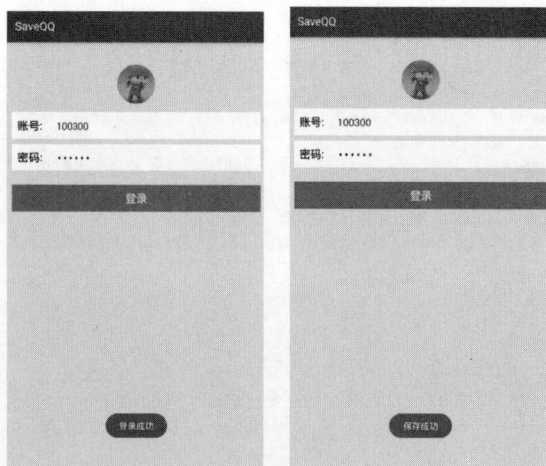

图5-3　运行结果（1）

为了验证程序是否操作成功，可以通过 Device File Explorer 视图找到 data/data 目录，并在该目录中找到本程序对应包名中的 data.txt 文件，该文件所在的目录如图 5-4 所示。

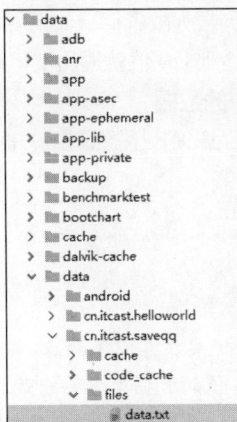

图5-4　data.txt所在目录

双击 Device File Explorer 视图中 data.txt 文件，即可在 Android Studio 编辑框中查看到 data.txt 文件中存储的 QQ 账号与密码数据，此时说明数据存储成功。

至此，文件存储的相关知识已讲解完成，该知识所用到的核心技术是利用 I/O 流来进行文件的读写操作，其中 Context 提供的 openFileInput()方法和 openFileOutput()方法的用法一定要掌握。

5.3　SharedPreferences 存储

SharedPreferences 是 Android 平台上一个轻量级的存储类，当程序中有一些少量数据需要持久化存储时，可以使用 SharedPreferences 进行存储。例如存储程序中的用户名、密码、自定义的一些参数等。本节将针对 SharedPreferences 的使用进行详细讲解。

5.3.1　将数据存入 SharedPreferences 中

使用 SharedPreferences 存储数据时，首先需要调用 getSharedPreferences()方法获取 SharedPreferences 的实例对象。因为该对象本身只能获取数据，不能对数据进行存储和修改，所以需要调用 SharedPreferences 的edit()方法获取到可编辑的 Editor 对象，最后通过 Editor 对象的 putXxx()方法存储数据，示例代码如下：

```
//获取 sp 对象，参数"data"表示文件名,MODE_PRIVATE 表示文件操作模式
SharedPreferences sp = getSharedPreferences("data",MODE_PRIVATE);
SharedPreferences.Editor editor = sp.edit();          // 获取编辑器
editor.putString("name", "张三");                      // 存入 String 类型数据
editor.putInt("age", 8);                              // 存入 Int 类型数据
editor.commit();                                      // 提交存储的数据
```

由上述代码可知，Editor 对象是以键值对（key/value）的形式保存数据的，并且根据数据类型的不同会调用不同的方法。操作完数据后，一定要调用 commit()方法进行数据提交，否则所有操作不生效。

需要注意的是，SharedPreferences 中的 Editor 编辑器是通过键值对的形式将数据保存在 data/data/<packagename>/shared_prefs 文件夹的 XML 文件中，其中 value 值只能是 Float、Int、Long、Boolean、String、Set<String>类型的数据。

5.3.2　读取与删除 SharedPreferences 中的数据

1. 读取 SharedPreferences 中的数据

读取 SharedPreferences 中的数据非常简单，只需要获取到 SharedPreferences 对象，然后通过该对象的

getXxx()方法获取到相应 key 的值即可，示例代码如下：

```
SharedPreferences sp = getSharedPreferences("data",MODE_PRIVATE);
String data = sp.getString("name","");    // 获取用户名
```

需要注意的是，getXxx()方法的第二个参数为缺省值，如果 sp 对象中不存在该 key 值，将返回缺省值。例如 getString("name", "")，若 name 不存在，则 key 值就返回空字符串。

2. 删除 SharedPreferences 中的数据

如果需要删除 SharedPreferences 中的数据，则只需要调用 Editor 对象的 remove(String key)方法或者 clear()方法即可，示例代码如下：

```
editor.remove("name");    // 删除一条数据
editor.clear();           // 删除所有数据
```

注意：

SharedPreferences 的使用很简单，但一定要注意以下两点。

● 获取数据的 key 值与存入数据的 key 值的数据类型要一致，否则查找不到数据。

● 保存 SharedPreferences 的 key 值时，可以用静态变量保存，以免存储、删除时写错。如 private static final String key = "itcast";。

5.3.3　实战演练——保存 QQ 账号与密码

对于 QQ 登录时保存账号与密码的功能，不仅使用文件存储方式能够实现，使用 SharedPreferences 存储方式同样也可以实现，并且使用 SharedPreferences 存储方式存取数据更加简单方便，因此在实际开发中经常使用 SharedPreferences 存储方式来存储数据。接下来就使用 SharedPreferences 存储方式重新实现保存 QQ 账号与密码案例的功能，具体步骤如下。

1. 创建工具类

本案例的界面布局与 5.2.3 节案例相同，在此不做重复演示，本节需要学习的是使用 SharedPreferences 读写数据。接下来在 SaveQQ 程序的 cn.itcast.saveqq 包中创建一个工具类 SPSaveQQ，具体代码如文件 5-4 所示。

【文件 5-4】　SPSaveQQ.java

```
1  package cn.itcast.saveqq;
2  ......//省略导入包
3  public class SPSaveQQ{
4      // 保存 QQ 账号与密码到 data.xml 文件中
5      public static boolean saveUserInfo(Context context, String account,
6      String password) {
7          SharedPreferences sp = context.getSharedPreferences("data",
8                          Context.MODE_PRIVATE);
9          SharedPreferences.Editor edit = sp.edit();
10         edit.putString("userName", account);
11         edit.putString("pwd", password);
12         edit.commit();
13         return true;
14     }
15     //从 data.xml 文件中获取存储的 QQ 账号与密码
16     public static Map<String, String> getUserInfo(Context context) {
17         SharedPreferences sp = context.getSharedPreferences("data",
18                         Context.MODE_PRIVATE);
19         String account = sp.getString("userName", null);
20         String password = sp.getString("pwd", null);
21         Map<String, String> userMap = new HashMap<String, String>();
22         userMap.put("account", account);
23         userMap.put("password", password);
24         return userMap;
25     }
26 }
```

在上述代码中，第 5～14 行代码创建了一个 saveUserInfo()方法，用于将 QQ 账号与密码保存到 data.xml

文件中。在 saveUserInfo() 方法中，首先获取了 SharedPreferences 的对象 sp，接着通过 edit() 方法获取一个 Editor 对象，通过 Editor 对象的 putString() 方法将账号与密码放入该对象中，最后还需要调用 commit() 方法将数据提交并保存到 data.xml 文件中。

第 16～25 行代码创建了一个 getUserInfo() 方法，用于从 data.xml 文件中获取存放的 QQ 账号与密码。在 getUserInfo() 方法中，同样首先获取 SharedPreferences 的对象 sp，接着通过该对象的 getString() 方法分别获取 QQ 账号与密码的数据，并将获取的数据存放在一个 Map 集合中。

需要注意的是，在从 Activity 与其他类中获取 SharedPreferences 实例对象时，调用 getSharedPreferences() 方法的形式是不同的。在 Activity 中调用该方法时，可以直接用 this.getSharedPreferences() 的方式，并且 this 关键字可省略。不在 Activity 中调用该方法时，需要通过上下文 Context 的对象来调用 getSharedPreferences() 方法，即 context.getSharedPreferences()。

2. 编写界面交互代码

因为保存 QQ 账号与密码程序的界面并没有发生变化，只是使用了不同的数据存储方式，所以只需要在 MainActivity 中修改通过 FileSaveQQ 工具类获取用户信息的代码即可，修改后的代码如下：

```
Map<String, String> userInfo = SPSaveQQ.getUserInfo(this);
```

同时，还需要在 MainActivity 中修改通过 FileSaveQQ 工具类存储用户信息的代码，修改后的代码如下：

```
boolean isSaveSuccess = SPSaveQQ.saveUserInfo(this, account, password);
```

3. 运行程序

程序运行成功后，在界面中输入账号与密码，点击"登录"按钮，会弹出提示信息"登录成功"与"保存成功"，运行结果如图 5-5 所示。

此时，如果将程序退出，再重新打开会发现 QQ 账号与密码仍然显示在当前的输入框中，说明 QQ 信息已经存储在 SharedPreferences 中了。

为了验证 QQ 信息是否成功保存到了 SharedPreferences 中，可以在 Device File Explorer 视图中找到该程序的 shared_prefs 目录，然后找到 data.xml 文件，data.xml 文件所在目录如图 5-6 所示。

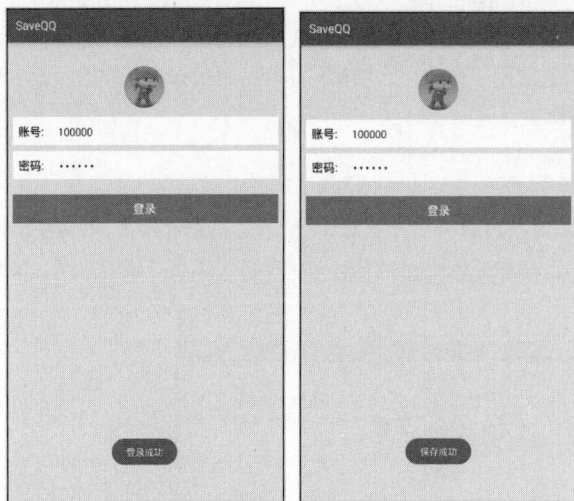

图5-5　运行结果（2）

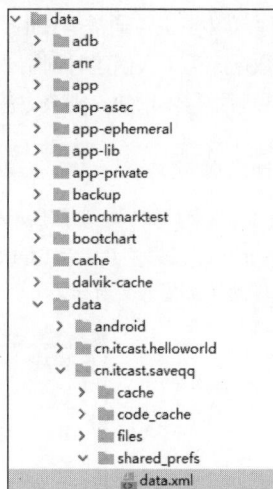

图5-6　data.xml文件所在目录

双击 data.xml 文件，可以看到 data.xml 文件的具体代码，如文件 5-5 所示。

【文件 5-5】　data.xml

```xml
<?xml version='1.0' encoding='utf-8' standalone='yes' ?>
<map>
    <string name="userName">100000</string>
    <string name="pwd">itcast</string>
</map>
```

根据导出的 data.xml 文件的内容可知，在保存 QQ 账号与密码程序中，使用 SharedPreferences 成功地将账号与密码数据保存到 data.xml 文件中。

5.4　SQLite 数据库存储

前面介绍了如何使用文件及 SharedPreferences 存储数据，这两种方式适合存储简单数据，当需要存储大量数据时显然是不合适的。为此 Android 提供了 SQLite 数据库，它可以存储应用程序中的大量数据，并对数据进行管理和维护。本节将针对 SQLite 数据库进行详细讲解。

5.4.1　SQLite 数据库的创建

在 Android 中，创建 SQLite 数据库类是非常简单的，只需要创建一个继承 SQLiteOpenHelper 类的类，并在该类中重写 onCreate()方法和 onUpgrade()方法即可，示例代码如下：

```
public class MyHelper extends SQLiteOpenHelper {
    public MyHelper(Context context) {
        super(context, "itcast.db", null, 2);
    }
    //数据库第一次被创建时调用该方法
    public void onCreate(SQLiteDatabase db) {
        //初始化数据库的表结构，执行一条建表的 SQL 语句
        db.execSQL("CREATE TABLE information(_id INTEGER PRIMARY KEY AUTOINCREMENT,
                                      name VARCHAR(20), price INTEGER)");
    }
    //当数据库的版本号增加时调用
    public void onUpgrade(SQLiteDatabase db, int oldVersion, int newVersion) {
    }
}
```

上述代码首先创建了一个继承 SQLiteOpenHelper 类的 MyHelper 类，并重写该类的构造方法 MyHelper()，在该方法中通过 super()方法调用父类 SQLiteOpenHelper 的构造方法，并传入 4 个参数，分别表示上下文对象、数据库名称、游标工厂（通常是 null）、数据库版本。然后重写了 onCreate()方法和 onUpgrade()方法，其中 onCreate()方法是在数据库第 1 次创建时调用，该方法通常用于初始化表结构。onUpgrade()方法在数据库版本号增加时调用，如果版本号不增加，则该方法不调用。

▌▌▌多学一招：　SQLite Expert Personal 可视化工具

在 Android 中，数据库创建完成后是无法直接对数据进行查看的。如果想要查看数据，则需要使用 SQLite Expert Personal 可视化工具。在 SQLite 官网下载 SQLite Expert Personal 可视化工具并进行安装，安装完成后运行程序，结果如图 5-7 所示。

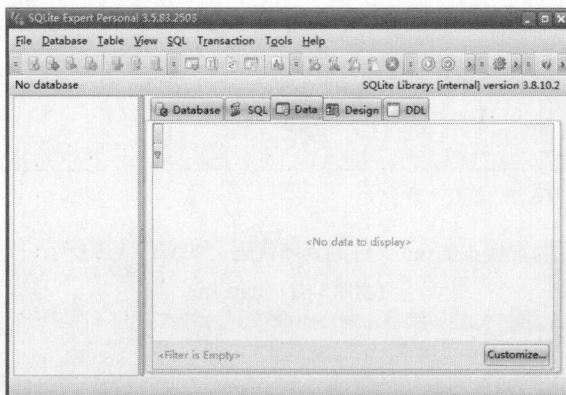

图5-7　SQLite Expert Personal可视化工具

接下来通过 SQLite Expert Personal 可视化工具查看已经创建好的数据库文件，首先在 Device File Explorer 视图中找到数据库文件所在目录 data/data/ "项目包名全路径" /databases，数据库文件 itcast.db 如图 5-8 所示。

由图 5-8 可知，数据库文件以.db 为扩展名。如果想要查看数据库文件 itcast.db，则需要使用鼠标右键单击 itcast.db 文件，选择【Save As...】选项，将 itcast.db 文件导出到指定目录下。在 SQLite Expert Personal 可视化工具中选择【File】→【Open Database】选项，然后选择需要查看的数据库文件 itcast.db。使用 SQLite Expert Personal 可视化工具查看数据库文件 itcast.db，如图 5-9 所示。

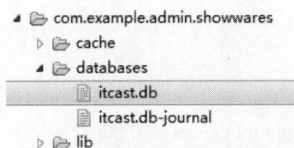

图5-8 数据库文件itcast.db   图5-9 查看数据库文件itcast.db

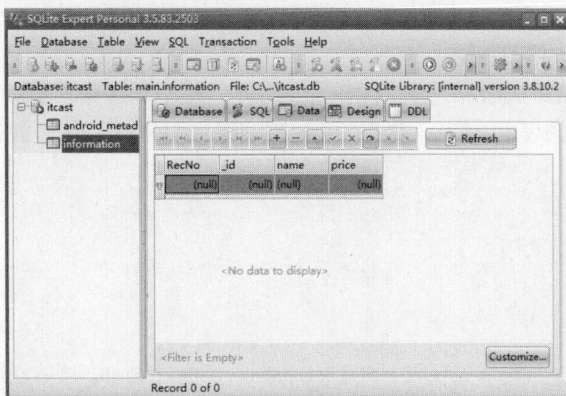

由图 5-9 可知，数据库 itcast 中的各个字段已经清晰地展示出来了，当数据库中有新添加的数据时，可以通过 SQLite Expert Personal 可视化工具进行查看。

5.4.2 SQLite 数据库的基本操作

前面介绍了 SQLite 数据库及如何创建数据库，接下来将针对 SQLite 数据库的增、删、改、查操作进行详细讲解。

1. 新增数据

接下来以数据库 itcast 中的 information 表为例，介绍如何使用 SQLiteDatabase 类的 insert()方法向表中插入一条数据，示例代码如下：

```
public void insert(String name,String price) {
    MyHelper helper = new MyHelper(MainActivity.this);
    SQLiteDatabase db = helper.getWritableDatabase();          //获取可读写的SQLiteDatabase 对象
    ContentValues values = new ContentValues();                // 创建 ContentValues 对象
    values.put("name", name);                                  // 将数据添加到 ContentValues 对象中
    values.put("price", price);
    long id = db.insert("information",null,values);            //插入一条数据到 information 表中
    db.close();                                                //关闭数据库
}
```

上述代码通过 getWritableDatabase()方法得到 SQLiteDatabase 对象，然后获得 ContentValues 对象并将数据添加到 ContentValues 对象中，最后调用 insert()方法将数据插入 information 表中。

insert()方法可以接收 3 个参数，第 1 个参数是数据表的名称；第 2 个参数表示，如果发现将要插入的行为空行，会将这个列名的值设为 null；第 3 个参数为 ContentValues 对象。需要注意的是，ContentValues 类类似于 Map 类，通过键值对的形式存入数据，这里的 key 表示插入数据的列名，value 表示要插入的数据。

需要注意的是，使用完 SQLiteDatabase 对象后一定要调用 close()方法关闭数据库连接，否则数据库连接会一直存在，不断消耗内存，当系统内存不足时将获取不到 SQLiteDatabase 对象，并且会报出数据库未关闭的异常。

2. 删除数据

SQLiteDatabase 类中存在一个 delete()方法，用于删除数据库表中的数据。以 information 表为例，如果想

要删除该表中的某一条数据，可直接调用 SQLiteDatabase 类的 delete()方法来实现，示例代码如下：

```
public int delete(long id){
    SQLiteDatabase db = helper.getWritableDatabase();
    int number = db.delete("information", "_id=?", new String[]{id+""});
    db.close();
    return number;
}
```

在上述代码中，删除数据库中数据的操作不同于增加和修改操作，删除数据时不需要使用 ContentValues 类来添加参数，而是使用一个字符串和一个字符串数组来添加参数名和参数值。

3. 修改数据

SQLiteDatabase 类中存在一个 update()方法，用于修改数据库表中的数据。以 information 表为例，如果想要修改该表中的某一条数据，可直接调用 SQLiteDatabase 类的 update ()方法来实现，示例代码如下：

```
public int update(String name, String price) {
    SQLiteDatabase db = helper.getWritableDatabase();
    ContentValues values = new ContentValues();
    values.put("price", price);
    int number = db.update("information", values, "name =?", new String[]{name});
    db.close();
    return number;
}
```

上述代码首先获取了 SQLiteDatabase 类的对象 db，接着创建了一个 ContentValues 类的对象 values，通过调用 put()方法将需要修改的字段名称和字段值放入对象 values 中，最后通过对象 db 调用 update()方法来修改数据库表中对应的数据。update()方法传递了 4 个参数，其中，第 1 个参数表示数据库表的名称，第 2 个参数表示最新的数据，第 3 个参数表示要修改的数据的查找条件，第 4 个参数表示查找条件的参数。

4. 查询数据

在进行数据查询时使用的是 query()方法，该方法返回的是一个行数集合 Cursor，Cursor 是一个游标接口，提供了遍历查询结果的方法。需要注意的是，在使用完 Cursor 后，一定要及时关闭，否则会造成内存泄露。接下来向大家介绍如何使用 SQLiteDatabase 类的 query()方法查询数据，示例代码如下：

```
1  public void find(int id){
2      MyHelper helper = new MyHelper(MainActivity.this);
3      SQLiteDatabase db = helper.getReadableDatabase();//获取可读的 SQLiteDatabase 对象
4      Cursor cursor = db.query("information", null, "_id=?", new String[]{id+""},
5          null, null, null);
6      if (cursor.getCount() != 0){    //判断 cursor 有多少个数据，如果没有，就不要进入循环了
7          while (cursor.moveToNext()){
8              String _id = cursor.getString(cursor.getColumnIndex("_id"));
9              String name = cursor.getString(cursor.getColumnIndex("name"));
10             String price = cursor.getString(cursor.getColumnIndex("price"));
11         }
12     }
13     cursor.close();    //关闭游标
14     db.close();
15 }
```

在上述代码中，第 1~5 行代码通过 SQLiteDatabase 类的 query()方法查询 information 表中的数据，并返回 Cursor 对象。其中 query()方法包含 7 个参数，第 1 个参数表示表名称，第 2 个参数表示查询的列名，第 3 个参数表示的是接收查询条件的子句，第 4 个参数接收查询子句对应的条件值，第 5 个参数表示分组方式，第 6 个参数用于接收 having 条件（定义组的过滤器），第 7 个参数表示排序方式。

第 6~12 行代码首先通过 getCount()方法获取到查询结果的总数，然后通过 moveToNext()方法移动游标指向下一行数据，接着通过为 getString()方法传入列名获取对应的数据。

▌▌多学一招：使用 SQL 语句进行数据库操作

在使用 SQLite 数据库时，除了上述介绍的方法，还可以使用 execSQL()方法通过 SQL 语句对数据库进行操作，示例代码如下：

```
//增加一条数据
db.execSQL("insert into information (name, price) values (?,?)",
                                        new Object[]{name, price });
//删除一条数据
db.execSQL("delete from information where _id = 1");
//修改一条数据
db.execSQL("update information set name=? where price =?",
                                        new Object[]{name, price });
//执行查询的 SQL 语句
Cursor cursor = db.rawQuery("select * from information where name=?",
                                        new String[]{name});
```

从上述代码中可以看出，查询操作与增、删、改操作有所不同，前面三个操作都是通过 execSQL() 方法执行 SQL 语句，而查询操作使用的是 rawQuery() 方法。这是因为查询数据库时会返回一个结果集 Cursor，而 execSQL() 方法没有返回值。

5.4.3　SQLite 数据库中的事务

数据库事务是一个对数据库执行工作的单元，是针对数据库的一组操作，它可以由一条或多条 SQL 语句组成。事务是以逻辑顺序完成的工作单位或序列，可以由用户手动操作完成，也可以由某种数据库程序自动完成。

事务的操作比较严格，它必须包括 ACID，ACID 是指数据库事务正确执行的 4 个基本要素的英文缩写，这些要素包括原子性（Atomicity）、一致性（Consistency）、隔离性（Isolation）、持久性（Durability）。接下来针对这 4 个基本要素进行详细解释。

● 原子性：表示事务是一个不可再分割的工作单位，事务中的操作要么全部成功，要么全部失败回滚。

● 一致性：表示事务开始之前和结束之后，数据库的完整性没有被破坏。也就是说数据库事务不能破坏关系数据的完整性及业务逻辑上的一致性。

● 隔离性：表示并发的事务是相互隔离的，也就是一个事务内部的操作者必须封锁起来，不会被其他事务影响到。

● 持久性：表示事务一旦提交，该事务对数据做的更改便持久保存在数据库中，并不会被回滚，即使出现了断电等事故，也不会影响数据库中的数据。

接下来，通过张三与王五取钱和存钱的例子，使用 SQLite 数据库的事务模拟银行转账功能。当张三拿着一张银行卡在银行准备取出 1000 元时，王五在银行准备将自己的 1000 元存入银行卡，此时模拟银行转账功能的主要逻辑代码如下：

```
PersonSQLiteOpenHelper helper = new PersonSQLiteOpenHelper (getApplication());
//获取一个可读写的 SQLiteDataBase 对象
SQLiteDatabase db = helper.getWritableDatabase();
//开始数据库的事务
db.beginTransaction();
try {
    //执行转出操作
    db.execSQL("update person set account = account-1000 where name =?",
                                        new Object[] { "张三" });
    //执行转入操作
    db.execSQL("update information set account = account +1000 where name =?",
                                        new Object[] { "王五" });
    //标记数据库事务执行成功
    db.setTransactionSuccessful();
}catch (Exception e) {
    Log.i("事务处理失败", e.toString());
} finally {
    db.endTransaction();    //关闭事务
    db.close();             //关闭数据库
}
```

需要注意的是，事务操作完成后一定要使用 endTransaction() 方法关闭事务。当执行 endTransaction() 方法时，首先会检查是否有事务执行成功的标记，有则提交数据，无则回滚数据，最后关闭事务。如果不关闭事务，事务只有超时后才自动结束，这样会降低数据库并发效率。因此，通常关闭事务的操作会在 finally 中执行。

5.4.4　实战演练——绿豆通讯录

前面小节讲解了 SQLite 数据库的创建与基本操作，接下来通过一个绿豆通讯录的案例对 SQLite 数据库在开发程序中的应用进行详细讲解。本案例中只有一个绿豆通讯录界面，该界面显示了 2 个文本信息，分别是"姓名"与"电话"；显示 2 个输入框，分别用于输入姓名和电话信息；显示 4 个按钮，分别是"添加"按钮、"查询"按钮、"修改"按钮和"删除"按钮。绿豆通讯录界面如图 5-10 所示。

实现绿豆通讯录界面功能的具体步骤如下。

1. 创建程序

创建一个名为 Directory 的应用程序，指定包名为 cn.itcast.directory。

2. 导入界面图片

将绿豆通讯录界面所需要的图片 bg.png 导入程序中创建的 drawable-hdpi 文件夹中。

3. 放置界面控件

在 activity_main.xml 布局文件中，放置 3 个 TextView 控件分别用于显示"姓名"文本、"电话"文本及已保存的姓名和电话信息；放置 2 个 EditText 控件分别用于显示姓名的输入框与电话的输入框；放置 4 个 Button 控件分别用于显示添加按钮、查询按钮、修改按钮及删除按钮。完整布局代码详见文件 5-6。

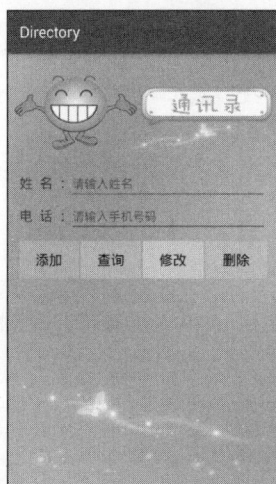

图5-10　绿豆通讯录界面

扫码查看文件 5-6

4. 编写界面交互代码

在 MainActivity 中编写逻辑代码，实现添加、查询、修改及删除联系人信息的功能。因为需要为绿豆通讯录界面上的"添加""查询""修改""删除"按钮设置点击事件，所以使用 MainActivity 实现 OnClickListener 接口，并重写 onClick ()方法，在该方法中实现这 4 个按钮的点击事件，具体代码如文件 5-7 所示。

【文件 5-7】　MainActivity.java

```
1    package cn.itcast.directory;
2    ......//省略导入包
3    public class MainActivity extends AppCompatActivity implements
4      View.OnClickListener {
5        MyHelper myHelper;
6        private EditText mEtName;
7        private EditText mEtPhone;
8        private TextView mTvShow;
9        private Button mBtnAdd;
10       private Button mBtnQuery;
```

```
11    private Button mBtnUpdate;
12    private Button mBtnDelete;
13    @Override
14    protected void onCreate(Bundle savedInstanceState) {
15        super.onCreate(savedInstanceState);
16        setContentView(R.layout.activity_main);
17        myHelper = new MyHelper(this);
18        init();
19    }
20    private void init() {
21        mEtName = findViewById(R.id.et_name);
22        mEtPhone = findViewById(R.id.et_phone);
23        mTvShow = findViewById(R.id.tv_show);
24        mBtnAdd = findViewById(R.id.btn_add);
25        mBtnQuery = findViewById(R.id.btn_query);
26        mBtnUpdate = findViewById(R.id.btn_update);
27        mBtnDelete = findViewById(R.id.btn_delete);
28        mBtnAdd.setOnClickListener(this);
29        mBtnQuery.setOnClickListener(this);
30        mBtnUpdate.setOnClickListener(this);
31        mBtnDelete.setOnClickListener(this);
32    }
33    @Override
34    public void onClick(View v) {
35        String name, phone;
36        SQLiteDatabase db;
37        ContentValues values;
38        switch (v.getId()) {
39            case R.id.btn_add: //添加数据
40                name = mEtName.getText().toString();
41                phone = mEtPhone.getText().toString();
42                db = myHelper.getWritableDatabase();//获取可读写的 SQLiteDatabse 对象
43                values = new ContentValues();          //创建 ContentValues 对象
44                values.put("name", name);              //将数据添加到 ContentValues 对象
45                values.put("phone", phone);
46                db.insert("information", null, values);
47                Toast.makeText(this, "信息已添加", Toast.LENGTH_SHORT).show();
48                db.close();
49                break;
50            case R.id.btn_query: //查询数据
51                db = myHelper.getReadableDatabase();
52                Cursor cursor = db.query("information", null, null, null, null,
53                                         null, null);
54                if (cursor.getCount() == 0) {
55                    mTvShow.setText("");
56                    Toast.makeText(this, "没有数据", Toast.LENGTH_SHORT).show();
57                } else {
58                    cursor.moveToFirst();
59                    mTvShow.setText("Name :  " + cursor.getString(1) +
60                            " ; Tel :  " + cursor.getString(2));
61                }
62                while (cursor.moveToNext()) {
63                    mTvShow.append("\n" + "Name :  " + cursor.getString(1) +
64                            " ; Tel :  " + cursor.getString(2));
65                }
66                cursor.close();
67                db.close();
68                break;
69            case R.id.btn_update: //修改数据
70                db = myHelper.getWritableDatabase();
71                values = new ContentValues();        // 要修改的数据
72                values.put("phone", phone = mEtPhone.getText().toString());
73                db.update("information", values, "name=?",
74                    new String[]{mEtName.getText().toString()}); // 更新并得到行数
75                Toast.makeText(this, "信息已修改", Toast.LENGTH_SHORT).show();
76                db.close();
```

```
77                break;
78            case R.id.btn_delete: //删除数据
79                db = myHelper.getWritableDatabase();
80                db.delete("information", null, null);
81                Toast.makeText(this, "信息已删除", Toast.LENGTH_SHORT).show();
82                mTvShow.setText("");
83                db.close();
84                break;
85        }
86    }
87    class MyHelper extends SQLiteOpenHelper {
88        public MyHelper(Context context) {
89            super(context, "itcast.db", null, 1);
90        }
91        @Override
92        public void onCreate(SQLiteDatabase db) {
93            db.execSQL("CREATE TABLE information(_id INTEGER PRIMARY
94                KEY AUTOINCREMENT, name VARCHAR(20),  phone VARCHAR(20))");
95        }
96        @Override
97        public void onUpgrade(SQLiteDatabase db, int oldVersion, int newVersion) {
98        }
99    }
100}
```

在上述代码中，第 20～32 行代码创建了一个 init()方法，用于初始化界面控件并设置"添加""查询""修改""删除"按钮的点击监听事件。

第 39～49 行代码主要通过 SQLiteDatabase 类的 insert()方法将姓名和电话信息添加到数据库中。

第 50～68 行代码主要通过 SQLiteDatabase 类的 query()方法将数据库中的姓名和电话信息查询出来，并显示到界面上。

第 69～77 行代码主要通过 SQLiteDatabase 类的 update()方法修改数据库中的姓名和电话信息。

第 78～84 行代码主要通过 SQLiteDatabase 类的 delete()方法删除数据库中的姓名和电话信息。

第 93 行、第 94 行代码主要通过 SQLiteDatabase 类的 execSQL()方法创建表 information。

5. 运行程序

运行上述程序，运行结果如图 5-11 所示。

在图 5-11 中，输入两条联系人信息，点击"添加"按钮，联系人信息将添加到数据库中，添加成功后，界面上会提示"信息已添加"，运行结果如图 5-12 所示。

点击图 5-12 中的"查询"按钮，此时已添加的联系人信息会显示在界面中，运行结果如图 5-13 所示。

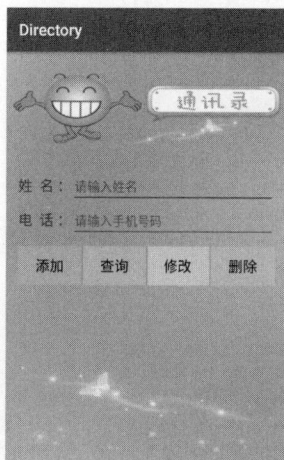

图5-11 运行结果（3）   图5-12 运行结果（4）   图5-13 运行结果（5）

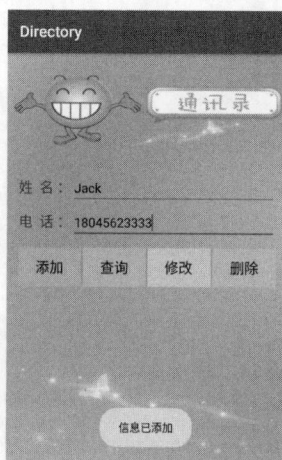

在图 5-13 中，重新输入 Jack 的联系电话，点击"修改"按钮，接着点击"查询"按钮，此时界面上会显示修改成功的联系人电话信息，运行结果如图 5-14 所示。

点击图 5-14 中的"删除"按钮，程序会删除数据库中所有的联系人信息，运行结果如图 5-15 所示。

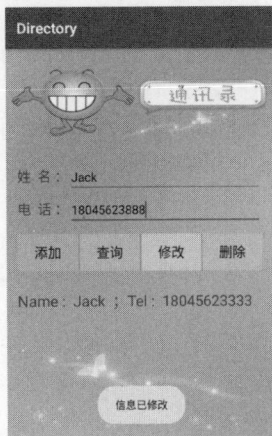

图5-14　运行结果（6）

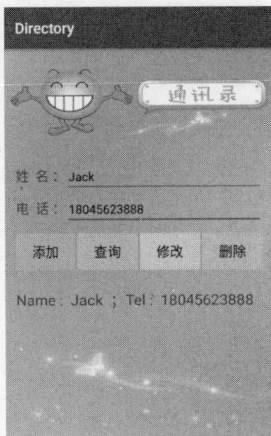

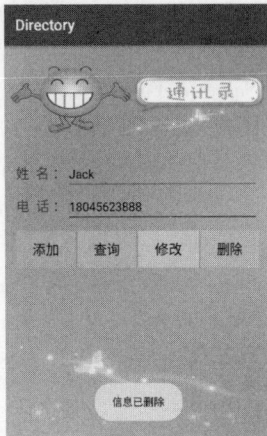

图5-15　运行结果（7）

至此，SQLite 数据库的相关操作已经讲完，初学者可以通过上述案例自行练习，对所学知识进行巩固。

5.5　本章小结

本章主要讲解了 Android 中的数据存储，首先介绍了 Android 中常见的数据存储方式，然后详细地讲解了文件存储、SharedPreferences 存储及 SQLite 数据库存储。数据存储是 Android 开发中非常重要的内容，一般在应用程序中会经常涉及数据存储的知识，因此要求初学者必须熟练掌握本章知识。

5.6　本章习题

一、判断题

1. SQLite 是 Android 自带的一个轻量级的数据库，支持基本 SQL 语法。（　　　）

2. Android 中的文件存储方式，分为内部存储方式和外部存储方式。（　　　）

3. 使用 openFileOutput() 方法打开应用程序的输出流时，只需要指定文件名。（　　　）

4. 当 Android SDK 版本低于 2.3 时，应用程序想要操作 SD 卡数据，必须在清单文件中添加权限。（　　　）

5. SQLiteDatabase 类的 update() 方法用于删除数据库表中的数据。（　　　）

6. SQLite 数据库的事务操作满足原子性、一致性、隔离性和持续性。（　　　）

二、选择题

1. 下列关于 SharedPreferences 存取文件的描述中，错误的是（　　　）。

A. 属于移动存储解决方式

B. SharedPreferences 处理的就是键值对

C. 读取 xml 的路径是 /sdcard/shared_prefs

D. 文本的保存格式是 xml

2. 下列选项中，不属于 getSharedPreferences 方法的文件操作模式参数是（　　　）。

A. Context.MODE_PRIVATE　　　　　　　　B. Context.MODE_PUBLIC

C. Context.MODE_WORLD_READABLE　　　　D. Context.MODE_WORLD_WRITEABLE

3. 下列方法中，（　　）是 SharedPreferences 获取其编辑器的方法。

A. getEdit() 　　　　　　　B. edit() 　　　　　　　C. setEdit() 　　　　　　　D. getAll

4. Android 对数据库的表进行查询操作时，会使用 SQLiteDatabase 类中的（　　）方法。

A. insert() 　　　　　　　B. execSQL() 　　　　　　C. query() 　　　　　　　D. update()

5. 下列关于 SQLite 数据库的描述中，错误的是（　　）。

A. SqliteOpenHelper 类有创建数据库和更新数据库版本的功能

B. SqliteDatabase 类是用来操作数据库的

C. 每次调用 SqliteDatabase 类的 getWritableDatabase() 方法时，都会执行 SqliteOpenHelper 类的 onCreate() 方法

D. 当数据库版本发生变化时，会调用 SqliteOpenHelper 类的 onUpgrade() 方法更新数据库

6. 下列初始化 SharedPreferences 的代码中，正确的是（　　）。

A. SharedPreferences sp = new SharedPreferences();

B. SharedPreferences sp = SharedPreferences.getDefault();

C. SharedPreferences sp = SharedPreferences.Factory();

D. SharedPreferences sp = getSharedPreferences();

三、简答题

1. 简述数据库事务的 4 个基本要素。

2. 简述 Android 数据存储的方式。

四、编程题

1. 使用 SQLite 数据库的事务操作，编写一段模拟银行转账的逻辑代码。

2. 编写一个用户登录的程序，要求登录的用户名和密码存入 SharedPreferences。

3. 编写一个购物车程序，实现在界面中以列表的形式显示购物车的商品信息，商品信息包括商品名称、价格和数量，并能够对购物车中的商品信息进行增、删、改、查操作。

第 6 章

内容提供者和内容观察者

学习目标

★ 掌握内容提供者的创建，能够学会使用内容提供者操作数据
★ 了解内容观察者的使用，能够使用内容观察者观察其他程序的数据变化

拓展阅读

在第 5 章数据存储中学习了 Android 数据持久化技术，包括文件存储、SharedPreferences 存储及数据库存储，这些持久化技术所保存的数据都只能在当前应用程序中访问。但在 Android 开发中，有时也会访问其他应用程序的数据。例如，使用支付宝转账时需要填写收款人的电话号码，此时就需要获取到系统联系人的信息。为了实现这种跨程序共享数据的功能，Android 提供了一个组件 ContentProvider（内容提供者）。为了观察程序中数据的变化，Android 提供了一个内容观察者，本章将针对内容提供者和内容观察者进行详细讲解。

6.1 内容提供者概述

在 Android 中，应用程序之间是相互独立的，分别运行在自己的进程中。若应用程序之间需要共享数据，则会用到 ContentProvider。ContentProvider 是 Android 的四大组件之一，其功能是在不同程序之间实现数据共享。它不仅允许一个程序访问另一个程序中的数据，同时还可以选择只对哪一部分数据进行共享，从而保证程序中的隐私数据不被泄露。

ContentProvider 是不同应用程序之间进行数据共享的标准 API，如果想要访问 ContentProvider 中共享的数据，就一定要借助 ContentResolver 类，该类的实例需要通过 Context 中的 getContentResolver()方法获取。为了让初学者更好地理解，接下来通过流程图的方式来讲解 ContentProvider 的工作原理，如图 6-1 所示。

图6-1 ContentProvider工作原理

在图 6-1 中，A 程序需要使用 ContentProvider 暴露数据，该数据才能被其他程序操作。B 程序必须通过 ContentResolver 操作 A 程序暴露出来的数据，而 A 程序会将操作结果返回给 ContentResolver，然后

ContentResolver 再将操作结果返回给 B 程序。对 ContentProvider 来说，最重要的就是数据模型（Data Model）和 Uri，接下来分别对其进行介绍。

1. 数据模型

ContentProvider 使用基于数据库模型的简单表格来提供需要共享的数据。在该表格中，每一行表示一条记录，而每一列代表特定类型和含义的数据，并且其中每一条数据记录都包含一个名为 "_ID" 的字段标识每条数据。以系统中的联系人数据表为例，联系人的信息可能以表 6-1 所示的形式显示。

表 6-1　联系人的数据表

_ID	NAME	NUMBER	EMAIL
1	张华	135*****233	345**@qq.com
2	李白	134*****345	456**@163.com
3	赵龙	136*****335	445**@126.com
4	王冠	138*****445	332**@sina.com

表 6-1 中，每条记录包含一个数值型的 _ID，用于在表格中标识唯一的记录，也可以根据同一个 _ID 查询几个相关表中的信息。例如，在一个表中根据 _ID 查询联系人的电话，在另一个表中也可以根据该 _ID 查询相关的短信信息。

如果要查询上述表中的任意一个字段，则需要知道各个字段对应的数据类型。Cursor 对象专门为这些数据类型提供了相关的方法，如 getInt()、getString()、getLong() 等。

2. Uri

ContentResolver 与 SQLiteDatabase 类似，提供了一系列增、删、改、查的方法对数据进行操作。不同的是，ContentResolver 中的增、删、改、查方法以 Uri 的形式对外提供数据，Uri 为 ContentProvider 中的数据建立了唯一的标识符。Uri 主要由 3 部分组成，分别是 scheme、authority 和 path。其中，scheme 是以 "content://" 开头的前缀，表示操作的数据被 ContentProvider 控制，不会被修改；authority 表示为 ContentProvider 设置的唯一标识，该标识主要用来区分不同的应用程序，一般为了避免不同 authority 产生冲突，会采用程序包名的方式命名；path 表示资源或数据，当访问者需要操作不同的数据时，该部分可以动态修改。为了让初学者更直观地看到 Uri 的组成，接下来通过一张图片来描述，如图 6-2 所示。

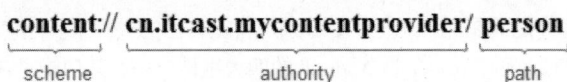

图6-2　Uri组成结构图

在图 6-2 中，"content://" 是 scheme 部分，表示由 Android 规定的一个标准前缀；"cn.itcast.mycontentprovider" 是 authority 部分，表示由程序的包名作为 ContentProvider 的唯一标识；"/person" 是 path 部分，表示要访问的数据。

6.2　创建内容提供者

如果想要创建一个内容提供者，则首先需要创建一个继承抽象类 ContentProvider 的类，接着重写该类中的 onCreate()、insert()、delete()、update()、query()、getType() 方法。其中，onCreate() 方法是在创建内容提供者时调用的；insert()、delete()、update()、query() 方法根据指定的 Uri 对数据分别进行增、删、改、查的操作；getType() 方法用于返回 MIME 类型的数据，例如 Windows 系统中 .txt 文件和 .jpg 文件就是两种不同的 MIME 类型。

接下来，创建一个内容提供者 MyContentProvider，具体步骤如下。

1. 创建程序

创建一个名为 ContentProvider 的应用程序，指定包名为 cn.itcast.contentprovider。

2. 创建 MyContentProvider

在程序包名处单击鼠标右键并选择【New】→【Other】→【Content Provider】选项，在弹出窗口中输入内容提供者的 Class Name（名称）和 URI Authorities（唯一标识，通常使用包名）。填写完成后单击 "Finish" 按钮，内容提供者便创建完成，此时打开 MyContentProvider.java 文件，具体代码如文件 6-1 所示。

【文件 6-1】 MyContentProvider.java

```
1  package cn.itcast.contentprovider;
2  import android.content.ContentProvider;
3  import android.content.ContentValues;
4  import android.database.Cursor;
5  import android.net.Uri;
6  public class MyContentProvider extends ContentProvider {
7      public MyContentProvider() {
8      }
9      @Override
10     public int delete(Uri uri, String selection, String[] selectionArgs) {
11         // Implement this to handle requests to delete one or more rows.
12         throw new UnsupportedOperationException("Not yet implemented");
13     }
14     @Override
15     public String getType(Uri uri) {
16         // TODO: Implement this to handle requests for the MIME type of the data
17         // at the given URI.
18         throw new UnsupportedOperationException("Not yet implemented");
19     }
20     @Override
21     public Uri insert(Uri uri, ContentValues values) {
22         // TODO: Implement this to handle requests to insert a new row.
23         throw new UnsupportedOperationException("Not yet implemented");
24     }
25     @Override
26     public boolean onCreate() {
27         // TODO: Implement this to initialize your content provider on startup.
28         return false;
29     }
30     @Override
31     public Cursor query(Uri uri, String[] projection, String selection,
32                                   String[] selectionArgs, String sortOrder) {
33         // TODO: Implement this to handle query requests from clients.
34         throw new UnsupportedOperationException("Not yet implemented");
35     }
36     @Override
37     public int update(Uri uri, ContentValues values, String selection,
38                                          String[] selectionArgs) {
39         // TODO: Implement this to handle requests to update one or more rows.
40         throw new UnsupportedOperationException("Not yet implemented");
41     }
42 }
```

内容提供者创建完成后，Android Studio 会自动在 AndroidManifest.xml 文件中对内容提供者进行注册，具体代码如文件 6-2 所示。

【文件 6-2】 AndroidManifest.xml

```
<?xml version="1.0" encoding="utf-8"?>
<manifest xmlns:android="http://schemas.android.com/apk/res/android"
    package="cn.itcast.contentprovider" >
    <application ......>
        ......
        <provider
            android:name=".MyContentProvider"
            android:authorities="cn.itcast.mycontentprovider"
            android:enabled="true"
            android:exported="true" >
        </provider>
```

```
    </application>
</manifest>
```

在上述代码中，<provider>标签中的配置用于注册创建的 MyContentProvider，该标签中设置的属性信息如下。

• name：该属性的值是 MyContentProvider 的全名称（例如 cn.itcast.contentprovider.MyContentProvider），在 AndroidManifest.xml 文件中 MyContentProvider 的全名称可以用.MyContentProvider 来代替。

• authorities：该属性的值标识了 MyContentProvider 提供的数据，该值可以是一个或多个 URI authority，多个 authority 名称之间需要用分号隔开，该属性的值通常设置为包名。

• enabled：该属性的值表示 MyContentProvider 能否被系统实例化。如果属性 enabled 的值为 true，则表示可以被系统实例化；如果为 false，则表示不允许被系统实例化，该属性默认的值为 true。

• exported：该属性的值表示 MyContentProvider 能否被其他应用程序使用。如果属性 exported 的值为 true，则表示任何应用程序都可以通过 Uri 访问 MyContentProvider；如果为 false，则表示只有用户 id（程序的 build.gradle 文件中的 applicationId，applicationId 是每个应用程序的唯一标识）相同的应用程序才能访问到它。

需要注意的是，每个应用程序中创建的 ContentProvider 都必须在 AndroidManifest.xml 文件的<provider>标签中定义，否则系统将找不到需要运行的 ContentProvider。

6.3　访问其他应用程序

6.3.1　查询其他程序的数据

在不同应用程序之间交换数据时，应用程序会通过 ContentProvider 暴露自己的数据，并通过 ContentResolver 对程序暴露的数据进行操作，因此 ContentResolver 充当着一个"中介"的角色。因为在使用 ContentProvider 暴露数据时提供了相应操作的 Uri，所以在访问现有的 ContentProvider 时要指定相应的 Uri，然后再通过 ContentResolver 来实现对数据的操作。通过 ContentProvider 查询其他程序数据的具体步骤如下。

1. 通过 parse()方法解析 Uri

首先通过 Uri 的 parse()方法将字符串 Uri 解析为一个 Uri 类型的对象，示例代码如下：

```
Uri uri = Uri.parse("content://cn.itcast.mycontentprovider/person");
```

2. 通过 query()方法查询数据

通过 getContentResolver()方法获取 ContentResolver 对象，调用该对象的 query()方法查询数据，示例代码如下：

```
ContentResolver resolver = context.getContentResolver();//获取 ContentResolver 对象
Cursor cursor = resolver.query(Uri uri, String[] projection, String selection,
                        String[] selectionArgs, String sortOrder);
```

通过 getContentResolver()方法获取一个 ContentResolver 对象 resolver，通过该对象的 query()方法来查询 Uri 中的数据信息，该方法传递的 5 个参数的具体信息如下。

• uri：表示查询其他程序的数据时需要的 Uri。

• projection：表示要查询的内容，该内容相当于数据库表中每列的名称。如果要查询名称、年龄和性别信息，则可以将该参数设置为 new String[]{"name","age","sex"}。

• selection：表示设置的查询条件，相当于 SQL 语句中的 where，如果该参数传入的值为 null，则表示没有查询条件。如果想要查询地址为北京的信息，则该参数传递的值为字符串"address='北京'"；也可以为 "address=?"，并将传递的参数 selectionArgs 设置为 new String[]{"北京"}。

• selectionArgs：该参数需要配合参数 selection 使用，如果参数 selection 中有"?"，则传递的参数 selectionArgs 会替换掉"?"，否则参数 selectionArgs 传递的值为 null。

• sortOrder：表示查询的数据按照什么顺序进行排序，相当于 SQL 语句中的 Order by。如果该参数传递的值为 null，则数据默认是按照升序排序的。如果想要让查询的数据按照降序排序，则该参数传递的值为字

符串 " DESC",注意,DESC 前面需要添加一个空格。

3. 通过 while() 循环语句遍历查询到的数据

通过 query() 方法查询数据后,会将该数据存放在 Cursor 对象中,接着通过 while() 循环语句将 Cursor 对象中的数据遍历出来,最后调用 Cursor 对象的 close() 方法来关闭 Cursor 释放资源。以查询到的数据为 String 类型的 address、Long 类型的 date 及 Int 类型的 type 为例,通过 while() 循环遍历查询数据的示例代码如下:

```
while (cursor.moveToNext()) {
    String address = cursor.getString(0);
    long date = cursor.getLong(1);
    int type = cursor.getInt(2);
}
cursor.close(); //关闭 cursor
```

▌▌▌ 多学一招: UriMatcher 类

每个 ContentProvider 都会有一个 Uri,当对 ContentProvider 中的数据进行操作时,会通过对应的 Uri 指定相关的数据并进行操作。如果一个 ContentProvider 中含有多个数据源(例如多个表),就需要对不同的 Uri 进行区分,此时可以用 UriMatcher 类对 Uri 进行匹配,匹配步骤如下。

1. 初始化 UriMatcher 类

在 ContentProvider 中对 UriMatcher 类进行初始化,示例代码如下:

```
UriMatcher matcher = new UriMatcher(UriMatcher.NO_MATCH);
```

在上述代码中,构造函数 UriMatcher() 的参数表示 Uri 没有匹配成功的匹配码,该匹配码通常使用 –1 来表示。在此处构造函数 UriMatcher() 的参数可以设置为 –1,也可以设置为 UriMatcher.NO_MATCH,UriMatcher.NO_MATCH 是一个值为 –1 的常量。

2. 注册需要的 Uri

将需要用的 Uri 通过 addURI() 方法注册到 UriMatcher 对象中,示例代码如下:

```
matcher.addURI("cn.itcast.contentprovider", "people", PEOPLE);
matcher.addURI("cn.itcast.contentprovider", "person/#", PEOPLE_ID);
```

在上述代码中,addURI() 方法中的第 1 个参数表示 Uri 的 authority 部分,第 2 个参数表示 Uri 的 path 部分,第 3 个参数表示 Uri 匹配成功后返回的匹配码。

3. 与已经注册的 Uri 进行匹配

在 ContentProvider 重写的 query()、insert()、update()、delete() 方法中,可以通过 UriMatcher 对象的 match() 方法来匹配 Uri,通过 switch() 循环语句将每个匹配结果区分开,并做相应的操作,示例代码如下:

```
Uri uri = Uri.parse("content://" + "cn.itcast.contentprovider" + "/people");
int match = matcher.match(uri);
switch (match){
    case PEOPLE:
        //匹配成功后做的相关操作
    case PEOPLE_ID:
        //匹配成功后做的相关操作
    default:
        return null;
}
```

6.3.2 实战演练——读取手机通讯录

6.3.1 小节中讲解了如何查询其他程序的数据,为了巩固上节讲解的内容,本节我们会通过一个读取手机通讯录的案例来演示如何使用 ContentResolver 操作 Android 设备的通讯录中暴露的数据。本案例中只显示一个通讯录界面,该界面以列表的形式显示了 Android 设备的通讯录中暴露的数据。通讯录界面如图 6-3 所示。

实现通讯录界面功能的具体步骤如下。

1. 创建程序

创建一个名为 Contacts 的应用程序,指定包名为 cn.itcast.contacts,指定第一个 Activity 的名称为

ContactActivity，布局文件名为 activity_contact.xml。

图6-3　通讯录界面

2. 添加 recyclerview-v7 库

因为通讯录界面中的联系人信息需要使用 RecyclerView 控件以列表的形式进行展示，所以需要将拥有 RecyclerView 控件的 recyclerview-v7 库添加到程序中。

首先选中程序名称，单击鼠标右键并选择【Open Module Settings】选项，在 Project 窗口中的左侧选择【app】，接着选中【Dependencies】选项卡，单击右上角的绿色加号并选择【Library dependency】选项，弹出 Choose Library Dependency 窗口。在该窗口中找到 recyclerview-v7 库，双击该库将其添加到程序中，此时查看程序中的 build.gradle 文件，在 dependencies{}节点中，会出现已添加的 recyclerview-v7 库，具体代码如下：

```
dependencies {
    ......
    implementation 'com.android.support:appcompat-v7:28.0.0'
    implementation 'com.android.support:recyclerview-v7:28.0.0'
}
```

需要注意的是，添加的 recyclerview-v7 库的版本需要和 appcompat-v7 库的版本一致，否则 build.gradle 文件中导入的 recyclerview-v7 库会报错。

3. 放置界面控件

在 res/layout 文件夹中的 activity_contact.xml 文件中，放置 1 个 TextView 控件用于显示界面的标题"通讯录"；放置 1 个 RecyclerView 控件用于显示通讯录列表（联系人列表）信息。完整布局代码详见文件 6-3。

4. 去掉默认标题栏

因为程序创建后界面上会有一个默认的标题栏，该标题栏不够美观，所以需要在 AndroidManifest.xml 文件的 <application> 标签中修改 theme 属性的值为 "@style/Theme.AppCompat.NoActionBar"，去掉默认标题栏，具体代码如下：

```
android:theme="@style/Theme.AppCompat.NoActionBar"
```

扫码查看文件 6-3

5. 搭建通讯录列表条目界面布局

因为通讯录界面使用了 RecyclerView 控件展示联系人列表信息，所以需要创建一个该列表的条目界面，在条目界面中需要展示联系人头像、联系人名称、联系人电话号码，界面如图 6-4 所示。

搭建通讯录列表条目界面布局的具体步骤如下。

（1）创建通讯录列表条目界面的布局文件

在 res/layout 文件夹中，创建一个布局文件 contact_item.xml。

（2）导入界面图片

将通讯录列表条目界面所需要的图片 contact_photo.png 导入程序中创建的 drawable-hdpi 文件夹中。

（3）放置界面控件

在 contact_item.xml 文件中，放置 1 个 ImageView 控件用于显示联系人的默认头像；放置 2 个 TextView 控件分别用于显示联系人名称和联系人电话号码，完整布局代码详见文件 6-4。

图6-4　通讯录列表条目界面

扫码查看文件 6-4

（4）创建条目界面的背景文件

因为通讯录列表条目的背景是一个四个角为圆角的矩形，并且矩形的填充色为白色（#ffffff），所以需要在 drawable 文件夹中创建一个 item_bg.xml 文件，在该文件中设置一个四个角为圆角、填充色为白色的矩形，具体代码如文件 6-5 所示。

【文件 6-5】　item_bg.xml

```xml
1  <?xml version="1.0" encoding="utf-8"?>
2  <shape xmlns:android="http://schemas.android.com/apk/res/android">
3      <solid android:color="#ffffff" />
4      <corners android:radius="8dp" />
5  </shape>
```

在上述代码中，<shape></shape>标签用于定义形状，在没有设置任何属性的情况下，<shape></shape>标签定义的形状为矩形。<solid/>标签用于指定矩形内部的填充颜色。<corners/>标签用于定义矩形的四个角为圆角，属性 android:radius 用于设置圆角半径。

6. 封装联系人信息实体类

因为联系人信息包含联系人名称与联系人电话号码等属性，所以可以创建一个 ContactInfo 类来存放联系人信息的属性。选中程序中的 cn.itcast.contacts 包，在该包中创建一个 ContactInfo 类，在该类中创建联系人信息的属性，具体代码如文件 6-6 所示。

【文件 6-6】　ContactInfo.java

```java
1  package cn.itcast.contacts;
1  public class ContactInfo {
2      private String contactName;    //联系人名称
3      private String phoneNumber;    //联系人电话号码
4      public String getContactName() {
5          return contactName;
6      }
7      public void setContactName(String contactName) {
8          this.contactName = contactName;
9      }
10     public String getPhoneNumber() {
11         return phoneNumber;
12     }
13     public void setPhoneNumber(String phoneNumber) {
14         this.phoneNumber = phoneNumber;
15     }
16 }
```

7. 编写通讯录列表的数据适配器

因为通讯录界面中的联系人列表是用 RecyclerView 控件展示的，所以需要创建一个数据适配器

ContactAdapter 对 RecyclerView 控件进行数据适配。编写通讯录列表的数据适配器的具体内容如下。

　　首先需要创建一个通讯录列表的数据适配器 ContactAdapter，选中程序中的包 cn.itcast.contacts，在该包中创建一个继承 RecyclerView.Adapter<ContactAdapter.MyViewHolder>类的 ContactAdapter 类，并重写 onCreateViewHolder()方法、onBindViewHolder()方法、getItemCount()方法，这 3 个方法分别用于加载通讯录条目界面的布局文件、将数据绑定到控件上、获取列表条目的总数。ContactAdapter 的具体代码如文件 6–7 所示。

【文件 6-7】　ContactAdapter.java

```
1   package cn.itcast.contacts;
2   ......
3   public class ContactAdapter extends RecyclerView.Adapter<ContactAdapter
4                                              .MyViewHolder> {
5       private Context mContext;
6       private List<ContactInfo> contactInfoList;
7       public ContactAdapter(Context context, List<ContactInfo> contactInfoList){
8           this.mContext=context;
9           this.contactInfoList=contactInfoList;
10      }
11      @Override
12      public MyViewHolder onCreateViewHolder(ViewGroup parent, int viewType) {
13          MyViewHolder holder = new MyViewHolder(
14                                      LayoutInflater.from(mContext).inflate(
15                                      R.layout.contact_item, parent, false));
16          return holder;
17      }
18      @Override
19      public void onBindViewHolder(MyViewHolder holder, int position) {
20          holder.tv_name.setText(contactInfoList.get(position).getContactName());
21          holder.tv_phone.setText(contactInfoList.get(position).getPhoneNumber());
22      }
23      @Override
24      public int getItemCount() {
25          return contactInfoList.size();
26      }
27      class MyViewHolder extends RecyclerView.ViewHolder {
28          TextView tv_name,tv_phone;
29          ImageView iv_photo;
30          public MyViewHolder(View view) {
31              super(view);
32              tv_name = view.findViewById(R.id.tv_name);
33              tv_phone = view.findViewById(R.id.tv_phone);
34              iv_photo = view.findViewById(R.id.iv_photo);
35          }
36      }
37  }
```

　　在上述代码中，第 11～17 行代码重写了 onCreateViewHolder()方法，在该方法中通过调用 inflate()方法加载通讯录条目界面的布局文件 contact_item.xml。

　　第 18～22 行代码重写了 onBindViewHolder()方法，在该方法中通过调用 setText()方法将传递过来的列表数据绑定到界面控件上。

　　第 23～26 行代码重写了 getItemCount()方法，将该方法的返回值设置为 contactInfoList.size()，表示获取列表中条目的总数，也就是集合 contactInfoList 中元素的个数。

　　第 27～36 行代码创建了一个 MyViewHolder 类，在该类中通过调用 findViewById()方法获取界面上的控件。

8. 实现显示通讯录界面数据的功能

　　当打开读取手机通讯录程序后，会显示一个通讯录列表界面，该界面中的数据是从 Android 设备的通讯录中获取的，在获取这些数据之前需要申请读取手机通讯录的权限，申请通过后才可以获取通讯录中的数据，并将这些数据显示到通讯录界面中。实现显示通讯录界面数据功能的具体步骤如下所示。

　　（1）申请读取手机通讯录的权限

　　因为在获取手机通讯录数据之前，需要申请读取手机通讯录的权限，所以需要在 ContactActivity

中创建 getPermissions()方法用于申请读取手机通讯录的权限，同时还需要在 ContactActivity 中重写 onRequestPermissionsResult()方法，在该方法中获取读取通讯录权限是否申请成功的信息。申请读取手机通讯录权限的代码如文件 6-8 所示。

【文件 6-8】　ContactActivity.java

```java
1   package cn.itcast.contacts;
2   ......
3   public class ContactActivity extends AppCompatActivity {
4       private RecyclerView rv_contact;
5       @Override
6       protected void onCreate(Bundle savedInstanceState) {
7           super.onCreate(savedInstanceState);
8           setContentView(R.layout.activity_contact);
9           init();
10      }
11      private void init(){
12          rv_contact=findViewById(R.id.rv_contact);
13          rv_contact.setLayoutManager(new LinearLayoutManager(this));
14          getPermissions();
15      }
16      String[] permissionList;
17      public void getPermissions() {
18          if (android.os.Build.VERSION.SDK_INT >= Build.VERSION_CODES.M) {
19              permissionList = new String[]{"android.permission.READ_CONTACTS"};
20              ArrayList<String> list = new ArrayList<String>();
21              // 循环判断所需权限中有哪个尚未被授权
22              for (int i = 0; i < permissionList.length; i++) {
23                  if (ActivityCompat.checkSelfPermission(this, permissionList[i])
24                                      != PackageManager.PERMISSION_GRANTED)
25                      list.add(permissionList[i]);
26              }
27              if (list.size() > 0) {
28                  ActivityCompat.requestPermissions(this,
29                                      list.toArray(new String[list.size()]), 1);
30              } else {
31                  setData();//后续创建该方法
32              }
33          } else {
34              setData();  //后续创建该方法
35          }
36      }
37      @Override
38      public void onRequestPermissionsResult(int requestCode, String[] permissions,
39      int[] grantResults) {
40          super.onRequestPermissionsResult(requestCode, permissions, grantResults);
41          if (requestCode == 1) {
42              for (int i = 0; i < permissions.length; i++) {
43                  if(permissions[i].equals("android.permission.READ_CONTACTS")
44                          && grantResults[i] == PackageManager.PERMISSION_GRANTED){
45                      Toast.makeText(this, "读取通讯录权限申请成功",
46                                              Toast.LENGTH_SHORT).show();
47                      setData();//后续创建该方法
48                  }else{
49                      Toast.makeText(this,"读取通讯录权限申请失败",
50                                              Toast.LENGTH_SHORT).show();
51                  }
52              }
53          }
54      }
55  }
```

在上述代码中，第 11~15 行代码创建了一个 init()方法，该方法用于初始化界面控件。在 init()方法中首先调用 findViewById()方法获取列表控件 rv_contact，然后调用 setLayoutManager()方法设置列表的方向为垂直方向。

　　第 16～36 行代码创建了一个 getPermissions()方法，该方法用于申请读取通讯录的权限。在 getPermissions()方法中通过 for 循环来遍历通讯录的权限集合中有哪些权限是未被授权的，如果存在未被授权的权限，则调用 add()方法将未被授权的权限添加到集合 list 中。其中，第 27～32 行代码通过 if 条件语句判断 list 集合中的元素个数是否大于 0，如果大于 0，说明通讯录权限集合中有未被授权的权限，此时需要调用 requestPermissions()方法来申请这些权限；如果 list 集合中的元素个数小于等于 0，说明通讯录权限集合中所有权限都被授权了，此时可以调用 setData()方法（该方法在后续创建）获取通讯录数据并将这些数据设置到界面上。

　　第 37～54 行代码重写了 onRequestPermissionsResult()方法，该方法用于获取申请读取通讯录的权限后返回的信息。onRequestPermissionsResult()方法传递了 3 个参数，第 1 个参数 requestCode 表示请求码，第 2 个参数 permissions 表示系统的权限数组，第 3 个参数 grantResults 表示请求权限的状态。其中，第 43～51 行代码通过 if 条件语句判断返回的权限数组 permissions 中是否包含读取通讯录的权限 "android.permission.READ_CONTACTS"，并且该权限的状态值是否为 "PackageManager.PERMISSION_GRANTED"，该状态值表示允许读取 Android 设备的通讯录。如果权限数组 permissions 中包含了读取通讯录的权限，并且该权限的状态值为 "PackageManager.PERMISSION_GRANTED"，则程序会调用 makeText()方法来提示用户 "读取通讯录权限申请成功"，并且会调用 setData()方法获取通讯录数据并将这些数据显示到界面上。否则，程序会调用 makeText()方法来提示用户 "读取通讯录权限申请失败"。

　　（2）将数据显示到通讯录界面上

　　前面已经获取到读取通讯录的权限，获取到此权限之后，我们需要在 ContactActivity 中创建 getContacts()方法与 setData()方法，这 2 个方法分别用于获取手机通讯录的数据与将获取的数据显示到通讯录界面上，具体代码如文件 6-9 所示。

【文件 6-9】　ContactActivity.java

```
1   package cn.itcast.contacts;
2   ......
3   public class ContactActivity extends AppCompatActivity {
4      ......
5      private ContactAdapter adapter;
6      ......
7      private void setData(){
8         List<ContactInfo> contactInfos=getContacts();
9         adapter=new ContactAdapter(ContactActivity.this,contactInfos);
10        rv_contact.setAdapter(adapter);
11     }
12     public List<ContactInfo> getContacts() {
13        List<ContactInfo> contactInfos = new ArrayList<>();
14        Cursor cursor = getContentResolver().query(ContactsContract.
15                        Contacts.CONTENT_URI, null, null, null, null);
16        if (contactInfos!=null)contactInfos.clear();//清除集合中的数据
17        while (cursor.moveToNext()) {
18           String id = cursor.getString(
19              cursor.getColumnIndex(ContactsContract.Contacts._ID));
20           String name = cursor.getString (cursor.getColumnIndex(ContactsContract.
21                                Contacts.DISPLAY_NAME));
22           int isHas = Integer.parseInt(cursor.getString(cursor.getColumnIndex(
23                        ContactsContract.Contacts.HAS_PHONE_NUMBER)));
24           if (isHas > 0) {
25           Cursor c = getContentResolver().query(ContactsContract.
26                          CommonDataKinds.Phone.CONTENT_URI, null,
27                    ContactsContract.CommonDataKinds.Phone.CONTACT_ID +
28                                      " = " + id, null, null);
29              while (c.moveToNext()) {
30                 ContactInfo info = new ContactInfo();
31                 info.setContactName(name);
32                 String number = c.getString(c.getColumnIndex(ContactsContract.
33                                CommonDataKinds.Phone.NUMBER)).trim();
```

```
34                 number = number.replace(" ", "");
35                 number = number.replace("-", "");
36                 info.setPhoneNumber(number);
37                 contactInfos.add(info);
38             }
39             c.close();
40         }
41     }
42     cursor.close();
43     return contactInfos;
44     }
45     ......
46 }
```

在上述代码中，第 7～11 行代码创建了一个 setData()方法，在该方法中首先调用 getContacts()方法获取手机通讯录中的数据，然后通过 new 关键字创建 ContactAdapter 的对象 adapter，最后调用 setAdapter()方法将 adapter 对象设置到列表控件 rv_contact 上。

第 12～44 行代码创建了一个 getContacts()方法，该方法用于获取手机通讯录中的数据。在 getContacts()方法中，首先调用 query()方法，并根据 ContactsContract.Contacts.CONTENT_URI 来获取通讯录的数据，并将获取的数据存放在 Cursor 对象中。其中，第 17～41 行代码首先通过 while 循环语句获取通讯录数据中的联系人名称与联系人电话号码并将这些信息设置到 ContactInfo 类的对象中，然后将每个 ContactInfo 类的对象添加到集合 contactInfos 中，最后调用 close()方法关闭 Cursor 对象并返回集合 contactInfos。

9. 添加读取系统通讯录的权限

因为本案例涉及读取系统通讯录的操作，所以还需要在 AndroidMainfest.xml 文件中添加读取系统通讯录的权限，具体代码如下：

```
<uses-permission android:name="android.permission.READ_CONTACTS" />
```

10. 运行程序

运行 Contacts 程序，运行结果如图 6-5 所示。

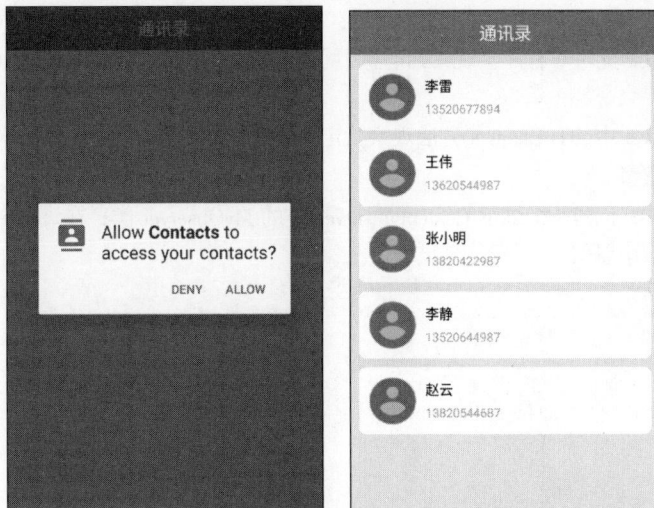

图6-5　运行结果（1）

当第一次运行 Contacts 程序时，会弹出图 6-5 左侧的界面，界面上会显示一个对话框提示用户是否允许读取系统通讯录，点击对话框上的"ALLOW"表示允许读取系统通讯录，此时可以看到图 6-5 右侧的通讯录界面；点击对话框上的"DENY"表示拒绝读取系统通讯录，此时读取不到系统通讯录数据。

6.4　内容观察者

通过前面的讲解可知，使用 ContentResolver 可以查询 ContentProvider 共享出来的数据。如果应用程序需要实时监听 ContentProvider 共享的数据是否发生变化，则需要使用 Android 提供的内容观察者。本节将针对内容观察者进行详细的讲解。

6.4.1　什么是内容观察者

内容观察者（ContentObserver）用于观察指定 Uri 代表的数据的变化，当 ContentObserver 观察到指定 Uri 代表的数据发生变化时，就会触发 ContentObserver 的 onChange()方法。此时在 onChange()方法中使用 ContentResolver 可以查询到变化的数据。为了让初学者更好地理解 ContentObserver，接下来通过一个流程图的方式讲解 ContentObserver 的工作原理，如图 6-6 所示。

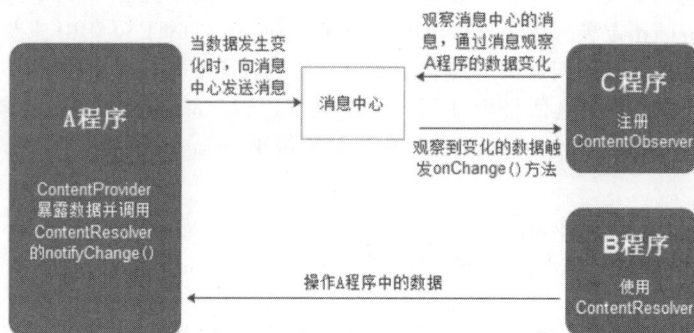

图6-6　ContentObserver工作原理

由图 6-6 可知，使用 ContentObserver 观察 A 程序的数据时，首先要在 A 程序的 ContentProvider 中调用 ContentResolver 的 notifyChange()方法。调用此方法后，当 B 程序操作 A 程序中的数据时，A 程序会向消息中心发送数据变化的消息，此时 C 程序会观察到消息中心的数据有变化，会触发 ContentObserver 的 onChange()方法。

通过 ContentObserver 中的 onChange()方法观察特定 Uri 代表的数据的具体步骤如下。

1. 创建内容观察者

在 Android 程序中，创建一个继承 ContentObserver 类的 MyObserver 类，在该类中重写父类的构造方法与 onChange()方法，示例代码如下：

```
public class MyObserver extends ContentObserver {
    public MyObserver(Handler handler) {
        super(handler);
    }
    @Override
    public void onChange(boolean selfChange) {
        super.onChange(selfChange);
    }
}
```

在上述代码中，构造方法 MyObserver()中的 handler 参数可以是主线程中的 Handler 对象，也可以是其他线程中的 Handler 对象（Handler 将在第 9 章讲解）。当 MyObserver 类观察到 Uri 代表的数据发生变化时，程序会回调 onChange()方法，并在该方法中处理相关逻辑。

2. 注册内容观察者

首先通过 getContentResolver()方法获取 ContentResolver 的对象 resolver，接着通过该对象的 registerContentObserver()方法来注册创建的内容观察者，示例代码如下：

```
ContentResolver resolver = getContentResolver();//获取 ContentResolver 对象
Uri uri = Uri.parse("content://aaa.bbb.ccc");   //获取 Uri
//注册内容观察者
resolver.registerContentObserver(uri, true, new MyObserver(new Handler()));
```

在上述代码中，registerContentObserver()方法中的第 1 个参数表示内容提供者的 Uri。第 2 个参数表示是否只匹配提供的 Uri，当该参数为 true 时，表示可以匹配 Uri 派生的其他 Uri；为 false 时，表示只匹配当前提供的 Uri。第 3 个参数表示创建的内容观察者。

3. 取消注册内容观察者

当不需要内容观察者时，可以通过 unregisterContentObserver()方法取消注册。通常情况下，取消注册的操作会在 Activity 的 onDestroy()方法中进行，示例代码如下：

```
@Override
protected void onDestroy() {
    super.onDestroy();
    //取消注册内容观察者
    getContentResolver().unregisterContentObserver(new MyObserver(
                                                    new Handler()));
}
```

上述代码通过 ContentResolver 对象的 unregisterContentObserver()方法取消注册内容观察者，该方法传入的参数就是要取消的内容观察者。

需要注意的是，在内容观察者监听的 ContentProvider 中，重写 insert()方法、delete()方法、update()方法时，程序都会调用如下代码：

```
getContext().getContentResolver().notifyChange(uri, null); //提示共享的数据变化了
```

这行代码用于通知所有注册在该 Uri 上的监听者，该 ContentProvider 共享的数据发生了变化。其中，notifyChange()方法中的第 1 个参数表示 Uri；第 2 个参数表示内容观察者，该参数设置为 null，则表示 ContentResolver 会通知上一步注册的内容观察者，该 ContentProvider 共享的数据发生了变化。

6.4.2　实战演练——监测数据变化

上节讲解了内容观察者的使用步骤，为了让初学者更好地掌握内容观察者的知识，本节就通过监测数据变化的案例来讲解如何使用内容观察者。因为监测数据变化的案例是监测数据库中数据的变化，所以需要创建两个程序来操作该案例，一个用于操作数据库中的数据，另一个用于监测数据库中数据的变化，当数据库中的数据发生变化时，监测数据库的程序会立即响应。

本案例中有 2 个程序，只有操作数据库的程序中会显示一个操作数据库界面，另外一个程序不显示任何界面。在操作数据库界面中，需要显示 4 个按钮，分别是"添加"按钮、"更新"按钮、"删除"按钮与"查询"按钮，操作数据库界面如图 6-7 所示。

通过操作数据库界面实现对数据库中的数据进行操作的功能，具体步骤如下。

1. 创建 ContentObserverDB 程序

创建一个名为 ContentObserverDB 的程序，指定包名为 cn.itcast. contentobserverdb。

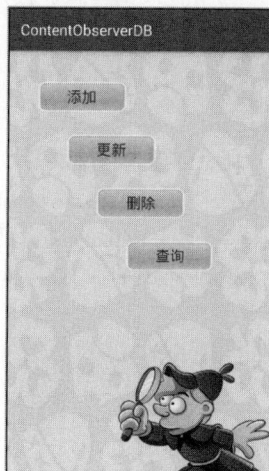

图6-7　操作数据库界面

2. 导入界面图片

将操作数据库界面所需要的图片 bg.png、btn_bg.png 图片导入程序中创建的 drawable-hdpi 文件夹中。

3. 放置界面控件

在 res/layout 文件夹的 activity_main.xml 文件中放置 4 个 Button 控件，分别用于显示"添加"按钮、"更

新"按钮、"删除"按钮及"查询"按钮。完整布局代码详见文件 6–10。

4. 创建数据库

因为本案例会用到数据库，所以需要在程序中选中 cn.itcast.contentobserverdb 包，在该包中创建一个继承 SQLiteOpenHelper 类的 PersonDBOpenHelper 类，在该类中创建数据库及数据库表，具体代码如文件 6–11 所示。

扫码查看文件 6-10

【文件 6-11】   PersonDBOpenHelper.java

```
1  package cn.itcast.contentobserverdb;
2  import android.content.Context;
3  import android.database.sqlite.SQLiteDatabase;
4  import android.database.sqlite.SQLiteOpenHelper;
5  public class PersonDBOpenHelper extends SQLiteOpenHelper {
6      //构造方法，调用该方法创建一个 person.db 数据库
7      public PersonDBOpenHelper(Context context) {
8          super(context, "person.db", null, 1);
9      }
10     @Override
11     public void onCreate(SQLiteDatabasc db) {
12         //创建该数据库的同时新建一个 info 表，表中有_id,name 这两个字段
13         db.execSQL("create table info (_id integer primary key autoincrement,
14                                         name varchar(20))");
15     }
16     @Override
17     public void onUpgrade(SQLiteDatabase db, int oldVersion, int newVersion) {
18     }
19  }
```

在上述代码中，第 7～9 行代码创建了 PersonDBOpenHelper 类的构造方法 PersonDBOpenHelper(Context context)，在该方法中调用了 super()方法，该方法是 SQLiteOpenHelper 类的默认构造方法。super()方法中的第 1 个参数表示上下文，第 2 个参数表示数据库的名称，第 3 个参数表示数据库的查询结果集，第 4 个参数表示数据库的版本号。当调用 super()方法时，程序会创建一个名为 person 的数据库。

第 10～15 行代码重写了 onCreate ()方法，在该方法中通过数据库对象 db 调用 execSQL()方法来创建数据库表 info。

第 16～18 行代码重写了 onUpgrade()方法，当数据库版本升级时会回调该方法，在该方法中对数据库进行升级。

5. 创建内容提供者

选中程序中的 cn.itcast.contentobserverdb 包，单击鼠标右键并选择【New】→【Other】→【Content Provider】选项，创建一个名为 PersonProvider 的内容提供者，将该内容提供者的 URI Authorities 设置为包名 cn.itcast.contentobserverdb。在 PersonProvider 中实现对数据库中的数据进行操作的功能，具体代码如文件 6–12 所示。

【文件 6-12】   PersonProvider.java

```
1  package cn.itcast.contentobserverdb;
2  ......//省略导入的包
3  public class PersonProvider extends ContentProvider {
4      //定义一个 Uri 路径的匹配器，如果路径匹配不成功，则返回-1
5      private static UriMatcher mUriMatcher = new UriMatcher(-1);
6      private static final int SUCCESS = 1; //匹配路径成功时的返回码
7      private PersonDBOpenHelper helper;      //数据库操作类的对象
8      //添加路径匹配器的规则
9      static {
10         mUriMatcher.addURI("cn.itcast.contentobserverdb", "info", SUCCESS);
11     }
12     @Override
13     public boolean onCreate() {  //当内容提供者被创建时调用
14         helper = new PersonDBOpenHelper(getContext());
15         return false;
16     }
```

```
17    /**
18     * 查询数据操作
19     */
20    @Override
21    public Cursor query(Uri uri, String[] projection, String selection,
22                                   String[] selectionArgs, String sortOrder) {
23        //匹配查询的 Uri 路径
24        int code = mUriMatcher.match(uri);
25        if (code == SUCCESS) {
26            SQLiteDatabase db = helper.getReadableDatabase();
27            return db.query("info", projection, selection, selectionArgs,
28                           null, null, sortOrder);
29        } else {
30            throw new IllegalArgumentException("路径不正确，无法查询数据！");
31        }
32    }
33    /**
34     * 添加数据操作
35     */
36    @Override
37    public Uri insert(Uri uri, ContentValues values) {
38        int code = mUriMatcher.match(uri);
39        if (code == SUCCESS) {
40            SQLiteDatabase db = helper.getReadableDatabase();
41            long rowId = db.insert("info", null, values);
42            if (rowId > 0) {
43                Uri insertedUri = ContentUris.withAppendedId(uri, rowId);
44                //提示数据库的内容变化了
45                getContext().getContentResolver().notifyChange(insertedUri, null);
46                return insertedUri;
47            }
48            db.close();
49            return uri;
50        } else {
51            throw new IllegalArgumentException("路径不正确，无法插入数据！");
52        }
53    }
54    /**
55     * 删除数据操作
56     */
57    @Override
58    public int delete(Uri uri, String selection, String[] selectionArgs) {
59        int code = mUriMatcher.match(uri);
60        if (code == SUCCESS) {
61            SQLiteDatabase db = helper.getWritableDatabase();
62            int count = db.delete("info", selection, selectionArgs);
63            //提示数据库的内容变化了
64            if (count > 0) {
65                getContext().getContentResolver().notifyChange(uri, null);
66            }
67            db.close();
68            return count;
69        } else {
70            throw new IllegalArgumentException("路径不正确，无法随便删除数据!");
71        }
72    }
73    /**
74     * 更新数据操作
75     */
76    @Override
77    public int update(Uri uri, ContentValues values, String selection,
78                     String[] selectionArgs) {
79        int code = mUriMatcher.match(uri);
80        if (code == SUCCESS) {
81            SQLiteDatabase db = helper.getWritableDatabase();
```

```
82              int count = db.update("info", values, selection, selectionArgs);
83              //提示数据库的内容变化了
84              if (count > 0) {
85                  getContext().getContentResolver().notifyChange(uri, null);
86              }
87              db.close();
88              return count;
89          } else {
90              throw new IllegalArgumentException("路径不正确，无法更新数据！");
91          }
92      }
93      @Override
94      public String getType(Uri uri) {
95          return null;
96      }
97  }
```

在上述代码中，第 9~11 行代码是一个静态代码块，该代码块在程序启动时就开始执行并且只会执行一次。代码块通过 UriMatcher 的 addURI()方法添加需要匹配的 Uri，该方法中的第 1 个参数表示 Uri 的 authorities 部分，第 2 个参数表示 Uri 的 path 部分，第 3 个参数表示 Uri 匹配成功的一个匹配码，在此处用一个常量 SUCCESS 来记录。

第 20~32 行代码重写了 query()方法，该方法用于查询数据库中的数据。在 query()方法中通过 UriMatcher 的 match()方法来匹配该方法中传递的 Uri 与 UriMatcher 中的 Uri 路径是否一致，如果一致，则 Uri 匹配成功，match()方法的返回值为 SUCCESS；否则，会抛出一个不合法的参数异常 IllegalArgumentException，在该异常中设置的提示信息为 "路径不正确，无法查询数据！"。当 Uri 匹配成功时，便可以通过数据库类的 query()方法来查询数据库表 info 中的信息。

第 36~53 行代码重写了 insert()方法，该方法用于将数据添加到数据库中。在 insert()方法中同样首先通过 UriMatcher 的 match()方法来匹配 Uri，如果匹配成功，则返回值为 SUCCESS；否则，程序会抛出一个不合法的参数异常 IllegalArgumentException，在该异常中设置的提示信息为 "路径不正确，无法插入数据！"。当 Uri 匹配成功时，便可以通过数据库类的 insert()方法将数据添加到数据库表 info 中，如果 insert()方法的返回值大于 0，则说明数据添加成功，此时可以通过 ContentUris 类的 withAppendedId()方法重新构建一个 Uri。withAppendedId()方法中的第 1 个参数是内容提供者 PersonProvider 的 Uri，第 2 个参数是 insert()方法的返回值（添加的数据在数据库表中的行 id）。最后调用 ContentResolver 的 notifyChange()方法通知注册在该程序 Uri 上的内容观察者有数据发生变化。

上述代码重写的 delete()方法和 update()方法，均与 insert()方法类似，在此处就不再详细进行介绍。需要注意的是，当对数据库中的数据进行操作时，必须首先通过 match()方法将 Uri 匹配成功。

6. 编写界面交互代码

在 MainActivity 中，实现操作数据库界面上 "添加" 按钮、"更新" 按钮、"删除" 按钮及 "查询" 按钮的点击事件，点击这 4 个按钮会分别调用 ContentResolver 对象的 insert()、update()、delete()、query()方法对数据库中的数据进行操作，具体代码如文件 6-13 所示。

【文件 6-13】　MainActivity.java

```
1  package cn.itcast.contentobserverdb;
2  ......//省略导入的包
3  public class MainActivity extends AppCompatActivity implements
4                                            View.OnClickListener {
5      private ContentResolver resolver;
6      private Uri uri;
7      private ContentValues values;
8      private Button btnInsert;
9      private Button btnUpdate;
10     private Button btnDelete;
11     private Button btnSelect;
12     @Override
13     protected void onCreate(Bundle savedInstanceState) {
```

```
14          super.onCreate(savedInstanceState);
15          setContentView(R.layout.activity_main);
16          initView(); //初始化界面
17          createDB(); //创建数据库
18      }
19      private void initView() {
20          btnInsert = findViewById(R.id.btn_insert);
21          btnUpdate = findViewById(R.id.btn_update);
22          btnDelete = findViewById(R.id.btn_delete);
23          btnSelect = findViewById(R.id.btn_select);
24          btnInsert.setOnClickListener(this);
25          btnUpdate.setOnClickListener(this);
26          btnDelete.setOnClickListener(this);
27          btnSelect.setOnClickListener(this);
28      }
29      private void createDB() {
30          //创建数据库并向 info 表中添加 3 条数据
31          PersonDBOpenHelper helper = new PersonDBOpenHelper(this);
32          SQLiteDatabase db = helper.getWritableDatabase();
33          for (int i = 0; i < 3; i++) {
34              ContentValues values = new ContentValues();
35              values.put("name", "itcast" + i);
36              db.insert("info", null, values);
37          }
38          db.close();
39      }
40      @Override
41      public void onClick(View v) {
42          //得到一个内容提供者的解析对象
43          resolver = getContentResolver();
44          //获取一个 Uri 路径
45          uri = Uri.parse("content://cn.itcast.contentobserverdb/info");
46          //新建一个 ContentValues 对象，该对象以键值对的形式来添加数据到数据库表中
47          values = new ContentValues();
48          switch (v.getId()) {
49              case R.id.btn_insert:
50                  Random random = new Random();
51                  values.put("name", "add_itcast" + random.nextInt(10));
52                  Uri newuri = resolver.insert(uri, values);
53                  Toast.makeText(this, "添加成功", Toast.LENGTH_SHORT).show();
54                  Log.i("数据库应用", "添加");
55                  break;
56              case R.id.btn_delete:
57                  //返回删除数据的条目数
58                  int deleteCount = resolver.delete(uri, "name=?",
59                                                  new String[]{"itcast0"});
60                  Toast.makeText(this, "成功删除了" + deleteCount + "行",
61                                                  Toast.LENGTH_SHORT).show();
62                  Log.i("数据库应用", "删除");
63                  break;
64              case R.id.btn_select:
65                  List<Map<String, String>> data = new ArrayList<Map<String, String>>();
66                  //返回的查询结果是一个指向结果集的游标
67                  Cursor cursor = resolver.query(uri, new String[]{"_id", "name"},
68                                                  null, null, null);
69                  //遍历结果集中的数据，将每一条遍历的结果存储在一个 List 的集合中
70                  while (cursor.moveToNext()) {
71                      Map<String, String> map = new HashMap<String, String>();
72                      map.put("_id", cursor.getString(0));
73                      map.put("name", cursor.getString(1));
74                      data.add(map);
75                  }
76                  //关闭游标，释放资源
77                  cursor.close();
78                  Log.i("数据库应用", "查询结果: " + data.toString());
```

```
79                break;
80          case R.id.btn_update:
81                //将数据库 info 表中 name 为 itcast1 的这条记录更改为 name 是 update_itcast
82                values.put("name", "update_itcast");
83                int updateCount = resolver.update(uri, values, "name=?",
84                                            new String[]{"itcast1"});
85                Toast.makeText(this, "成功更新了" + updateCount + "行",
86                                            Toast.LENGTH_SHORT).show();
87                Log.i("数据库应用", "更新");
88                break;
89        }
90    }
91 }
```

在上述代码中，第 19～28 行代码创建了一个 initView()方法，在该方法中初始化界面控件并通过 setOnClickListener()方法设置控件的点击监听事件。

第 29～39 行代码创建了 createDB()方法，在该方法中首先创建了 PersonDBOpenHelper 类的对象，创建该对象的同时也创建了一个 person.db 数据库，接着调用该对象的 getWritableDatabase()方法获取数据库类 SQLiteDatabase 的对象 db，最后在 for 循环语句中通过调用对象 db 的 insert()方法向数据库表 info 中添加 3 条数据。

第 40～90 行代码重写了 OnClickListener 接口中的 onClick()方法，在该方法中实现了界面上"添加"按钮、"更新"按钮、"删除"按钮、"查询"按钮的点击事件。其中，第 49～55 行代码实现了"添加"按钮的点击事件。在该点击事件中，首先创建了一个产生随机数的对象 random，接着调用 ContentValues 对象的 put()方法，将要添加的数据放入 ContentValues 对象中。调用 ContentResolver 对象的 insert()方法将数据添加到数据库中，insert()方法中的第 1 个参数表示该程序中内容提供者 PersonProvider 的 Uri，第 2 个参数表示要添加的数据，最后通过 Toast 与 Log 来提示添加成功的信息。在界面上"更新"按钮、"删除"按钮、"查询"按钮的点击事件中分别通过 ContentResolver 对象的 update()方法、delete()方法及 query()方法来实现对数据库中数据进行更新、删除及查询的操作，在此处不再进行详细解释。

至此，操作数据库的程序就创建完成了，接下来创建监测数据库变化的程序，具体步骤如下。

1. 创建 MonitorData 程序

创建一个名为 MonitorData 的程序，指定包名为 cn.itcast.monitordata，只需要监测对数据库的操作，因此不需要有主界面，使用默认界面即可。初学者只需在 MainActivity 中注册内容观察者，监测数据库中的数据是否发生变化，具体代码如文件 6-14 所示。

【文件 6-14】 MainActivity.java

```
1  package cn.itcast.monitordata;
2  ......//省略导入包
3  public class MainActivity extends AppCompatActivity {
4      private MyObserver mMyObserver;
5      @Override
6      protected void onCreate(Bundle savedInstanceState) {
7          super.onCreate(savedInstanceState);
8          setContentView(R.layout.activity_main);
9          mMyObserver = new MyObserver(new Handler());
10         // 该 Uri 路径指向数据库应用中的数据库 info 表
11         Uri uri = Uri.parse("content://cn.itcast.contentobserverdb/info");
12         //注册内容观察者，参数 uri 指向要监测的数据库 info 表，
13         //参数 true 定义了监测的范围，最后一个参数是一个内容观察者对象
14         getContentResolver().registerContentObserver(uri, true, mMyObserver);
15     }
16     private class MyObserver extends ContentObserver {
17         public MyObserver(Handler handler) {//handler 是一个消息处理器。
18             super(handler);
19         }
20         @Override
21         //当 info 表中的数据发生变化时则执行该方法
22         public void onChange(boolean selfChange) {
```

```
23              Log.i("监测数据变化", "有人动了你的数据库！");
24              super.onChange(selfChange);
25          }
26      }
27      @Override
28      protected void onDestroy() {
29          super.onDestroy();
30          //取消注册内容观察者
31          getContentResolver().unregisterContentObserver(mMyObserver);
32      }
33 }
```

在上述代码中，第 14 行代码注册内容观察者，由于 registerContentObserver()方法中第 3 个参数是内容观察者对象，所以需要在此类中创建一个继承 ContentObserver 类的内部类 MyObserver，并重写 onChange()方法，当 info 表中数据发生变化时会执行此方法。

2. 运行程序

首先运行 ContentObserverDB 程序，在 Device File Explorer 窗口中的 data/data/cn.itcast.contentobserverdb/databases/目录下，可以看到系统已经成功创建了数据库文件 person.db，如图 6-8 所示。

选中 person.db 文件，单击鼠标右键并选择【Save As...】选项将 person.db 文件保存到电脑中的其他地方（自己选择）。接着在 SQLite Expert Professional 可视化工具中打开保存的 person.db 文件，具体如图 6-9 所示。

图6-8　person.db存放目录

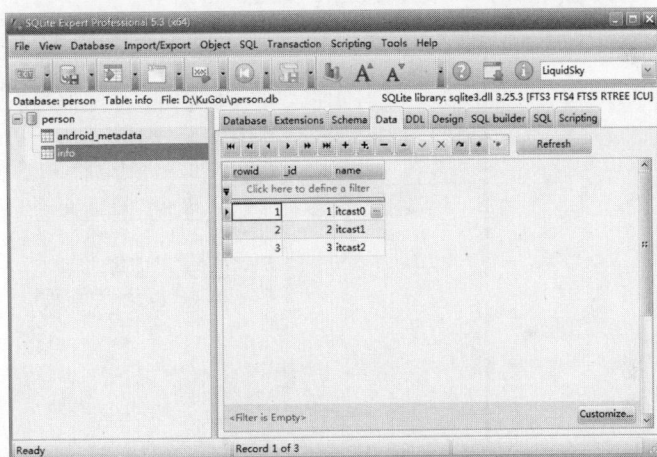

图6-9　person.db文件中的数据

接着运行 MonitorData 程序。在 ContentObserverDB 程序的界面上分别点击"添加""更新""删除"按钮，运行结果如图 6-10 所示。

图6-10　运行结果（2）

当执行上述操作时，Logcat 窗口中输出的 Log 信息如图 6-11 与图 6-12 所示。

图6-11　ContentObserverDB程序的Log信息

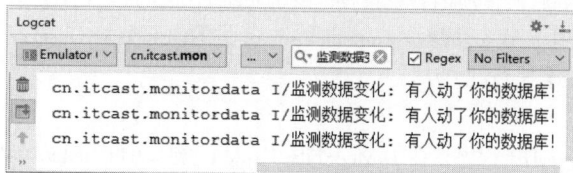

图6-12　MonitorData程序的Log信息

由图 6-11 与图 6-12 可知，MonitorData 程序成功监测到了 ContentObserverDB 程序中数据的变化。接下来打开数据库中的 info 表查看数据，如图 6-13 所示。

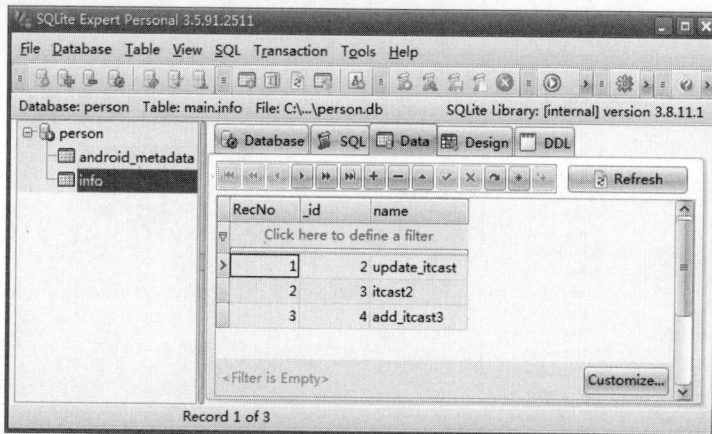

图6-13　info表中数据

至此，MonitorData 程序的功能已经完成。需要注意的是，内容观察者的目的是观察特定 Uri 引起的数据库的变化，继而做一些相应的处理，这种方式效率高、内存消耗少，需要初学者掌握。

6.5　本章小结

本章详细地讲解了内容提供者和内容观察者的相关知识，首先简单地介绍了内容提供者，然后讲解了如何创建内容提供者及如何使用内容提供者访问其他程序暴露的数据，最后讲解了内容观察者，通过内容观察者观察数据的变化。本章所讲的 ContentProvider 是 Android 四大组件之一，在后续遇到程序之间需要共享数据的情况时，会经常用到该组件，因此要求初学者一定要熟练掌握本章内容。

6.6　本章习题

一、判断题

1. Uri 主要由 3 部分组成，分别是 scheme、authority 和 path。（　　　）

2. 内容观察者用于观察指定 Uri 代表的数据的变化。（　　）

3. 内容提供者的主要功能是实现跨程序共享数据的功能。（　　）

4. 在 Android 中，当通过内容解析者读取手机通讯录数据库的内容时，不需要加入读取手机通讯录的权限。（　　）

5. Android 的 UriMatcher 类用于匹配 Uri。（　　）

二、选择题

1. 如果一个应用程序想要访问另外一个应用程序的数据库，那么需要通过（　　）实现。

A. BroadcastReceiver　　　　B. Activity　　　　C. ContentProvider　　　　D. AIDL

2. 下列方法中，哪个方法能够得到 ContentProvider 的实例对象？（　　）

A. newContentResolver()　　　　　　　　B. getContentResolver()

C. newInstance()　　　　　　　　　　　D. ContentUris.newInstance()

3. 自定义内容观察者时，需要继承的类是（　　）。

A. BaseObserver　　　　B. ContentObserver　　C. BasicObserver　　　　D. DefalutObserver

4. 查询手机系统短信时，内容提供者对应的 Uri 为（　　）。

A. Contacts.Photos.CONTENT_URI　　　　B. Contacts.People.CONTENT_URI

C. "content://sms/"　　　　　　　　　D. Media.EXTERNAL_CONTENT_URI

5. 下列关于 ContentProvider 的描述，错误的是（　　）。

A. ContentProvider 是一个抽象类，只有继承后才能使用

B. ContentProvider 只有在 AndroidManifest.xml 文件中注册后才能运行

C. ContentProvider 为其他应用程序提供了统一的访问数据库的方式

D. 以上说法都不对

三、简答题

1. 简述内容提供者的工作原理。

2. 简述内容观察者的工作原理。

四、编程题

编写一个程序，联系人数据库会对联系人的资料模块化，分成多个表保存数据，表与表之间使用 id 相关联。根据不同的 Uri 获取联系人表中的相关信息，如下所示。

（1）通过 ContactsContract.Contacts.CONTENT_URI 的 Uri 获取 Contacts 表中的联系人 id 和姓名，其字段分别为 ContactsContract.Contacts._ID、ContactsContract.Contacts.DISPLAY_NAME。

（2）通过 ContactsContract.CommonDataKinds.Phone.CONTENT_URI 的 Uri 获取 Data 表中的联系人 id 和电话，其字段分别为 ContactsContract.CommonDataKinds.Phone.CONTACT_ID、ContactsContract.CommonDataKinds.Phone.NUMBER。

请根据上述系统联系人数据库的相关信息，编写一个程序，用于读取系统联系人的姓名和电话，并将读取的信息显示在界面中。

第 7 章

广 播 机 制

★ 掌握广播机制的实现流程，能够灵活使用广播

★ 掌握广播接收者的概念，能够创建广播接收者

★ 掌握自定义广播与广播类型，能够发送与拦截广播

拓展阅读

在 Android 中，广播是一种在组件之间传递消息的机制，例如电池电量低时会发送一条提示广播。如果要接收并过滤广播中的消息，则需要使用 BroadcastReceiver（广播接收者）。广播接收者是 Android 四大组件之一，通过广播接收者可以监听系统中的广播消息，实现在不同组件之间的通信，本章将针对广播机制进行详细讲解。

7.1 广播机制的概述

通常情况下在学校的每个教室都会装有一个喇叭，这些喇叭是接入学校广播室的。如果有重要通知，会发送一条广播来告知全校师生。如果 Android 想通知手机设备或者其他应用程序一些消息，该如何进行呢？为了便于发送和接收系统级别的消息通知，Android 也引入了一套类似广播的消息机制。相比于前面介绍的学校广播的例子，Android 中的广播机制会显得更加灵活，这是因为 Android 中的每个应用程序都可以根据自己的兴趣对广播进行注册，所以该程序只会接收自己关注的广播内容，这些广播内容可能是 Android 发送的，也可能是其他应用程序发送的。

Android 中的广播（Broadcast）机制用于在进程或线程间通信，该机制使用了观察者模式。观察者模式是一种软件设计模式，在该模式中，一个目标物件管理所有相依于它的观察者物件，并且在它本身的状态改变时会主动发出通知。观察者模式基于消息的发布或订阅事件模型，该模型中的消息发送者是广播机制中的广播发送者，消息订阅者是广播机制中的广播接收者。接下来通过图 7-1 来看一下广播机制的实现流程。

图7-1 广播机制的实现流程

图 7-1 展示的广播机制的实现流程具体如下。

① 广播接收者通过 Binder 机制在处理中心（Activity Manager Service，AMS）中进行注册（在 7.2 节会讲解广播接收者的注册）。

② 广播发送者通过 Binder 机制向 AMS 发送广播。

③ AMS 查找到符合相应条件（IntentFilter/Permission）的广播接收者，会将广播发送到相应的消息循环队列中。

④ 程序执行消息循环时会获取到此广播，并会回调广播接收者中的 onReceive() 方法进行相关的处理。

对于不同的广播类型与不同的广播接收者的注册方式，广播机制在具体实现上会有不同，但是总体流程大致如上。广播发送者和广播接收者分别属于观察者模式中的消息发布和消息订阅两端，AMS 属于中间的处理中心。广播发送者和广播接收者的执行是异步的，广播发送者发送的广播不需要关心有无广播接收者接收，也不需要关注广播接收者到底何时才能接收到。广播作为 Android 组件间的通信方式，可以使用的场景有以下几种。

第一种场景：在同一个 App 内部的同一组件内进行消息通信（单个或多个线程之间）。

第二种场景：在同一个 App 内部的不同组件之间进行消息通信（单个进程）。

第三种场景：在同一个 App 具有多个进程的不同组件之间进行消息通信。

第四种场景：在不同 App 的组件之间进行消息通信。

第五种场景：在特定情况下，Android 与 App 之间进行消息通信。

在上述场景中，第一种场景虽然可以使用广播机制，但是直接使用扩展变量作用域、接口的回调等方式处理会相对比较简单；第二种场景使用广播机制来处理会比较复杂。只有第三、四、五种场景涉及不同进程间的消息通信，非常适合使用广播机制的方式来处理。

需要注意的是，进程是指在系统中正在运行的一个应用程序。线程是进程的基本执行单元，一个进程的所有任务都在线程中执行。进程想要执行任务，必须得有线程，进程中至少要有一个线程。

7.2 广播接收者

7.2.1 什么是广播接收者

在现实生活中，很多人会收听广播，例如出租车司机会收听实时路况广播，关注路面拥堵情况。同样 Android 中也内置了很多广播，例如手机开机完成后会发送一条广播，电池电量不足时也会发送一条广播等。为了监听这些广播事件，Android 提供了一个广播接收者组件，该组件可以监听来自系统或者应用程序的广播。接下来通过一张图片来展示多个广播接收者接收广播的过程，如图 7-2 所示。

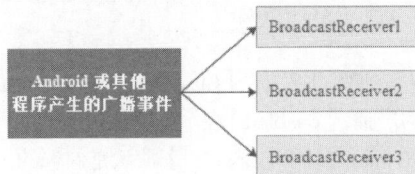

图7-2 多个广播接收者接收广播的过程

在图 7-2 中，当 Android 产生一个广播事件时，可以有多个对应的广播接收者接收并进行处理，这些广播接收者只需要在清单文件或者代码中进行注册并指定要接收的广播事件，然后创建一个继承 BroadcastReceiver 的类，在该类中重写 onReceive() 方法，并在 onReceive() 方法中对广播事件进行处理。

7.2.2 创建广播接收者

如果想要接收程序或系统发出的广播，则首先需要创建广播接收者。广播接收者的创建方式有两种，一种通过在应用程序的包中创建一个继承 BroadcastReceiver 的类并重写 onReceive() 方法来实现。另一种通过选中应用程序的包，单击鼠标右键并选择【New】→【Other】→【Broadcast Receiver】选项来创建。创建广播接收者之后还需要对广播接收者进行注册才可以接收广播。接下来针对这两种创建方式与广播接收者的注册进行详细讲解。

1. 第一种创建方式

在 Android Studio 中创建一个名为 BroadcastReceiver 的应用程序，包名指定为 cn.itcast.broadcastreceiver。在程序的包中创建一个继承 BroadcastReceiver 的 MyBroadcastReceiver 类，并重写 onReceive()方法，具体代码如文件 7-1 所示。

【文件 7-1】　MyBroadcastReceiver.java

```
package cn.itcast.broadcastreceiver;
......//省略导入包
public class MyBroadcastReceiver extends BroadcastReceiver {
    @Override
    public void onReceive(Context context, Intent intent) {
    }
}
```

2. 第二种创建方式

选中 BroadcastReceiver 应用程序的包，单击鼠标右键并选择【New】→【Other】→【Broadcast Receiver】选项，会弹出一个 Configure Component 页面，如图 7-3 所示。

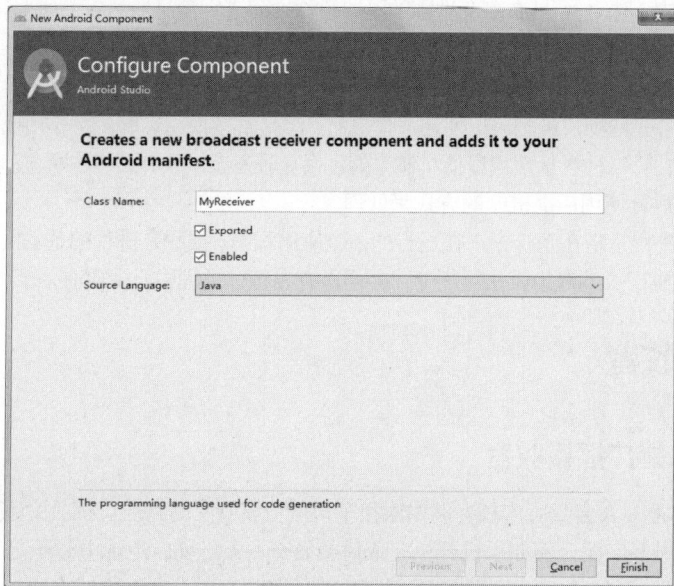

图7-3　Configure Component页面

在图 7-3 中，【Class Name】表示要创建的广播接收者的名称，【Exported】表示是否接收当前程序之外的广播，【Enabled】表示广播接收者是否可以由系统实例化；【Source Language】表示编写源码所用的语言。【Exported】和【Enabled】默认是勾选的，【Source Language】的选项中有【Java】和【Kotlin】，选择默认的【Java】选项即可。单击 "Finish" 按钮，广播接收者便创建完成。打开创建好的 MyReceiver.java 文件，具体代码如文件 7-2 所示。

【文件 7-2】　MyReceiver.java

```
1  package cn.itcast.broadcastreceiver;
2  import android.content.BroadcastReceiver;
3  import android.content.Context;
4  import android.content.Intent;
5  public class MyReceiver extends BroadcastReceiver {
6      public MyReceiver() {
7      }
8      @Override
9      public void onReceive(Context context, Intent intent) {
10         // TODO: This method is called when the BroadcastReceiver is receiving
```

```
11              //an Intent broadcast.
12              throw new UnsupportedOperationException("Not yet implemented");
13          }
14  }
```

在上述代码中，创建的广播接收者 MyReceiver 默认重写构造函数 MyReceiver()与 onReceive()方法。其中，onReceive()方法用于接收发送的广播消息，实现广播接收者的相关操作，该方法在此处暂未实现，程序默认抛出了一个未支持操作异常 UnsupportedOperationException，在后续程序实现 onReceive()方法时，删除该异常即可。

3. 注册广播接收者

广播接收者的注册方式有两种，分别是动态注册和静态注册。动态注册是在 Activity 中通过代码注册广播接收者，静态注册是在清单文件中通过配置广播接收者完成注册。需要注意的是，在 Android 8.0 版本之后的系统中，通过静态注册方式注册的广播接收者已经接收不到广播了，必须通过动态注册才可以接收广播。接下来，针对这两种注册方式进行详细讲解。

（1）动态注册

在 MainActivity 中动态注册广播接收者 MyBroadcastReceiver 的具体代码如文件 7–3 所示。

【文件 7-3】　MainActivity.java

```
1   package cn.itcast.broadcastreceiver;
2   ......//省略导入包
3   public class MainActivity extends AppCompatActivity {
4       private MyBroadcastReceiver receiver;
5       @Override
6       protected void onCreate(Bundle savedInstanceState) {
7           super.onCreate(savedInstanceState);
8           setContentView(R.layout.activity_main);
9           receiver = new MyBroadcastReceiver();      // 实例化广播接收者
10          // 实例化过滤器并设置要过滤的广播
11          String action = "android.provider.Telephony.SMS_RECEIVED";
12          IntentFilter intentFilter = new IntentFilter();
13          intentFilter.addAction(action);
14          registerReceiver(receiver, intentFilter); // 注册广播
15      }
16      @Override
17      protected void onDestroy() {
18          super.onDestroy();
19          unregisterReceiver(receiver); // 当Activity销毁时注销广播接收者
20      }
21  }
```

在上述代码中，第 9 行代码创建了广播接收者实例；第 12 行、第 13 行代码实例化过滤器，并通过 addAction()方法设置要过滤的 action 属性；第 14 行代码通过 registerReceiver()方法注册广播接收者，该方法中的第 1 个参数 receiver 表示广播接收者，第 2 个参数 intentFilter 表示实例化的过滤器；第 16～20 行代码重写了 onDestroy()方法，在该方法中通过 unregisterReceiver()方法注销广播接收者 MyBroadcastReceiver。

需要注意的是，动态注册的广播接收者是否被注销依赖于注册广播接收者的组件，例如在 Activity 中注册了广播接收者，当 Activity 销毁时广播接收者也会被注销。

（2）静态注册

通过第二种方式创建广播接收者之后，Android Studio 会自动在 AndroidManifest.xml 文件中静态注册广播接收者，接下来看一下静态注册广播接收者的过程，具体代码如文件 7–4 所示。

【文件 7-4】　AndroidManifest.xml

```
1   <?xml version="1.0" encoding="utf-8"?>
2   <manifest xmlns:android="http://schemas.android.com/apk/res/android"
3       package="cn.itcast.broadcastreceiver" >
4       <application ...... >
5           ......
6           <receiver
7               android:name=".MyReceiver"
```

```
 8                    android:enabled="true"
 9                    android:exported="true">
10           </receiver>
11     </application>
12 </manifest>
```

　　根据上述代码可知，在<application>标签中添加了一个<receiver>标签，该标签中的 name 属性值是要注册的广播接收者；属性 enabled 的值为 true，表示广播接收者可以由系统实例化；属性 exported 的值为 true，表示可以接收当前程序之外的广播。此种设置就是静态注册广播接收者，这种静态注册的特点是无论应用程序是否处于运行状态，广播接收者都会对程序进行监听。

　　需要注意的是，在 Android 8.0 之后，静态注册的广播接收者将无法接收到广播，当发送广播时，Android 的提示信息如下所示：

```
system_process W/BroadcastQueue: Background execution not allowed: receiving Intent { act=111 flg=0x10 }
to cn.itcast.broadcastreceiver/.MyReceiver
```

7.3　自定义广播与广播的类型

7.3.1　自定义广播

　　Android 中自定义了很多类型的广播，当需要接收这些广播时，只需在程序中创建对应的广播接收者即可。当系统提供的广播不能满足实际需求时，可以自定义广播，同时需要编写对应的广播接收者。接下来通过一张图片来演示自定义广播的发送与接收过程，如图 7-4 所示。

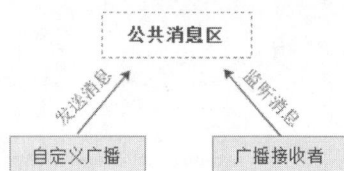

图7-4　自定义广播的发送与接收过程

　　由图 7-4 可知，当自定义广播发送消息时，会将消息存储到公共消息区中，而公共消息区中如果存在对应的广播接收者，则会及时接收这条消息。广播的这种机制可以处理程序中消息的传递功能。

7.3.2　实战演练——饭堂小广播

　　上节讲解了自定义广播的发送和接收原理，本节将通过一个饭堂小广播的案例来演示自定义广播的发送和接收。实现本案例的具体步骤如下所示。

1. 搭建饭堂小广播界面布局

　　在饭堂小广播程序中只显示一个首页界面（饭堂小广播界面），该界面主要用于展示喇叭图片、食物图片、兔子图片和 2 个以对话气泡为背景的文本提示信息，界面如图 7-5 所示。

　　搭建饭堂小广播界面布局的具体步骤如下所示。

　　（1）创建程序

　　创建一个名为 CanteenRadio 的应用程序，指定包名为 cn.itcast.canteenradio。

　　（2）导入界面图片

　　将饭堂小广播界面所需要的图片 content_left_bg.png、content_right_bg.png、foods.png、horn.png、rabbit.png 导入程序中创建的 drawable-hdpi 文件夹中。

　　（3）放置界面控件

　　在 activity_main.xml 布局文件中，放置 3 个 ImageView 控件分别用于显示喇叭图片、食物图片和兔子图片；放置 2 个 TextView 控件分别用于显示喇叭提示的"点击喇叭"或"开饭啦！"等文字信息，完整布局代码详见文件 7-5。

　　（4）修改默认标题栏的名称

　　因为饭堂小广播程序的名称为"CanteenRadio"，所以程序中默认标题栏的名称就为"CanteenRadio"。为了将默认标题栏的名称修改为"饭堂小广播"，我们需要修改 res/values 文件夹中的 strings.xml 文件，在该文件中找到 name 的属性值为 app_name 的标签，将该标签中的值设置为"饭堂小广播"，具体代码如下：

```
<string name="app_name">饭堂小广播</string>
```

扫码查看文件 7-5

图7-5　饭堂小广播界面

2. 实现饭堂小广播界面的功能

在饭堂小广播程序中，当点击饭堂小广播界面中的喇叭图片时，喇叭对应的气泡中的文字会由默认的"点击喇叭"替换为"开饭啦！"，同时程序会通过发送广播的形式将开饭的消息发送给界面下方的小兔子。当小兔子通过广播接收者收到开饭的消息时，程序会将小兔子对应的气泡设置为显示状态，并在该气泡中显示接收到的"开饭啦！"消息。实现饭堂小广播界面功能的具体步骤如下所示。

（1）创建广播接收者 MyBroadcastReceiver

在程序的 MainActivity 中创建一个广播接收者 MyBroadcastReceiver，该广播接收者用于接收喇叭发送的广播消息，具体代码如文件 7-6 所示。

【文件 7-6】　MainActivity.java

```
1  package cn.itcast.canteenradio;
2  ......
3  public class MainActivity extends AppCompatActivity {
4      ......
5      class MyBroadcastReceiver extends BroadcastReceiver {
6          @Override
7          public void onReceive(Context context, Intent intent) {
8              if(intent.getAction().equals("Open_Rice")){
9                  tv_left_content.setVisibility(View.VISIBLE);
10                 Log.i("MyBroadcastReceiver", "自定义的广播接收者,
11                                     接收到了发送开饭信号的广播消息");
12             }
13             Log.i("MyBroadcastReceiver", intent.getAction());
14         }
15     }
16 }
```

在上述代码中，第 5~15 行代码创建了一个广播接收者 MyBroadcastReceiver。其中，第 6~14 行代码重写了广播接收者中的 onReceive()方法，在该方法中首先通过 if 条件语句判断接收到的广播消息是否是"Open_Rice"（开饭的消息）。如果接收的是开饭的消息，则调用 setVisibility()方法将小兔子对应的气泡控件 tv_left_content 设置为显示状态，同时使用 Log.i()方法打印接收到的广播消息。

（2）实现发送开饭消息的广播功能

因为点击饭堂小广播界面中的喇叭图片时，程序会发送一条吃饭消息的广播，所以需要在 MainActivity

中创建一个 init()方法，在该方法中获取界面控件并实现喇叭图片的点击事件，在该点击事件中通过 sendBroadcast()方法发送一条吃饭消息的广播。具体代码如文件 7-7 所示。

【文件 7-7】　MainActivity.java

```
1   package cn.itcast.canteenradio;
2   ......
3   public class MainActivity extends AppCompatActivity {
4       private ImageView iv_horn;
5       private TextView tv_left_content,tv_right_content;
6       private MyBroadcastReceiver receiver;
7       @Override
8       protected void onCreate(Bundle savedInstanceState) {
9           super.onCreate(savedInstanceState);
10          setContentView(R.layout.activity_main);
11          init();
12      }
13      private void init(){
14          // 获取界面控件
15          iv_horn=findViewById(R.id.iv_horn);
16          tv_left_content=findViewById(R.id.tv_left_content);
17          tv_right_content=findViewById(R.id.tv_right_content);
18          receiver = new MyBroadcastReceiver();      // 实例化广播接收者
19          String action = "Open_Rice";
20          IntentFilter intentFilter = new IntentFilter(action);
21          registerReceiver(receiver, intentFilter); //注册广播接收者
22          iv_horn.setOnClickListener(new View.OnClickListener() {
23              @Override
24              public void onClick(View view) {
25                  tv_right_content.setText("开饭啦! ");
26                  Intent intent = new Intent();
27                  // 定义广播的事件类型
28                  intent.setAction("Open_Rice");
29                  sendBroadcast(intent);      //发送广播
30              }
31          });
32      }
33      ......
34      @Override
35      protected void onDestroy() {
36          super.onDestroy();
37          unregisterReceiver(receiver);      // 注销注册的广播接收者
38      }
39  }
```

在上述代码中，第 13~32 行代码定义了一个 init()方法，用于初始化界面控件并实现喇叭图片的点击事件。其中，第 15~17 行代码通过 findViewById()方法获取界面的控件。第 18~21 行代码注册了广播接收者 MyBroadcastReceiver。在这段代码中首先通过 new 关键字实例化广播接收者 MyBroadcastReceiver，其次定义广播接收者要过滤的 action 属性的值为"Open_Rice"，然后通过 new 关键字实例化 IntentFilter 过滤器，最后调用 registerReceiver()方法注册广播接收者 MyBroadcastReceiver。第 22~31 行代码通过 setOnClickListener()方法实现了喇叭图片的点击事件，在该事件中首先通过 setText()方法设置喇叭对应的气泡文本为"开饭啦!"，其次通过 new 关键字实例化 Intent 对象，然后调用 setAction()方法设置广播的 action 属性名称，该名称是自定义的并且必须与动态注册的广播接收者的 action 属性名称一致，否则接收不到发送的广播消息，最后通过 sendBroadcast()方法发送广播。

第 34~38 行代码重写了 onDestroy()方法，在该方法中通过 unregisterReceiver()方法注销注册的广播接收者 MyBroadcastReceiver。

3. 运行程序

运行上述程序，运行结果如图 7-6 所示。

点击图 7-6 中的喇叭图片，喇叭对应的气泡中会显示"开饭啦!"提示信息，同时程序会发送一条吃饭

的广播消息。当注册的广播接收者接收到发送的广播消息时，小兔子左侧的气泡会呈现显示状态，同时气泡中的内容显示为接收到的广播消息，运行结果如图 7-7 所示。

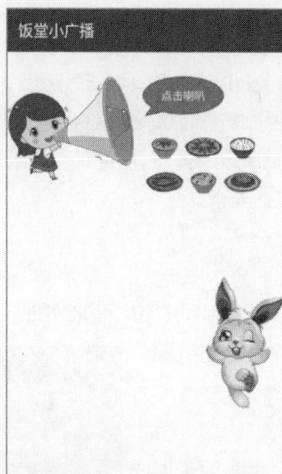

图7-6 运行结果（1）

图7-7 运行结果（2）

当接收到发送的广播消息时，可以在 Logcat 窗口中看到打印的接收到广播消息的信息，Log 信息如图 7-8 所示。

图7-8 Log信息

7.3.3 广播的类型

Android 中提供了两种广播类型，分别是无序广播和有序广播，开发者可根据需求为程序设置不同的广播类型。接下来针对这两种广播类型进行详细讲解。

1. 无序广播

无序广播是完全异步执行的，发送广播时，所有监听这个广播的广播接收者都会接收到此广播消息，但接收和执行的顺序不确定。无序广播的效率较高，但无法被拦截。无序广播的工作流程如图 7-9 所示。

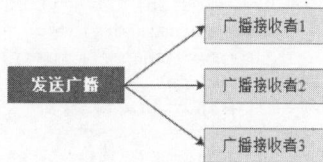

图7-9 无序广播的工作流程

由图 7-9 可知，当发送一条广播时，所有的广播接收者都会接收。

2. 有序广播

有序广播是按照广播接收者声明的优先级别被依次接收，发送广播时，只会有一个广播接收者能够接收此消息，在此广播接收者中逻辑执行完毕之后，广播才会继续传递。相比无序广播，有序广播的广播效率较低，但此类型广播的广播接收者是有先后顺序的，并可被拦截。有序广播的工作流程如图 7-10 所示。

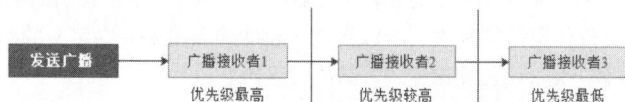

图7-10 有序广播的工作流程

由图 7-10 可知，当有序广播发送消息时，优先级最高的广播接收者最先接收，优先级最低的广播接收者最后接收。如果优先级最高的广播接收者将广播终止，那么广播将不再向后传递。

多学一招：广播接收者优先级

在动态注册广播接收者时，可以使用 IntentFilter 对象的 setPriority()方法设置优先级别，例如，intentFilter.setPriority(1000)。这里需要说明的是，setPriority()方法中传递的值越大，优先级越高。

如果两个广播接收者的优先级相同，则先注册的广播接收者优先级高。也就是说，如果两个程序监听了同一个广播事件，同时设置了相同的优先级，则先安装的程序优先接收。

7.3.4 实战演练——数鸭子

如果想要根据广播接收者的优先级高低依次接收广播消息，可以使用有序广播来实现。本小节将通过一个有序数鸭子的案例来演示如何发送有序广播、根据广播接收者的优先级顺序接收广播、拦截广播，实现本案例的具体步骤如下所示。

1. 搭建数鸭子界面布局

在数鸭子程序中只显示一个首页界面（数鸭子界面），该界面主要用于展示喇叭图片、3 张鸭子图片、1 个以对话气泡为背景的文本提示信息，该文本信息默认情况下是隐藏状态。数鸭子界面如图 7-11 所示。

搭建数鸭子界面布局的具体步骤如下所示。

（1）创建程序

创建一个名为 CountDucks 的应用程序，指定包名为 cn.itcast.countducks。

（2）导入界面图片

将数鸭子界面所需要的图片 content_left_bg.png、count_ducks_bg.png、duck.png、horn.png 导入程序中创建的 drawable-hdpi 文件夹中。

图7-11 数鸭子界面

（3）创建 badge_bg.xml 文件

因为界面上的每个鸭子图片上方都需要显示一个以红色圆形为背景的数字，所以需要在 drawable 文件夹中创建一个 badge_bg.xml 文件，在该文件中定义一个红色的圆形，具体代码如文件 7-8 所示。

【文件 7-8】 badge_bg.xml

```
1  <?xml version="1.0" encoding="utf-8"?>
2  <shape xmlns:android="http://schemas.android.com/apk/res/android"
3      android:shape="rectangle">
4      <gradient
5          android:endColor="#fe451d"
6          android:startColor="#fe957f"
7          android:type="linear" />
8      <corners android:radius="180dp" />
9  </shape>
```

上述代码通过<shape>标签定义了一个矩形（rectangle），<gradient/>标签用于定义矩形中的渐变色，startColor 表示渐变色开始的颜色，endColor 表示渐变色结束的颜色，linear 表示颜色以线性渐变的形式进行显示。corners 用于定义矩形的四个边角，radius 用于设置矩形边角的圆角半径，此处的圆角半径设置为 180dp，表示将整个矩形设置为一个圆形。

（4）定义序号控件的样式 badge_style

由于在数鸭子界面上，每张鸭子图片上方都需要放置一个显示序号的控件，该控件需要设置的属性较多，放在布局文件中会显得文件代码量特别大，所以将这些属性抽取出来放在定义的样式 badge_style 中。在 res/values 文件夹的 styles.xml 文件中创建该样式，具体代码如下：

```
<style name="badge_style">
    <item name="android:layout_width">20dp</item>
    <item name="android:layout_height">20dp</item>
```

```
      <item name="android:layout_marginLeft">10dp</item>
      <item name="android:paddingLeft">2dp</item>
      <item name="android:paddingRight">2dp</item>
      <item name="android:textColor">@android:color/white</item>
      <item name="android:gravity">center</item>
      <item name="android:background">@drawable/badge_bg</item>
      <item name="android:textStyle">bold</item>
      <item name="android:textSize">12sp</item>
      <item name="android:visibility">gone</item>
</style>
```

（5）定义图片控件的样式 duck_style

由于在数鸭子界面上需要放置 3 个显示鸭子图片的控件，这些控件需要设置的属性基本一致，所以为了减少程序中的代码量，我们可以将这些属性设置一样的代码抽取出来放在定义的样式 duck_style 中，在 res/values 文件夹的 styles.xml 文件中创建该样式，具体代码如下：

```
<style name="duck_style">
    <item name="android:layout_width">wrap_content</item>
    <item name="android:layout_height">wrap_content</item>
    <item name="android:src">@drawable/duck</item>
</style>
```

（6）放置界面控件

在 activity_main.xml 布局文件中，放置 4 个 ImageView 控件分别用于显示 1 张喇叭图片与 3 张鸭子图片；放置 4 个 TextView 控件分别用于显示喇叭提示的"有序报数"文字信息与 3 只鸭子上方需显示的有序数字。完整布局代码详见文件 7-9。

（7）修改默认标题栏的名称

由于数鸭子程序的名称为"CountDucks"，所以程序中默认标题栏的名称就为"CountDucks"。为了将默认标题栏的名称修改为"数鸭子"，我们需要修改 res/values 文件夹中的 strings.xml 文件，在该文件中找到属性 name 的值为 app_name 的标签，将该标签中的值设置为"数鸭子"，具体代码如下：

扫码查看文件 7-9

```
<string name="app_name">数鸭子</string>
```

2. 实现数鸭子界面的功能

在数鸭子程序中，当点击数鸭子界面中的喇叭图片时，程序会将喇叭对应的气泡设置为显示状态。同时程序会发送一个有序广播，界面中的 3 只小鸭子代表 3 个广播接收者，先收到消息的小鸭子上方会显示对应的序号，这些序号分别是 1、2、3。实现数鸭子界面功能的具体步骤如下。

（1）创建 3 个广播接收者

由于数鸭子界面中的 3 只小鸭子代表 3 个广播接收者，接收程序发送的有序广播，所以需要在程序中的 MainActivity 中创建 3 个广播接收者，分别是 MyBroadcastReceiverOne、MyBroadcastReceiverTwo 和 MyBroadcastReceiverThree。这 3 个广播接收者分别对应的是数鸭子界面中从左到右依次排列的鸭子，具体代码如文件 7-10 所示。

【文件 7-10】　MainActivity.java

```
1   package cn.itcast.countducks;
2   ......
3   public class MainActivity extends AppCompatActivity {
4       ......
5       class MyBroadcastReceiverOne extends BroadcastReceiver {
6           @Override
7           public void onReceive(Context context, Intent intent) {
8               Log.i("BroadcastReceiverOne", "广播接收者 One,接收到了广播消息");
9           }
10      }
11      class MyBroadcastReceiverTwo extends BroadcastReceiver {
12          @Override
13          public void onReceive(Context context, Intent intent) {
14              Log.i("BroadcastReceiverTwo", "广播接收者 Two,接收到了广播消息");
```

```
15          }
16      }
17      class MyBroadcastReceiverThree extends BroadcastReceiver {
18          @Override
19          public void onReceive(Context context, Intent intent) {
20              Log.i("BroadcastReceiverThree", "广播接收者 Three,接收到了广播消息");
21          }
22      }
23  }
```

（2）动态注册创建的 3 个广播接收者

在程序的 MainActivity 中创建一个 registerReceiver()方法，在该方法中分别注册创建的广播接收者 MyBroadcastReceiverOne、MyBroadcastReceiverTwo 和 MyBroadcastReceiverThree，具体代码如下：

```
1   package cn.itcast.countducks;
2   ......
3   public class MainActivity extends AppCompatActivity {
4       private MyBroadcastReceiverOne one;
5       private MyBroadcastReceiverTwo two;
6       private MyBroadcastReceiverThree three;
7       ......
8       private void registerReceiver() {
9           // 动态注册 MyBroadcastReceiverOne 广播
10          one = new MyBroadcastReceiverOne();
11          IntentFilter filter1 = new IntentFilter();
12          filter1.setPriority(1000);
13          filter1.addAction("Count_Ducks");
14          registerReceiver(one, filter1);
15          // 动态注册 MyBroadcastReceiverTwo 广播
16          two = new MyBroadcastReceiverTwo();
17          IntentFilter filter2 = new IntentFilter();
18          filter2.setPriority(200);
19          filter2.addAction("Count_Ducks");
20          registerReceiver(two, filter2);
21          // 动态注册 MyBroadcastReceiverThree 广播
22          three = new MyBroadcastReceiverThree();
23          IntentFilter filter3 = new IntentFilter();
24          filter3.setPriority(600);
25          filter3.addAction("Count_Ducks");
26          registerReceiver(three, filter3);
27      }
28      ......
29      @Override
30      protected void onDestroy() {
31          super.onDestroy();
32          unregisterReceiver(one);
33          unregisterReceiver(two);
34          unregisterReceiver(three);
35      }
36  }
```

在上述代码中，第 10~26 行代码动态注册了广播接收者 MyBroadcastReceiverOne、MyBroadcastReceiverTwo 和 MyBroadcastReceiverThree。第 12 行、第 18 行和第 24 行代码分别调用 setPriority()方法设置 3 个广播接收者的优先级为 1000、200 和 600。第 13 行、第 19 行、第 25 行代码分别调用 addAction()方法设置广播接收者需要过滤的 action 属性，此处将需要过滤的 action 属性的值设置为 Count_Ducks。

第 29~35 行代码重写了 onDestroy()方法，在该方法中通过调用 unregisterReceiver()方法分别注销注册的广播接收者 MyBroadcastReceiverOne、MyBroadcastReceiverTwo 和 MyBroadcastReceiverThree。

（3）实现发送有序广播的功能

在程序的 MainActivity 中创建一个 init ()方法，在该方法中初始化界面控件并实现喇叭图片控件的点击事件，在该点击事件中实现发送有序广播的功能，具体代码如下：

```
1   package cn.itcast.countducks;
2   ......
```

```
3  public class MainActivity extends AppCompatActivity {
4      private ImageView iv_horn;
5      private TextView tv_left_content, tv_one, tv_two, tv_three;
6      ......
7      @Override
8      protected void onCreate(Bundle savedInstanceState) {
9          super.onCreate(savedInstanceState);
10         setContentView(R.layout.activity_main);
11         registerReceiver();
12         init();
13     }
14     private void init() {
15         iv_horn = findViewById(R.id.iv_horn);
16         tv_left_content = findViewById(R.id.tv_left_content);
17         tv_one = findViewById(R.id.tv_one);
18         tv_two = findViewById(R.id.tv_two);
19         tv_three = findViewById(R.id.tv_three);
20         iv_horn.setOnClickListener(new View.OnClickListener() {
21             @Override
22             public void onClick(View v) {
23                 tv_left_content.setVisibility(View.VISIBLE);
24                 iv_horn.setClickable(false);           //设置喇叭图片为不可点击的状态
25                 Intent intent = new Intent();
26                 intent.setAction("Count_Ducks");        // 定义广播的事件类型
27                 sendOrderedBroadcast(intent, null);  // 发送有序广播
28             }
29         });
30     }
31     ......
32 }
```

在上述代码中，第 15～19 行代码通过 findViewById() 方法获取界面控件。

第 20～29 行代码通过调用 setOnClickListener() 方法实现喇叭图片控件的点击监听事件，在该点击监听事件中，首先通过 setVisibility() 方法将喇叭左侧的气泡设置为显示状态，其次调用 setClickable() 方法将喇叭图片设置为不可点击的状态，然后实例化 Intent 对象，并调用 setAction() 方法设置发送的广播的 action 属性值为"Count_Ducks"，最后调用 sendOrderedBroadcast() 方法发送一个有序广播。sendOrderedBroadcast() 方法传递了 2 个参数，第 1 个参数表示广播的意图对象，第 2 个参数表示指定广播接收者的权限（与此权限匹配的广播接收者才能接收到相应的广播），该参数设置为 null 表示任何广播接收者都可接收该广播消息。

需要注意的是，为了避免出现快速地多次点击喇叭图片，导致鸭子图片上方的序号出现错乱的问题，我们需要在点击完喇叭图片后，调用 setClickable() 方法将喇叭图片设置为不可点击的状态，也就是在程序运行时，喇叭图片只能被点击一次。

（4）修改创建的 3 个广播接收者

由于数鸭子界面中的 3 只鸭子代表的是自定义的 3 个广播接收者，当某个广播接收者接收到广播消息时，对应的鸭子图片上方会显示以红色圆为背景的序号，所以需要在程序的 MainActivity 中修改广播接收者 MyBroadcastReceiverOne、MyBroadcastReceiverTwo 和 MyBroadcastReceiverThree，实现在这 3 个广播接收者接收到广播消息时，数鸭子界面上的 3 只鸭子上方显示序号的效果。具体代码如下：

```
1  package cn.itcast.countducks;
2  ......
3  public class MainActivity extends AppCompatActivity {
4      ......
5      private int num=0; // 存放序号的变量
6      class MyBroadcastReceiverOne extends BroadcastReceiver {
7          @Override
8          public void onReceive(Context context, Intent intent) {
9              tv_one.setVisibility(View.VISIBLE);
10             num=num+1;
11             tv_one.setText(num+"");
12             Log.i("BroadcastReceiverOne", "广播接收者One,接收到了广播消息");
```

```
13          delay();
14      }
15  }
16  class MyBroadcastReceiverTwo extends BroadcastReceiver {
17      @Override
18      public void onReceive(Context context, Intent intent) {
19          tv_two.setVisibility(View.VISIBLE);
20          num=num+1;
21          tv_two.setText(num+"");
22          Log.i("BroadcastReceiverTwo", "广播接收者Two,接收到了广播消息");
23          delay();
24      }
25  }
26  class MyBroadcastReceiverThree extends BroadcastReceiver {
27      @Override
28      public void onReceive(Context context, Intent intent) {
29          tv_three.setVisibility(View.VISIBLE);
30          num=num+1;
31          tv_three.setText(num + "");
32          Log.i("BroadcastReceiverThree", "广播接收者Three,接收到了广播消息");
33          delay();
34      }
35  }
36  /**
37   * 延迟500毫秒
38   */
39  private void delay(){
40      try {
41          Thread.sleep(500);
42      } catch (InterruptedException e) {
43          e.printStackTrace();
44      }
45  }
46  ......
47  }
```

在上述代码中，第5行代码定义了一个 Int 类型的变量 num，该变量用于存放接收到广播消息时鸭子图片上方需要显示的序号。

第7~14行代码重写了广播接收者 MyBroadcastReceiverOne 中的 onReceive()方法，该方法用于接收程序发送的有序广播。因为该广播接收者对应数鸭子界面中从左到右依次排列的第1只鸭子，所以在 onReceive()方法接收到广播消息时，首先需要设置鸭子图片上方需要显示的序号控件 tv_one 为显示状态，其次存放序号的变量 num 自动加1，然后调用 setText()方法将变量 num 显示到控件 tv_one 上，最后还需要调用 delay()方法将广播消息延迟500毫秒后传递到下一个广播接收者中。

第17~24行与第27~34行代码重写了广播接收者 MyBroadcastReceiverTwo 与 MyBroadcastReceiverThree 中的 onReceive()方法，这些方法用于接收程序发送的有序广播。由于这2个广播接收者接收到广播消息后的逻辑处理与广播接收者 MyBroadcastReceiverOne 是一样的，此处不再进行详细讲解。

第39~45行代码定义了一个 delay()方法，在该方法中通过调用 sleep()方法将广播消息延迟500毫秒后再传递到下一个广播接收者中。

3. 运行程序

运行上述程序，运行结果如图7-12所示。

点击图7-12中的喇叭图片，喇叭图片左侧会显示一个气泡，气泡中显示的内容为"有序报数"，同时程序会发送一条有序广播消息。当3只鸭子对应的广播接收者接收到广播消息时，对应的鸭子图片上方会显示序号。运行结果如图7-13所示。

在图7-13中，从左到右鸭子图片上方的序号依次是1、3、2，说明3个广播接收者接收消息的顺序分别是 MyBroadcastReceiverOne、MyBroadcastReceiverThree 和 MyBroadcastReceiverTwo。

图7-12 运行结果（3）　　　　　图7-13 运行结果（4）

当3个广播接收者接收到发送的广播消息时，也可以在 Logcat 窗口中看到打印的接收广播消息顺序的信息，Log 信息如图 7-14 所示。

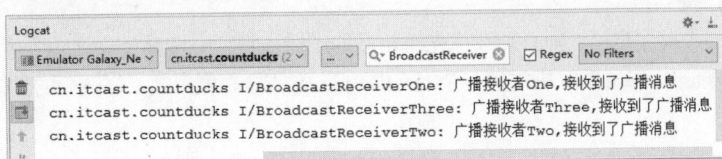

图7-14 Log信息

由图 7-14 可知，优先级最高的广播接收者 MyBroadcastReceiverOne 最先接收到广播消息，其次是 MyBroadcastReceiverThree，最后是 MyBroadcastReceiverTwo，说明广播接收者的优先级决定了接收广播消息的先后顺序。

4. 修改广播接收者的优先级

若将广播接收者 MyBroadcastReceiverTwo 的优先级设置为 1000，并将注册 MyBroadcastReceiverTwo 的语句放在注册 MyBroadcastReceiverOne 的语句前面，此时修改 MainActivity 中注册广播接收者的代码，修改后的具体代码如下：

```
private void registerReceiver(){
    //动态注册 MyBroadcastReceiverTwo 广播
    two = new MyBroadcastReceiverTwo();
    IntentFilter filter2 = new IntentFilter();
    filter2.setPriority(1000);
    filter2.addAction("Count_Ducks");
    registerReceiver(two,filter2);
    //动态注册 MyBroadcastReceiverOne 广播
    one = new MyBroadcastReceiverOne();
    IntentFilter filter1 = new IntentFilter();
    filter1.setPriority(1000);
    filter1.addAction("Count_Ducks");
    registerReceiver(one,filter1);
    //动态注册 MyBroadcastReceiverThree 广播
    three = new MyBroadcastReceiverThree();
    IntentFilter filter3 = new IntentFilter();
    filter3.setPriority(600);
    filter3.addAction("Count_Ducks");
    registerReceiver(three,filter3);
}
```

此时运行数鸭子程序，点击界面中的喇叭图片，运行结果如图 7-15 所示。

Logcat 窗口中打印的 Log 信息如图 7-16 所示。

图7-15　运行结果（5）

图7-16　Log信息

由图 7-15 与图 7-16 可知，第 2 只鸭子最先接收到广播消息，也就是 MyBroadcastReceiverTwo 最先接收到广播消息，其次是第 1 只鸭子接收到广播消息，也就是 MyBroadcastReceiverOne 其次接收到广播消息，这说明当两个广播接收者优先级相同时，先注册的广播接收者会先接收到广播消息。

5. 拦截有序广播

如果想要拦截一个有序广播，则必须在优先级较高的广播接收者中拦截接收到的广播。接下来通过在优先级较高的 MyBroadcastReceiverTwo 中添加一个 abortBroadcast()方法拦截广播，修改后的具体代码如文件 7-11 所示。

【文件 7-11】　MyBroadcastReceiverTwo.java

```
1  package cn.itcast.orderedbroadcast;
2  ......//省略导入包
3  public class MyBroadcastReceiverTwo extends BroadcastReceiver{
4      @Override
5      public void onReceive(Context context, Intent intent) {
6          Log.i("BroadcastReceiverTwo", "自定义的广播接收者 Two,接收到了广播事件");
7          abortBroadcast(); // 拦截有序广播
8          Log.i("BroadcastReceiverTwo", "我是广播接收者 Two，广播被我拦截了");
9      }
10 }
```

在上述代码中，第 7 行代码通过调用 abortBroadcast()方法拦截接收到的广播消息，当程序执行完此代码后，广播事件将被终止，不会继续向下传递。

运行上述程序，点击界面中的喇叭图片，运行结果如图 7-17 所示。

Logcat 窗口中打印的 Log 信息如图 7-18 所示。

图7-17　运行结果（6）

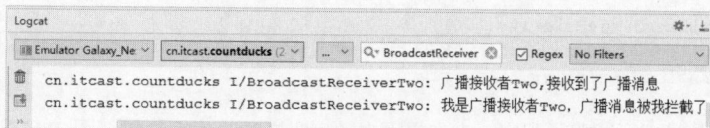

图7-18　Log信息

由图 7-17 和图 7-18 可知，只有第 2 只鸭子接收到广播消息，也就是 MyBroadcastReceiverTwo 接收到广播消息，其他广播接收者都没有接收到广播消息，说明发送的广播消息被广播接收者 MyBroadcastReceiverTwo 拦截了。

多学一招：指定广播

在实际开发中，可能会遇到以下情况：当发送一条有序广播时，有多个广播接收者接收这条广播，但需要保证一个广播接收者必须接收到此广播，无论此广播接收者的优先级高或低。要满足这种需求，可以在 Activity 中使用 sendOrderedBroadcast()方法发送有序广播，并设置该方法传递的第 3 个参数为指定的广播接收者对象即可。

接下来修改文件 7-10 中的 MainActivity，在 MainActivity 的 init()方法中找到喇叭图片的点击事件，在该事件中指定接收广播的广播接收者为 MyBroadcastReceiverThree，示例代码如下：

```
1  Intent intent = new Intent();
2  intent.setAction("Count_Ducks"); // 定义广播的事件类型
3  MyBroadcastReceiverThree receiver = new MyBroadcastReceiverThree();
4  sendOrderedBroadcast(intent,null,receiver, null, 0, null, null); // 发送有序广播
```

在上述代码中，第 3 行代码创建了指定广播接收者的对象，接着在第 4 行代码中通过 sendOrderedBroadcast()方法来发送一条广播消息，该方法传递的参数比较多，只需知道第 1 个参数和第 3 个参数的含义即可，第 1 个参数表示意图对象，第 3 个参数表示指定接收广播的广播接收者。

运行上述程序，点击界面中的喇叭图片，运行结果如图 7-19 所示。

Logcat 窗口中打印的 Log 信息如图 7-20 所示。

图7-19　运行结果（7）

图7-20　Log信息

由图 7-19 和图 7-20 可知，虽然广播消息被广播接收者 MyBroadcastReceiverTwo 拦截了，但是指定的广播接收者 MyBroadcastReceiverThree 还是可以接收到广播消息的。

7.4　本章小结

本章详细地讲解了广播机制的相关知识，首先介绍了广播机制的概述，然后讲解了什么是广播接收者、广播接收者的创建、自定义广播及广播的类型。通过本章的学习，要求初学者能够熟练掌握广播机制的使用，便于以后在实际开发中进行应用。

7.5　本章习题

一、填空题

1. ＿＿＿＿＿＿用来监听来自系统或者应用程序的广播。

2. 广播接收者的注册方式有两种，分别是＿＿＿＿＿和＿＿＿＿＿。

二、判断题

1. Broadcast 表示广播，它是一种运用在应用程序之间传递消息的机制。（　　）

2. 在清单文件注册广播接收者时，可在<intent-filter>标签中使用 priority 属性设置优先级别，属性值越大，优先级越高。（　　）

3. 有序广播的广播效率比无序广播更高。（　　）

4. 动态注册的广播接收者的生命周期依赖于注册广播的组件。（　　）

5. Android 中广播接收者必须在清单文件里面注册。（　　）

三、选择题

1. 下列选项中关于广播类型的说法，错误的是（　　）。（多选）

A. Android 中的广播类型分为有序广播和无序广播　　B. 无序广播按照一定的优先级进行接收

C. 无序广播可以被拦截，可以被修改数据　　　　　　D. 有序广播按照一定的优先级进行发送

2. 广播机制作为 Android 组件间的通信方式，使用的场景有哪些？（　　）（多选）

A. 在同一个 App 内部的同一组件内进行消息通信

B. 在不同 App 的组件之间进行消息通信

C. 在同一个 App 内部的不同组件之间进行消息通信（单个进程）

D. 在同一个 App 具有多个进程的不同组件之间进行消息通信

四、简答题

1. 简述广播机制的实现过程。

2. 简述有序广播和无序广播的区别。

五、编程题

编写一个程序，实现无序广播的发送和接收。

第 **8** 章

服 务

学习目标

★ 了解服务的概述，能够对服务有一个初步的认识

★ 掌握服务的创建，能够独立创建一个服务

★ 熟悉服务的生命周期，能够对服务生命周期中的方法有一个初步的认识

★ 掌握服务的两种启动方式，能够实现服务的启动与关闭功能

★ 掌握服务的通信，能够完成仿网易音乐播放器案例

拓展阅读

通常在程序下载一些大文件时，如果程序突然退出，此时下载文件的任务会中断。为了避免出现下载任务中断的问题，我们可以使用 Android 提供的服务来下载大文件。服务是一个长期运行在后台的用户组件，没有用户界面。它除了可以在后台下载文件，还可以在后台执行很多任务，比如处理网络事务、播放音乐或者与一个内容提供者交互。本章将针对服务进行详细讲解。

8.1 服务概述

Service（服务）是 Android 四大组件之一，是能够在后台长时间执行操作并且不提供用户界面的应用程序组件。Service 可以与其他组件进行交互，一般由 Activity 启动，但是并不依赖于 Activity。当 Activity 的生命周期结束时，Service 仍然会继续运行，直到自己的生命周期结束为止。

Service 通常被称为"后台服务"，其中"后台"一词是相对于前台而言的，具体是指其本身的运行并不依赖于用户可视的 UI 界面。除此之外，Service 还具有较长的时间运行特性，它的应用场景主要有两个，分别是后台运行和跨进程访问，具体介绍如下。

1. 后台运行

Service 可以在后台长时间进行操作而不用提供界面信息，只有当系统必须要回收内存资源时，才会被销毁，否则 Service 会一直在后台运行。

2. 跨进程访问

当 Service 被其他应用组件启动时，即使用户切换到其他应用程序，服务仍将在后台继续运行。

Service 可以在符合上述两种场景的很多应用程序中使用，比如播放多媒体时，用户启动了其他 Activity，此时程序在后台继续播放，或者程序在后台记录地理位置信息的改变等。总之，Service 总是在后台运行，其运行并不是在子线程中而是在主线程中，只是它没有界面而已，它要处理的耗时操作需要开启子线程进行处

理，否则程序会出现 ANR（程序没有响应）异常。

8.2　服务的创建

如果想要使操作一直在后台运行，就需要在程序中创建一个服务来实现。服务的创建方式与广播接收者类似，首先在 Android Studio 中创建一个名为 Service 的应用程序，该程序的包名指定为 cn.itcast.service，然后选中程序包名，单击鼠标右键并选择【New】→【Service】→【Service】选项，在弹出的窗口中输入服务名称，创建好的服务如文件 8-1 所示。

【文件 8-1】　MyService.java

```
1   package cn.itcast.service;
2   import android.app.Service;
3   import android.content.Intent;
4   import android.os.IBinder;
5   public class MyService extends Service {
6       public MyService() {
7       }
8       @Override
9       public IBinder onBind(Intent intent) {
10          // TODO: Return the communication channel to the service.
11          throw new UnsupportedOperationException("Not yet implemented");
12      }
13  }
```

在上述代码中，创建的 MyService 继承自 Service，默认创建了一个构造函数 MyService()，重写了 onBind()方法。onBind()方法是 Service 子类必须实现的方法，该方法返回一个 IBinder 对象，应用程序可通过该对象与 Service 组件通信。由于 onBind()方法在此处暂未实现，程序会默认抛出一个未支持操作异常 UnsupportedOperationException，在后续程序实现 onBind()方法时，删除该方法中默认抛出的 UnsupportedOperationException 异常即可。

服务创建完成后，Android Studio 会自动在 AndroidManifest.xml 文件中注册服务，具体代码如文件 8-2 所示。

【文件 8-2】　AndroidManifest.xml

```
1   <?xml version="1.0" encoding="utf-8"?>
2   <manifest xmlns:android="http://schemas.android.com/apk/res/android"
3       package="cn.itcast.service" >
4       <application ...... >
5           ......
6           <service
7               android:name=".MyService"
8               android:enabled="true"
9               android:exported="true" >
10          </service>
11      </application>
12  </manifest>
```

在上述代码中，<service>标签中有 3 个属性，分别是 name、enabled、exported，其中 name 属性表示服务的路径，enabled 属性表示系统是否能够实例化该服务，exported 属性表示该服务是否能够被其他应用程序中的组件调用或进行交互。

8.3　服务的生命周期

与 Activity 类似，服务也有生命周期，服务的生命周期与启动服务的方式有关。服务的启动方式有两种，一种是通过 startService()方法启动服务，另一种是通过 bindService()方法启动服务。使用不同的方式启动服务，其生命周期会不同。为了让初学者更好地理解服务的生命周期，接下来通过一张图片展示使用不同方式启动服务时，服务的生命周期，具体如图 8-1 所示。

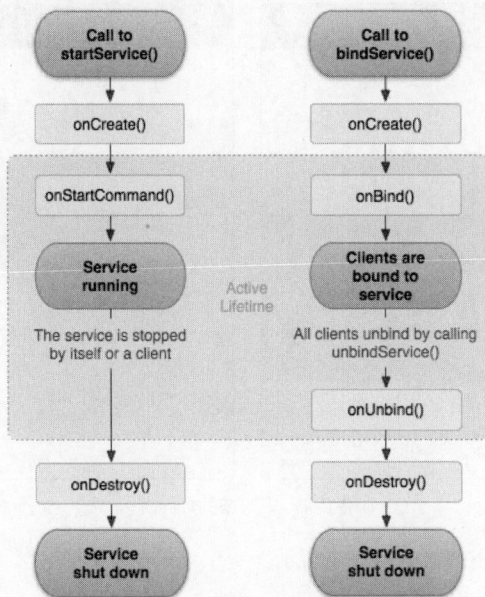

图8-1　服务的生命周期

由图 8-1 可知，当调用 startService()方法启动服务时，程序执行生命周期方法的顺序依次为 onCreate()、onStartCommand()、onDestroy()。当通过 bindService()方法启动服务时，执行生命周期方法的顺序依次为 onCreate()、onBind()、onUnbind()、onDestroy()。接下来针对生命周期中的这些方法进行介绍，具体如下。

- onCreate()：第一次创建服务时执行的方法。
- onStartCommand()：调用 startService()方法启动服务时执行的方法。
- onBind()：调用 bindService()方法启动服务时执行的方法。
- onUnbind()：调用 unBindService()方法断开服务绑定时执行的方法。
- onDestory()：服务被销毁时执行的方法。

如果想要停止通过 startService()方法启动的服务，只需通过服务自身调用 stopSelf()方法或者其他组件调用 stopService()方法即可。如果想要停止通过 bindService()方法启动的服务，需要调用 unbindService()方法将服务进行解绑。

8.4　服务的启动方式

通过上一节讲解的内容可知，启动服务有两种方式，分别是通过调用 startService()方法与 bindService()方法启动服务。本节将针对这两种启动服务的方式进行详细讲解。

8.4.1　调用 startService()方法启动服务

在程序中通过调用 startService()方法启动的服务会长期在后台运行，并且启动服务的组件与服务之间没有关联，即使启动服务的组件被销毁，服务依旧会运行。接下来将通过一个开灯与关灯的案例演示如何通过调用 startService()方法与 stopService()方法来启动和关闭服务。实现本案例的具体步骤如下所示。

1. 搭建开灯与关灯界面布局

在开灯与关灯程序中需要显示一个开灯与关灯界面，该界面主要用于展示 1 个开灯与关灯按钮、1 个显示开灯与关灯效果的图片。开灯与关灯界面如图 8-2 所示。

图8-2　开灯与关灯界面

搭建开灯与关灯界面布局的具体步骤如下所示。

（1）创建程序

创建一个名为 Switches 的应用程序，指定包名为 cn.itcast.switches。

（2）导入界面图片

将开灯与关灯界面所需要的图片 btn_close.png、btn_open.png、img_close.png、img_open.png 导入程序中创建的 drawable-hdpi 文件夹中。

（3）放置界面控件

在 activity_main.xml 布局文件中，放置 1 个 Button 控件用于显示"开灯"或"关灯"按钮；放置 2 个 ImageView 控件分别用于显示开灯与关灯的效果图。完整布局代码详见文件 8-3。

扫码查看文件 8-3

（4）修改默认标题栏的名称

由于开灯与关灯程序的名称为"Switches"，所以程序中默认标题栏的名称就为"Switches"。为了将默认标题栏的名称修改为"开灯与关灯"，我们需要修改 res/values 文件夹中的 strings.xml 文件，在该文件中找到属性 name 的值为 app_name 的标签，将该标签中的值设置为"开灯与关灯"，具体代码如下：

```
<string name="app_name">开灯与关灯</string>
```

2. 实现开灯与关灯界面的功能

在开灯与关灯程序中，当点击开灯与关灯界面上的"开灯"按钮时，"开灯"按钮会变为"关灯"按钮，界面中会显示一张白色小兔子的图片，该图片的背景为白色，也就是开灯的效果，同时程序会调用 startService() 方法开启服务。当点击开灯与关灯界面上的"关灯"按钮时，"关灯"按钮会变为"开灯"按钮，界面中会显示一张小兔子眼睛的图片，该图片的背景为黑色，也就是关灯的效果，同时程序会调用 stopService() 方法关闭服务。实现开灯与关灯界面功能的具体步骤如下。

（1）创建 MyService 服务

由于在开灯与关灯界面上，点击"开灯"与"关灯"按钮时，程序需要实现开启与关闭服务的功能，所以需要在程序中创建一个 MyService 服务，通过"开灯"与"关灯"按钮的点击事件来实现服务的开启与关闭功能。选中程序中的 cn.itcast.switches 包，在该包中创建一个名为 MyService 的服务，并重写服务生命周期中的方法，具体代码如文件 8-4 所示。

【文件 8-4】　MyService.java

```
1  package cn.itcast.switches;
2  ......//省略导入包
3  public class MyService extends Service {
```

```
4       @Override
5       public void onCreate() {
6           super.onCreate();
7           Log.i("MyService", "创建服务，执行 onCreate()方法");
8       }
9       @Override
10      public int onStartCommand(Intent intent, int flags, int startId) {
11          Log.i("MyService", "开启服务，执行 onStartCommand()方法");
12          return super.onStartCommand(intent, flags, startId);
13      }
14      @Override
15      public IBinder onBind(Intent intent) {
16          return null;
17      }
18      @Override
19      public void onDestroy() {
20          super.onDestroy();
21          Log.i("MyService", "关闭服务，执行 onDestroy()方法");
22      }
23  }
```

上述代码重写了服务生命周期中的 onCreate()方法、onStartCommand()方法和 onDestroy()方法，在这 3 个方法中分别通过 Log 打印程序执行相应方法时的提示信息。

（2）实现开灯与关灯效果

在 MainActivity 中创建一个 init()方法，在该方法中获取界面控件并实现控件的点击事件，具体代码如文件 8-5 所示。

【文件 8-5】 MainActivity.java

```
1   package cn.itcast.switches;
2   ......//省略导入包
3   public class MainActivity extends AppCompatActivity {
4       private Button btn_switch;
5       private ImageView iv_open, iv_close;
6       //表示存放开灯与关灯状态的变量，为 false 时表示关灯状态，为 true 时表示开灯状态
7       private boolean isOpen = false;
8       @Override
9       protected void onCreate(Bundle savedInstanceState) {
10          super.onCreate(savedInstanceState);
11          setContentView(R.layout.activity_main);
12          init();
13      }
14      private void init() {
15          btn_switch = findViewById(R.id.btn_switch);
16          iv_open = findViewById(R.id.iv_open);
17          iv_close = findViewById(R.id.iv_close);
18          btn_switch.setOnClickListener(new View.OnClickListener() {
19              @Override
20              public void onClick(View v) {
21                  if (isOpen) {                          //说明此时界面上的图显示的是开灯状态
22                      btn_switch.setText("开灯");
23                      btn_switch.setBackgroundResource(R.drawable.btn_close);
24                      iv_open.setVisibility(View.GONE);    //隐藏"开灯"按钮图片
25                      iv_close.setVisibility(View.VISIBLE); //显示"关灯"按钮图片
26                      isOpen=false;//设置为关灯状态
27                      //关闭服务
28                      Intent intent = new Intent(MainActivity.this, MyService.class);
29                      stopService(intent);
30                  } else { //此时界面上的图显示的是关灯状态
31                      btn_switch.setText("关灯");
32                      btn_switch.setBackgroundResource(R.drawable.btn_open);
33                      iv_open.setVisibility(View.VISIBLE); //显示"开灯"按钮图片
34                      iv_close.setVisibility(View.GONE);   //隐藏"关灯"按钮图片
35                      isOpen=true; //设置为开灯状态
36                      //开启服务
```

```
37                    Intent intent = new Intent(MainActivity.this, MyService.class);
38                    startService(intent);
39                }
40            }
41        });
42    }
43 }
```

在上述代码中，第 15～17 行代码通过调用 findViewById() 方法分别获取界面上的"开灯"与"关灯"按钮控件及开灯与关灯时需要显示的图片控件。

第 18～41 行代码调用 setOnClickListener() 方法实现了"开灯"或"关灯"按钮的点击监听事件。

其中，第 21～30 行代码实现了"关灯"按钮的点击事件，首先判断变量 isOpen 的值是否为 true，如果为 true，则表示当前界面处于开灯状态。此时点击"关灯"按钮，程序首先会调用 setText() 方法将"关灯"按钮设置为"开灯"按钮，其次调用 setBackgroundResource() 方法将界面上的图片显示为关灯时的图片，同时隐藏"开灯"按钮的图片，显示"关灯"按钮的图片，然后设置变量 isOpen 的值为 false（表示关灯状态），最后调用 stopService() 方法关闭 MyService 服务。

第 30～39 行代码实现了"开灯"按钮的点击事件，如果经过判断变量 isOpen 的值为 false，则表示当前界面处于关灯状态，此时点击"开灯"按钮，程序首先会调用 setText() 方法将"开灯"按钮设置为"关灯"按钮，其次调用 setBackgroundResource() 方法将界面上的图片显示为开灯时的图片，同时显示"开灯"按钮的图片，隐藏"关灯"按钮的图片，然后设置变量 isOpen 的值为 true（表示开灯状态），最后调用 startService() 方法开启 MyService 服务。

3. 运行程序

运行上述程序，默认情况下，开灯与关灯界面显示的是关灯效果，如图 8-3 所示。

点击图 8-3 中的"开灯"按钮后，"开灯"按钮会变为"关灯"按钮，按钮下方的图片会变为一只白色小兔子，并且图片的背景也为白色，此效果就为开灯效果，如图 8-4 所示。

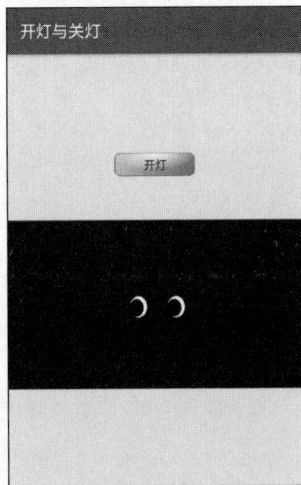

图8-3　关灯效果　　　　　　　　　图8-4　开灯效果

当点击"开灯"按钮后，也可以在 Logcat 窗口中看到打印的开启服务的 Log 信息，如图 8-5 所示。

图8-5　开启服务的Log信息

由图 8-5 可知，创建服务时程序会执行 onCreate()方法，开启服务时程序会执行 onStartCommand()方法。

当点击图 8-4 中的"关灯"按钮后，界面上会显示关灯效果，与图 8-3 的效果是一样的。同时在 Logcat 窗口中可以看到打印的关闭服务的 Log 信息，如图 8-6 所示。

图8-6 关闭服务的Log信息

由图 8-6 可知，当关闭服务时程序会执行 onDestroy()方法来销毁服务。

8.4.2 调用 bindService()方法启动服务

当一个组件通过调用 bindService()方法启动服务时，服务会与组件绑定，程序允许组件与服务交互，组件一旦退出或者调用 unbindService()方法解绑服务，服务就会被销毁。多个组件可以绑定一个服务。绑定服务的 bindService()方法，其语法格式如下：

```
bindService(Intent service, ServiceConnection conn, int flags)
```

bindService()参数的相关介绍如下。

● service：用于指定要启动的 Service。

● conn：用于监听调用者（服务绑定的组件）与 Service 之间的连接状态，当调用者与 Service 连接成功时，程序会回调调用者的 onServiceConnected（ComponentName name, IBinder service）方法。当调用者与 Service 断开连接时，程序会回调调用者的 onServiceDisconnected（ComponentName name）方法。

● flags：表示组件绑定服务时是否自动创建 Service（如果 Service 还未创建）。该参数可设置为 0，表示不自动创建 Service，也可设置为 "BIND_AUTO_CREATE"，表示自动创建 Service。

接下来通过一个绑定服务的案例来演示如何通过 bindService()方法与 unbindService()方法来绑定与解绑服务。实现本案例的具体步骤如下所示。

1. 搭建绑定服务界面布局

在绑定服务程序中需要显示一个绑定服务界面，该界面主要用于展示 3 个按钮，分别是"绑定服务"按钮、"调用服务中的方法"按钮、"解绑服务"按钮。绑定服务界面如图 8-7 所示。

（1）创建程序

创建一个名为 BindService 的应用程序，指定包名为 cn.itcast. bindservice。

（2）导入界面图片

将绑定服务界面所需要的图片 bg.png 导入程序中创建的 drawable-hdpi 文件夹中。

图8-7 绑定服务界面

（3）放置界面控件

在 activity_main.xml 布局文件中，放置 3 个 Button 控件分别用于显示"绑定服务"按钮、"调用服务中的方法"按钮、"解绑服务"按钮。完整布局代码详见文件 8-6。

2. 实现启动与关闭服务的功能

在绑定服务的程序中，绑定服务界面中有 3 个按钮，分别是"绑定服务"按钮、"调

扫码查看文件 8-6

用服务中的方法"按钮和"解绑服务"按钮。当点击"绑定服务"按钮时，程序会调用 bindService()方法启动服务。当点击"调用服务中的方法"按钮时，程序会通过 IBinder 对象调用服务中的方法。当点击"解绑服务"按钮时，程序会调用 unbindService()方法解绑服务，同时关闭服务。实现启动与关闭服务功能的具体步骤如下。

（1）创建 MyService 服务

在程序中选中 cn.itcast.bindservice 包，在该包中创建一个名为 MyService 的服务，并重写服务生命周期中的方法，同时在 MyService 中定义一个 methodInService()方法，用于后续在 Activity 中演示如何调用服务中的方法，具体代码如文件 8-7 所示。

【文件 8-7】　MyService.java

```
1   package cn.itcast.bindservice;
2   ......//省略导入包
3   public class MyService extends Service {
4       //创建服务的代理,调用服务中的方法
5       class MyBinder extends Binder {
6           public void callMethodInService() {
7               methodInService();
8           }
9       }
10      public void methodInService() {
11          Log.i("MyService", "执行服务中的methodInService()方法");
12      }
13      @Override
14      public void onCreate() {
15          Log.i("MyService", "创建服务，执行onCreate()方法");
16          super.onCreate();
17      }
18      @Override
19      public IBinder onBind(Intent intent) {
20          Log.i("MyService", "绑定服务，执行onBind()方法");
21          return new MyBinder();
22      }
23      @Override
24      public boolean onUnbind(Intent intent) {
25          Log.i("MyService", "解绑服务，执行onUnbind()方法");
26          return super.onUnbind(intent);
27      }
28  }
```

在上述代码中，第 5~9 行代码创建了一个继承 Binder 类的 MyBinder 类，在该类中创建了 callMethodInService()方法，在该方法中调用后续程序中创建的 methodInService()方法。

第 10~12 行代码创建了 methodInService()方法，在该方法中通过 Log 打印执行该方法时的提示信息。

第 13~27 行代码分别重写了 MyService 服务生命周期的 onCreate()方法、onBind()方法及 onUnbind()方法。其中，在 onCreate()方法与 onUnbind()方法中分别通过 Log 打印了执行对应方法时的提示信息，在 onBind()方法中不仅打印了执行该方法时的提示信息，还将该方法的返回值设置为 MyBinder 的对象。

（2）实现绑定服务界面上按钮的点击事件

由于本案例需要实现绑定服务界面上 3 个按钮的点击事件，所以需要 MainActivity 实现 OnClickListener 接口，并重写 onClick()方法。同时，在 MainActivity 中还需要创建一个名为 MyConn 的类，在该类中实现服务的连接，具体代码如文件 8-8 所示。

【文件 8-8】　MainActivity.java

```
1   package cn.itcast.bindservice;
2   ......//省略导入包
3   public class MainActivity extends AppCompatActivity implements View.OnClickListener
4   {
5       private MyService.MyBinder myBinder;
6       private MyConn myconn;
7       private Button btn_bind, btn_call, btn_unbind;
```

```
8        protected void onCreate(Bundle savedInstanceState) {
9            super.onCreate(savedInstanceState);
10           setContentView(R.layout.activity_main);
11           init();
12       }
13       private void init() {
14           btn_bind = findViewById(R.id.btn_bind);
15           btn_call = findViewById(R.id.btn_call);
16           btn_unbind = findViewById(R.id.btn_unbind);
17           //设置 3 个按钮的点击监听事件
18           btn_bind.setOnClickListener(this);
19           btn_call.setOnClickListener(this);
20           btn_unbind.setOnClickListener(this);
21       }
22       @Override
23       public void onClick(View v) {
24           switch (v.getId()) {
25               case R.id.btn_bind:                             //"绑定服务"按钮点击事件
26                   if (myconn == null) {
27                       myconn = new MyConn();                  //创建连接服务的对象
28                   }
29                   Intent intent = new Intent(MainActivity.this, MyService.class);
30                   bindService(intent, myconn, BIND_AUTO_CREATE); //绑定服务
31                   break;
32               case R.id.btn_call:                             //"调用服务中的方法"按钮点击事件
33                   myBinder.callMethodInService();             //调用服务中的方法
34                   break;
35               case R.id.btn_unbind:                           //"解绑服务"按钮点击事件
36                   if (myconn != null) {
37                       unbindService(myconn);                  //解绑服务
38                       myconn = null;
39                   }
40                   break;
41           }
42       }
43       /**
44        * 创建 MyConn 类,用于实现连接服务
45        */
46       private class MyConn implements ServiceConnection {
47           /**
48            * 当成功绑定服务时调用的方法,该方法获取 MyService 中的 Ibinder 对象
49            */
50           @Override
51           public void onServiceConnected(ComponentName componentName, IBinder iBinder)
52           {
53               myBinder = (MyService.MyBinder) iBinder;
54               Log.i("MainActivity", "服务成功绑定, 内存地址为:" + myBinder.toString());
55           }
56           /**
57            * 当服务失去连接时调用的方法
58            */
59           @Override
60           public void onServiceDisconnected(ComponentName componentName) {
61           }
62       }
63  }
```

在上述代码中，第 13～21 行代码创建了 init()方法，用于获取界面控件并设置控件的点击监听事件。

第 22～42 行代码实现了 OnClickListener 接口中的 onClick()方法，在该方法中分别实现了"绑定服务"按钮、"调用服务中的方法"按钮及"解绑服务"按钮的点击事件。其中，第 25～31 行代码实现了"绑定服务"按钮的点击事件。在这段代码中，首先判断服务的连接对象 myconn 是否为 null，如果为 null，则通过 new 关键字实例化连接对象。接着通过 bindService()方法绑定服务。第 32～34 行代码实现了"调用服务中的方法"按钮的点击事件。在这段代码中通过调用 MyService.MyBinder 对象中的 callMethodInService()方法，演示如何调

用服务器中的方法。第 35~40 行代码实现了"解绑服务"按钮的点击事件。在这段代码中首先判断服务的连接对象 myconn 是否为 null，如果不为 null，则通过 unbindService()方法解绑服务，并设置连接对象 myconn 为 null，否则不做任何操作。

第 46~62 行代码创建了一个 MyConn 类用于实现 ServiceConnection 接口，并重写该接口中的 onServiceConnected()方法与 onServiceDisconnected()方法，该类用于实现服务的连接。当成功绑定服务时，程序会调用 onServiceConnected()方法，在该方法中获取传递过来的 IBinder 对象并通过 Log 打印 IBinder 对象的信息。当服务失去连接时，程序会调用 onServiceDisconnected()方法，在该方法中可以不做任何操作。

（3）运行程序

运行上述程序，点击界面上的"绑定服务"按钮，此时在 Logcat 窗口中会打印出绑定服务的 Log 信息，如图 8-8 所示。

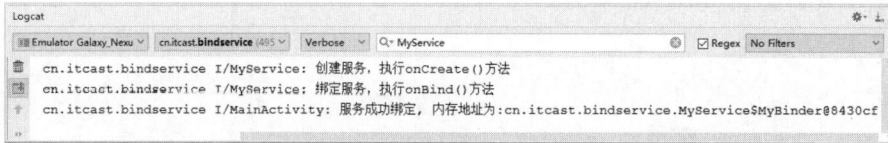

图8-8　绑定服务的Log信息

由图 8-8 可知，当点击"绑定服务"按钮后，首先创建服务时程序会执行 onCreate()方法，然后调用 bindService()方法绑定服务时程序会执行 onBind()方法，服务绑定成功后程序会执行连接服务的 MyConn 类的 onServiceConnected()方法。

点击界面上的"调用服务中的方法"按钮，此时在 Logcat 窗口中会打印出调用服务中方法的 Log 信息，如图 8-9 所示。

图8-9　调用服务中方法的Log信息

由图 8-9 可知，当组件与服务绑定成功之后，组件可以直接调用服务中的方法进行交互。

点击界面上的"解绑服务"按钮，此时在 Logcat 窗口中会打印出解绑服务的 Log 信息，如图 8-10 所示。

图8-10　解绑服务的Log信息

由图 8-10 可知，当组件调用 unbindService()方法解绑服务时，程序会执行 onUnbind()方法。

需要注意的是，当组件与服务绑定之后，服务的生命周期与组件同步，当组件销毁后服务也会随之解绑销毁。也就是说当服务处于绑定状态后，直接关闭组件，系统会自动调用 onUnbind()方法解绑服务。

8.5　服务的通信

在上一节中讲解了服务的两种启动方式，通过调用 bindService()方法开启服务后，服务与绑定服务的组件是可以通信的，通过组件可以控制服务并进行一些操作。本节将针对服务的通信进行详细讲解。

8.5.1 本地服务通信和远程服务通信

在 Android 中，服务的通信方式有两种，一种是本地服务通信，另一种是远程服务通信。本地服务通信是指应用程序内部的通信，远程服务通信是指两个应用程序之间的通信。使用这两种方式进行通信时必须保证服务以绑定方式开启，否则无法进行通信和数据交换，接下来针对这两种服务通信方式进行详细讲解。

1. 本地服务通信

在使用服务进行本地通信时，首先需要创建一个 Service 类，该类会提供一个 onBind()方法，onBind()方法的返回值是一个 IBinder 对象，IBinder 对象会作为参数被传递给 ServiceConnection 类中的 onServiceConnected（ComponentName name，IBinder service）方法，这样访问者（绑定服务的组件）就可以通过 IBinder 对象与 Service 进行通信。

接下来通过一张图片来演示如何使用 IBinder 对象进行本地服务通信，工作流程如图 8-11 所示。

Service类 IBinder onBind(Intent intent)方法	通过IBinder对象实现通信 →	ServiceConnection类 onServiceConnected(ComponentName name, IBinder service)方法

图8-11　本地服务通信

由图 8-11 可知，服务在进行通信时使用的是 IBinder 对象，在 ServiceConnection 类中得到 IBinder 对象，通过该对象可以获取到服务中自定义的方法，执行具体的操作。以绑定方式开启服务的案例实际上就用到了本地服务通信。

2. 远程服务通信

在 Android 中，各个应用程序都运行在自己的进程中，如果想要完成不同进程之间的通信，就需要使用远程服务通信。远程服务通信是通过 AIDL（Android Interface Definition Language）实现的，它是一种接口定义语言（Interface Definition Language），其语法格式非常简单，与 Java 中定义接口类似，但是存在一些差异，具体介绍如下。

● AIDL 定义接口的源代码必须以.aidl 结尾。

● AIDL 接口中用到的数据类型，除了基本数据类型 String、List、Map、CharSequence 之外，其他类型全部都需要导入包，即使它们在同一个包中。

8.5.2 实战演练——仿网易音乐播放器

在实际开发中经常会涉及服务，为了让大家更好地理解服务在实际开发中的应用，接下来通过一个仿网易音乐播放器的案例来演示如何使用服务进行本地通信，案例的界面如图 8-12 所示。

实现仿网易音乐播放器功能的具体步骤如下。

1. 创建程序

创建一个名为 MusicPlayer 的应用程序，指定包名为 cn.itcast.musicplayer。

2. 导入音乐文件

由于音频文件一般存放在 res/raw 文件夹（raw 文件夹中的文件会被映射到 R.java 文件中，访问该文件时可直接使用资源 id，即 R.id.music（文件名））中，所以需要在 res 文件夹中创建一个 raw 文件夹。首先将 Android Studio 中的选项卡切换到【Project】，接着选中程序中的 res 文件夹，单击鼠标右键并选择【New】→【Directory】选项，创建一个名为 raw 的文件夹，接着将音乐文件 music.mp3 导入 raw 文件夹中。

3. 导入界面图片

将仿网易音乐播放器界面所需要的图片 img_music.png、music_bg.png、btn_bg.png、title_bg.png 导入程序

中创建的 drawable–hdpi 文件夹中。

4. 放置界面控件

在 activity_main.xml 布局文件中，放置 4 个 TextView 控件分别用于显示音乐的名称、音乐的类型、音乐播放的进度时间和音乐的总时间；放置 1 个 SeekBar 用于显示音乐播放的进度条；放置 1 个 ImageView 控件用于显示界面上的旋转图片；放置 4 个 Button 控件分别用于显示"播放"按钮、"暂停"按钮、"继续"按钮、"退出"按钮，完整布局代码详见文件 8–9。

图8–12　仿网易音乐播放器界面

扫码查看文件 8-9

5. 创建背景选择器 btn_bg_selector.xml

由于音乐播放界面上的"播放"按钮、"暂停"按钮、"继续"按钮及"退出"按钮的背景的四个角是圆角，并且按钮在被按下与弹起时，背景颜色会有明显的区别，这种效果可以通过背景选择器实现。选中 drawable 文件夹，单击鼠标右键并选择【New】→【Drawable resource file】选项，创建一个背景选择器 btn_bg_selector.xml，根据按钮被按下和弹起的状态来变换它的背景颜色，给用户一个动态效果。当按钮被按下时，背景显示灰色（#d4d4d4）；当按钮弹起时，背景显示白色（#ffffff），具体代码如文件 8–10 所示。

【文件 8-10】　btn_bg_selector.xml

```
1  <?xml version="1.0" encoding="utf-8"?>
2  <selector xmlns:android="http://schemas.android.com/apk/res/android">
3     <item android:state_pressed="true" >
4        <shape android:shape="rectangle">
5           <corners android:radius="3dp"/>
6           <solid android:color="#d4d4d4"/>
7        </shape>
8     </item>
9     <item android:state_pressed="false" >
10       <shape android:shape="rectangle">
11          <corners android:radius="3dp"/>
12          <solid android:color="#ffffff" />
13       </shape>
14    </item>
15 </selector>
```

在上述代码中，state_pressed 表示按钮的点击状态，当 state_pressed 的值为 true 时，表示按钮被按下；为 false 时，表示按钮弹起。shape 用于定义形状，rectangle 表示矩形，corners 表示定义矩形的四个角为圆角，radius 用于设置圆角半径，solid 用于指定矩形内部的填充颜色。

6. 创建 MusicService 服务

由于音乐的加载、播放、暂停及播放进度条的更新是一些比较耗时的操作，所以需要创建一个

MusicService 服务来处理这些操作。选中 cn.itcast.musicplayer 包，单击鼠标右键并选择【New】→【Service】→【Service】选项，创建名为 MusicService 的服务，在该服务中创建一个 addTimer() 方法用于每隔 500 毫秒更新音乐播放的进度条。同时也需要创建一个 MusicControl 类，在该类中分别使用 play() 方法、pausePlay() 方法、continuePlay() 方法、seekTo() 方法实现播放音乐、暂停播放、继续播放及设置音乐播放进度条的功能，具体代码如文件 8-11 所示。

【文件 8-11】　MusicService.java

```
1   package cn.itcast.musicplayer;
2   ......  //省略导入包
3   public class MusicService extends Service {
4       private MediaPlayer player;
5       private Timer timer;
6       public MusicService() {}
7       @Override
8       public IBinder onBind(Intent intent) {
9           return new MusicControl();
10      }
11      @Override
12      public void onCreate() {
13          super.onCreate();
14          player = new MediaPlayer();  //创建音乐播放器对象
15      }
16      public void addTimer() {          //添加计时器用于设置音乐播放器中的播放进度条
17          if (timer == null) {
18              timer = new Timer();      //创建计时器对象
19              TimerTask task = new TimerTask() {
20                  @Override
21                  public void run() {
22                      if (player == null) return;
23                      int duration = player.getDuration();               //获取歌曲总时长
24                      int currentPosition = player.getCurrentPosition(); //获取播放进度
25                      Message msg = MainActivity.handler.obtainMessage();//创建消息对象
26                      //将音乐的总时长和播放进度封装至消息对象中
27                      Bundle bundle = new Bundle();
28                      bundle.putInt("duration", duration);
29                      bundle.putInt("currentPosition", currentPosition);
30                      msg.setData(bundle);
31                      //将消息发送到主线程的消息队列
32                      MainActivity.handler.sendMessage(msg);
33                  }
34              };
35              //开始计时任务的 5 毫秒后，第一次执行 task 任务，以后每 500 毫秒执行一次
36              timer.schedule(task, 5, 500);
37          }
38      }
39      class MusicControl extends Binder {
40          public void play() {
41              try {
42                  player.reset();        //重置音乐播放器
43                  //加载多媒体文件
44                  player = MediaPlayer.create(getApplicationContext(), R.raw.music);
45                  player.start();        //播放音乐
46                  addTimer();            //添加计时器
47              } catch (Exception e) {
48                  e.printStackTrace();
49              }
50          }
51          public void pausePlay() {
52              player.pause();            //暂停播放音乐
53          }
54          public void continuePlay() {
55              player.start();            //继续播放音乐
56          }
```

```
57          public void seekTo(int progress) {
58              player.seekTo(progress);                //设置音乐的播放位置
59          }
60      }
61      @Override
62      public void onDestroy() {
63          super.onDestroy();
64          if (player == null) return;
65          if (player.isPlaying()) player.stop();      //停止播放音乐
66          player.release();                           //释放占用的资源
67          player = null;                              //将 player 置为空
68      }
69  }
```

在上述代码中，第 7～10 行代码重写了 onBinder()方法，在该方法中将 MusicControl 对象返回给 MainActivity（绑定了当前服务的组件），从而完成 MainActivity 和 Service 之间的通信，实现对音乐播放器的操作。

第 16～38 行代码创建了一个 addTimer()方法，用于每隔 500 毫秒更新一次音乐播放的进度条。在该方法中首先创建了一个计时器 Timer 的对象，接着第 19～34 行代码创建了一个 TimerTask 任务，TimerTask 表示在指定时间内执行的任务 task。在该任务中重写了 run()方法，创建了一个线程，在 run()方法中通过 getDuration()方法与 getCurrentPosition()方法分别获取歌曲的总时长与歌曲当前的播放进度。第 25～32 行代码将音乐的总时长和播放进度封装至 Message 对象中，并通过 Handler 类的 sendMessage()方法将封装的 Message 对象发送到主线程的消息队列中。因为在主线程中进行耗时操作会使程序比较卡顿，且在子线程中无法进行 UI 更新操作，所以 Android 提供了一个 Handler 类来处理主线程与子线程之间进行消息通信的操作。Handler 类的具体知识讲解详见 9.4 节内容。

第 36 行代码通过 Timer 对象的 schedule()方法来执行 TimerTask 任务，该方法中的第 1 个参数表示要执行的任务，第 2 个参数表示开始执行计时任务的 5 毫秒后第一次执行任务 task，第 3 个参数表示每隔 500 毫秒执行一次任务。

第 39～60 行代码创建了一个继承 Binder 的 MusicControl 类，在该类中实现了音乐的播放、暂停、继续播放、更新播放进度条等功能。其中，第 40～50 行代码创建了一个 play()方法，在该方法中首先分别通过 MediaPlayer 类的 reset()方法重置音乐播放器，create()方法加载音乐文件，start()方法播放音乐，最后调用 addTimer()方法添加计时器。第 52 行、第 55 行、第 58 行代码分别调用 MediaPlayer 类的 pause()方法、start()方法、seekTo()方法，实现暂停播放音乐、播放音乐、设置音乐播放位置的功能。

第 61～68 行代码重写了 onDestroy()方法，当服务销毁时，会调用该方法。其中，第 65 行代码通过 isPlaying()方法判断音乐是否正在播放，如果正在播放，则调用 stop()方法停止音乐。接着在第 66 行代码通过 release()方法释放 MediaPlayer 对象相关的资源。

上述代码使用了 MediaPlayer 类，该类用于播放音频或视频文件，在第 11 章会对此类进行详细介绍。在此处只需知道 MediaPlayer 类相关方法的作用即可。

7. 编写界面交互代码

MainActivity 实现了音乐文件的播放、暂停播放、继续播放、播放进度的设置及音乐播放器界面的退出功能。因为音乐播放器界面的 4 个按钮需要实现点击事件，所以需要将 MainActivity 实现 OnClickListener 接口并重写 onClick()方法，具体代码如文件 8-12 所示。

【文件 8-12】 MainActivity.java

```
1  package cn.itcast.musicplayer;
2  ......//省略导入包
3  public class MainActivity extends AppCompatActivity implements View.OnClickListener
4  {
5      private static SeekBar sb;
6      private static TextView tv_progress, tv_total;
7      private ObjectAnimator animator;
8      private MusicService.MusicControl musicControl;
9      MyServiceConn conn;
```

```java
10    Intent intent;
11    private boolean isUnbind = false;//记录服务是否被解绑
12    @Override
13    protected void onCreate(Bundle savedInstanceState) {
14        super.onCreate(savedInstanceState);
15        setContentView(R.layout.activity_main);
16        init();
17    }
18    private void init() {
19        tv_progress = findViewById(R.id.tv_progress);
20        tv_total = findViewById(R.id.tv_total);
21        sb = findViewById(R.id.sb);
22        findViewById(R.id.btn_play).setOnClickListener(this);
23        findViewById(R.id.btn_pause).setOnClickListener(this);
24        findViewById(R.id.btn_continue_play).setOnClickListener(this);
25        findViewById(R.id.btn_exit).setOnClickListener(this);
26        intent = new Intent(this, MusicService.class); //创建意图对象
27        conn = new MyServiceConn();                     //创建服务连接对象
28        bindService(intent, conn, BIND_AUTO_CREATE);    //绑定服务
29        //为滑动条添加事件监听
30        sb.setOnSeekBarChangeListener(new SeekBar.OnSeekBarChangeListener() {
31            @Override
32            public void onProgressChanged(SeekBar seekBar, int progress, boolean
33            fromUser) {                                 //滑动条进度改变时，会调用此方法
34                if (progress == seekBar.getMax()) {     //当滑动条滑到末端时，结束动画
35                    animator.pause();                   //停止播放动画
36                }
37            }
38            @Override
39            public void onStartTrackingTouch(SeekBar seekBar) {  //滑动条开始滑动时调用
40            }
41            @Override
42            public void onStopTrackingTouch(SeekBar seekBar) {  //滑动条停止滑动时调用
43                //根据拖动的进度改变音乐播放进度
44                int progress = seekBar.getProgress();           //获取 seekBar 的进度
45                musicControl.seekTo(progress);                  //改变播放进度
46            }
47        });
48        ImageView iv_music = findViewById(R.id.iv_music);
49        animator = ObjectAnimator.ofFloat(iv_music, "rotation", 0f, 360.0f);
50        animator.setDuration(10000);                    //动画旋转一周的时间为 10 秒
51        animator.setInterpolator(new LinearInterpolator());
52        animator.setRepeatCount(-1);                    //-1 表示设置动画无限循环
53    }
54    public static Handler handler = new Handler() {    //创建消息处理器对象
55        //在主线程中处理从子线程发送过来的消息
56        @Override
57        public void handleMessage(Message msg) {
58            Bundle bundle = msg.getData();              //获取从子线程发送过来的音乐播放进度
59            int duration = bundle.getInt("duration");                   //歌曲的总时长
60            int currentPostition = bundle.getInt("currentPosition");//歌曲当前进度
61            sb.setMax(duration);                        //设置 SeekBar 的最大值为歌曲总时长
62            sb.setProgress(currentPostition);           //设置 SeekBar 当前的进度位置
63            //歌曲的总时长
64            int minute = duration / 1000 / 60;
65            int second = duration / 1000 % 60;
66            String strMinute = null;
67            String strSecond = null;
68            if (minute < 10) {                          //如果歌曲的时间中的分钟数小于 10
69                strMinute = "0" + minute;               //在分钟的前面加一个 0
70            } else {
71                strMinute = minute + "";
72            }
73            if (second < 10) {                          //如果歌曲的时间中的秒数小于 10
74                strSecond = "0" + second;               //在秒钟前面加一个 0
```

```
75              } else {
76                  strSecond = second + "";
77              }
78              tv_total.setText(strMinute + ":" + strSecond);
79              //歌曲当前播放时长
80              minute = currentPostition / 1000 / 60;
81              second = currentPostition / 1000 % 60;
82              if (minute < 10) {                          //如果歌曲的时间中的分钟数小于10
83                  strMinute = "0" + minute;               //在分钟的前面加一个0
84              } else {
85                  strMinute = minute + "";
86              }
87              if (second < 10) {                          //如果歌曲的时间中的秒数小于10
88                  strSecond = "0" + second;               //在秒钟前面加一个0
89              } else {
90                  strSecond = second + "";
91              }
92              tv_progress.setText(strMinute + ":" + strSecond);
93          }
94      };
95      class MyServiceConn implements ServiceConnection {  //用于实现连接服务
96          @Override
97          public void onServiceConnected(ComponentName name, IBinder service) {
98              musicControl = (MusicService.MusicControl) service;
99          }
100         @Override
101         public void onServiceDisconnected(ComponentName name) {
102         }
103     }
104     private void unbind(boolean isUnbind){
105         if(!isUnbind){                                  //判断服务是否被解绑
106             musicControl.pausePlay();                   //暂停播放音乐
107             unbindService(conn);                        //解绑服务
108             stopService(intent);                        //停止服务
109         }
110     }
111     @Override
112     public void onClick(View v) {
113         switch (v.getId()) {
114             case R.id.btn_play:                         //播放按钮点击事件
115                 musicControl.play();                    //播放音乐
116                 animator.start();                       //播放动画
117                 break;
118             case R.id.btn_pause:                        //暂停按钮点击事件
119                 musicControl.pausePlay();               //暂停播放音乐
120                 animator.pause();                       //暂停播放动画
121                 break;
122             case R.id.btn_continue_play:                //继续播放按钮点击事件
123                 musicControl.continuePlay();            //继续播放音乐
124                 animator.start();                       //播放动画
125                 break;
126             case R.id.btn_exit:                         //退出按钮点击事件
127                 unbind(isUnbind);                       //解绑服务绑定
128                 isUnbind = true;                        //完成解绑服务
129                 finish();                               //关闭音乐播放器界面
130                 break;
131         }
132     }
133     @Override
134     protected void onDestroy() {
135         super.onDestroy();
136         unbind(isUnbind);                               //解绑服务
137     }
138 }
```

在上述代码中，第 18~53 行代码定义了一个 init() 方法，该方法用于初始化界面控件。其中，第 22~25

行代码通过 setOnClickListener()方法分别设置"播放"按钮、"暂停"按钮、"继续"按钮、"退出"按钮的点击事件的监听器。第 28 行代码通过 bindService()方法绑定服务 MusicService。

第 30~47 行代码通过 setOnSeekBarChangeListener()方法为 SeekBar 添加监听事件，在 setOnSeekBarChange-Listener()方法中实现了 OnSeekBarChangeListener 接口的 onProgressChanged()方法、onStartTrackingTouch()方法及 onStopTrackingTouch()方法，这 3 个方法分别在滑动条的进度改变时、滑动条开始滑动时及滑动条停止滑动时调用。其中，第 34~36 行代码通过 getMax()方法获取 SeekBar 的最大值来判断当前滑动条是否已经滑动到末端，如果滑动到末端，则调用 ObjectAnimator 的 pause()方法停止图片的动画效果。第 44 行、第 45 行代码通过 getProgress()方法获取 SeekBar 的当前进度，接着根据该进度设置音乐的播放进度。

第 48~52 行代码获取了一个 ImageView 控件，并设置该控件的动画效果为顺时针 360° 旋转。其中第 49 行代码通过 ofFloat ()方法设置动画效果，该方法中的第 1 个参数 iv_music 表示图片控件，第 2 个参数 "rotation" 表示设置该动画为旋转动画，第 3 个参数 0f 表示动画的起始旋转弧度，第 4 个参数 360.0f 表示动画的结束旋转弧度。第 50 行代码通过 setDuration(10000)方法设置动画旋转一周的时间为 10 秒。第 52 行代码通过 setRepeatCount(-1)方法设置动画的循环次数，该方法传递的-1 表示动画可无限循环。

第 54~94 行代码创建了一个消息处理器对象 handler，在该对象的 handleMessage()方法中获取从服务 MusicService 的子线程中发送的消息，并更新了音乐播放器界面的进度条、播放时间与音乐总时长。其中，第 64~78 行代码设置了音乐的总时长，第 80~92 行代码设置了当前音乐播放的时间。

第 95~103 行代码创建了一个 MyServiceConn 类，并实现了 ServiceConnection 接口，该类用于连接服务 MusicService。在 onServiceConnected()方法中，获取服务中类 MusicControl 的对象 musicControl，后续可以使用该对象调用服务中的方法。

第 104~110 行代码定义了一个 unbind()方法，用于解绑服务 MusicService。在 unbind()方法中，首先通过 isUnbind 来判断服务是否已经解绑，如果没有解绑，则调用服务中的 pausePlay()方法暂停播放音乐，接着依次调用 unbindService()方法与 stopService()方法实现解绑服务与停止服务的功能。

第 111~132 行代码重写了 onClick()方法，在该方法中实现了界面上"播放"按钮、"暂停"按钮、"继续"按钮、"退出"按钮的点击事件。其中，第 115 行、第 116 行代码分别调用服务的 play()方法播放音乐、ObjectAnimator 的 start()方法播放图片的动画效果。第 119 行、第 120 行代码分别调用服务的 pause()方法暂停播放音乐、ObjectAnimator 的 pause()方法暂停播放图片的动画效果。第 123 行、第 124 行代码分别调用服务的 continuePlay()方法继续播放音乐、ObjectAnimator 的 start()方法继续播放图片的动画效果。第 127~129 行代码通过调用 unbind()方法解绑服务，接着设置解绑服务的状态 isUnbind 的值为 true，最后调用 finish()方法关闭当前音乐播放器界面。

第 133~137 行代码重写了 onDestroy()方法，在该方法中通过 unbind()方法实现解绑服务的功能。

8. 运行程序

运行上述程序，分别点击界面上的"播放"按钮、"暂停"按钮、"继续"按钮，可实现音乐的播放、暂停、继续播放功能。点击界面上的"退出"按钮，可退出音乐播放器界面，运行结果如图 8-13 所示。

图8-13　运行结果

8.6　本章小结

本章主要讲解了 Android 中的服务，针对服务的概述、创建、生命周期、启动方式及在程序中如何进行通信进行了详细讲解。在 Android 程序中，经常会有下载文件、播放音乐等功能，这些功能的实现都需要通过服务来完成，因此需要初学者对本章的知识熟练掌握并运用。

8.7　本章习题

一、填空题

1. 如果想要停止 bindService()方法启动的服务，需要调用_____方法。

2. Android 服务的通信方式分为_____和_____。

3. 远程服务通过_____实现服务的通信。

二、判断题

1. 服务运行在子线程中。（　　　）

2. 不管使用哪种方式启动服务，它的生命周期都是一样的。（　　　）

3. 使用服务的通信方式进行通信时，必须保证服务是以绑定的方式开启的，否则无法通信。（　　　）

4. 一个组件只能绑定一个服务。（　　　）

5. 远程服务和本地服务都运行在同一个进程中。（　　　）

三、选择题

1. 如果通过 bindService 方式开启服务，那么服务的生命周期是（　　　）。

A. onCreate()→onStart()→onBind()→onDestroy()

B. onCreate()→onBind()→onDestroy()

C. onCreate()→onBind ()→onUnBind()→onDestroy()

D. onCreate()→onStart ()→onBind ()→onUnBind()→onDestroy()

2. 下列关于服务的描述中，错误的是（　　　）。

A. 服务没有用户可见的界面，不能与用户交互

B. 服务可以通过 Context.startService()来启动

C. 服务可以通过 Context.bindService()来启动

D. 服务无须在清单文件中进行配置

3. 下列关于服务的方法描述，错误的是（　　　）。

A. onCreate()表示第一次创建服务时执行的方法

B. 调用 startService()方法启动服务时执行的方法是 onStartCommand()

C. 调用 bindService()方法启动服务时执行的方法是 onBind()

D. 调用 startService ()方法断开服务绑定时执行的方法是 onUnbind()

四、简答题

1. 简述服务的两种启动方式的区别。

2. 简述服务的生命周期。

五、编程题

编写一个获取验证码的程序，当点击该程序的获取验证码按钮时，使用服务实现倒计时 60 秒的功能，并将倒计时的时间显示在获取验证码的按钮上。

第 9 章

网 络 编 程

学习目标

★ 了解 HTTP 协议,能够使用 HttpURLConnection 访问网络

★ 掌握 WebView 控件的使用,能够加载不同的网页

★ 掌握 JSON 数据的解析,能够熟练解析不同的 JSON 数据

★ 掌握 Handler 消息机制原理,能够使用 Handler 进行线程间通信

拓展阅读

在移动互联网时代,手机联网实现信息互通是最基本的功能体验。例如,在上下班的途中或旅行时,只要有时间人们就会拿出手机上网,通过手机接收新资讯、搜索网络资源。Android 作为智能手机市场中主流的操作系统,提供了多种实现网络通信的方式。接下来,我们从最基础的 HTTP 协议开始介绍,然后针对 Android 中原生的 HttpURLConnection、WebView 控件的使用及网络数据的解析进行详细讲解。

9.1 通过 HTTP 访问网络

Android 对 HTTP 通信提供了很好的支持,通过标准的 Java 类 HttpURLConnection 便可实现基于 URL 的请求及响应功能。HttpURLConnection 继承自 URLConnection 类,它可以发送和接收任何类型和长度的数据,也可以设置网络请求的方式和超时时间。本节将针对 HTTP 协议与使用 HttpURLConnection 访问网络进行详细讲解。

9.1.1 HTTP 协议通信简介

日常生活中,大多数人在遇到问题时,会使用手机进行百度搜索,这个访问百度网站的过程就是通过 HTTP 协议完成的。HTTP(Hyper Text Transfer Protocol)即超文本传输协议,它规定了浏览器和服务器之间互相通信的规则。

HTTP 是一种请求/响应式的协议,当客户端与服务器端建立连接后,客户端向服务器端发送的请求被称作 HTTP 请求。服务器端接收到请求后会做出响应,该响应称为 HTTP 响应。为了让初学者更好地理解,下面通过手机端访问服务器端的图片来展示 HTTP 请求与响应的通信过程,如图 9-1 所示。

由图 9-1 可知,当使用手机端访问百度网站时,会发送一个 HTTP 请求,当服务器端接收到这个请求后,会做出响应并将百度首页(数据)返回给手机端,这个请求和响应的过程实际上就是 HTTP 通信的过程。

图9-1　HTTP请求与响应

9.1.2　使用 HttpURLConnection 访问网络

在实际开发中，绝大多数的 App 都需要与服务器进行数据交互，也就是访问网络，此时就需要用到 HttpURLConnection。接下来将通过一段示例代码来学习 HttpURLConnection 的用法，示例代码如下：

```
URL url = new URL("http://www.itcast.cn");          // 在 URL 的构造方法中传入要访问资源的路径
HttpURLConnection conn = (HttpURLConnection)url.openConnection();
conn.setRequestMethod("GET");                       // 设置请求方式
conn.setConnectTimeout(5000);                       // 设置超时时间
InputStream is = conn.getInputStream();             // 获取服务器返回的输入流
conn.disconnect();                                  // 关闭http连接
```

上述示例代码演示了手机端与服务器端建立连接并获取服务器返回数据的过程。其中，setConnectTimeout() 方法一般都会设置网络请求的超时时间。

需要注意的是，在使用 HttpURLConnection 访问网络时，需要设置网络请求的超时时间，以防止连接被阻塞时无响应，影响用户体验，并且上述示例代码需要放置到 try-catch 代码块中，否则代码会报错。

在使用 HttpURLConnection 访问网络时，通常会用到两种网络请求方式，一种是 GET，另一种是 POST。这两种请求方式是在 HTTP/1.1 中定义的，用于表明 Request-URI 指定资源的不同操作方式。这两种请求方式在提交数据时也有一定的区别，接下来分别对使用 GET 方式提交数据和使用 POST 方式提交数据进行详细讲解。

1. 使用 GET 方式提交数据

GET 方式以实体的方式得到由请求 URL 指向的资源信息，它向服务器提交的参数跟在请求 URL 后面。使用 GET 方式访问网络 URL 的内容一般要小于 1024 字节。接下来通过一段示例代码来演示如何使用 GET 方式提交数据，示例代码如下：

```
// 将用户名和密码拼在指定资源路径后面，并对用户名和密码进行编码
String path = "http://localhost:8080/web/LoginServlet?username="
                + URLEncoder.encode("zhangsan")
                + "&password=" + URLEncoder.encode("123");
URL url = new URL(path);                            // 创建 URL 对象
HttpURLConnection conn = (HttpURLConnection)url.openConnection();
conn.setRequestMethod("GET");                       // 设置请求方式
conn.setConnectTimeout(5000);                       // 设置超时时间
int responseCode = conn.getResponseCode();          // 获取状态码
if(responseCode == 200){                            // 访问成功
    InputStream is = conn.getInputStream();         // 获取服务器返回的输入流
}
```

2. 使用 POST 方式提交数据

使用 POST 方式提交数据时，提交的数据以键值对的形式封装在请求实体中，用户通过浏览器无法看到发送的请求数据，因此 POST 方式要比 GET 方式相对安全。接下来通过一段示例代码来演示如何使用 POST 方式提交数据，示例代码如下：

```
String path = "http://localhost:8080/web/LoginServlet";
URL url = new URL(path);
HttpURLConnection conn = (HttpURLConnection) url.openConnection();
conn.setConnectTimeout(5000);                    // 设置超时时间
conn.setRequestMethod("POST");                   // 设置请求方式
// 封装要提交的数据，通过URLEncoder.encode()方法将数据转换为浏览器可以识别的形式
String data = "username=" + URLEncoder.encode("zhangsan")
                  + "&password=" + URLEncoder.encode("123");
// 设置请求属性"Content-Type"的值，用于指定提交的实体数据的内容类型
conn.setRequestProperty("Content-Type", "application/x-www-form-urlencoded");
// 设置请求属性"Content-Length"的值为提交数据的长度
conn.setRequestProperty("Content-Length", data.length() + "");
conn.setDoOutput(true);                          // 设置允许向外写数据
OutputStream os = conn.getOutputStream();        // 利用输出流往服务器写数据
os.write(data.getBytes());                       // 将数据写给服务器
int code = conn.getResponseCode();               // 获取状态码
if (code == 200) {                               // 请求成功
    InputStream is = conn.getInputStream();
}
```

上述代码在使用 POST 方式提交数据时，以流的形式直接将参数写到服务器上，并设置数据的提交方式和数据的长度。

注意：

在实际开发中，手机端与服务器端进行交互的过程中避免不了要提交中文到服务器，这时就会出现中文乱码的情况。无论使用 GET 方式还是 POST 方式提交参数，都要对参数进行编码，编码方式必须与服务器解码方式一致。同样在获取服务器返回的中文字符时，也需要用指定格式进行解码。

9.2　使用 WebView 控件进行网络开发

Android 默认提供了内置浏览器，该浏览器使用了开源的 WebKit 引擎，WebKit 引擎不仅能搜索网址、查看电子邮件，还可以播放视频。在 Android 程序中，如果想要使用该内置浏览器，则需要通过 WebView 控件来实现，该控件不仅可以指定 URL，还可以加载并执行 HTML 代码，同时还支持 JavaScript 代码。本节将详细讲解如何使用 WebView 控件进行网络开发。

9.2.1　使用 WebView 控件浏览网页

在 Android 程序中，WebView 控件是专门用于浏览网页的，其使用方法与其他控件一样，既可以在 XML 布局文件中使用\<WebView\>标签来添加，也可以在 Java 文件中使用 new 关键字来创建。一般情况下，会采用第 1 种方法，即通过在 XML 布局文件中添加\<WebView\>标签的形式添加 WebView 控件。在 XML 布局文件中添加 1 个 WebView 控件的具体代码如下：

```
<WebView
    android:id="@+id/webView"
    android:layout_width="match_parent"
    android:layout_height="match_parent" />
```

在上述代码中，添加的 WebView 控件的 id 为 webView，该控件的宽和高都是 match_parent。添加完该控件之后，可以用该控件提供的方法来执行浏览器的操作。WebView 控件的常用方法如表 9–1 所示。

表 9-1　WebView 控件的常用方法

方法名称	功能描述
loadUrl(String url)	用于加载指定 URL 对应的网页
loadData(String data, String mimeType, String encoding)	用于将指定的字符串数据加载到浏览器中
loadDataWithBaseURL(String baseUrl, String data, String mimeType, String encoding,String historyUrl)	基于 URL 加载指定的数据
capturePicture()	用于创建当前屏幕的快照
goBack()	用于执行后退操作，相当于浏览器上后退按钮的功能
goForward()	用于执行前进操作，相当于浏览器上前进按钮的功能
stopLoading()	用于停止加载当前页面
reload()	用于刷新当前页面

接下来通过一个案例来演示如何使用 WebView 控件加载网页，本案例中只有一个网页界面，该界面用于显示网页信息，界面如图 9-2 所示。

实现使用 WebView 控件加载网页功能的具体步骤如下。

1. 创建程序

创建一个名为 WebView 的应用程序，指定包名为 cn.itcast.webview。

2. 放置界面控件

在 activity_main.xml 布局文件中，放置 1 个 WebView 控件用于浏览网页。完整布局代码详见文件 9-1。

图9-2　网页界面

扫码查看文件 9-1

3. 编写界面交互代码

在 MainActivity 中实现 WebView 控件浏览网页的功能，首先通过 findViewById()方法获取界面上的 WebView 控件，然后通过 WebView 控件的 loadUrl()方法来加载指定的网页，具体代码如文件 9-2 所示。

【文件 9-2】　MainActivity.java

```
1  package cn.itcast.webview;
2  import android.support.v7.app.AppCompatActivity;
3  import android.os.Bundle;
4  import android.webkit.WebView;
5  public class MainActivity extends AppCompatActivity {
6      @Override
7      protected void onCreate(Bundle savedInstanceState) {
8          super.onCreate(savedInstanceState);
```

```
9         setContentView(R.layout.activity_main);
10        // 获取布局管理器中添加的 WebView 控件
11        WebView webview= findViewById(R.id.webView);
12        webview.loadUrl("http://www.itheima.com/"); // 指定要加载的网页
13    }
14 }
```

由于上述代码运行时，需要访问网络资源，因此还需要在清单文件（AndroidManifest.xml）的< manifest>
标签中添加允许访问网络资源的权限，添加的具体代码如下：

```
<uses-permission android:name="android.permission.INTERNET"/>
```

▌▌ 注意：

如果想让上述 WebView 控件具备放大和缩小网页的功能，则需要对该控件进行如下设置：

```
webview.getSettings().setSupportZoom(true);
webview.getSettings().setBuiltInZoomControls(true);
```

9.2.2 使用 WebView 控件执行 HTML 代码

在 Android 程序中，有一些文本提示信息使用 HTML 代码实现会比较简便快捷，而且界面也会更加美观。
WebView 类提供了 loadData()和 loadDataWithBaseURL()方法加载 HTML 代码。当使用 loadData()方法来加载带
中文的 HTML 代码时会产生乱码，但是使用 loadDataWithBaseURL()方法就不会出现这种情况。
loadDataWithBaseURL()方法的定义方式如下：

```
loadDataWithBaseURL(String baseUrl, String data, String mimeType, String encoding,
String historyUrl)
```

关于 loadDataWithBaseURL()方法中参数的具体介绍如下。

● baseUrl：用于指定当前页使用的基本 URL。如果为 null，则使用默认的 about:blank，即空白页。

● data：用于指定要显示的字符串数据。

● mimeType：用于指定要显示内容的 MIME 类型。如果为 null，则默认使用 text/html。

● encoding：用于指定数据的编码方式。

● historyUrl：用于指定当前页的历史 URL，也就是进入该页前显示
页的 URL。如果为 null，则使用默认的 about:blank。

接下来通过一个案例来演示如何使用 WebView 控件加载 HTML 代
码。本案例中只有一个 WebViewHtml 界面，该界面用于加载 HTML 代码，
界面如图 9-3 所示。

实现使用 WebView 控件加载 HTML 代码功能的具体步骤如下。

1. 创建程序

创建一个名为 WebViewHtml 的应用程序，指定包名为 cn.itcast.
webviewhtml，该程序主界面的布局代码与文件 9-1 中的布局代码一样，
并且都放置了一个 WebView 控件，因此将文件 9-1 中的代码复制到该程
序的 activity_main.xml 文件中即可。

2. 实现 WebView 控件加载 HTML 代码的功能

在 MainActivity 中实现 WebView 控件加载 HTML 代码的功能，具体
代码如文件 9-3 所示。

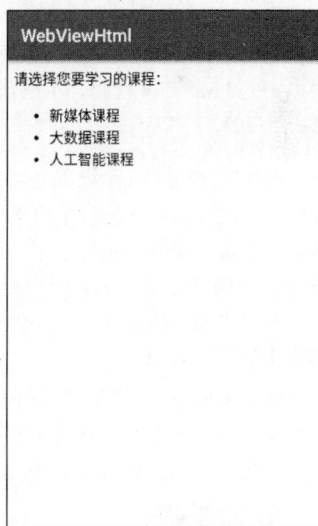

图9-3 WebViewHtml界面

【文件 9-3】 MainActivity.java

```
1 package cn.itcast.webviewhtml;
2 import android.support.v7.app.AppCompatActivity;
3 import android.os.Bundle;
4 import android.webkit.WebView;
5 public class MainActivity extends AppCompatActivity {
6     @Override
7     protected void onCreate(Bundle savedInstanceState) {
```

```
8          super.onCreate(savedInstanceState);
9          setContentView(R.layout.activity_main);
10         // 获取布局管理器中添加的 WebView 控件
11         WebView webview = findViewById(R.id.webView);
12         // 创建一个字符串构建器，将要显示的 HTML 内容放置在该构建器中
13         StringBuilder sb = new StringBuilder();
14         sb.append("<div>请选择您要学习的课程: </div>");
15         sb.append("<ul>");
16         sb.append("<li>新媒体课程</li>");
17         sb.append("<li>大数据课程</li>");
18         sb.append("<li>人工智能课程</li>");
19         sb.append("</ul>");
20         // 加载数据
21         webview.loadDataWithBaseURL(null, sb.toString(), "text/html", "utf-8",
22         null);
23      }
24  }
```

在上述代码中，第 11～19 行代码使用 findViewById()方法获取 WebView 控件，接着创建一个字符串构建器 sb，通过 append()方法将 HTML 代码放入该构建器中。

第 21 行、第 22 行代码使用 loadDataWithBaseURL()方法加载构建器中的 HTML 代码并显示到界面上。其中 loadDataWithBaseURL()方法中的第 1 个参数 null 表示使用默认的空白页面，第 2 个参数 sb.toString()表示字符串构建器 sb 中的数据，第 3 个参数 "text/html" 表示指定要显示内容的 MIME 类型，第 4 个参数 "utf-8" 表示指定数据的编码方式。

9.2.3　设置 WebView 控件支持 JavaScript 代码

在 Android 程序中，由于 WebView 控件加载的某些网页是通过 JavaScript 代码编写的，而 WebView 控件在默认情况下是不支持 JavaScript 代码的，因此为了解决这个问题，我们需要通过 setJavaScriptEnabled()方法来设置 WebView 控件，使其可以支持 JavaScript 代码，具体步骤如下。

第 1 步：首先获取 WebView 控件的 WebSettings 对象，然后调用该对象的 setJavaScriptEnabled()方法让 WebView 控件支持 JavaScript 代码。例如，在程序中获取了 WebView 控件的对象 webview，设置该控件支持网页中的 JavaScript 代码，示例代码如下：

```
WebSettings settings = webview.getSettings(); // 获取 WebSettings 对象
settings.setJavaScriptEnabled(true);          // 设置 JavaScript 代码可用
```

第 2 步：经过第 1 步设置之后，网页中的大部分 JavaScript 代码均可以加载出来，但是对于使用 window.alert()方法弹出的提示框却加载不出来。如果想要解决这个问题，则需要使用 WebView 控件的 setWebChromeClient()方法来实现，示例代码如下：

```
webview.setWebChromeClient(new WebChromeClient());
```

通过上述代码设置之后，在使用 WebView 控件显示带有 JavaScript 代码的提示框时，网页中弹出的提示框将不会被屏蔽掉。

接下来通过一个案例来演示如何使用 WebView 控件支持一个带有 JavaScript 代码的网页，本案例中只有一个 WebViewJS 界面，该界面用于加载 JavaScript 代码，界面如图 9-4 所示。

实现使用 WebView 控件加载 JavaScript 代码功能的具体步骤如下。

1. 创建程序

创建一个名为 WebViewJS 的应用程序，指定包名为 cn.itcast.webviewjs。

2. 导入带有 JavaScript 代码的文件

将 Android Studio 中的选项卡切换到【Project】，接着选中程序中的 app\src\main 文件夹，单击鼠标右键并依次选择【New】→【Folder】→【Assets Folder】选项，弹出一个 Configure Component 页面。创建 assets 文件夹的过程如图 9-5 所示。

单击图 9-5 中 Configure Component 页面中的 "Finish" 按钮即可完成 assets 文件夹的创建，将 alert.html

文件与 alert.js 文件（这两个文件在资源中已提供）导入 assets 文件夹中，在程序中调用这两个文件会弹出一个消息提示框的网页。

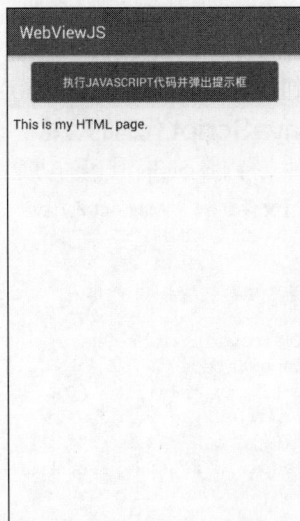

图9-4　WebViewJS界面

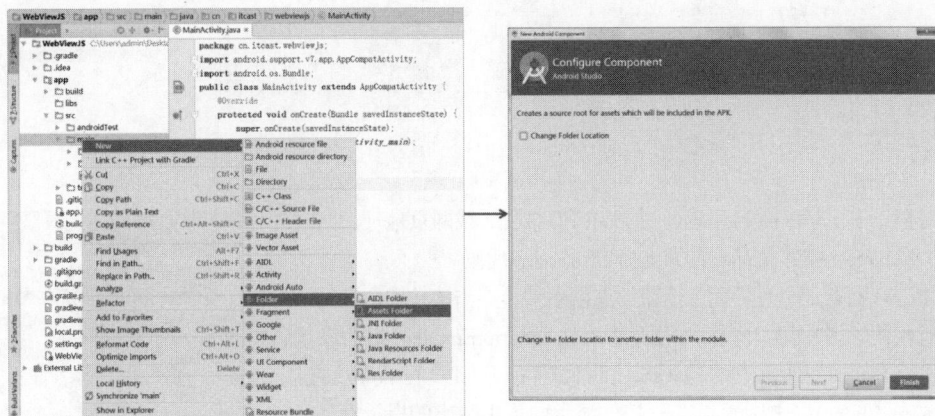

图9-5　创建assets文件夹的过程

3. 放置界面控件

在 activity_main.xml 布局文件中，放置 1 个 Button 控件用于显示"执行 JAVASCRIPT 代码并弹出提示框"的按钮；放置 1 个 WebView 控件用于浏览网页，完整的布局代码详见文件 9-4。

扫码查看文件 9-4

4. 创建背景选择器

因为界面上的按钮在按下与弹起时的背景是不一样的，所以可以创建一个背景选择器实现该效果。首先将按钮按下与弹起的背景图片 btn_dialog_selected.png、btn_dialog_normal.png 导入程序中创建的 drawable-hdpi 文件夹中。然后在 res\drawable 文件夹中创建按钮的背景选择器 btn_dialog_selector.xml，当按钮按下时显示灰色图片（btn_dialog_selected.png），当按钮弹起时显示蓝色图片（btn_dialog_normal.png），具体代码如文件 9-5 所示。

【文件 9-5】　btn_dialog_selector.xml

```
1   <?xml version="1.0" encoding="utf-8"?>
2   <selector xmlns:android="http://schemas.android.com/apk/res/android">
3       <item android:drawable="@drawable/btn_dialog_selected"
```

```
4                                              android:state_pressed="true" />
5      <item android:drawable="@drawable/btn_dialog_normal" />
6  </selector>
```

在上述代码中，第 3 行、第 4 行代码表示当按钮按下，也就是 android:state_pressed="true"时，按钮的背景图片设置为灰色图片（btn_dialog_selected）。

第 5 行代码表示当按钮弹起时，按钮的背景图片设置为蓝色图片（btn_dialog_normal）。

5. 实现 WebView 控件支持 JavaScript 代码的功能

在 MainActivity 中实现 WebView 控件支持 JavaScript 代码的功能，具体代码如文件 9-6 所示。

【文件 9-6】 MainActivity.java

```
1  package cn.itcast.webviewjs;
2  ...... // 省略导入包
3  public class MainActivity extends AppCompatActivity {
4      @Override
5      protected void onCreate(Bundle savedInstanceState) {
6          super.onCreate(savedInstanceState);
7          setContentView(R.layout.activity_main);
8          final WebView webview = findViewById(R.id.webView);
9          Button btn = findViewById(R.id.btn_dialog);
10         webview.loadUrl("file:///android_asset/alert.html"); //指定要加载的网页
11         btn.setOnClickListener(new View.OnClickListener() {
12             @Override
13             public void onClick(View view) {
14                 // 设置 webview 控件支持 JavaScript 代码
15                 webview.getSettings().setJavaScriptEnabled(true);
16                 // 显示网页中通过 JavaScript 代码弹出的提示框
17                 webview.setWebChromeClient(new WebChromeClient());
18                 webview.loadUrl("file:///android_asset/alert.html");
19             };
20         });
21     }
22  }
```

在上述代码中，第 10 行代码通过 loadUrl()方法加载网页地址，此时界面上的 WebView 控件没有设置为支持 JavaScript 代码。

第 11～20 行代码处理界面上按钮的点击事件，点击该按钮会运行第 15～18 行代码，其中第 15 行代码通过 setJavaScriptEnabled()方法设置 WebView 控件支持网页中的 JavaScript 代码；第 17 行代码通过 setWebChromeClient()方法让 WebView 控件显示网页中弹出的提示框；第 18 行代码通过 loadUrl()方法加载网页地址。

需要注意的是，上述代码中第 10 行和第 18 行代码加载的是同一个网页地址，为了对比出没有设置 WebView 控件支持 JavaScript 代码与设置 WebView 控件支持 JavaScript 代码的界面效果。

6. 运行程序

运行上述程序，默认界面上不会弹出一个 JavaScript 代码编写的提示框，点击界面上的"执行 JAVASCRIPT 代码并弹出提示框"按钮时，界面上会弹出一个 JavaScript 代码编写的提示框，运行结果如图 9-6 所示。

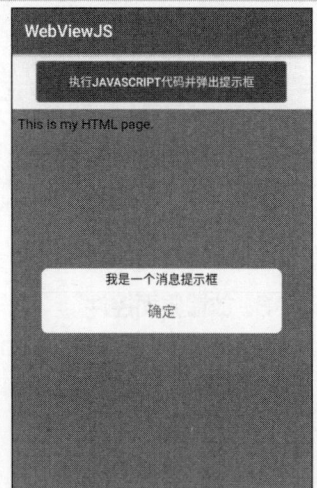

图9-6 运行结果

9.3 JSON 数据解析

Android 应用程序界面上的数据信息大部分都是通过网络请求从服务器（详见 9.3.3 小节的"多学一招"）上获取到的，获取到的数据类型常见的就是 JSON。JSON 是一种新的数据格式，这种格式的数据不可以直接显示到程序的界面上，需要将该数据解析为一个集合或对象的形式才可以显示到界面上。本节将针对 JSON

数据的解析进行详细讲解。

9.3.1 JSON 数据

在解析 JSON 数据之前，了解一下 JSON 数据。JSON 的全称为 JavaScript Object Notation，JSON 表示一种轻量级的数据交互格式，它是基于 JavaScript 的一个子集，采用完全独立于编程语言的文本格式来存储和表示数据。简洁和清晰的层次结构使得 JSON 成为理想的数据交换语言，而且 JSON 数据易于阅读和编写，同时也易于机器解析和生成，能够有效地提升网络的传输效率。

初学者可以使用 JSON 传输一个简单的数据，如 String、Number、Boolean 类型的数据，也可以传输一个数组或者一个复杂的 Object 对象。JSON 数据有两种表示结构，分别是对象结构和数组结构，这两种结构的具体介绍如下：

1. 对象结构

对象结构的 JSON 数据以"{"开始，以"}"结束。中间部分由以","分隔的键值对（key:value）构成，最后一个键值对后边不用加"，"，键（key）和值（value）之间以"："分隔。对象结构的 JSON 数据的存储形式如图 9-7 所示。

图9-7 对象结构的JSON数据的存储形式

在图 9-7 中，object 可以看作是一个 Map，string 表示键 key，value 表示 key 对应的值。

对象结构的 JSON 数据的基本语法格式如下：

```
{
    key1:value1,
    key2:value2,
    ......
}
```

上述语法结构中的 key1，key2，…必须为 String 类型，value1，value2，…可以是 String、Number、Object、Array 等类型。例如，一个 address 对象包含城市、街道、邮编等信息，JSON 的表示形式如下：

```
{"city":"Beijing", "street":"Xisanqi", "postcode":100096}
```

2. 数组结构

数组结构的 JSON 数据以"["开始，以"]"结束。中间部分由 0 个或多个以","分隔的对象（value）的列表组成，其存储形式如图 9-8 所示。

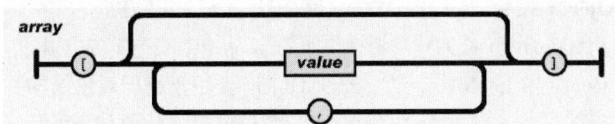

图9-8 数组结构的JSON数据的存储形式

在图 9-8 中，array 表示一个数组，value 表示一个对象，该对象可以是具体的数据（如"4""您好"），也可以是一个对象结构的 JSON 数据（如{"name":"小花", "age":"18"}、{"city":"北京", "weather":"多云"}）。

数组结构的 JSON 数据的语法格式如下：

```
[
    value1,
    value2,
    ...
]
```

例如，一个数组结构的 JSON 数据中包含了 String、Number、Boolean、Null 类型的具体数据，JSON 的表示形式如下：

```
["abc",12345,false,null]
```

例如，一个数组结构的 JSON 数据中包含了两个对象结构的数据，该 JSON 数据的表示形式如下：

```
[
    {
      "name":"LiLi",
      "city":"Beijing"
    },
    {
      "name":"LiLei",
      "city":"Shanghai"
    }
]
```

假设上述 JSON 数据的每个对象中还包含一个 hobby 信息，其 value 值是一个数组，则该 JSON 数据的表示形式如下：

```
[
    {
      "name":"LiLi",
      "city":"Beijing",
      "hobby":["篮球","乒乓球","听音乐"]
    },
    {
      "name":"LiLei",
      "city":"Shanghai",
      "hobby":["看电影","羽毛球","游泳"]
    }
]
```

在上述 JSON 数据中，每个 hobby 信息都是一个数组结构的 JSON 数据。

需要注意的是，如果使用 JSON 存储单个数据（如"abc"），一定要使用数组结构，不要使用对象结构，因为对象结构必须是"键的名称:值"的形式。另外，JSON 文件的扩展名为.json，例如 Person.json。

9.3.2　JSON 解析

如果想要将 JSON 文件中的数据显示到 Android 程序的界面上，则首先需要将 JSON 数据解析出来。假设现在有两条 JSON 数据，其中 json1 是对象结构的数据，json2 是数组结构的数据，示例代码如下：

json1：

```
{"name":"zhangsan", "age":27, "married":true}
```

json2：

```
[{"name":"lisi", "age": 25},{"name":"Jason", "age":20}]
```

如果我们要解析这两种格式的 JSON 数据，解析方式有两种，具体介绍如下。

1. 使用 JSONObject 类与 JSONArray 类解析 JSON 数据

为了解析 JSON 数据，Android SDK 为开发者提供了 org.json 包，该包存放了解析 JSON 数据的类，其中最重要的两个类是 JSONObject 类和 JSONArray 类，JSONObject 类用于解析对象结构的 JSON 数据，JSONArray 类用于解析数组结构的 JSON 数据。这两个类解析 JSON 数据的具体代码如下所示。

（1）使用 JSONObject 类解析对象结构的 JSON 数据，示例代码如下：

```
JSONObject jsonObj = new JSONObject(json1);
String name = jsonObj.optString("name");
int age = jsonObj.optInt("age");
boolean married = jsonObj.optBoolean("married");
```

上述代码首先创建了 JSONObject 类的对象 jsonObj，JSONObject()构造方法传递的参数 json1 是对象结构的 JSON 数据，然后分别使用 jsonObj 的 optString()方法、optInt()方法、optBoolean()方法获取 JSON 数据中 String 类型、Int 类型、Boolean 类型的数据。

（2）使用 JSONArray 类解析数组结构的 JSON 数据，示例代码如下：

```
JSONArray jsonArray = new JSONArray(json2);
for(int i = 0; i < jsonArray.length(); i++) {
    JSONObject jsonObj = jsonArray.getJSONObject(i);
    String name = jsonObj.optString("name");
int age = jsonObj.optInt("age");
}
```

上述代码首先创建了 JSONArray 类的对象 jsonArray，JSONArray()构造方法传递的参数是数组结构的 JSON 数据，接着通过一个 for 循环来遍历 jsonArray 中的数据。由于 json2 是一个数组结构的数据，因此需要在 for 循环中对数组中的数据进行遍历。在 for 循环中，首先需要通过 getJSONObject()方法获取数组中的每个对象，接着通过该对象的 optString()方法与 optInt()方法获取 json2 中对应的数据。

上述两个类在解析 JSON 数据时用到了 optString()方法、optInt()方法、optBoolean()方法，这些方法在解析数据时是安全的，如果对应的字段不存在，这些方法会有默认的返回值，程序不会报错。

2. 使用 Gson 库解析 JSON 数据

为了解析 JSON 数据，Google 公司提供了一个 Gson 库，该库中定义了 fromJson()方法来解析 JSON 数据。如果想要使用这个库，则需要将其添加到项目中（详见"多学一招"），然后才可以调用库中提供的方法。

使用 Gson 库之前必须创建 JSON 数据对应的实体类，实体类中的成员名称必须与 JSON 数据中的 key 值一致。在解析 JSON 数据的示例代码中，数据 json1 对应的实体类以 Person1 为例，数据 json2 对应的实体类以 Person2 为例，实体类 Person1 的具体代码如文件 9-7 所示。

【文件 9-7】　Person1.java

```
1   public class Person1 {
2       private String name;
3       private int age;
4       private boolean married;
5       public String getName() {
6           return name;
7       }
8       public void setName(String name) {
9           this.name = name;
10      }
11      public int getAge() {
12          return age;
13      }
14      public void setAge(int age) {
15          this.age = age;
16      }
17      public boolean isMarried() {
18          return married;
19      }
20      public void setMarried(boolean married) {
21          this.married = married;
22      }
23  }
```

只需将文件 9-7 中的第 4 行与第 17～22 行代码删除就是实体类 Person2 中的代码。

（1）使用 Gson 库解析对象结构的 JSON 数据，示例代码如下：

```
Gson gson = new Gson();
Person1 person1 = gson.fromJson(json1, Person1.class);
```

（2）使用 Gson 库解析数组结构的 JSON 数据，示例代码如下：

```
Gson gson = new Gson();
Type listType = new TypeToken<List<Person2>>(){}.getType();
List<Person2> person2 = gson.fromJson(json2, listType);
```

上述解析两种 JSON 数据的代码中，都是通过 Gson 库中的 fromJson()方法来解析 JSON 数据的。

根据上述两种方式解析不同的 JSON 数据可知，通过 Gson 库解析 JSON 数据的代码比较简单快捷，便于提高开发效率。

多学一招: Android Studio 添加库文件

　　在实际开发过程中，经常会使用到 Google 公司提供的类库，这些类库需要添加到 Android 程序中，才可以调用库中的方法。接下来针对如何在 Android 程序中添加库文件进行讲解，具体操作步骤如下。

　　（1）在 Android Studio 中，选择【File】→【Project Structure...】选项，此时会弹出一个 Project Structure 窗口，如图 9-9 所示。

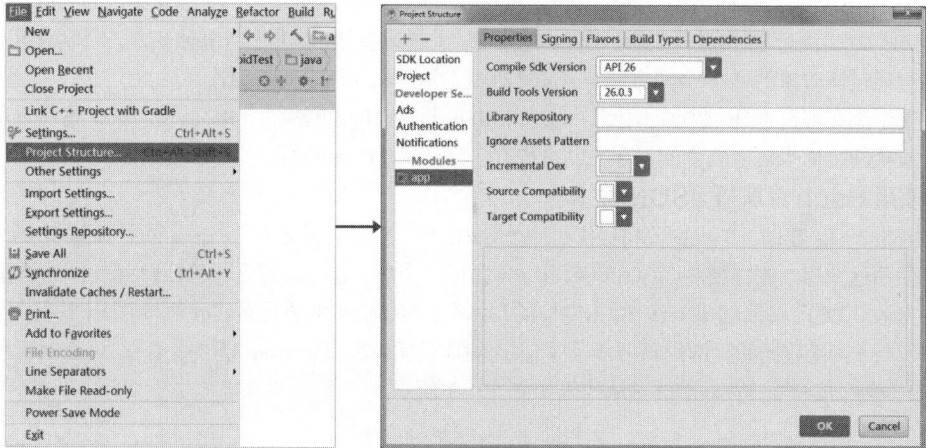

图9-9　Project Structure窗口

　　（2）选中 Project Structure 窗口中的【Dependencies】选项卡，接着单击该窗口右上角的"➕"，选择【Library dependency】选项，此时会弹出一个 Choose Library Dependency 窗口，在该窗口中找到 Gson 库的 com.google.code.gson:gson:2.8.5 文件并选中，如图 9-10 所示。

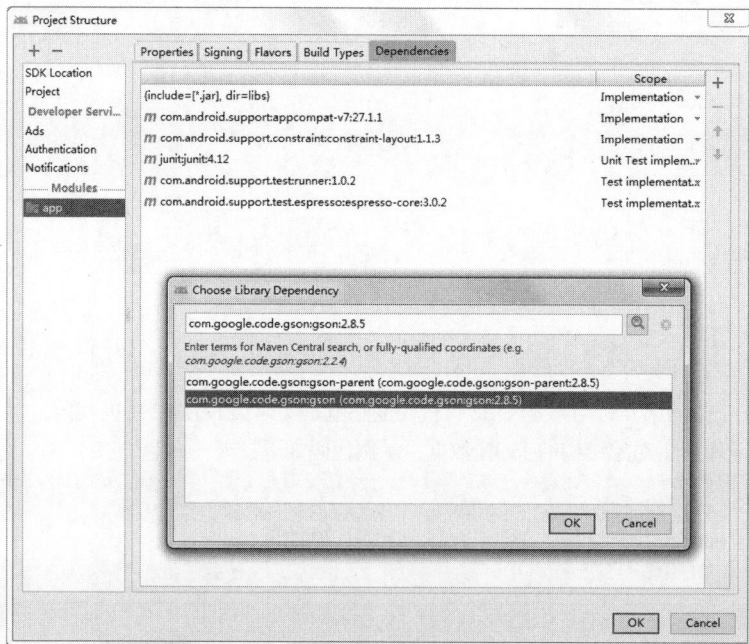

图9-10　Choose Library Dependency窗口

　　单击"OK"按钮，库文件就可以成功添加到 Android 程序中了。

9.3.3　实战演练——仿拼多多砍价界面

随着科技的发展，人们越来越依赖于网络与智能手机。现在大部分用户手机上都会安装一个拼多多软件，为了砍到一份免费的商品，用户可能会邀请好友或其他人给自己砍价，直到砍价成功。拼多多的砍价界面显示的信息有已经砍价成功的商品数量、名称、图片等信息，这些商品的数据信息可以通过 JSON 文件来存放。为了让初学者更好地掌握前面学习的 JSON 数据解析的知识点，本节我们将通过仿拼多多砍价界面的案例来演示如何解析 JSON 数据并将数据显示到界面上。实现本案例的具体步骤如下所示。

图9-11　仿拼多多砍价界面

1. 搭建砍价界面布局

在仿拼多多砍价界面程序中只显示一个砍价界面，该界面主要用于展示一个标题栏和一个商品列表，其中标题栏中显示"一刀砍成卡"与"商品直接带回家"信息。标题栏下方显示商品列表，列表中显示可以砍价的商品的已砍数量、商品名称、商品图片和"点击免费拿"按钮。仿拼多多砍价界面如图 9-11 所示。

搭建砍价界面布局的具体步骤如下所示。

（1）创建程序

创建一个名为 Pinduoduo 的应用程序，指定包名为 cn.itcast.pinduoduo。

（2）导入界面图片

将砍价界面所需要的图片 title_bg.png、goods_bg.png、btn_free_bg.png 导入程序中创建的 drawable-hdpi 文件夹中。

（3）添加 recyclerview-v7 库

由于砍价界面中的商品列表是用 RecyclerView 控件展示的，RecyclerView 控件存在于 recyclerview-v7 库中，所以需要将该库添加到程序中。前面章节中已经详细介绍过如何添加 recyclerview-v7 库，此处不再具体介绍。

扫码查看文件 9-8

（4）放置界面控件

在 activity_main.xml 布局文件中，放置 2 个 TextView 控件分别用于显示"一刀砍成卡"与"商品直接带回家"文本信息；放置 1 个 View 控件用于显示一条橙色分割线；放置 1 个 RecyclerView 控件用于显示商品列表信息。完整布局代码详见文件 9-8。

扫码查看文件 9-9

（5）搭建商品列表的条目布局

在 Pinduoduo 程序的 res/layout 文件夹中创建一个 goods_item.xml 文件，在该文件中通过代码来搭建菜单列表界面的条目布局。在 goods_item.xml 文件中，放置 2 个 TextView 控件分别用于显示商品的已砍数量和商品名称；放置 1 个 ImageView 控件用于显示商品的图片；放置 1 个 Button 控件用于显示"点击免费拿"按钮。完整布局代码详见文件 9-9。

（6）修改默认标题栏的名称

由于仿拼多多砍价界面程序的名称为"Pinduoduo"，所以程序中默认标题栏的名称为"Pinduoduo"。为了将默认标题栏中的标题修改为"砍价"，我们需要修改 res/values 文件夹中的 strings.xml 文件，在该文件中找到属性 name 的值为 app_name 的标签，将该标签中的值设置为"砍价"，具体代码如下：

```
<string name="app_name">砍价</string>
```

2. 实现仿拼多多砍价界面的功能

在仿拼多多砍价界面的程序中，砍价界面需要显示可以砍价的商品列表，这些商品信息的数据需要存放在 JSON 文件中。存放数据的 JSON 文件需要放在 Tomcat（小型简易的服务器）的 ROOT 目录下。在砍价界面的逻辑代码中需要使用 OkHttpClient 类向 Tomcat 服务器请求数据，获取到数据之后通过 Gson 库解析获取到的 JSON 数据并显示到界面上。实现砍价界面功能的具体步骤如下。

（1）添加 okhttp 库

由于仿拼多多砍价界面程序中需要用 OkHttpClient 类向服务器请求数据，OkHttpClient 类存在于 okhttp 库中，所以需要将 okhttp 库添加到程序中。选中 Pinduoduo 程序，单击鼠标右键并选择【Open Module Settings】→【Dependencies】选项卡，单击右上角的绿色加号并选择【Library dependency】选项，然后找到 com.squareup.okhttp3:okhttp:3.12.0 库并添加到程序中。

（2）添加 Gson 库

由于仿拼多多砍价界面需要用 Gson 库解析获取到的 JSON 数据，所以需要将 Gson 库添加到程序中。选中 Pinduoduo 程序，单击鼠标右键并选择【Open Module Settings】→【Dependencies】选项卡，单击右上角绿色加号并选择【Library dependency】选项，把 com.google.code.gson:gson:2.8.5 库添加到程序中。

（3）添加加载图片的库 glide-3.7.0.jar

由于在商品列表的数据适配器中加载商品图片时，这些图片是网络图片，需要借助 Glide 类将网络图片显示到界面上，Glide 类存在于加载图片的库 glide-3.7.0.jar 中，所以我们需要将 glide-3.7.0.jar 库添加到 Pinduoduo 程序中。首先将 glide-3.7.0.jar 库（已提供）导入程序中的 libs 文件夹中，其次选中 glide-3.7.0.jar 库，然后单击鼠标右键并选择【Add As Library】选项，会弹出一个对话框，单击该对话框上的"OK"按钮，即可将 glide-3.7.0.jar 库添加到程序中。

（4）商品信息数据的准备

砍价界面的商品信息数据存放在一个小型简易的服务器 Tomcat（此处以 Tomcat 8.5.59 为例）中，服务器中存放数据的目录结构如图 9-12 所示。

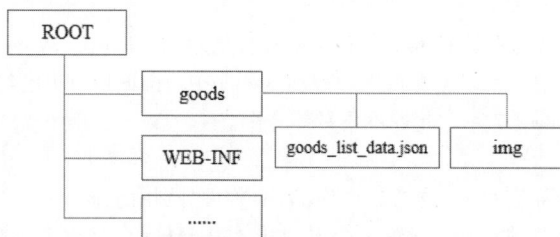

图9-12　存放数据的目录结构

在图 9-12 中，ROOT 文件夹在 apache-tomcat-8.5.59\webapps\目录下，表示 Tomcat 服务器的根目录。goods 文件夹中存放的是砍价界面的商品列表中用到的所有数据，其中 goods\img 文件夹中存放的是商品图片资源。goods_list_data.json 文件中存放的是商品列表中的数据，具体如文件 9-10 所示。

【文件9-10】　goods_list_data.json

```
1  [
2    {"id":1,"count":"5.4万","goodsName":"拍立得相机",
3                "goodsPic":"http://172.16.43.20:8080/goods/img/polaroid.png"},
4    {"id":2,"count":"5.3万","goodsName":"格兰仕微波炉",
5            "goodsPic":"http://172.16.43.20:8080/goods/img/microwave_oven.png"},
6    {"id":3,"count":"1.4万","goodsName":"新国标电动车",
7          "goodsPic":"http://172.16.43.20:8080/goods/img/electric_vehicle.png"},
8    {"id":4,"count":"1.6万","goodsName":"官方定制投影仪",
9              "goodsPic":"http://172.16.43.20:8080/goods/img/projector.png"},
10   {"id":5,"count":"0.4万","goodsName":"美的35L烤箱",
11               "goodsPic":"http://172.16.43.20:8080/goods/img/oven.png"},
```

```
12    {"id":6,"count":"3.3万","goodsName":"儿童学习桌",
13           "goodsPic":"http://172.16.43.20:8080/goods/img/learning_table.png"}
14  ]
```

注意：

上述文件中的 IP 地址需要修改为自己电脑上的 IP 地址，否则访问不到 Tomcat 服务器中的数据。

如果想要启动 Tomcat 服务器，可以在 apache-tomcat-8.5.59\bin 包中找到 startup.bat 文件，双击该文件即可（详见本节"多学一招"）。

（5）封装商品信息的实体类

由于仿拼多多砍价界面的商品列表中包含多个商品信息，这些商品信息都具有商品 id、商品的已砍数量、商品名称、商品图片等属性，所以我们需要在程序中创建一个 GoodsInfo 类来存放商品信息的这些属性，具体代码如文件 9-11 所示。

【文件 9-11】　GoodsInfo.java

```
1   package cn.itcast.pinduoduo;
2   public class GoodsInfo {
3       private int id;                      // 商品 id
4       private String count;                // 商品的已砍数量
5       private String goodsName;            // 商品名称
6       private String goodsPic;             // 商品图片
7       public int getId() {
8           return id;
9       }
10      public void setId(int id) {
11          this.id = id;
12      }
13      public String getCount() {
14          return count;
15      }
16      public void setCount(String count) {
17          this.count = count;
18      }
19      public String getGoodsName() {
20          return goodsName;
21      }
22      public void setGoodsName(String goodsName) {
23          this.goodsName = goodsName;
24      }
25      public String getGoodsPic() {
26          return goodsPic;
27      }
28      public void setGoodsPic(String goodsPic) {
29          this.goodsPic = goodsPic;
30      }
31  }
```

（6）编写商品列表的数据适配器

在 cn.itcast.pinduoduo 包中创建商品列表的数据适配器 GoodsAdapter，在该数据适配器中重写了 onCreateViewHolder()方法、onBindViewHolder()方法和 getItemCount()方法，这些方法分别用于加载商品列表条目的布局文件、将数据绑定到界面控件上和获取列表条目的总数。GoodsAdapter 的具体代码如文件 9-12 所示。

【文件 9-12】　GoodsAdapter.java

```
1   package cn.itcast.pinduoduo;
2   ......
3   public class GoodsAdapter extends RecyclerView.
4                                       Adapter<RecyclerView.ViewHolder> {
5       private Context mContext;
6       private List<GoodsInfo> GoodsList = new ArrayList<>();
7       public GoodsAdapter(Context context) {
8           this.mContext = context;
```

```
9        }
10       /**
11        * 获取数据更新界面
12        */
13       public void setData(List<GoodsInfo> GoodsList) {
14           this.GoodsList = GoodsList;
15           notifyDataSetChanged();
16       }
17       @Override
18       public RecyclerView.ViewHolder onCreateViewHolder(ViewGroup parent,
19                                                        int viewType) {
20           View itemView = null;
21           RecyclerView.ViewHolder holder = null;
22           itemView = LayoutInflater.from(mContext).inflate(R.layout.
23                                           goods_item, parent, false);
24           holder = new MyViewHolder(itemView);
25           return holder;
26       }
27       @Override
28       public void onBindViewHolder(RecyclerView.ViewHolder holder, int position) {
29           GoodsInfo bean = GoodsList.get(position);
30           ((MyViewHolder)holder).tv_count.setText("已砍" + bean.getCount() + "件");
31           ((MyViewHolder)holder).tv_goods_name.setText(bean.getGoodsName());
32           Glide.with(mContext)
33                       .load(bean.getGoodsPic())
34                       .error(R.mipmap.ic_launcher)
35                       .into(((MyViewHolder)holder).iv_img);
36       }
37       @Override
38       public int getItemCount() {
39           return GoodsList.size();
40       }
41       class MyViewHolder extends RecyclerView.ViewHolder {
42           TextView tv_count, tv_goods_name;
43           ImageView iv_img;
44           Button btn_free;
45           public MyViewHolder(View view) {
46               super(view);
47               tv_count = view.findViewById(R.id.tv_count);
48               tv_goods_name = view.findViewById(R.id.tv_goods_name);
49               iv_img = view.findViewById(R.id.iv_img);
50               btn_free = view.findViewById(R.id.btn_free);
51           }
52       }
53  }
```

在上述代码中，第 13～16 行代码定义了一个 setData()方法，该方法用于获取从 Activity 界面传递过来的集合数据 GoodsList，同时在该方法中调用 notifyDataSetChanged()方法更新界面数据。

第 17～26 行代码重写了 onCreateViewHolder()方法，在该方法中首先调用 inflate()方法加载商品列表条目布局文件 goods_item.xml，然后根据获取的商品列表条目视图对象 itemView 创建 MyViewHolder 类的对象 holder，最后将 holder 对象返回。

第 27～36 行代码重写了 onBindViewHolder()方法，该方法用于将获取的商品列表条目数据设置到条目控件上。其中第 30 行、第 31 行代码调用 setText()方法将已砍的商品数量与商品名称设置到界面控件上，第 32～35 行代码通过 Glide 类中的 load()方法与 into()方法将商品图片数据设置到图片控件 iv_img 上，当商品图片设置失败时，图片控件上会显示 error()方法传递的图片。

第 37～40 行代码重写了 getItemCount()方法，该方法用于获取商品列表条目总数。

第 41～52 行代码创建了一个 MyViewHolder 类，该类用于获取商品列表条目上的控件。其中，第 47～50 行代码分别通过调用 findViewById()方法获取列表条目上商品的已砍数量控件、商品名称控件、商品图片控件和"点击免费拿"按钮控件。

（7）实现显示商品列表数据的功能

在仿拼多多砍价界面的程序中，砍价界面的商品列表数据需要从 Tomcat 服务器获取，获取到的数据是 JSON 数据，不能直接显示到界面上，首先需要通过 Gson 库进行解析并将解析后的数据存放在一个集合中，然后将集合中的数据显示到界面上。为了实现这些功能，我们需要在 MainActivity 中定义 3 个方法，分别是 init() 方法、initData() 方法和 getGoodsList() 方法，这 3 个方法分别用于初始化界面控件、开启异步线程访问网络请求数据和解析请求到的 JSON 数据。MainActivity 的具体代码如文件 9-13 所示。

【文件 9-13】　MainActivity.java

```
1   package cn.itcast.pinduoduo;
2   ......
3   public class MainActivity extends AppCompatActivity {
4       private GoodsAdapter adapter;                    // 列表的数据适配器
5       public static final int MSG_GOODS_OK = 1;     // 获取数据
6       private MHandler mHandler;
7       // 内网接口
8       public static final String WEB_SITE = "http://172.16.43.20:8080/goods";
9       // 商品列表接口
10      public static final String REQUEST_GOODS_URL = "/goods_list_data.json";
11      private RecyclerView rv_list;
12      @Override
13      protected void onCreate(Bundle savedInstanceState) {
14          super.onCreate(savedInstanceState);
15          setContentView(R.layout.activity_main);
16          mHandler = new MHandler();
17          init();
18          initData();
19      }
20      private void init() {
21          rv_list = findViewById(R.id.rv_list);
22          GridLayoutManager manager = new GridLayoutManager(this, 2);
23          rv_list.setLayoutManager(manager);
24          adapter = new GoodsAdapter(MainActivity.this);
25          rv_list.setAdapter(adapter);
26      }
27      private void initData() {
28          OkHttpClient okHttpClient = new OkHttpClient();
29          Request request = new Request.Builder().url(WEB_SITE +
30                                          REQUEST_GOODS_URL).build();
31          Call call = okHttpClient.newCall(request);
32          // 开启异步线程访问网络
33          call.enqueue(new Callback() {
34              @Override
35              public void onResponse(Call call, Response response) throws
36                                                              IOException {
37                  String res = response.body().string(); // 获取商品数据
38                  Message msg = new Message();
39                  msg.what = MSG_GOODS_OK;
40                  msg.obj = res;
41                  mHandler.sendMessage(msg);
42              }
43              @Override
44              public void onFailure(Call call, IOException e) {
45              }
46          });
47      }
48      /**
49       * 事件捕获
50       */
51      class MHandler extends Handler {
52          @Override
53          public void dispatchMessage(Message msg) {
54              super.dispatchMessage(msg);
55              switch (msg.what) {
```

```
56              case MSG_GOODS_OK:
57                  if (msg.obj != null) {
58                      String vlResult = (String) msg.obj;
59                      // 解析获取的 JSON 数据
60                      List<GoodsInfo> goodsInfos = getGoodsList(vlResult);
61                      adapter.setData(goodsInfos);
62                  }
63                  break;
64          }
65      }
66  }
67  public List<GoodsInfo> getGoodsList(String json) {
68      Gson gson = new Gson(); // 使用 Gson 库解析 JSON 数据
69      // 创建一个 TypeToken 的匿名子类对象，并调用对象的 getType()方法
70      Type listType = new TypeToken<List<GoodsInfo>>(){}.getType();
71      // 把解析后的数据存放到集合 goodsInfos 中
72      List<GoodsInfo> goodsInfos = gson.fromJson(json, listType);
73      return goodsInfos;
74  }
75 }
```

在上述代码中，第 20 ~26 行代码定义了一个 init()方法，该方法用于初始化界面控件。在 init()方法中首先调用 findViewById()方法获取商品列表控件 rv_list；其次实例化 GridLayoutManager 类，在实例化该类时调用了 GridLayoutManager(this, 2)方法，该方法中的第 1 个参数 this 表示上下文，第 2 个参数 2 表示商品列表的每个条目中显示 2 条商品信息；然后调用 setLayoutManager()方法将 GridLayoutManager 类的对象设置到列表控件 rv_list 上；最后实例化 GoodsAdapter，并调用 setAdapter()方法将该数据适配器的对象 adapter 设置到列表控件 rv_list 上。

第 27~47 行代码定义了一个 initData()方法，该方法用于开启异步线程访问网络，从服务器上获取商品列表的数据，并将该数据通过 Handler 消息机制（在 9.4 节进行详细讲解）传递到主线程的 MHandler 类中。

第 51~66 行代码定义了一个 MHandler 类，该类用于接收通过异步线程请求到的 JSON 数据，并解析 JSON 数据，将数据设置到商品列表的数据适配器中。其中，第 58 行代码用于获取传递过来的 JSON 数据；第 60 行代码调用 getGoodsList()方法解析获取到的 JSON 数据，并将解析后的数据存放在集合 goodsInfos 中；第 61 行代码调用 setData()方法将集合 goodsInfos 设置到商品列表的数据适配器的对象 adapter 中。

第 67~74 行代码定义了一个 getGoodsList()方法，该方法用于解析获取到的 JSON 数据。其中第 72 行代码首先通过调用 fromJson()方法将 JSON 数据进行解析，然后将解析后的数据存放在集合 goodsInfos 中，并将该集合返回。

3. 运行程序

运行上述程序，将程序运行到第三方模拟器（如夜神模拟器）上，运行结果与图 9-11 一致，此处不再重复显示运行结果的图。

需要注意的是，程序必须运行到第三方模拟器上，否则界面上不会显示商品数据信息。

▌▍多学一招：安装配置 Tomcat 服务器

Tomcat 服务器是 Apache 组织的 Jakarta 项目中的一个重要子项目，它是 Sun 公司（已被 Oracle 公司收购）推荐的运行 Servlet 和 JSP 的容器（引擎），其源代码是完全公开的。Tomcat 服务器不仅具有 Web 服务器的基本功能，还提供了数据库连接池等许多通用组件功能。Tomcat 服务器运行稳定、可靠、效率高，不仅可以和目前大部分主流的 Web 服务器（如 Apache、IIS 服务器）一起工作，还可以作为独立的 Web 服务器软件进行工作。

1. 下载 Tomcat 服务器

在 Tomcat 官网上下载 apache-tomcat-8.5.59-windows-x64.zip 文件，此处下载的是 64 位的 Tomcat 文件，也可下载 32 位的 Tomcat 文件，根据需求自行选择即可。解压 apache-tomcat-8.5.59-windows-x64.zip 文件到指定的目录即可。本小节将 Tomcat 压缩文件直接解压到了 D 盘的根目录，产生了一个 apache-tomcat-8.5.59 文件夹，打开该文件夹可以看到 Tomcat 服务器的目录结构，如图 9-13 所示。

图9-13　apache-tomcat-8.5.59目录

由图 9-13 可知，Tomcat 服务器的安装目录中包含一系列的子目录，这些子目录分别用于存放不同功能的文件。接下来针对这些子目录进行简单介绍，具体如下。

- bin：用于存放 Tomcat 服务器的可执行文件和脚本文件(扩展名为.bat 的文件)，如 startup.bat。
- conf：用于存放 Tomcat 服务器的各种配置文件，如 web.xml、server.xml。
- lib：用于存放 Tomcat 服务器和所有 Web 应用程序需要访问的 JAR 文件。
- logs：用于存放 Tomcat 服务器的日志文件。
- temp：用于存放 Tomcat 服务器运行时产生的临时文件。
- webapps：Web 应用程序的主要发布目录。通常将要发布的应用程序放到这个目录下。
- work：Tomcat 服务器的工作目录。JSP 编译生成的 Servlet 源文件和字节码文件放在这个目录下。

2. 启动 Tomcat 服务器

在 Tomcat 服务器安装目录的 bin 目录下，存放了许多脚本文件，其中 startup.bat 就是启动 Tomcat 服务器的脚本文件，如图 9-14 所示。

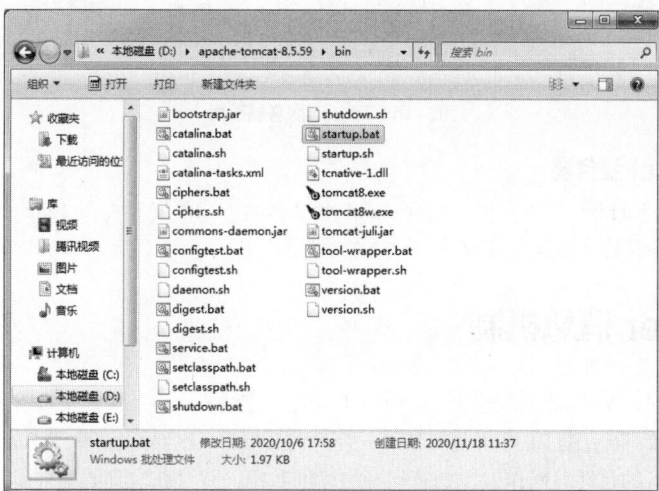

图9-14　bin目录

双击 startup.bat 文件，便会启动 Tomcat 服务器，Tomcat 服务器的启动信息窗口如图 9-15 所示。

图9-15　Tomcat服务器的启动信息窗口

　　Tomcat 服务器启动后，在浏览器的地址栏中输入 http://localhost:8080 访问 Tomcat 服务器，如果浏览器中 Tomcat 服务器页面如图 9-16 所示，则说明 Tomcat 服务器安装部署成功了。

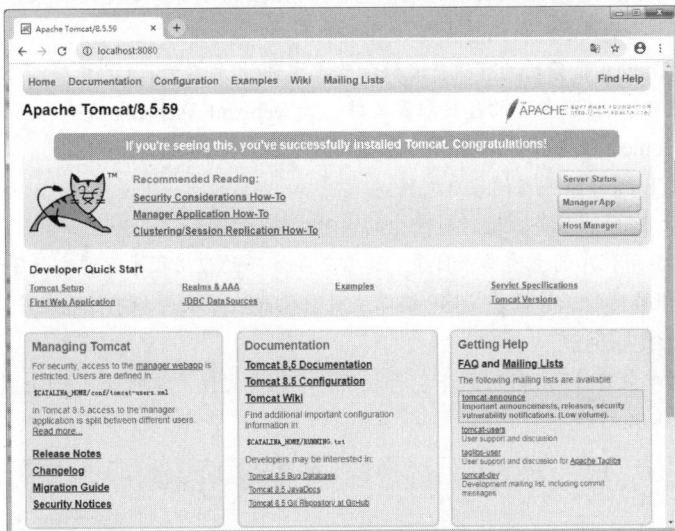

图9-16　Tomcat服务器页面

3. 关闭 Tomcat 服务器

　　在 Tomcat 根目录下的 bin 文件夹中，运行 shutdown.bat 脚本文件即可关闭 Tomcat 服务器或者直接关闭图 9-15 中 Tomcat 服务器的启动信息窗口。

9.4　Handler 消息机制

　　当应用程序启动时，Android 首先会开启一个 UI 线程（主线程），UI 线程负责管理 UI 界面中的控件，并进行事件分发。例如，当点击 UI 界面上的 Button 控件时，Android 会分发事件到 Button 控件上响应要执行的操作，如果此时执行的是耗时操作，比如访问网络读取数据，并将获取到的结果显示到 UI 界面上，此时程序就会出现假死现象，如果 5 秒内还没有完成，程序会收到 Android 的一个错误提示——"强制关闭"。

这时，初学者会想到把这些操作放到子线程中完成，但在 Android 中，更新 UI 界面只能在主线程中完成，其他线程是无法直接对主线程进行操作的。

为了解决以上问题，Android 中提供了一种异步回调机制 Handler，由 Handler 来负责与子线程进行通信。一般情况下，在主线程中绑定 Handler 对象，并在事件触发上面创建子线程用于完成某些耗时操作，当子线程中的工作完成之后，会向 Handler 对象发送一个已完成的信号（Message 对象），当 Handler 对象接收到信号后，就会在主线程中对 UI 界面进行更新操作。

Handler 机制主要包括 4 个关键对象，分别是 Message、Handler、MessageQueue、Looper。下面分别对这 4 个关键对象进行简要的介绍。

1. Message

Message 是在线程之间传递的消息，它可以在内部携带少量的信息，用于在不同线程之间交换数据。Message 的 what 字段可以用来携带一些 Int 类型数据，obj 字段可以用来携带一个 Object 对象。

2. Handler

Handler 是处理者的意思，它主要用于发送消息和处理消息。一般使用 Handler 对象的 sendMessage()方法发送消息，发出的消息经过一系列的处理后，最终会传递到 Handler 对象的 handleMessage()方法中。

3. MessageQueue

MessageQueue 是消息队列的意思，它主要用来存放通过 Handler 对象发送的消息。通过 Handler 对象发送的消息会存在 MessageQueue 对象中等待处理，每个线程中只会有一个 MessageQueue 对象。

4. Looper

Looper 是每个线程中 MessageQueue 对象的管家。调用 Looper 对象的 loop()方法后，就会进入一个无限循环中。每当发现 MessageQueue 对象中存在一条消息，就会将它取出，并传递到 Handler 对象的 handleMessage()方法中。此外，每个线程也只会有一个 Looper 对象。在主线程中创建 Handler 对象时，系统已经默认存在一个 Looper 对象，所以不用手动创建 Looper 对象，而在子线程的 Handler 对象中，需要调用 Looper.loop()方法开启消息循环。

为了让初学者更好地理解 Handler 消息机制，通过一张图片来梳理一下整个 Handler 消息机制的处理流程，如图 9-17 所示。

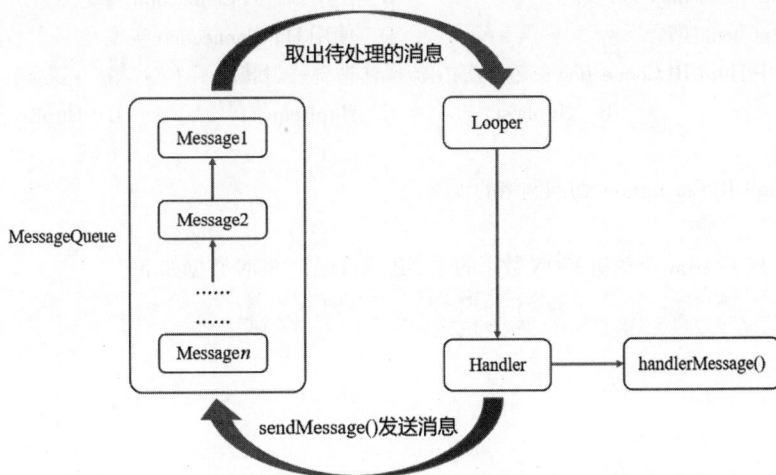

图9-17　Handler消息机制的处理流程

图 9-17 清晰地描述了 Handler 消息机制的处理流程。Handler 消息处理首先需要在 UI 线程中创建一个 Handler 对象，然后在子线程中调用 Handler 对象的 sendMessage()方法，接着这个消息会被存放在 UI 线程的 MessageQueue 对象中。通过 Looper 对象取出 MessageQueue 对象中的消息，最后分发回 Hanlder 对象的 handleMessage()方法中。Handler 消息机制在 Android 开发中经常会用到，初学者必须要掌握。

9.5 本章小结

本章详细地讲解了 Android 中的网络编程，包括 HTTP 协议简介、如何使用 HttpURLConnection 访问网络、使用 WebView 控件浏览网页、使用 WebView 控件执行 HTML 代码、设置 WebView 控件支持 JavaScript 代码、解析 JSON 数据及 Handler 消息机制简介。在实际开发中大多数应用程序都需要联网与解析数据，因此希望读者可以熟练掌握本章内容，能更有效率地进行客户端与服务端之间的通信。

9.6 本章习题

一、填空题

1. HttpURLConnection 继承自_____类。
2. Android 默认提供的内置浏览器使用的是_____引擎。
3. 在 Android 的解析 JSON 数据的 org.json 包中，最重要的两个类是_____和 JSONArray。

二、判断题

1. HttpURLConnection 用于发送 HTTP 请求和获取 HTTP 响应。（   ）
2. Android 中的 WebView 控件是专门用于浏览网页的，其使用方法与其他控件一样。（   ）
3. 在 Android 中要访问网络，必须在 AndroidManifest.xml 中注册网络访问权限。（   ）
4. HttpURLConnection 是抽象类，不能直接实例化对象，需要使用 URL 的 openConnection()方法获得。（   ）
5. 使用 HttpURLConnection 进行 HTTP 网络通信时，GET 请求方式只能发送大小在 1024 字节内的数据。（   ）

三、选择题

1. Android 针对 HTTP 实现网络通信的方式主要包括（   ）。（多选）
A. 使用 HttpURLConnection 实现　　　　　　B. 使用 ServiceConnection 实现
C. 使用 HttpClient 实现　　　　　　　　　　D. 使用 HttpConnection 实现
2. Android 中 HttpURLConnection 的输入/输出流操作被统一封装成了（   ）。（多选）
A. HttpGet　　　　　B. HttpPost　　　　　C. HttpRequest　　　　　D. HttpResponse

四、简答题

简述使用 HttpURLConnection 访问网络的步骤。

五、编程题

请写出使用 JSONArray 类解析 JSON 数据的主要逻辑代码，JSON 数据如下：

```
[{"name":"LiLi", "score":"95"},{"name":"LiLei", "score":"99"},
{"name":"王小明", "score":"100"},{"name":"LiLei", "score":"89"}]
```

第 10 章

图形图像处理

学习目标

★ 掌握常用绘图类的使用，能够绘制不同的图形

★ 掌握如何使用 Matrix 类，能够实现为图片添加特效的功能

★ 掌握动画的使用，能够实现补间动画、逐帧动画和属性动画的效果

拓展阅读

图形图像在 Android 应用程序中会经常用到，如一些程序的图标、界面的美化等都离不开图形图像。Android 对图形图像处理的功能非常强大，对于 2D 图像它没有沿用 Java 中的图形处理类，而是使用了自定义的处理类。接下来本章将针对 Android 常用的绘图类、图形图像特效及动画进行讲解。

10.1 常用的绘图类

Android 中常用的绘图类有 Bitmap 类、BitmapFactory 类、Paint 类及 Canvas 类，通过对这几个类的使用可以分别实现创建位图、将指定资源解析为位图、创建画笔、绘制画布功能。本节将针对这几个常用的绘图类进行详细讲解。

10.1.1 Bitmap 类

在程序中，可以通过 Bitmap 类创建位图（位图是由图片元素的单个点组成）。位图包括像素、长、宽、颜色等描述信息，这些信息都可以在创建位图时指定。Bitmap 类提供了一些静态方法，具体如表 10-1 所示。

表 10-1　Bitmap 类的静态方法

方法名称	功能描述
createBitmap(int width, int height, Config config)	创建位图，width 表示要创建的图片的宽度，height 表示高度，config 表示图片的配置信息
createBitmap(int colors[], int offset, int stride, int width, int height, Config config)	使用颜色数组创建一个指定宽高的位图，颜色数组的个数为 width*height
createBitmap(Bitmap src)	使用源位图创建一个新的位图
createBitmap(Bitmap source, int x, int y, int width, int height)	从源位图的指定坐标开始剪切一个指定宽高的图像，用于创建新的位图
createBitmap(Bitmap source, int x, int y, int width, int height, Matrix m, boolean filter)	按照 Matrix 规则从源位图的指定坐标开始剪切一个指定宽高的图像，用于创建新的位图

　　为了让初学者掌握如何创建一个 Bitmap 类的对象，接下来通过一段示例代码进行演示，具体如下：

```
Bitmap.Config config = Bitmap.Config.ARGB_8888;
Bitmap bitmap = Bitmap.createBitmap(100, 100, config);
```

　　在上述代码中，Config 类是 Bitmap 类的内部类，该类用于指定 Bitmap 类的一些配置信息，这些配置信息描述的是图片的像素如何存储，同时这些配置信息还会影响到图片的质量和透明度。

　　Config 类中的 Bitmap.Config 表示通过 Bitmap 类创建的图像中每个像素占用的字节数，它可以取以下值。

- Config.ALPHA_8：表示每个像素占 2 字节，只有透明度，没有颜色。
- Config.ARGB_4444：表示每个像素占 2 字节（16 位二进制位）。
- Config.ARGB_8888：表示每个像素占 4 字节（32 位二进制位）。
- Config.565：表示每个像素占 2 字节（16 位二进制位），只存储了 Red（红色）、Green（绿色）、Blue（蓝色）信息，没有存储 Alpha（透明度）信息。

10.1.2　BitmapFactory 类

　　BitmapFactory 类表示位图工厂，主要用于从不同的数据源（如文件、数据流和字节数组）中解析、创建 Bitmap 对象。BitmapFactory 类提供了一些静态方法来创建新的 Bitmap 对象，BitmapFactory 类的常用方法如表 10-2 所示。

表 10-2　BitmapFactory 类的常用方法

方法名称	功能描述
decodeFile(String pathName)	将指定路径的文件解码为位图
decodeStream(InputStream is)	将指定输入流解码为位图
decodeResource(Resources res, int id)	将给定的资源 id 解析为位图

　　例如，我们通过 decodeResource()方法将 drawable 文件夹中的 icon.png 图片资源解码为位图，示例代码如下：

```
Bitmap bitmap = BitmapFactory.decodeResource(this.getResources(),
R.drawable.icon);
```

10.1.3　Paint 类

　　Paint 类表示画笔，主要用于描述图形的颜色和风格，如线宽、颜色、透明度和填充效果等信息。Paint 类的常用方法如表 10-3 所示。

表 10-3　Paint 类的常用方法

方法名称	功能描述
setARGB(int a, int r, int g, int b)	设置颜色，各参数值均为 0~255 之间的整数，几个参数分别用于表示透明度、红色、绿色和蓝色的值
setColor(int color)	设置颜色
setAlpha(int a)	设置透明度
setAntiAlias(boolean aa)	设置画笔是否使用抗锯齿功能
setTextAlign(Align align)	设置绘制文本时的文字对齐方式。参数值为 Align.CENTER、Align.LEFT、Align.RIGHT，分别表示居中、左对齐或右对齐
setTextSize(float textSize)	设置绘制文本时的文字大小
setFakeBoldText(boolean fakeBoldText)	设置绘制文字是否为粗体
setDither(boolean dither)	指定是否使用图像抖动处理，如果使用，则图像颜色更加平滑、饱满、清晰
setShadowLayer(float radius, float dx, float dy, int color)	设置阴影。radius 表示阴影的角度，dx 和 dy 分别表示阴影在 x 轴和 y 轴上的距离，color 表示阴影的颜色
setXfermode(Xfermode xfermode)	设置图像的混合模式

接下来定义一个画笔，并指定该画笔的颜色为红色，示例代码如下：

```
Paint paint = new Paint(); //定义一个画笔
paint.setColor(Color.RED); //设置画笔颜色
```

10.1.4　Canvas 类

Canvas 类代表画布，通过该类提供的方法可以绘制各种图形（如矩形、圆形、线条等）。Canvas 类的常用绘图方法如表 10-4 所示。

表 10-4　Canvas 类的常用方法

方法名称	功能描述
drawRect(Rect r, Paint paint)	使用画笔绘制矩形
drawOval(RectF oval, Paint paint)	使用画笔绘制椭圆形
drawCircle(float cx, float cy, float radius, Paint paint)	使用画笔在指定位置画出指定半径的圆
drawLine(float startX, float startY, float stopX, float stopY, Paint paint)	使用画笔在指定位置画线
drawRoundRect(RectF rect, float rx, float ry, Paint paint)	使用画笔绘制指定圆角矩形，其中 rx 表示 x 轴圆角半径，ry 表示 y 轴圆角半径

例如，在自定义 View 类的 onDraw() 方法中使用画笔 Paint 类在画布上绘制矩形。示例代码如下：

```
protected void onDraw(Canvas canvas) {
    super.onDraw(canvas);
    Paint paint = new Paint();             //创建画笔
    paint.setColor(Color.RED);
    Rect rect = new Rect(40,40,200,100);   //构建矩形对象并为其指定位置、宽高
    canvas.drawRect(rect,paint);           //调用 Canvas 类中绘制矩形的方法
}
```

10.1.5　实战演练——绘制小狗

前面小节中我们讲解了常用的绘图类，本小节我们将通过一个绘制小狗的案例来演示如何使用这些常用的绘图类，实现本案例的具体步骤如下所示。

在绘制小狗程序中显示了一个绘制小狗界面，该界面主要用于展示一个背景图片和一只绘制的小狗，界面如图 10-1 所示。

搭建绘制小狗界面布局的具体步骤如下所示。

（1）创建程序

创建一个名为 DrawDog 的应用程序，指定包名为 cn.itcast.drawdog。

（2）导入界面图片

将绘制小狗界面所需要的图片 bg.png、dog.png 导入程序中创建的 drawable-hdpi 文件夹中。

（3）绘制小狗的自定义 View 类

由于我们需要绘制一个小狗图片，绘制图片的操作需要在自定义类 View 的 onDraw() 方法中实现，所以我们需要在程序中自定义一个 View 类，该类的名称设置为 DrawView，同时在 DrawView 类中重写 onDraw() 方法，在该方法中实现对小狗图片的绘制操作。DrawView 类的具体代码如文件 10-1 所示。

图10-1　绘制小狗界面

【文件 10-1】　DrawView.java

```
1  package cn.itcast.drawdog;
2  ......
3  public class DrawView extends View {
4      private Context mContext;
5      public DrawView(Context context, AttributeSet attrs) {
6          super(context, attrs);
```

```
7          this.mContext=context;
8      }
9      @Override
10     protected void onDraw(Canvas canvas) {
11         this.setBackgroundResource(R.drawable.bg);        //设置画布的背景图片
12         //将 dog.png 图片资源解码为位图
13         Bitmap dogBitmap = BitmapFactory.decodeResource(
14                             mContext.getResources(),R.drawable.dog);
15         Paint paint = new Paint();                        //创建画笔
16         canvas.drawBitmap(dogBitmap, 300, 550,paint);  //绘制图片
17     }
18 }
```

在上述代码中，第 11 行代码调用 setBackgroundResource()方法设置画布的背景图片。

第 13 行、第 14 行代码调用 decodeResource()方法将 drawable–hdpi 文件夹中的 dog.png 图片资源解码为位图，并返回一个 Bitmap 类的对象 dogBitmap。

第 16 行代码调用 drawBitmap()方法绘制小狗图片，该方法传递了 3 个参数，其中第 1 个参数 dogBitmap 表示要绘制的图片的 Bitmap 对象，第 2 个参数 300 表示绘制的图片左上角在 x 轴的坐标值，第 3 个参数 550 表示绘制的图片左上角在 y 轴的坐标值，第 4 个参数 paint 表示画笔对象。

（4）放置界面控件

在 activity_main.xml 布局文件中，添加自定义 View 类 DrawView（该类也称为自定义控件），该控件用于显示绘制完成的小狗图片与画布的背景图片，具体代码如文件 10–2 所示。

【文件 10-2】　activity_main.xml

```
1  <?xml version="1.0" encoding="utf-8"?>
2  <LinearLayout xmlns:android="http://schemas.android.com/apk/res/android"
3      android:layout_width="match_parent"
4      android:layout_height="match_parent">
5      <cn.itcast.drawdog.DrawView
6          android:layout_width="wrap_content"
7          android:layout_height="wrap_content" />
8  </LinearLayout>
```

（5）修改默认标题栏的名称

因为绘制小狗的程序名称为"DrawDog"，所以程序中默认标题栏的名称就为"DrawDog"。为了将默认标题栏的名称修改为"绘制小狗"，我们需要修改 res/values 文件夹中的 strings.xml 文件，在该文件中找到属性 name 的值为 app_name 的标签，将该标签中的值设置为"绘制小狗"，具体代码如下：

```
<string name="app_name">绘制小狗</string>
```

因为在绘制小狗的程序中，系统通过创建一个自定义类 View 来实现绘制小狗图片的功能，没有在 MainActivity 中添加任何代码，所以我们此处不再展示 MainActivity 中的代码。程序的运行结果与图 10–1 的界面是一致的。

10.2　为图像添加特效

Android 为了改善用户的体验，不仅支持前面介绍的图形图像，而且还支持一些额外的更高级的图形图像特效，这些特效可以帮助我们开发出更加绚丽的 UI 界面。Android 提供了 Matrix 类，它本身并不能对图形或图像进行变换，但是它与其他 API 结合能够控制图形图像的变换，例如旋转、缩放、倾斜等效果都能够实现。接下来通过一张表来列举 Matrix 类中实现平移、旋转、缩放和倾斜特效对应的方法，具体如表 10–5 所示。

表 10-5　Matrix 类中实现特效的方法

特效	方法名称	功能描述
平移	setTranslate(float dx, float dy)	指定图像在 x、y 轴平移 dx 和 dy 的距离
	preTranslate(float dx, float dy)	使用前乘的方式计算图像在 x、y 轴平移的距离
	postTranslate(float dx,float dy)	使用后乘的方式计算图像在 x、y 轴平移的距离

（续表）

特效	方法名称	功能描述
旋转	setRotate(float degrees)	指定图像旋转 degrees 度
	preRotate(float degrees)	使用前乘的方式指定图片旋转 degrees 度
	postRotate(float degrees, float px, float py)	使用后乘的方式控制 Matrix 类以参数 px 和 py 为轴心旋转 degrees 度
缩放	setScale(float sx, float sy)	指定图像在 x 轴和 y 轴的缩放比例为 sx 和 sy
	preScale(float sx, float sy)	使用前乘的方式计算图像在 x 轴和 y 轴的缩放比例
	postScale(float sx, float sy)	使用后乘的方式计算图像在 x 轴和 y 轴的缩放比例
倾斜	setSkew(float kx, float ky)	指定图像在 x、y 轴的倾斜值
	preScale(float kx, float ky)	使用前乘的方式设置图像在 x、y 轴的倾斜值
	postScale(float kx, float ky)	使用后乘的方式设置图像在 x、y 轴的倾斜值

由表 10-5 可知，每种特效都对应了 3 个方法，其中 setXxx()方法（set+特效名()）直接控制 Matrix 类的变换效果，而 preXxx()方法和 postXxx()方法涉及矩阵的前乘和后乘，为了帮助大家更好地理解这两个方法的变换方式，我们举例进行说明。

例如矩阵 $\mathbf{M}\begin{pmatrix} 0.5 & 0 & 0 \\ 0 & 0.5 & 0 \\ 0 & 0 & 1.0 \end{pmatrix}$，通过使用 preTranslate()方法在屏幕上平移（100，100），形成矩阵

$\mathbf{A}\begin{pmatrix} 1.0 & 0 & 100.0 \\ 0 & 1.0 & 100.0 \\ 0 & 0 & 1.0 \end{pmatrix}$。此时，如果使用 preXxx()和 postXxx()方法设置特效，具体过程如下。

（1）调用 preXxx()方法设置特效，矩阵计算过程如图 10-2 所示。

（2）调用 postXxx()方法设置特效，矩阵计算过程如图 10-3 所示。

$$\underset{M}{\begin{pmatrix} 1.0 & 0 & 100.0 \\ 0 & 1.0 & 100.0 \\ 0 & 0 & 1.0 \end{pmatrix}} * \begin{pmatrix} 0.5 & 0 & 0 \\ 0 & 0.5 & 0 \\ 0 & 0 & 1.0 \end{pmatrix} = \underset{Result}{\begin{pmatrix} 0.5 & 0 & 100.0 \\ 0 & 0.5 & 100.0 \\ 0 & 0 & 1.0 \end{pmatrix}}$$

图10-2　前乘方式

$$\underset{M}{\begin{pmatrix} 0.5 & 0 & 0 \\ 0 & 0.5 & 0 \\ 0 & 0 & 1.0 \end{pmatrix}} * \underset{A}{\begin{pmatrix} 1.0 & 0 & 100.0 \\ 0 & 1.0 & 100.0 \\ 0 & 0 & 1.0 \end{pmatrix}} = \underset{Result}{\begin{pmatrix} 0.5 & 0 & 50.0 \\ 0 & 0.5 & 50.0 \\ 0 & 0 & 1.0 \end{pmatrix}}$$

图10-3　后乘方式

通过对比图 10-2 和图 10-3 可知，调用不同的平移方法，最终得到的矩阵是不一样的。

接下来，我们通过一个案例来演示如何使用 Matrix 类为图片添加特效。本案例中只有一个图片界面，该界面中显示了 1 张哈士奇图片，图片界面如图 10-4 所示。

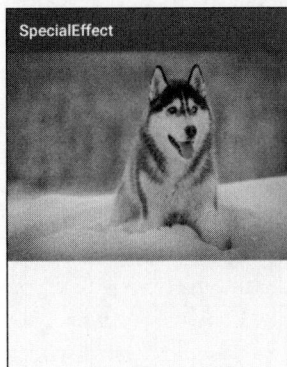

图10-4　图片界面

实现图片界面功能的具体步骤如下。

1. 创建程序

创建一个名为 SpecialEffect 的应用程序，指定包名为 cn.itcast.specialeffect。

2. 导入界面图片

将图片界面上所需要的图片 husky.png 导入程序的 drawable 文件夹中。

3. 创建 TranslateView 类

选中 cn.itcast.specialeffect 包，在该包中创建一个继承 View 类的 TranslateView 类，在该类的 onDraw() 方法中将图像平移（100,100），具体代码如文件 10-3 所示。

【文件 10-3】　TranslateView.java

```
1  package cn.itcast.specialeffect;
2  ......//省略导入包
3  public class TranslateView extends View {
4      public TranslateView(Context context) {
5          super(context);
6      }
7      public TranslateView(Context context, AttributeSet attrs) {
8          super(context, attrs);
9      }
10     public TranslateView(Context context, AttributeSet attrs, int defStyleAttr) {
11         super(context, attrs, defStyleAttr);
12     }
13     @Override
14     protected void onDraw(Canvas canvas) {
15         super.onDraw(canvas);
16         Paint paint = new Paint();                    //创建画笔
17         Bitmap bitmap = BitmapFactory.decodeResource(this.getResources(),
18                                                   R.drawable.husky);
19         Matrix matrix = new Matrix();                //创建一个矩阵
20         matrix.setTranslate(100,100);                //将矩阵向右（x 轴）平移 100px，向下（y 轴）平移 100px
21         canvas.drawBitmap(bitmap, matrix, paint); //将图片按照矩阵的位置绘制到界面上
22     }
23 }
```

在上述代码中，第 13～22 行代码重写了 onDraw() 方法，该方法用于将指定的图片绘制到指定的位置。其中，第 17 行、第 18 行代码通过 BitmapFactory 类的 decodeResource() 方法将 drawable-hdpi 文件夹中图片 husky.png 的 id 解码为 Bitmap 对象。第 19～21 行代码首先创建了一个 Matrix（矩阵）对象 matrix，接着调用该对象的 setTranslate() 方法将矩阵向右（x 轴）平移 100px，向下（y 轴）平移 100px，最后通过 drawBitmap() 方法将图片 husky.png 按照矩阵的位置绘制到界面上。

4. 引用 TranslateView 类

前面已经创建了 TranslateView 类，并在该类中实现了图片 husky.png 平移（100,100）的功能，接下来需要将 TranslateView 类引入 activity_main.xml 中，在界面上显示平移后的图片效果。具体代码如文件 10-4 所示。

【文件 10-4】　activity_main.xml

```
1  <?xml version="1.0" encoding="utf-8"?>
2  <RelativeLayout xmlns:android="http://schemas.android.com/apk/res/android"
3      android:layout_width="match_parent"
4      android:layout_height="match_parent">
5      <cn.itcast.specialeffect.TranslateView
6          android:layout_width="wrap_content"
7          android:layout_height="wrap_content">
8      </cn.itcast.specialeffect.TranslateView >
9  </RelativeLayout>
```

5. 运行结果

运行上述程序，原图与平移后效果图的对比如图 10-5 所示。

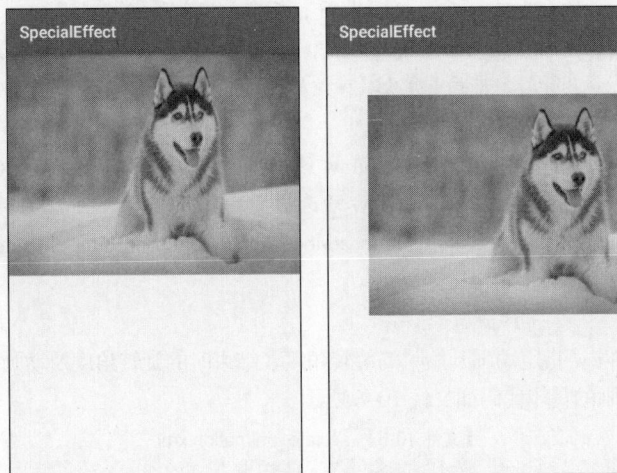

图10-5　原图与平移后效果图对比

如果读者对其他特效感兴趣，可以自己动手通过调用 Matrix 类中的其他特效（旋转、缩放、倾斜）方法实现不同的效果。

10.3　动画

在 Android 手机上，我们通常可以看到一些动画效果比较炫酷的 App 界面，这些动画效果是如何实现的呢？为了实现这些动画效果，Android 给我们提供了 3 种动画模式，分别是补间动画、逐帧动画和属性动画。接下来将针对这 3 种动画模式进行详细讲解。

10.3.1　补间动画

补间（Tween）动画是通过对 View 进行一系列的动画操作来实现动画效果的，其中动画操作包括平移、缩放、旋转、改变透明度等。补间动画的效果可以通过 XML 文件的方式实现，也可以通过代码方式实现（详见"多学一招"），一般最常用的是通过 XML 文件的方式实现 View 的动画效果。

在 Android 中，补间动画包括透明度渐变动画（AlphaAnimation）、旋转动画（RotateAnimation）、缩放动画（ScaleAnimation）、平移动画（TranslateAnimation），接下来分别针对这 4 种动画进行讲解。

1. 透明度渐变动画

透明度渐变动画主要通过指定动画开始时 View 的透明度、结束时 View 的透明度及动画持续时间来实现。在 XML 文件中定义透明度渐变动画的具体代码如文件 10-5 所示。

【文件 10-5】　alpha_animation.xml

```
1  <?xml version="1.0" encoding="utf-8"?>
2  <set xmlns:android="http://schemas.android.com/apk/res/android">
3      <alpha
4          android:interpolator="@android:anim/linear_interpolator"
5          android:repeatMode="reverse"
6          android:repeatCount="infinite"
7          android:duration="1000"
8          android:fromAlpha="1.0"
9          android:toAlpha="0.0"/>
10 </set>
```

上述代码定义了一个透明度渐变动画，这个动画效果可以使 View 从完全不透明到透明，动画持续时间为 1 秒，并且该动画可以反向无限循环。上述代码涉及的属性介绍如下。

- android:interpolator：用于控制动画的变化速度，可设置的值有@android:anim/linear_interpolator（匀速

改变）、@android:anim/accelerate_interpolator（开始慢，后来加速）等。

- android:repeatMode：用于指定动画重复的方式，可设置的值有 reverse（反向）、restart（重新开始）。
- android:repeatCount：用于指定动画重复次数，该属性的值可以为正整数，也可以为 infinite（无限循环）。
- android:duration：用于指定动画播放时长。
- android:fromAlpha：用于指定动画开始时 View 的透明度，0.0 为完全透明，1.0 为不透明。
- android:toAlpha：用于指定动画结束时 View 的透明度，0.0 为完全透明，1.0 为不透明。

上述属性中的 android:interpolator、android:repeatMode、android:repeatCount 和 android:duration 属性在其他补间动画中也可以使用，下面不再单独进行介绍。

2. 旋转动画

旋转动画是通过对 View 指定动画开始时的旋转角度、结束时的旋转角度及动画播放时长来实现的。在 XML 文件中定义旋转动画的具体代码如文件 10-6 所示。

【文件 10-6】　rotate_animation.xml

```
1  <?xml version="1.0" encoding="utf-8"?>
2  <set xmlns:android="http://schemas.android.com/apk/res/android">
3      <rotate
4          android:fromDegrees="0"
5          android:toDegrees="360"
6          android:pivotX="50%"
7          android:pivotY="50%"
8          android:repeatMode="reverse"
9          android:repeatCount="infinite"
10         android:duration="1000"/>
11 </set>
```

上述代码定义了一个旋转动画，旋转的角度从 0° 到 360° ，动画的持续时间为 1 秒，并且该动画可以反向无限循环。上述代码涉及的主要属性介绍如下。

- android:fromDegrees：指定 View 在动画开始时的角度。
- android:toDegrees：指定 View 在动画结束时的角度。
- android:pivotX：指定旋转点的 x 坐标。
- android:pivotY：指定旋转点的 y 坐标。

需要注意的是，属性 android:pivotX 与 android:pivotY 的值可以是整数、百分数（小数）、百分数 p（字母 p 表示 parent），例如 50、50%、50%p。以属性 android:pivotX 为例，当属性值为 50 时，表示在当前 View 左上角的 x 轴坐标加上 50px 的位置作为旋转点的 x 轴坐标；当属性值为 50% 时，表示在当前 View 左上角的 x 轴坐标加上 View 自己宽度的 50% 作为旋转点的 x 轴坐标；当属性值为 50%p 时，表示在当前 View 左上角的 x 轴坐标加上父控件宽度的 50% 作为旋转点的 x 轴坐标。

3. 缩放动画

缩放动画是通过对动画指定开始时的缩放系数、结束时的缩放系数及动画持续时长来实现的。在 XML 文件中定义缩放动画的具体代码如文件 10-7 所示。

【文件 10-7】　scale_animation.xml

```
1  <?xml version="1.0" encoding="utf-8"?>
2  <set xmlns:android="http://schemas.android.com/apk/res/android">
3      <scale
4          android:fromXScale="1.0"
5          android:fromYScale="1.0"
6          android:toXScale="0.5"
7          android:toYScale="0.5"
8          android:pivotX="50%"
9          android:pivotY="50%"
10         android:repeatMode="reverse"
11         android:repeatCount="infinite"
12         android:duration="3000"/>
13 </set>
```

上述代码定义了一个缩放动画，以 View 控件的中心位置为缩放点，在 x 轴和 y 轴上分别缩小 50%，该动画的持续时间为 3 秒，并且该动画可以反向无限循环。上述代码涉及的属性介绍如下。

- android:fromXScale：指定动画开始时 x 轴上的缩放系数，值为 1.0 表示不变化。
- android:fromYScale：指定动画开始时 y 轴上的缩放系数，值为 1.0 表示不变化。
- android:toXScale：指定动画结束时 x 轴上的缩放系数，值为 1.0 表示不变化。
- android:toYScale：指定动画结束时 y 轴上的缩放系数，值为 1.0 表示不变化。
- android:pivotX：指定缩放点的 x 坐标。
- android:pivotY：指定缩放点的 y 坐标。

4. 平移动画

平移动画是通过指定动画的开始位置、结束位置及动画持续时长来实现的。在 XML 文件中定义平移动画的具体代码如文件 10-8 所示。

【文件 10-8】　translate_animation.xml

```
1  <?xml version="1.0" encoding="utf-8"?>
2  <set xmlns:android="http://schemas.android.com/apk/res/android">
3    <translate
4        android:fromXDelta="0.0"
5        android:fromYDelta="0.0"
6        android:toXDelta="100"
7        android:toYDelta="0.0"
8        android:repeatCount="infinite"
9        android:repeatMode="reverse"
10       android:duration="4000"/>
11  </set>
```

上述代码定义了一个平移动画，该动画的起始位置为（0.0，0.0），结束位置为（100，0.0），持续时间为 4 秒，并且该动画反向无限循环，其中（0.0，0.0）表示 View 左上角的坐标，并不是屏幕像素的坐标。上述代码涉及的主要属性介绍如下。

- android:fromXDelta：指定动画开始时 View 的 x 轴坐标。
- android:fromYDelta：指定动画开始时 View 的 y 轴坐标。
- android:toXDelta：指定动画结束时 View 的 x 轴坐标。
- android:toYDelta：指定动画结束时 View 的 y 轴坐标。

为了让初学者看到补间动画直观的效果，接下来我们通过一个案例来演示 4 种补间动画的效果。本案例中只有一个补间动画界面，该界面主要展示了 1 张菠萝图片和 4 个按钮，其中 4 个按钮分别是"渐变"按钮、"旋转"按钮、"缩放"按钮和"移动"按钮。补间动画界面如图 10-6 所示。

实现补间动画界面功能的具体步骤如下。

图10-6　补间动画界面

1. 创建程序

创建一个名为 Tween 的应用程序，指定包名为 cn.itcast.tween。

2. 导入界面图片

将补间动画界面需要的图片 iv_tween.png 导入程序中创建的 drawable-hdpi 文件夹中。

3. 放置界面控件

在 res/layout 文件夹的 activity_main.xml 文件中，放置 1 个 ImageView 控件用于显示图片；放置 4 个 Button 控件分别用于显示"渐变"按钮、"旋转"按钮、"缩放"按钮及"移动"按钮。完整布局代码详见文件 10-9。

4. 创建补间动画的 4 个 XML 文件

由于程序中定义动画的 XML 文件需要存放在 anim 文件夹中，因此在 res 文件夹中创建一个 anim 文件夹，选中 anim 文件夹，单击鼠标右键并选择【New】→【Drawable resource file】选项，创建一个名为 alpha_animation 的 XML 文件，在该文件中通过设置一些动画属性实现界面图片的透明度渐变动画效果。除了透明度渐变动画，还需要在 anim 文件夹中创建 rotate_animation.xml、scale_animation.xml 和 translate_animation.xml 文件来分别实现旋转、缩放、平移动画的效果。这 4 种补间动画的具体代码在前面已经讲述过，此处就不再显示。

扫码查看文件 10-9

5. 实现补间动画的 4 种效果

因为补间动画界面底部有 4 个按钮需要实现点击事件，所以 MainActivity 需要实现 View.OnClickListener 接口并重写 onClick()方法，在该方法中通过调用 AnimationUtils 类的 loadAnimation()方法来加载 4 种补间动画效果的 XML 文件，实现界面图片的透明度渐变、旋转、缩放、平移等动画效果，具体代码如文件 10–10 所示。

【文件 10-10】　MainActivity.java

```java
package cn.itcast.tween;
......//省略导入包
public class MainActivity extends AppCompatActivity
                                    implements View.OnClickListener {
    private Button buttonOne;
    private Button buttonTwo;
    private Button buttonThree;
    private Button buttonFour;
    private ImageView ivBean;
    @Override
    protected void onCreate(Bundle savedInstanceState) {
        super.onCreate(savedInstanceState);
        setContentView(R.layout.activity_main);
        //初始化控件并为对应的控件添加点击事件的监听器
        buttonOne = findViewById(R.id.btn_one);
        buttonTwo = findViewById(R.id.btn_two);
        buttonThree = findViewById(R.id.btn_three);
        buttonFour = findViewById(R.id.btn_four);
        ivBean = findViewById(R.id.iv_bean);
        buttonOne.setOnClickListener(this);
        buttonTwo.setOnClickListener(this);
        buttonThree.setOnClickListener(this);
        buttonFour.setOnClickListener(this);
    }
    public void onClick(View v) {
        switch (v.getId()) {
            case R.id.btn_one: //"渐变"按钮的点击事件
                Animation alpha = AnimationUtils.loadAnimation(this,
                                                R.anim.alpha_animation);
                ivBean.startAnimation(alpha);
                break;
            case R.id.btn_two: //"旋转"按钮的点击事件
                Animation rotate = AnimationUtils.loadAnimation(this,
                                                R.anim.rotate_animation);
                ivBean.startAnimation(rotate);
                break;
            case R.id.btn_three://"缩放"按钮的点击事件
                Animation scale = AnimationUtils.loadAnimation(this,
                                                R.anim.scale_animation);
                ivBean.startAnimation(scale);
                break;
            case R.id.btn_four: //"移动"按钮的点击事件
                Animation translate = AnimationUtils.loadAnimation(this,
                                                R.anim.translate_animation);
                ivBean.startAnimation(translate);
                break;
        }
    }
}
```

在上述代码中，第 27～31 行代码实现了"渐变"按钮的点击事件，在该事件中通过调用 loadAnimation() 方法加载定义透明度渐变动画的 XML 文件，接着调用 startAnimation() 方法播放该动画。

第 32～36 行、第 37～41 行、第 42～46 行代码分别实现了"旋转"按钮、"缩放"按钮及"移动"按钮 的点击事件，这 3 个按钮的点击事件与"渐变"按钮的点击事件代码类似，此处不再重复介绍。

6. 运行结果

运行上述程序，点击界面上的"渐变"按钮和"旋转"按钮，运行结果如图 10-7 所示。

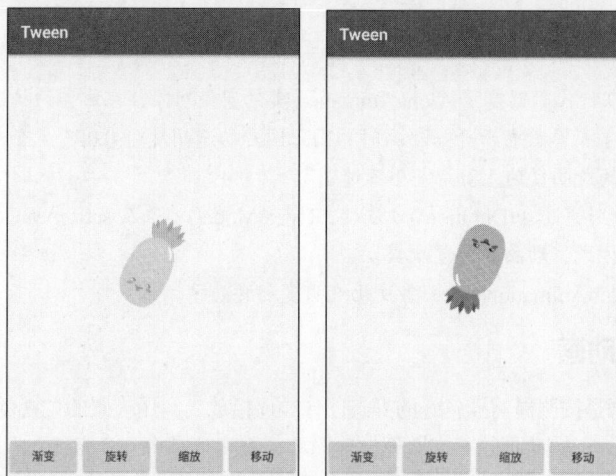

图10-7　运行结果（1）

点击界面上的"缩放"按钮和"移动"按钮，运行结果如图 10-8 所示。

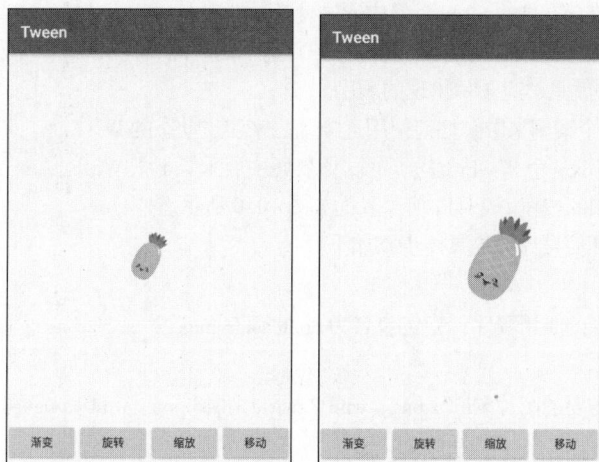

图10-8　运行结果（2）

多学一招：通过代码实现 4 种补间动画效果

补间动画不仅可以在 XML 文件中定义，也可以在代码中定义。在代码中定义 4 种补间动画效果时，需 要用到 AlphaAnimation 类、RotateAnimation 类、ScaleAnimation 类和 TranslateAnimation 类，这 4 个类分别 用于实现透明度渐变动画、旋转动画、缩放动画和平移动画。为了让初学者更好地掌握补间动画的用法，接 下来以使用 AlphaAnimation 类实现透明度渐变动画为例，演示如何在代码中定义补间动画，示例代码如下：

```
1  public class MainActivity extends AppCompatActivity {
2      private ImageView imageView;
```

```
3        @Override
4        protected void onCreate(Bundle savedInstanceState) {
5            super.onCreate(savedInstanceState);
6            setContentView(R.layout.activity_main);
7            imageView = (ImageView) findViewById(R.id.imageView);
8            //创建一个透明度渐变的动画,从透明度 0.0f-1.0f (完全不透明)
9            AlphaAnimation alphaAnimation = new AlphaAnimation(0.0f,1.0f);
10           alphaAnimation.setDuration(5000);                          //设置动画播放时长
11           alphaAnimation.setRepeatMode(AlphaAnimation.REVERSE);      //动画重复方式
12           alphaAnimation.setRepeatCount(AlphaAnimation.INFINITE);    //动画重复次数
13           imageView.startAnimation(alphaAnimation);
14       }
15  }
```

在上述代码中，第 9 行代码创建了 AlphaAnimation 类的实例对象，在该类的构造方法 AlphaAnimation() 中传递了 2 个参数，第 1 个参数表示开始动画时界面上图片的透明度为 0.0f（完全透明），第 2 个参数表示结束动画时界面上图片的透明度为 1.0f（完全不透明）。

第 10～12 行代码分别通过 setDuration() 方法、setRepeatMode() 方法及 setRepeatCount() 方法来设置动画的持续时间、动画的重复方式、动画的重复次数。

第 13 行代码通过 startAnimation() 方法播放此透明度渐变动画。

10.3.2　逐帧动画

逐帧（Frame）动画是按照提前准备好的静态图像顺序播放，利用人眼的"视觉暂留"原理，让用户产生动画错觉的动画效果。逐帧动画的工作原理比较简单，其实就是将一个完整的动画拆分成一张一张单独的图片，然后再将这些图片按照顺序依次播放，类似播放电影的工作原理。

在使用逐帧动画时，首先需要在程序的 res/drawable 文件夹中创建好定义逐帧动画的 XML 文件，并在该文件的 <item> 标签中通过设置属性 android:drawable 与 android:duration 分别指定需要显示的图片和每张图片显示的时间，在 XML 文件中 <item> 标签的顺序就是对应图片出现的顺序。

接下来，我们通过一个案例来讲解如何使用逐帧动画来实现动态的 Wi-Fi 信号界面。本案例中只显示一个 Wi-Fi 信号界面，该界面中展示了 1 张 Wi-Fi 信号图片和 1 个播放视频的按钮。Wi-Fi 信号界面如图 10-9 所示。

实现动态显示 Wi-Fi 信号界面的具体步骤如下。

1. 创建程序

创建一个名为 Frame 的应用程序，指定包名为 cn.itcast.frame。

图10-9　Wi-Fi信号界面

2. 导入界面图片

将逐帧动画界面所需要的图片 wifi01.png、wifi02.png、wifi03.png、wifi04.png 和 wifi05.png 导入程序中创建的 drawable-hdpi 文件夹中。

3. 放置界面控件

在 res/layout 文件夹的 activity_main.xml 文件中，放置 1 个 ImageView 控件用于显示 1 张 Wi-Fi 图片；放置 1 个 Button 控件用于显示 1 个播放动画的按钮。完整布局代码详见文件 10-11。

扫码查看文件 10-11

4. 创建 Frame 动画资源

在程序的 res/drawable 文件夹中，创建一个 frame.xml 文件，在该文件中定义逐帧动画需要用到的 Wi-Fi 图片和图片显示的时间，具体代码如文件 10-12 所示。

【文件 10-12】　frame.xml

```
1  <?xml version="1.0" encoding="utf-8"?>
2  <animation-list xmlns:android="http://schemas.android.com/apk/res/android" >
```

```
3     <item android:drawable="@drawable/wifi01" android:duration="300"></item>
4     <item android:drawable="@drawable/wifi02" android:duration="300"></item>
5     <item android:drawable="@drawable/wifi03" android:duration="300"></item>
6     <item android:drawable="@drawable/wifi04" android:duration="300"></item>
7     <item android:drawable="@drawable/wifi05" android:duration="300"></item>
8     <item android:drawable="@drawable/wifi06" android:duration="300"></item>
9  </animation-list>
```

在上述代码中，<animation-list>表示逐帧动画的根标签，其中，<item>标签中属性 android:drawable 的值表示逐帧动画要播放的 Wi-Fi 图片，属性 android:duration 的值表示每张图片显示的时间。程序会根据 frame.xml 文件中从上到下的顺序播放<item>标签中引用的图片。

5. 实现逐帧动画的效果

因为逐帧动画界面的播放按钮需要实现点击事件，所以 MainActivity 需要实现 View.OnClickListener 接口，并重写 onClick()方法，在该方法中实现播放动画与停止动画的效果。具体代码如文件 10-13 所示。

【文件 10-13】　MainActivity.java

```
1  package cn.itcast.frame;
2  ......//省略导入包
3  public class MainActivity extends AppCompatActivity implements View.OnClickListener
4  {
5      private ImageView iv_wifi;
6      private Button btn_start;
7      private AnimationDrawable animation;
8      @Override
9      protected void onCreate(Bundle savedInstanceState) {
10         super.onCreate(savedInstanceState);
11         setContentView(R.layout.activity_main);
12         iv_wifi = findViewById(R.id.iv_wifi);
13         btn_start = findViewById(R.id.btn_play);
14         btn_start.setOnClickListener(this);
15         //获取 AnimationDrawable 对象
16         animation = (AnimationDrawable) iv_wifi.getBackground();
17     }
18     @Override
19     public void onClick(View v) {
20         if (!animation.isRunning()) {    //如果动画当前没有播放
21             animation.start();           //播放动画
22             btn_start.setBackgroundResource(android.R.drawable.ic_media_pause);
23         } else {
24             animation.stop();            //停止播放动画
25             btn_start.setBackgroundResource(android.R.drawable.ic_media_play);
26         }
27     }
28     @Override
29     protected void onDestroy() {
30         super.onDestroy();
31         if(animation.isRunning()){
32             animation.stop();
33         }
34         iv_wifi.clearAnimation();
35     }
36 }
```

在上述代码中，第 16 行代码通过 getBackground()方法获取 iv_wifi 控件（在布局文件中该控件的背景设置的是定义逐帧动画的 XML 文件）的背景对象，并将该对象转换为 AnimationDrawable 类型。

第 18~27 行代码重写了 onClick()方法，在该方法中实现了播放动画与停止播放动画的操作。其中，第 20~26 行代码通过 isRunning()方法判断当前动画是否正在播放，如果没有播放，则调用 start()方法播放动画，并通过 setBackgroundResource()方法设置播放按钮在播放动画时的背景图片。否则，调用 stop()方法停止播放动画，并设置播放按钮在停止播放动画时的背景图片。

第 28~35 行代码重写了 onDestroy()方法，在该方法中判断当前动画是否正在播放，如果正在播放，则调用 stop()方法停止播放动画，接着调用 clearAnimation()方法清空控件的动画。

6. 运行结果

运行上述程序，点击界面上的播放按钮，可以看到 Wi-Fi 图片在不停进行切换，运行结果如图 10-10 所示。

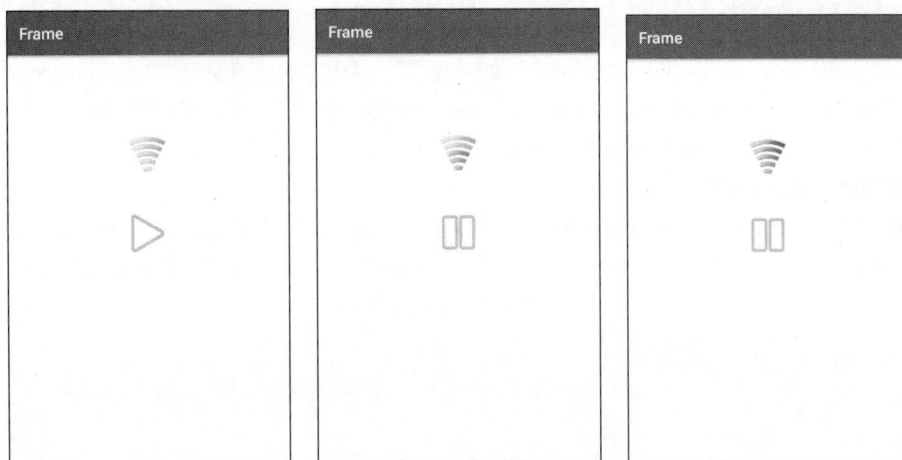

图10-10　运行结果（3）

多学一招：通过 Java 代码创建逐帧动画

逐帧动画也可以在 Java 代码中定义，在 Java 代码中定义逐帧动画时需要用到 AnimationDrawable 类，调用该类的 addFrame()方法添加需要显示的图片，示例代码如下：

```
1    public class MainActivity extends AppCompatActivity {
2        private ImageView imageView;
3        @Override
4        protected void onCreate(Bundle savedInstanceState) {
5            super.onCreate(savedInstanceState);
6            setContentView(R.layout.activity_main);
7            imageView = (ImageView) findViewById(R.id.iv);
8            AnimationDrawable a = new AnimationDrawable(); //创建 AnimationDrawable 对象
9            //在 AnimationDrawable 中添加 3 帧，并为其指定图片和播放时长
10           a.addFrame(getResources().getDrawable(R.drawable.girl_1), 200);
11           a.addFrame(getResources().getDrawable(R.drawable.girl_2), 200);
12           a.addFrame(getResources().getDrawable(R.drawable.girl_3), 200);
13           imageView.setBackground(a);
14           a.setOneShot(false);                          //循环播放
15           a.start();                                    //播放 Frame 动画
16       }
17   }
```

在上述代码中，第 8～12 行代码创建了 AnimationDrawable 类的对象 a，接着调用 addFrame()方法设置每帧的图片和显示时长，其中 addFrame()方法中的第 1 个参数表示每帧图片的 Drawable 对象，第 2 个参数表示每帧图片显示的时长。

第 13 行代码通过 setBackground()方法将创建的逐帧动画设置给 imageView 控件。

第 14 行、第 15 行代码首先调用 setOneShot()方法设置动画效果为循环播放，接着调用 start()方法播放逐帧动画。

10.3.3　属性动画

在 Android 3.0 之后，Android 给我们提供了一种全新的动画模式——属性动画（Property Animation），它是一种对属性值不断进行操作的模式，也就是可以将值赋给指定对象的指定属性，该指定属性可以是任意对

象的任意属性。通过属性动画我们仍然可以对一个 View 进行平移、缩放、旋转和透明度渐变等操作，同时也可以对自定义 View 中的 Point（点）对象进行动画操作。在实现这些动画操作时，我们只需要设置动画的运行时长、动画的类型、动画属性的初始值和结束值即可。

属性动画弥补了补间动画的一些缺陷，例如补间动画只能作用在 View 上，只能对 View 实现平移、缩放、旋转和透明度渐变动画，只能改变 View 的位置，不能对 View 自身进行修改。

接下来针对属性动画的 Animator 类、评估程序、插值器、动画监听器进行详细讲解。

1. Animator 类

Animator 类提供了创建动画的基本结构，但是我们通常不会直接使用此类，因为它提供的功能较少，这些功能必须经过扩展才能为属性值添加动画效果。我们通常会使用 Animator 的子类来创建动画，常用的 Animator 子类如表 10–6 所示。

表 10-6　常用的 Animator 子类

类　名	说　明
ValueAnimator	属性动画的主计时引擎，它也可以计算要添加动画效果的属性值。它具有计算属性值所需要的核心功能，同时包含每个动画的计时详情、有关动画是否重复播放的信息、用于接收更新事件的监听器及设置待评估自定义类型的功能
ObjectAnimator	ValueAnimator 的子类，用于设置目标对象和对象属性以添加动画效果
AnimatorSet	此类提供一种将所有动画组合在一起的机制，使这些动画可以一起运行。我们可以将动画设置为一起播放、按顺序播放或者在指定的延迟时间后播放

接下来使用表 10–6 中的 3 个 Animator 子类添加动画效果，具体介绍如下所示。

（1）使用 ValueAnimator 类添加动画效果

使用 ValueAnimator 类可以为动画播放期间某些类型的值添加动画效果，只需要指定一组要添加动画效果的 Int 类型、Float 类型或颜色类型的值即可，我们可以调用 ValueAnimator 类中的 ofInt()方法、ofFloat()方法或 ofObject()方法来获取要添加动画效果的值。以获取 Float 类型的动画效果值为例，具体示例代码如下：

```
1   //获取 Float 类型的动画效果值
2   ValueAnimator animation = ValueAnimator.ofFloat(0f, 100f);
3   animation.setDuration(1000);              //设置动画播放时长
4   animation.start();                        //开始播放动画
```

在上述代码中，第 2 行代码调用 ValueAnimator 类的 ofFloat()方法获取 0f～100f 之间的动画效果值。

第 3 行代码调用 setDuration()方法设置动画的播放时长为 1000 毫秒。

第 4 行代码调用 start()方法开始播放动画。

（2）使用 ObjectAnimator 类添加动画效果

ObjectAnimator 类是 ValueAnimator 类的子类，该类融合了 ValueAnimator 类的计时引擎和值计算，以及为目标对象的属性添加动画效果的功能。由于通过 ObjectAnimator 类添加动画效果时，动画属性会自动更新，所以该类极大地简化了为任何对象添加动画效果的过程。

当实例化 ObjectAnimator 类时，可以指定需要添加动画的对象与该对象属性的名称，同时还可以指定在哪些值之间添加动画效果。实例化 ObjectAnimator 类的示例代码如下：

```
1   ObjectAnimator animation = ObjectAnimator.ofFloat(textView,"translationX", 100f);
2   animation.setDuration(1000);         //设置动画的播放时长
3   animation.start();                   //开始播放动画
```

在上述代码中，第 1 行代码通过调用 ofFloat()方法实例化了 ObjectAnimator 类，在 ofFloat()方法中传递的第 1 个参数 textView 表示要添加动画的对象；第 2 个参数 "translationX" 表示动画对象的属性名称，此处的 translationX 表示动画的对象相对于最初位置的 x 轴方向的偏移值；第 3 个参数 100f 表示动画的结束值。

使用 ObjectAnimator 类添加动画效果时，需要添加动画效果的对象属性必须具有 set<PropertyName>()形式的 setter 函数（采用驼峰式命名形式）。由于 ObjectAnimator 类可以在动画播放过程中自动更新属性，所以它必须能够使用属性具备的 setter 函数访问指定的属性。例如，如果属性名称为 name，则需要使用 setName()

方法访问 name 属性。

（3）使用 AnimatorSet 类添加多个动画效果

通常情况下，我们会遇到根据一个动画的开始或结束时间来播放另一个动画。在 Android 中，我们可以将这些需要一起播放的动画存放在 AnimatorSet 类中，便于指定这些动画是同时播放、按顺序播放还是在指定的延迟时间后播放，同时我们还可以使用 AnimatorSet 类播放另一个 AnimatorSet 类的对象中的动画。

接下来我们以一段示例代码来演示 AnimatorSet 类的使用，首先我们提前准备了几个动画的对象，分别是 bounceAnim、squashAnim1、squashAnim2、stretchAnim1、stretchAnim2、bounceBackAnim 和 fadeAnim，然后使用 AnimatorSet 类将这些动画进行播放，具体示例代码如下：

```
1  AnimatorSet bouncer = new AnimatorSet();              //实例化 AnimatorSet 类
2  //在动画 squashAnim1 之前播放 bounceAnim
3  bouncer.play(bounceAnim).before(squashAnim1);
4  //同时播放动画 squashAnim1 与 squashAnim2
5  bouncer.play(squashAnim1).with(squashAnim2);
6  //同时播放动画 squashAnim1 与 stretchAnim1
7  bouncer.play(squashAnim1).with(stretchAnim1);
8  //同时播放动画 squashAnim1 与 stretchAnim2
9  bouncer.play(squashAnim1).with(stretchAnim2);
10 bouncer.play(bounceBackAnim).after(stretchAnim2);
11 //创建一个动画对象 fadeAnim
12 ValueAnimator fadeAnim = ObjectAnimator.ofFloat(newBall, "alpha", 1f, 0f);
13 fadeAnim.setDuration(250);                            //动画播放时长为 250 毫秒
14 AnimatorSet animatorSet = new AnimatorSet();          //实例化 AnimatorSet 类的对象
15 //播放完 bouncer 对象中的所有动画之后再播放动画 fadeAnim
16 animatorSet.play(bouncer).before(fadeAnim);
17 animatorSet.start();                                  //开始播放动画
```

2. 评估程序

评估程序（类/接口）主要用于告知属性动画系统如何计算指定属性的值。评估程序使用 Animator 类提供的计时数据（动画的起始值和结束值）来计算属性添加动画效果后的值。属性动画系统可提供的评估程序如表 10-7 所示。

表 10-7　属性动画系统可提供的评估程序

类名/接口名	说　　明
IntEvaluator	用于计算 Int 类型的属性值的默认评估程序
FloatEvaluator	用于计算 Float 类型的属性值的默认评估程序
ArgbEvaluator	用于计算颜色类型的属性值（用十六进制数表示）的默认评估程序
TypeEvaluator	此接口用于自定义一个评估程序。如果要添加动画效果的对象属性值不是 Int 类型、Float 类型或颜色类型，那么必须实现 TypeEvaluator 接口，才能指定如何计算对象的属性添加动画效果之后的值。如果不想使用默认的评估程序处理 Int 类型、Float 类型和颜色类型的数据，还可以为这些类型的值指定自定义的 TypeEvaluator 接口

3. 插值器

插值器（类/接口）指定了如何根据时间计算动画中的特定值。例如，可以通过插值器指定动画以线性方式进行播放，也就是动画在整个播放期间匀速移动；也可以通过插值器指定动画使用非线性方式进行播放。例如，动画可以在开始后加速并在结束前减速进行播放。在 Android 的 android.view.animation 包中包含的插值器如表 10-8 所示。

表 10-8　android.view.animation 包中包含的插值器

类名/接口名	说　　明
AccelerateDecelerateInterpolator	该插值器的变化率在开始和结束时缓慢，但在中间会加快
AccelerateInterpolator	该插值器的变化率在开始时较为缓慢，然后会加快
AnticipateInterpolator	该插值器先反向变化，然后再急速正向变化

（续表）

类名/接口名	说　明
AnticipateOvershootInterpolator	该插值器先反向变化，再急速正向变化，然后超过定位值，最后返回到最终值
BounceInterpolator	该插值器的变化会跳过结尾处
CycleInterpolator	该插值器的动画会在指定数量的周期内重复
DecelerateInterpolator	该插值器的变化率开始很快，然后减速
LinearInterpolator	该插值器的变化率恒定不变
OvershootInterpolator	该插值器会急速正向变化，再超出最终值，然后返回
TimeInterpolator	该接口用于自定义一个插值器

需要注意的是，如果表中的插值器都不满足需求，可以通过实现接口 TimeInterpolator 来自定义一个插值器。

4. 动画监听器

动画监听器（一个接口）主要用于监听动画播放期间的重要事件。动画监听器包括 Animator.AnimatorListener 和 ValueAnimator.AnimatorUpdateListener，接下来针对这 2 个动画监听器进行介绍。

（1）Animator.AnimatorListener

动画监听器 Animator.AnimatorListener（接口）中有 4 个方法，分别是 onAnimationStart()、onAnimationEnd()、onAnimationRepeat() 和 onAnimationCancel() 方法。这 4 个方法的具体介绍如下。

- onAnimationStart() 方法：*动画开始播放时调用该方法。*
- onAnimationEnd() 方法：*动画结束播放时调用该方法。*
- onAnimationRepeat() 方法：*动画重复播放时调用该方法。*
- onAnimationCancel() 方法：*动画取消播放时调用该方法，取消动画时也会调用 onAnimationEnd() 方法。*

根据程序的功能需求，如果程序只需要实现 Animator.AnimatorListener 接口中的部分方法，则可以扩展 AnimatorListenerAdapter 类，不用实现 Animator.AnimatorListener 接口，我们可以选择实现 AnimatorListener-Adapter 类中必要的一些方法。例如，如果我们只需要实现 Animator.AnimatorListener 接口中的 onAnimationEnd() 方法，就可以直接实现 AnimatorListenerAdapter 类中的 onAnimationEnd() 方法，具体示例代码如下：

```
1  ValueAnimator fadeAnim = ObjectAnimator.ofFloat(newBall, "alpha", 1f, 0f);
2  fadeAnim.setDuration(250); //设置动画播放时长
3  fadeAnim.addListener(new AnimatorListenerAdapter() {
4      public void onAnimationEnd(Animator animation) {
5          balls.remove(((ObjectAnimator)animation).getTarget());
6      }
7  });
```

（2）ValueAnimator.AnimatorUpdateListener

动画监听器 ValueAnimator.AnimatorUpdateListener 中只有 1 个方法 onAnimationUpdate()，该方法在动画播放的每一帧都会被调用。如果使用接口 ValueAnimator.AnimatorUpdateListener 监听某个动画播放的每一帧事件，那么可以调用 ValueAnimator 类的 getAnimatedValue() 方法获取动画添加效果之后生成的值。如果某个类中使用了 ValueAnimator 类，那么该类必须实现 ValueAnimator.AnimatorUpdateListener 接口。

接下来通过 ValueAnimator 类的对象添加动画监听器 AnimatorUpdateListener 来获取动画的值并使用，具体示例代码如下：

```
1  ValueAnimator animation = ValueAnimator.ofFloat(0f, 100f);
2  animation.setDuration(1000); //设置动画播放时长
3  animation.addUpdateListener(new ValueAnimator.AnimatorUpdateListener() {
4      @Override
5      public void onAnimationUpdate(ValueAnimator updatedAnimation) {
6          float animatedValue = (float)updatedAnimation.getAnimatedValue();
7          textView.setTranslationX(animatedValue); //此处的 textView 表示一个文本控件
8      }
9  });
```

在上述代码中，第 6 行代码通过调用 getAnimatedValue() 方法获取某个控件添加动画效果之后的值。第 7 行代码通过调用 setTranslationX() 方法将获取的动画值设置到对应的控件上。

需要注意的是，如果我们想要对界面上的某个区域使用添加动画效果后的新值来重新绘制动画，那么可以通过调用 invalidate() 方法来刷新动画。

10.3.4　实战演练——飞舞的蝴蝶和鸟

前面小节中我们讲解了逐帧动画和属性动画，本小节我们通过一个综合案例——飞舞的蝴蝶和鸟来演示如何使用逐帧动画与属性动画。实现本案例的具体步骤如下所示。

1. 搭建蝴蝶和鸟的界面布局

在蝴蝶和鸟的程序中只显示一个蝴蝶和鸟的界面，该界面主要用于展示蝴蝶和鸟的图片，同时还展示了一个带有花朵和草地的背景图片，界面如图 10-11 所示。

搭建蝴蝶和鸟的界面布局的具体步骤如下所示。

（1）创建程序

创建一个名为 ButterfliesAndBirds 的应用程序，指定包名为 cn.itcast.butterfliesandbirds。

（2）导入界面图片

将蝴蝶和鸟的界面所需要的图片 bg.png、butterfly_one.png……（省略与前面蝴蝶图片名称类似的图片名称）、butterfly_eight.png、bird_one.png……（省略与前面鸟图片名称类似的图片名称）、bird_eight.png 导入程序中创建的 drawable-hdpi 文件夹中。

图10-11　蝴蝶和鸟的界面

（3）创建蝴蝶和鸟的逐帧动画文件

由于蝴蝶和鸟的舞动效果需要通过逐帧动画来实现，所以我们需要在程序的 res/drawable 文件夹中分别创建 butterfly_animation.xml 文件与 bird_animation.xml 文件，在这 2 个文件中分别设置逐帧动画需要用到的蝴蝶图片、鸟图片和图片显示的时间，完整逐帧动画代码详见文件 10-14 与文件 10-15。

（4）放置界面控件

在 activity_main.xml 布局文件中，放置 2 个 ImageView 控件分别用于显示鸟图片和蝴蝶图片，完整布局代码详见文件 10-16。

扫码查看文件 10-14　　　扫码查看文件 10-15　　　扫码查看文件 10-16

（5）修改默认标题栏的名称

由于蝴蝶和鸟的程序名称为 "ButterfliesAndBirds"，所以程序中默认标题栏的名称就为 "ButterfliesAndBirds"。为了将默认标题栏的名称修改为 "蝴蝶和鸟"，我们需要修改 res/values 文件夹中的 strings.xml 文件，在该文件中找到属性 name 的值为 app_name 的标签，将该标签中的值设置为 "蝴蝶和鸟"，具体代码如下：

```
<string name="app_name">蝴蝶和鸟</string>
```

2. 实现蝴蝶和鸟的飞舞效果

由于蝴蝶和鸟的界面中的蝴蝶和鸟都需要通过逐帧动画和属性动画来实现飞舞的效果，所以我们需要在 MainActivity 中创建 3 个方法，分别是 init() 方法、getWindowWidth() 方法和 flyAnimation() 方法，这 3 个方法分别用于获取界面控件、获取屏幕宽度及实现蝴蝶和鸟的飞舞效果，具体代码如文件 10-17 所示。

【文件 10-17】　MainActivity.java

```
1   package cn.itcast.butterfliesandbirds;
2   ......
3   public class MainActivity extends AppCompatActivity {
4       private int screenWidth;
5       private ImageView iv_butterfly,iv_bird;
6       private AnimationDrawable animation;
7       private AnimatorSet flyAnimatorSet;
8       private ObjectAnimator objectAnimator;
9       @Override
10      protected void onCreate(Bundle savedInstanceState) {
11          super.onCreate(savedInstanceState);
12          setContentView(R.layout.activity_main);
13          init();
14      }
15      private void init(){
16          getWindowWidth();
17          iv_butterfly=findViewById(R.id.iv_butterfly);
18          iv_bird=findViewById(R.id.iv_bird);
19          flyAnimation(1);  //实现蝴蝶飞舞的效果
20          flyAnimation(2);  //实现鸟飞舞的效果
21      }
22      /**
23       *  获取屏幕宽度
24       */
25      private void getWindowWidth(){
26          DisplayMetrics dm=new DisplayMetrics();
27          getWindowManager().getDefaultDisplay().getMetrics(dm);
28          screenWidth= dm.widthPixels;
29      }
30      /**
31       *  实现飞舞的效果
32       */
33      private void flyAnimation(int flag){
34          flyAnimatorSet=new AnimatorSet();
35          if (flag==1) {
36              //获取逐帧动画
37              animation= (AnimationDrawable) iv_butterfly.getBackground();
38              //设置蝴蝶在水平方向移动的距离为屏幕的宽度减去 270px
39              objectAnimator = ObjectAnimator.ofFloat(iv_butterfly,
40                      "translationX", screenWidth - 270);
41              objectAnimator.setDuration(3*1000);        //设置动画时间为 3 秒
42          }else if (flag==2){
43              //获取逐帧动画
44              animation= (AnimationDrawable) iv_bird.getBackground();
45              //设置鸟在水平方向移动的距离为屏幕的宽度
46              objectAnimator = ObjectAnimator.ofFloat(iv_bird,
47                                      "translationX", screenWidth);
48              objectAnimator.setRepeatCount(Animation.RESTART);  //重新开始播放动画
49              objectAnimator.setRepeatCount(Animation.INFINITE); //循环播放动画
50              objectAnimator.setDuration(10*1000);       //设置动画时间为 10 秒
51          }
52          objectAnimator.setInterpolator(new LinearInterpolator());//设置线性插值器
53          flyAnimatorSet.play(objectAnimator);
54          animation.start();                             //开启逐帧动画
55          flyAnimatorSet.start();                        //开启属性动画
56      }
57  }
```

在上述代码中，第 33~56 行代码创建了一个 flyAnimation()方法，该方法用于实现蝴蝶和鸟的飞舞效果。

其中，第 35~51 行代码通过判断 flag 的值来确定需要实现的是哪个动物的飞舞效果，如果 flag 的值为 1，则表示需要实现的是蝴蝶的飞舞效果；如果 flag 的值为 2，则表示需要实现的是鸟飞舞的效果。其中，第 35～42 行代码首先判断了 flag 的值为 1 时的情况，说明此段代码实现的是蝴蝶飞舞的效果。在这段代码中首先通过调用 getBackground()方法获取蝴蝶的逐帧动画，然后调用 ofFloat()方法来实例化 ObjectAnimator 类。在 ofFloat()方法中传递了 3 个参数，第 1 个参数 iv_butterfly 表示显示蝴蝶的控件，第 2 个参数 "translationX" 表示蝴蝶需要在水平方向移动，第 3 个参数 screenWidth−270 表示蝴蝶在水平方向移动的距离为屏幕的宽度减去 270px。最后调用 setDuration()方法设置动画的时间。第 42～51 行代码实现了鸟飞舞的效果，这段代码与实现蝴蝶飞舞效果的代码类似，不再进行详细讲解。

10.4　本章小结

本章主要讲解了常用的绘图类、为图像添加特效及动画等知识点，通过这些知识点可以实现炫酷的 Android 应用程序界面并丰富界面的显示效果，给用户以较好的体验。由于现在企业项目中的需求大部分会有实现界面中图片或者按钮等控件的炫酷动画效果，这些炫酷动画效果大部分是通过本章学的图形图像处理内容实现的，因此要求读者认真学习本章知识，达到掌握并灵活运用的效果。

10.5　本章习题

一、判断题

1. Paint 类表示画笔，主要用于描述图形的颜色和风格。（　　）
2. Android 提供的 Matrix 类能够结合其他 API 对图形进行变换，例如旋转、缩放、倾斜。（　　）
3. Bitmap 类的 decodeFile()方法用于从文件中解析 Bitmap 对象。（　　）

二、选择题

1. 下列关于 Android 动画的描述中，正确的是（　　）。（多选）
A. Android 中的动画通常分为逐帧动画和补间动画两种
B. 逐帧动画就是顺序播放一组预定义的静态图像而形成的动画效果
C. 补间动画就是通过对场景中的对象不断进行图像变化来产生动画效果
D. 实现补间动画时，只需要定义动画开始和结束的关键帧，其他过渡由系统自动计算补齐

2. Android 提供了哪些补间动画？（　　）
A. 透明度渐变动画（AlphaAnimation）
B. 旋转动画（RotateAnimation）
C. 缩放动画（ScaleAnimation）
D. 平移动画（TranslateAnimation）

3. Android 绘制图像时最常用的类包括（　　）。
A. Bitmap 类　　　　B. BitmapFactory 类　　　　C. Paint 类　　　　D. Canvas 类

4. 在 Android 中，使用 Canvas 类中的（　　）方法可以绘制椭圆。
A. drawRect()　　　　B. drawOval()　　　　C. drawCircle()　　　　D. drawLine()

5. 下列关于 Canvas 类的描述，错误的是（　　）。
A. Canvas 类表示画布
B. Canvas 类可以绘制各种各样的图形
C. Canvas 类和 Paint 类的作用一样
D. Canvas 类的 drawRect()方法用于绘制矩形

三、简答题

简述逐帧动画的工作原理。

第 11 章

多媒体应用开发

随着手机硬件的不断提升，手机已经成为人们日常生活中必不可少的设备，设备里面的多媒体资源想必是很多人的兴趣所在。多媒体资源一般包括音频、视频等，Android 针对不同的多媒体提供了不同的类进行支持。接下来，本章将针对多媒体应用中的音频、视频操作进行讲解。

11.1 音频播放

11.1.1 使用 MediaPlayer 类播放音频

Android 应用程序中播放音频文件的功能一般都是通过 MediaPlayer 类实现的，该类提供了一些方法支持多种格式的音频文件。MediaPlayer 类的常用方法如表 11-1 所示。

表 11-1 MediaPlayer 类的常用方法

方法名称	功能描述
setDataSource()	设置要播放的音频文件的位置
prepare()	在开始播放之前调用这个方法完成准备工作
start()	开始或继续播放音频
pause()	暂停播放音频
reset()	重置 MediaPlayer 对象
seekTo()	从指定位置开始播放音频
stop()	停止播放音频，调用该方法后 MediaPlayer 对象无法再播放音频
release()	释放掉与 MediaPlayer 对象相关的资源
isPlaying()	判断当前是否正在播放音频
getDuration()	获取载入的音频文件的时长

接下来，演示如何使用 MediaPlayer 类播放音频，具体如下。

1. 实例化 MediaPlayer 类

使用 MediaPlayer 类播放音频时，首先创建一个 MediaPlayer 类的对象，接着调用 setAudioStreamType()方法设置音频类型，示例代码如下：

```
MediaPlayer mediaPlayer = new MediaPlayer(); //创建 MediaPlayer 类的对象
mediaPlayer.setAudioStreamType(AudioManager.STREAM_MUSIC); //设置音频类型
```

上述代码的 setAudioStreamType()方法中传递的参数表示音频类型，音频类型有很多种，常用的有以下几种。

- AudioManager.STREAM_MUSIC：音乐。
- AudioManager.STREAM_RING：响铃。
- AudioManager.STREAM_ALARM：闹钟。
- AudioManager.STREAM_NOTIFICATION：提示音。

2. 设置数据源

根据音频文件存放位置的不同，将数据源的设置分为 3 种方式，分别为设置播放应用自带的音频文件、设置播放 SD 卡中的音频文件和设置播放网络音频文件，示例代码如下：

```
//1.设置播放应用自带的音频文件
mediaPlayer = MediaPlayer.create(MainActivity.this, R.raw.xxx);
//2.设置播放 SD 卡中的音频文件
mediaPlayer.setDataSource("SD 卡中的音频文件的路径");
//3.设置播放网络音频文件
mediaPlayer.setDataSource("http://www.xxx.mp3");
```

需要注意的是，播放网络中的音频文件时，需要在清单文件中添加访问网络的权限，示例代码如下：

```
<uses-permission android:name="android.permission.INTERNET"/>
```

3. 播放音频文件

一般在调用 start()方法播放音频文件之前，程序会调用 prepare()方法或 prepareAsync()方法将音频文件解析到内存中。调用 prepare()方法解析音频文件为同步操作，一般用于解析较小的文件，调用 prepareAsync()方法解析音频文件为异步操作，一般用于解析较大的文件。示例代码如下。

（1）播放小音频文件

```
mediaPlayer.prepare();
mediaPlayer.start();
```

需要注意的是，使用 create()方法创建 MediaPlayer 对象并设置音频文件时，不能调用 prepare()方法，直接调用 start()方法播放音频文件即可。

（2）播放大音频文件

```
mediaPlayer.prepareAsync();
mediaPlayer.setOnPreparedListener(new OnPreparedListener){
    public void onPrepared(MediaPlayer player){
        player.start();
    }
}
```

在上述代码中，调用 prepareAsync()方法解析音频文件是子线程中执行的异步操作，不管它是否执行完毕，都不会影响主线程操作。setOnPreparedListener()方法用于设置 MediaPlayer 类的监听器，用于监听音频文件是否解析完成，如果解析完成，则会调用 onPrepared()方法，在该方法内部调用 start()方法播放音频文件。

4. 暂停播放

pause()方法用于暂停播放。在暂停播放之前，要判断 MediaPlayer 对象是否存在，并且当前是否正在播放音频，示例代码如下：

```
if(mediaPlayer!=null && mediaPlayer.isPlaying()){
    mediaPlayer.pause();
}
```

5. 重新播放

seekTo()方法用于定位播放,该方法用于快退或快进音频播放,该方法传递的参数表示将播放时间定在多少毫秒,如果传递的参数为 0,则表示从头开始播放。示例代码如下:

```
//1.播放状态下进行重播
if(mediaPlayer!=null && mediaPlayer.isPlaying()){
    mediaPlayer.seekTo(0);   //设置从头开始播放音频
    return;
}
//2.暂停状态下进行重播,要调用 start()方法
if(mediaPlayer!=null){
    mediaPlayer.seekTo(0);   //设置从头开始播放音频
    mediaPlayer.start();
}
```

6. 停止播放

stop()方法用于停止播放,停止播放之后还要调用 release()方法将 MediaPlayer 对象占用的资源释放并将该对象设置为 null。示例代码如下:

```
if(mediaPlayer!=null && mediaPlayer.isPlaying()){
    mediaPlayer.stop();         //停止播放
    mediaPlayer.release();      //释放 MediaPlayer 对象占用的资源
    mediaPlayer = null;
}
```

11.1.2 使用 SoundPool 类播放音频

由于使用 MediaPlayer 类播放音频时占用的内存资源较多,且不支持同时播放多个音频,所以 Android 还提供了另一个播放音频的类——SoundPool。SoundPool 即音频池,可以同时播放多个短小的音频,而且占用的资源比较少,它适合在应用程序中播放按键音或者消息提示音等。SoundPool 类的常用方法如表 11-2 所示。

表 11-2 SoundPool 类的常用方法

方法名称	功能描述
load()	加载音频文件
play()	播放音频
pause(int streamID)	根据加载的资源 id,暂停播放音频
resume(int streamID)	根据加载的资源 id,继续播放暂停的音频资源
stop(int streamID)	根据加载的资源 id,停止音频资源的播放
unload(int soundID)	从音频池中卸载音频资源 id 为 soundID 的资源
release()	释放音频池资源

接下来,演示如何通过 SoundPool 类播放音频,具体介绍如下。

1. 创建 SoundPool 对象

SoundPool 类提供了一个构造方法来创建 SoundPool 对象,该构造方法的具体信息如下:

```
public SoundPool (int maxStreams, int streamType, int srcQuality)
```

SoundPool()构造方法中参数的相关介绍如下。

● maxStreams:指定可以容纳多少个音频。

● streamType:用于指定音频类型(如 AudioManager.STREAM_MUSIC(音乐)、AudioManager.STREAM_RING(响铃)、AudioManager.STREAM_SYSTEM(系统音量)等)。

● srcQuality:用于指定音频的品质,默认值为 0。

创建一个可以容纳 10 个音频的 SoundPool 对象,示例代码如下:

```
SoundPool soundpool = new SoundPool(10,AudioManager.STREAM_SYSTEM, 0);
```

2. 加载音频文件

创建 SoundPool 对象后，接着调用 load()方法来加载音频文件。根据传递参数的不同，系统提供了 4 个 load()方法，具体介绍如下。

- public int load（Context context, int resId, int priority）：通过指定的资源 id 加载音频文件，参数 resId 表示指定的资源 id，参数 priority 表示播放声音的优先级。
- public int load（String path, int priority）：通过音频文件的路径加载音频，参数 path 表示音频文件的路径。
- public int load（AssetFileDescriptor afd, int priority）：在 AssetFileDescriptor 所对应的文件中加载音频。
- public int load（FileDescriptor fd, long offset, long length, int priority）：加载 FileDescriptor 对象中从 offset 开始长度为 length 的音频。

通过资源 id 加载音频文件 alarm.wav 的代码如下：

```
soundpool.load(this, R.raw.alarm, 1);
```

3. 播放音频

调用 SoundPool 对象的 play()方法可播放指定的音频。play()方法的具体信息如下：

```
play (int soundID, float leftVolume, float rightVolume, int priority, int loop,
float rate)
```

play()方法中参数的相关介绍如下。

- soundID：指定要播放的音频 id，该音频是通过 load()方法返回的音频。
- leftVolume：指定左声道的音量，取值范围为 0.0～1.0。
- rightVolume：指定右声道的音量，取值范围为 0.0～1.0。
- priority：指定播放音频的优先级，数值越大，优先级越高。
- loop：指定循环播放的次数，0 表示不循环，−1 表示循环。
- rate：指定播放速率，1 表示正常播放速率，0.5 表示最低播放速率，2 表示最高播放速率。

播放 raw 文件夹中 sound.wav 音频文件的示例代码如下：

```
soundpool.play(soundpool.load(MainActivity.this, R.raw.sound, 1), 1, 1, 0, 0, 1);
```

11.1.3 实战演练——弹钢琴

上一小节讲解了如何使用 SoundPool 类播放音频，接下来我们通过一个弹钢琴的案例来演示 SoundPool 类的使用。本案例中只显示一个钢琴界面，该界面中显示了 7 个钢琴按键的图片，钢琴界面如图 11-1 所示。

实现钢琴界面功能的具体步骤如下。

1. 创建程序

创建一个名为 SoundPool 的应用程序，指定包名为 cn.itcast.soundpool。

2. 导入音频文件

在 res 文件夹中创建 raw 文件夹，用于存放音频文件，将 music_do.mp3、music_re.mp3、music_mi.mp3、

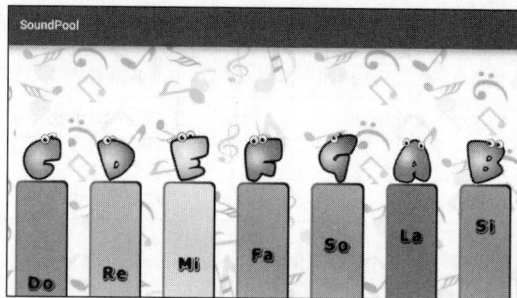

图11-1　钢琴界面

music_fa.mp3、music_so.mp3、music_la.mp3 和 music_si.mp3 音频文件导入 res/raw 文件夹中。

3. 导入界面图片

在 Android Studio 中，切换选项卡至【Project】，在 res 文件夹中创建一个 drawable-hdpi 文件夹，将钢琴界面所需要的图片 background.png、icon_do.png、icon_do_pressed.png、icon_re.png、icon_re_pressed.png、icon_mi.png、icon_mi_pressed.png、icon_fa.png、icon_fa_pressed.png、icon_so.png、icon_so_pressed.png、icon_la.png、icon_la_pressed.png、icon_si.png 和 icon_si_pressed.png 导入 drawable-hdpi 文件夹中。

4. 放置界面控件

在 activity_main.xml 文件中放置 7 个 ImageView 控件，分别用于显示 "Do" "Re" "Mi" "Fa" "So" "La"

"Si" 7 个钢琴按键。完整布局代码详见文件 11–1。

5. 创建背景选择器

由于钢琴的每个按键在按下与弹起时的背景不同，所以需要创建一个背景选择器来实现这个效果。以创建钢琴按键"Do"的背景选择器为例，首先选中 drawable 文件夹，单击鼠标右键并选择【New】→【Drawable resource file】选项，创建一个背景选择器 icon_do_selector.xml，根据控件被按下与弹起时的状态切换相应的背景图片。当钢琴按键"Do"被按下时显示图片 icon_do_pressed.png，当钢琴按键"Do"弹起时显示图片 icon_do.png，具体代码如文件 11–2 所示。

【文件 11-2】　icon_do_selector.xml

```
1  <?xml version="1.0" encoding="utf-8"?>
2  <selector xmlns:android="http://schemas.android.com/apk/res/android">
3     <item android:drawable="@drawable/icon_do" android:state_pressed="false"/>
4     <item android:drawable="@drawable/icon_do_pressed"
5         android:state_pressed="true"/>
6  </selector>
```

在上述代码中，属性 android:drawable 表示为控件设置图片，属性 android:state_pressed 表示控件被按下或弹起的状态。

钢琴界面除钢琴按键"Do"之外还有 6 个钢琴按键，分别是钢琴按键"Re""Mi""Fa""So""La""Si"，这 6 个钢琴按键的背景选择器的名称分别为 icon_re_selector.xml、icon_mi_selector.xml、icon_fa_selector.xml、icon_so_selector.xml、icon_la_selector.xml、icon_si_selector.xml。这 6 个背景选择器的内容与 icon_do_selector.xml 文件的内容类似，将对应钢琴按键的图片替换即可，此处不再显示 6 个背景选择器的具体代码。

6. 设置钢琴界面横屏显示

由于钢琴界面是横屏显示的，所以需要在 AndroidManifest.xml 文件中找到 MainActivity 对应的<activity>标签并设置属性 screenOrientation 的值为 landscape，具体代码如下：

```
<activity android:name=".MainActivity"
   android:screenOrientation="landscape">
   ......
</activity>
```

7. 实现弹钢琴功能

在 MainActivity 中通过 SoundPool 类的 play()方法实现播放每个钢琴按键音乐的功能，具体代码如文件 11–3 所示。

【文件 11-3】　MainActivity.java

```
1  package cn.itcast.soundpool;
2  ......//省略导入包
3  public class MainActivity extends AppCompatActivity implements View.OnClickListener
4  {
5      private SoundPool soundpool;
6      private HashMap<Integer,Integer> map = new HashMap<>();
7      @Override
8      protected void onCreate(Bundle savedInstanceState) {
9          super.onCreate(savedInstanceState);
10         setContentView(R.layout.activity_main);
11         //初始化界面控件，并为控件添加点击事件的监听器
12         ImageView iv_do = findViewById(R.id.iv_do);
13         ImageView iv_re = findViewById(R.id.iv_re);
14         ImageView iv_mi = findViewById(R.id.iv_mi);
15         ImageView iv_fa = findViewById(R.id.iv_fa);
16         ImageView iv_so = findViewById(R.id.iv_so);
17         ImageView iv_la = findViewById(R.id.iv_la);
18         ImageView iv_si = findViewById(R.id.iv_si);
19         iv_do.setOnClickListener(this);
20         iv_re.setOnClickListener(this);
21         iv_mi.setOnClickListener(this);
22         iv_fa.setOnClickListener(this);
23         iv_so.setOnClickListener(this);
```

扫码查看文件 11-1

```
24          iv_la.setOnClickListener(this);
25          iv_si.setOnClickListener(this);
26          initSoundPool();//初始化 SoundPool
27      }
28      private void initSoundPool() {
29          if(soundpool == null){
30              //创建 SoundPool 对象
31              soundpool = new SoundPool(7, AudioManager.STREAM_SYSTEM, 0);
32          }
33          //加载音频文件，并将文件存储到 HashMap 集合中
34          map.put(R.id.iv_do,soundpool.load(this,R.raw.music_do,1));
35          map.put(R.id.iv_re,soundpool.load(this,R.raw.music_re,1));
36          map.put(R.id.iv_mi,soundpool.load(this,R.raw.music_mi,1));
37          map.put(R.id.iv_fa,soundpool.load(this,R.raw.music_fa,1));
38          map.put(R.id.iv_so,soundpool.load(this,R.raw.music_so,1));
39          map.put(R.id.iv_la,soundpool.load(this,R.raw.music_la,1));
40          map.put(R.id.iv_si,soundpool.load(this,R.raw.music_si,1));
41      }
42      @Override
43      public void onClick(View v) {
44          play(v.getId());
45      }
46      private void play(int i){
47          soundpool.play(map.get(i),1.0f,1.0f,0,0,1.0f);        //播放音频
48      }
49      @Override
50      protected void onDestroy() {
51          super.onDestroy();
52          if (soundpool != null) {
53              soundpool.autoPause();                            //暂停播放音频
54              soundpool.release();                              //释放 SoundPool 对象占用的资源
55              soundpool = null;
56          }
57      }
58 }
```

在上述代码中，12～25 行代码获取了界面上 7 个钢琴按键控件并为这些控件设置点击事件的监听器。

第 28～41 行代码创建了一个 initSoundPool()方法，在该方法中创建了 SoundPool 类的对象，并通过该对象调用 load()方法加载对应的 7 个钢琴按键的音频文件。调用 HashMap 集合的 put()方法，以 7 个按键的控件 id 为 key，使用 load()方法加载音频文件的返回值为 value，将 7 个按键的对应信息添加到 HashMap 集合中。

第 42～45 行代码重写了 onClick()方法，在该方法中调用 play()方法播放音频，并将按键的控件 id 传递到该方法中。

第 46～48 行代码创建了 play()方法，在该方法中通过 SoundPool 类的对象调用 play()方法播放音频。

第 49～57 行代码重写了 onDestroy()方法，在该方法中通过调用 autoPause()方法暂停播放音频，通过 release()方法释放 SoundPool 类的对象占用的资源。

8. 运行结果

运行上述程序，点击界面上的钢琴按键 "Do"，程序会播放对应的音频，运行结果如图 11-2 所示。

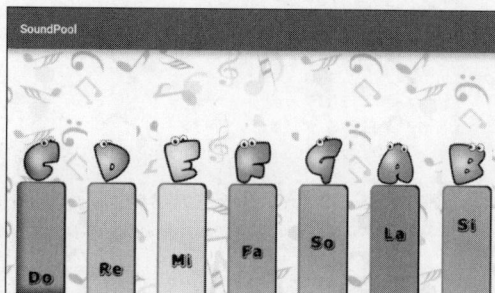

图11-2　运行结果（1）

11.2 视频播放

11.2.1 使用 VideoView 控件播放视频

与播放音频相比，播放视频需要使用视觉控件将影像展示出来。Android 中的 VideoView 控件就是用来播放视频的，借助它可以完成一个简易的视频播放器。VideoView 控件的常用方法如表 11-3 所示。

表 11-3 VideoView 控件的常用方法

方法名称	功能描述
setVideoPath()	设置要播放的视频文件的位置
start()	开始或继续播放视频
pause()	暂停播放视频
resume()	将视频重新开始播放
seekTo()	从指定位置开始播放视频
isPlaying()	判断当前是否正在播放视频
getDuration()	获取载入的视频文件的时长

接下来讲解如何使用 VideoView 控件播放视频，具体介绍如下。

1. 在布局文件中添加 VideoView 控件

如果想在界面上播放视频，则首先需要在布局文件中放置 1 个 VideoView 控件用于显示视频播放界面。在布局中添加 VideoView 控件的示例代码如下：

```
<VideoView
    android:id="@+id/videoview"
    android:layout_width="match_parent"
    android:layout_height="match_parent" />
```

2. 视频的播放

使用 VideoView 控件既可以播放本地存放的视频，也可以播放网络中的视频，示例代码如下：

```
VideoView videoView = (VideoView) findViewById(R.id.videoview);
videoView.setVideoPath("mnt/sdcard/xxx.avi");            //播放本地视频
videoView.setVideoURI(Uri.parse("http://www.xxx.avi"));  //加载网络视频
videoView.start();  //播放视频
```

根据上述代码可知，播放本地视频时需要调用 VideoView 控件的 setVideoPath()方法，将本地视频地址传入该方法中即可。播放网络视频时需要调用 VideoView 控件的 setVideoURI()方法，通过调用 parse()方法将网络视频地址转换为 Uri 并传递到 setVideoURI()方法中。

需要注意的是，播放网络视频时需要在 AndroidManifest.xml 文件的<manifest>标签中添加访问网络的权限，示例代码如下：

```
<uses-permission android:name="android.permission.INTERNET"/>
```

3. 为 VideoView 控件添加控制器

使用 VideoView 控件播放视频时，可以通过 setMediaController()方法为它添加一个媒体控制器（MediaController），该控制器中包含媒体播放器（MediaPlayer）中的一些典型按钮，如播放/暂停（Play/ Pause）、倒带（Rewind）、快进（Fast Forward）及进度滑动器（progress slider）等。VideoView 控件能够绑定媒体控制器（MediaController），从而使播放状态和控件中显示的图像同步，示例代码如下：

```
MediaController controller = new MediaController(context);
videoView.setMediaController(controller); //为 VideoView 控件绑定控制器
```

11.2.2 实战演练——VideoView 视频播放器

上个小节讲解了如何使用 VideoView 控件播放视频的相关知识，接下来我们通过一个播放视频的案例来演示如何使用 VideoView 控件播放视频。本案例中只显示一个视频播放界面，该界面主要用于播放视频。视频播放界面如图 11-3 所示。

实现视频播放界面功能的具体步骤如下。

1. 创建程序

创建一个名为 VideoView 的应用程序，包名指定为 cn.itcast.videoview。

2. 导入视频文件

选中 res 文件夹，在该文件夹中创建一个 raw 文件夹，将视频文件 video.mp4 放入 raw 文件夹中。

3. 放置界面控件

在 activity_main.xml 文件中，放置 1 个 ImageView 控件用于显示播放按钮的图片；放置 1 个 VideoView 控件用于显示视频。完整布局代码详见文件 11-4。

扫码查看文件 11-4

图11-3 视频播放界面

4. 实现视频播放功能

在 MainActivity 中创建一个 play() 方法，在该方法中实现视频播放功能，具体代码如文件 11-5 所示。

【文件 11-5】 MainActivity.java

```
1  package cn.itcast.videoview;
2  ......
3  public class MainActivity extends AppCompatActivity implements View.OnClickListener
4  {
5      private VideoView videoView;
6      private MediaController controller;
7      ImageView iv_play;
8      @Override
9      protected void onCreate(Bundle savedInstanceState) {
10         super.onCreate(savedInstanceState);
11         setContentView(R.layout.activity_main);
12         videoView = findViewById(R.id.videoview);
13         iv_play = findViewById(R.id.iv_play);
14         //资源文件夹下的视频文件路径
15         String url = "android.resource://" + getPackageName() + "/" + R.raw.video;
16         Uri uri = Uri.parse(url);    //字符串 url 解析成 Uri
17         videoView.setVideoURI(uri); //设置 videoview 的播放资源
18         //为 VideoView 控件绑定控制器
19         controller = new MediaController(this);
20         videoView.setMediaController(controller);
21         iv_play.setOnClickListener(this);
22     }
23     @Override
24     public void onClick(View v) {
25         switch (v.getId()) {
26             case R.id.iv_play:
27                 iv_play.setVisibility(View.GONE);
28                 play();
29                 break;
30         }
31     }
32     private void play() {
33         videoView.start();// 播放视频
34         videoView.setOnCompletionListener(new MediaPlayer.OnCompletionListener() {
35             @Override
36             public void onCompletion(MediaPlayer mp) {
37                 iv_play.setVisibility(View.VISIBLE);
```

```
38                iv_play.setImageResource(android.R.drawable.ic_media_play);
39            }
40        });
41    }
42 }
```

在上述代码中，第 15～20 行代码通过 setVideoURI()方法将视频文件的路径加载到 VideoView 控件上，并通过 setMediaController()方法为 VideoView 控件绑定控制器，该控制器可以显示视频的播放、暂停、快进/快退和进度条等按钮。

第 23～31 行代码重写了 onClick()方法，在该方法中首先调用 setVisibility()方法将播放按钮的图片控件设置为隐藏状态，然后调用 play()方法播放视频。

第 32～41 行代码创建了一个 play()方法，在该方法中首先调用 start()方法播放视频，然后通过 setOnCompletionListener()方法设置 VideoView 控件的监听器。当视频播放完时，会调用该监听器中的 onCompletion()方法，在该方法中首先调用 setVisibility()方法将播放按钮的图片控件设置为显示状态，然后调用 setImageResource()方法设置播放按钮的图片为 ic_media_play.png。

5. 运行结果

运行上述程序，点击界面上的播放按钮播放视频。当点击视频界面时，界面底部会出现视频的播放按钮与视频播放的进度条，我们可以随意拖动视频播放的进度条来设置视频的播放进度，运行结果如图 11-4 所示。

图11-4　运行结果（2）

11.2.3　使用 MediaPlayer 类和 SurfaceView 控件播放视频

使用 VideoView 控件播放视频虽然很方便，但是在播放视频时消耗的系统内存比较大。为此 Android 还提供了另一种播放视频的方式，就是将 MediaPlayer 类和 SurfaceView 控件结合使用。其中，MediaPlayer 类用于播放视频，SurfaceView 控件用于显示视频图像。

SurfaceView 控件继承自 View，它是显示图像的控件，具有双缓冲技术，即其内部有两个线程，分别用于更新界面和后台计算，当完成各自的任务后可以无限循环交替更新和计算。SurfaceView 控件的这种特性可以避免因画图任务繁重而造成主线程阻塞，从而提高程序的性能，因此在游戏开发中会常用到 SurfaceView 控件，例如设置游戏中的背景、人物、动画等。

接下来讲解如何使用 MediaPlayer 类和 SurfaceView 控件实现视频播放器的过程，具体介绍如下。

1. 在布局中添加 SurfaceView 控件

在布局文件中添加一个 SurfaceView 控件，示例代码如下：

```
<SurfaceView
    android:id="@+id/surfaceview "
    android:layout_width="fill_parent"
    android:layout_height="fill_parent" />
```

2. 获取界面控件并设置类型

在代码中通过 SurfaceView 控件的 id 找到该控件，并通过 getHolder()方法获取 SurfaceView 控件的管理器 SurfaceHolder，接着通过 setType()方法设置管理器 SurfaceHolder 的类型，示例代码如下：

```
SurfaceView view = (SurfaceView)findViewById(R.id.sv);
SurfaceHolder holder = view.getHolder();
holder.setType(SurfaceHolder.SURFACE_TYPE_PUSH_BUFFERS); //设置SurfaceHolder类型
```

SurfaceHolder 是一个接口，它用于维护和管理 SurfaceView 控件中显示的内容。

需要注意的是，使用 SurfaceView 控件进行游戏开发时，需要开发者手动创建并维护两个线程进行双缓冲区的管理。为了使程序更简便，可以通过 setType()方法设置 SurfaceHolder 的类型为 SurfaceHolder.SURFACE_TYPE_PUSH_BUFFERS，该类型表示 SurfaceView 控件不包含原生数据，用到的数据由 MediaPlayer 对象提供，也就是不让 SurfaceView 控件维护双缓冲区，而是交给 MediaPlayer 底层去管理。虽然 setType()方法已经过时，但是在 Android 4.0 版本以下的系统中必须调用该方法设置 SurfaceHolder 的类型。

3. 回调 addCallback()方法

使用 SurfaceView 控件时，一般情况下还要对其创建、销毁、改变时的状态进行监听，此时就需要调用 addCallback()方法，在该方法中监听 Surface（Surface 是一个用来画图形或图像的地方）的状态，示例代码如下：

```
holder.addCallback(new Callback() {
    @Override
    public void surfaceDestroyed(SurfaceHolder holder) {
        Log.i("TAG","surface被销毁了");
    }
    @Override
    public void surfaceCreated(SurfaceHolder holder) {
        Log.i("TAG","surface被创建好了");
    }
    @Override
    public void surfaceChanged(SurfaceHolder holder, int format,
        int width, int height) {
        Log.i("TAG","surface的大小发生变化");
    }
});
```

Callback 接口抽象方法的相关介绍具体如下。

● surfaceDestroyed()方法：Surface 被销毁时调用。

● surfaceCreated()方法：Surface 被创建时调用。

● surfaceChanged()方法：Surface 的大小发生变化时调用。

需要注意的是，SurfaceView 控件中内嵌了一个专门用于绘制图形的 Surface 类，SurfaceView 控件可以控制 Surface 的格式和尺寸，以及 Surface 的绘制位置。可以理解为 Surface 是管理数据的地方，SurfaceView 控件是展示数据的地方。

4. 播放视频

使用 MediaPlayer 类播放音频与播放视频的步骤类似，唯一不同的是播放视频时需要把视频显示在 SurfaceView 控件上，所以需要通过 setDisplay()方法将 SurfaceView 控件与 MediaPlayer 类进行关联，示例代码如下：

```
MediaPlayer mediaplayer = new MediaPlayer();
mediaplayer.setAudioStreamType(AudioManager.STREAM_MUSIC);//设置视频声音的类型
mediaplayer.setDataSource("视频资源路径");                    //设置视频文件路径
mediaplayer.setDisplay(holder); //SurfaceView控件与MediaPlayer类进行关联
mediaplayer.prepareAsync();                                  //将视频文件解析到内存中
mediaplayer.start();                                         //播放视频
```

11.2.4 实战演练——SurfaceView 视频播放器

上一小节讲解了 SurfaceView 控件与 MediaPlayer 类的使用，接下来我们通过一个 SurfaceView 视频播放器的案例来演示如何使用 SurfaceView 控件与 MediaPlayer 类播放视频。本案例中只有一个播放视频界面，该界面主要用于播放视频。播放视频界面如图 11-5 所示。

实现播放视频界面功能的具体步骤如下。

1. 创建程序

创建一个名为 SurfaceView 的应用程序，包名指定为 cn.itcast.surfaceview。

2. 放置资源文件

选中 res 文件夹，在该文件夹中创建一个 raw 文件夹，将视频文件 video.mp4 放入 raw 文件夹中。

3. 放置界面控件

在 activity_main.xml 文件中放置 1 个 SurfaceView 控件用于显示视频；设置 1 个 SeekBar 用于显示视频播放的进度条；放置 1 个 ImageView 控件用于显示播放（暂停）按钮的图片。完整布局代码详见文件 11-6。

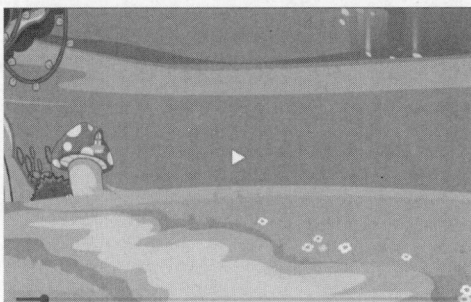

图11-5　播放视频界面

扫码查看文件 11-6

4. 设置播放视频界面为横屏显示

因为视频播放界面是横屏显示的，所以需要在 AndroidManifest.xml 文件中找到 MainActivity 对应的 <activity>标签并设置属性 screenOrientation 的值为 landscape，具体代码如下：

```
<activity android:name=".MainActivity"
    android:screenOrientation="landscape">
    ......
</activity>
```

5. 实现视频播放功能

因为需要监听视频界面的 SurfaceView 控件与 SeekBar，所以使用 MainActivity 实现 SeekBar.OnSeekBar-ChangeListener 接口与 SurfaceHolder.Callback 接口，并重写这两个接口中对应的方法，在这些方法中实现播放视频的功能，具体代码如文件 11-7 所示。

【文件 11-7】　MainActivity.java

```
1   package cn.itcast.surfaceview;
2   ......//省略导入包
3   public class MainActivity extends AppCompatActivity implements
4                        SeekBar.OnSeekBarChangeListener, SurfaceHolder.Callback {
5       private SurfaceView sv;
6       private SurfaceHolder holder;
7       private MediaPlayer mediaplayer;
8       private RelativeLayout rl;
9       private Timer timer;
10      private TimerTask task;
11      private SeekBar sbar;
12      private ImageView play;
13      @Override
14      protected void onCreate(Bundle savedInstanceState) {
15          super.onCreate(savedInstanceState);
16          this.requestWindowFeature(Window.FEATURE_NO_TITLE); //去掉默认标题栏
17          setContentView(R.layout.activity_main);
18          sv = findViewById(R.id.sv);
```

```
19          //获取 SurfaceView 控件的容器,界面内容显示在容器中
20          holder = sv.getHolder();
21          //setType()为过时的方法,Android 4.0 版本以上的系统不写没问题,否则必须要写
22          holder.setType(SurfaceHolder.SURFACE_TYPE_PUSH_BUFFERS);
23          holder.addCallback(this);
24          rl = findViewById(R.id.rl);
25          play = findViewById(R.id.play);
26          sbar = findViewById(R.id.sbar);
27          sbar.setOnSeekBarChangeListener(this);
28          timer = new Timer();//初始化计时器
29          task = new TimerTask() {
30              @Override
31              public void run() {
32                  if (mediaplayer != null && mediaplayer.isPlaying()) {
33                      int total = mediaplayer.getDuration();    //获取视频总时长
34                      sbar.setMax(total);                        //设置视频进度条总时长
35                      //获取视频当前进度
36                      int progress = mediaplayer.getCurrentPosition();
37                      sbar.setProgress(progress);               //将当前进度设置给进度条
38                  } else {
39                      play.setImageResource(android.R.drawable.ic_media_play);
40                  }
41              }
42          };
43          //设置 tast 任务延迟 500 毫秒执行,每隔 500 毫秒执行一次
44          timer.schedule(task, 500, 500);
45      }
46      @Override
47      public void surfaceCreated(SurfaceHolder holder) {                    //Surface 创建时触发
48          try {
49              mediaplayer = new MediaPlayer();
50              mediaplayer.setAudioStreamType(AudioManager.STREAM_MUSIC);    //音频类型
51              Uri uri = Uri.parse(ContentResolver.SCHEME_ANDROID_RESOURCE + "://" +
52                              getPackageName() + "/" + R.raw.video);        //视频路径
53              try {
54                  //设置视频文件路径
55                  mediaplayer.setDataSource(MainActivity.this, uri);
56              } catch (IOException e) {
57                  Toast.makeText(MainActivity.this, "播放失败",
58                                                      Toast.LENGTH_SHORT).show();
59                  e.printStackTrace();
60              }
61              //SurfaceView 控件与 MediaPlayer 类进行关联
62              mediaplayer.setDisplay(holder);
63              mediaplayer.prepareAsync();  //将视频文件解析到内存中
64              mediaplayer.setOnPreparedListener(new MediaPlayer.OnPreparedListener()
65              {
66                  @Override
67                  public void onPrepared(MediaPlayer mp) {
68                      mediaplayer.start();   //播放视频
69                  }
70              });
71          } catch (Exception e) {
72              Toast.makeText(MainActivity.this, "播放失败",
73                                                  Toast.LENGTH_SHORT).show();
74              e.printStackTrace();
75          }
76      }
77      @Override
78      public void surfaceChanged(SurfaceHolder holder, int format, int width,
79      int height) {                              //Surface 大小发生变化时触发
80      }
81      @Override
82      public void surfaceDestroyed(SurfaceHolder holder) {              //Surface 注销时触发
83          if (mediaplayer.isPlaying()) {   //判断视频是否正在播放
```

```
84          mediaplayer.stop();                    //停止视频
85        }
86    }
87    //播放（暂停）按钮的点击事件
88    public void click(View view) {
89        if (mediaplayer != null && mediaplayer.isPlaying()) {     //视频正在播放
90            mediaplayer.pause();              //暂停视频播放
91            play.setImageResource(android.R.drawable.ic_media_play);
92        } else {
93            mediaplayer.start();              //开始视频播放
94            play.setImageResource(android.R.drawable.ic_media_pause);
95        }
96    }
97    @Override
98    public void onProgressChanged(SeekBar seekBar, int progress, boolean fromUser)
99    {}//进度发生变化时触发
100   @Override
101   public void onStartTrackingTouch(SeekBar seekBar) {              //进度条开始拖动时触发
102   }
103   @Override
104   public void onStopTrackingTouch(SeekBar seekBar) {//进度条停止拖动时触发
105       int position = seekBar.getProgress();          //获取进度条当前的拖动位置
106       if (mediaplayer != null) {
107           mediaplayer.seekTo(position);                        //将进度条的拖动位置设置给 MediaPlayer 对象
108       }
109   }
110   @Override
111   public boolean onTouchEvent(MotionEvent event) {              //屏幕触摸事件
112       switch (event.getAction()) {
113           case MotionEvent.ACTION_DOWN:
114               if (rl.getVisibility() == View.INVISIBLE) {       //不显示进度条和播放按钮
115                   rl.setVisibility(View.VISIBLE);              //显示进度条和播放按钮
116                   //倒计时 3 秒，3 秒后继续隐藏进度条和播放按钮
117                   CountDownTimer cdt = new CountDownTimer(3000, 1000) {
118                       @Override
119                       public void onTick(long millisUntilFinished) {
120                           System.out.println(millisUntilFinished);
121                       }
122                       @Override
123                       public void onFinish() {
124                           //隐藏进度条和播放按钮
125                           rl.setVisibility(View.INVISIBLE);
126                       }
127                   };
128                   cdt.start();          //开启倒计时
129               } else if (rl.getVisibility() == View.VISIBLE) {  //显示进度条和播放按钮
130                   rl.setVisibility(View.INVISIBLE);            //隐藏进度条和播放按钮
131               }
132               break;
133       }
134       return super.onTouchEvent(event);
135   }
136   @Override
137   protected void onDestroy() {
138       task.cancel();                  //将 TimerTask 从任务队列中清除
139       timer.cancel();                 //将任务队列中的全部任务清除
140       timer = null;                   //设置对象 timer 为 null
141       task = null;                    //设置对象 task 为 null
142       mediaplayer.release();          //释放 MediaPlayer 对象占用的资源
143       mediaplayer = null;             //将对象 mediaplayer 设置为 null
144       super.onDestroy();
145   }
146 }
```

在上述代码中，第 28～44 行代码定义了一个 Timer 计时器，在该计时器的 run() 方法中，首先通过 isPlaying() 方法判断当前视频是否正在播放，如果正在播放，则调用 getDuration() 方法获取视频的总时长，并通过 setMax()

方法将总时长设置给 SeekBar，接着通过 getCurrentPosition()方法获取视频当前的播放位置，并通过 setProgress()方法将该位置设置给 SeekBar，如果当前视频没有播放，则将通过 setImageResource()方法将播放按钮的图片设置为 ic_media_play.png。第 44 行代码通过调用 schedule()方法设置 task 任务开始时延迟 500 毫秒后执行，每隔 500 毫秒执行一次 task 任务。

第 46~76 行代码重写了 surfaceCreated()方法，该方法在 Surface 创建时调用。在该方法中分别通过 setAudioStreamType()方法设置视频声音类型，通过 setDataSource()方法设置视频文件路径，通过 setDisplay()方法将 SurfaceView 控件与 MediaPlayer 类进行关联，通过 prepareAsync()方法将视频文件解析到内存中，通过 start()方法播放视频。该方法中的内容与 11.2.3 小节中播放视频的代码类似。

第 81~86 行代码重写了 surfaceDestroyed()方法，该方法在 Surface 销毁时调用，在该方法中首先判断当前视频是否正在播放，如果正在播放，则调用 stop()方法停止播放视频。

第 88~96 行代码创建了一个 click()方法，该方法用于实现播放（暂停）按钮的点击事件。在该方法中判断当前视频是否正在播放，如果正在播放，则调用 pause()方法暂停播放并设置播放按钮的图片为 ic_media_play.png，否则调用 start()方法播放视频并设置暂停按钮的图片为 ic_media_pause.png。

第 103~109 行代码重写了 onStopTrackingTouch()方法，当界面上的进度条停止拖动时会调用该方法。在该方法中首先调用 getProgress()方法获取进度条的拖动位置，接着通过 seekTo()方法将进度条的拖动位置设置给 MediaPlayer 对象。

第 110~135 行代码重写了 onTouchEvent()方法，在该方法中监听了播放视频界面被按下时触发的事件（MotionEvent.ACTION_DOWN），在该事件中实现了点击视频界面显示或隐藏播放的进度条和播放（暂停）按钮。

第 136~145 行代码重写了 onDestroy()方法，在该方法中通过 cancel()方法将计时器 Timer 任务队列中的全部任务清除，并将对象 timer 与 task 设置为 null，接着调用 release()方法释放 MediaPlayer 对象占用的资源并将该对象设置为 null。

6. 运行程序

运行上述程序，界面上会横屏播放视频，运行结果如图 11-6 所示。

在图 11-6 中，触摸屏幕时视频的进度条和播放按钮的图片会隐藏，运行结果如图 11-7 所示。

需要注意的是，Android 支持的视频格式有 MP4、3GP 等。如果我们使用 VideoView 控件和 MediaPlayer 类播放一些非标准的 MP4 或 3GP 视频文件，视频将无法播放。因此建议大家用手机录制一段 MP4 视频或者直接用系统提供的视频资源进行项目测试。

图11-6　运行结果（3）　　　　图11-7　运行结果（4）

多学一招：CountDownTimer 类

在文件 11-7 的 onTouchEvent()方法中，使用了 CountDownTimer 类，该类是 Android SDK 中 os 包的一个辅助抽象类，内部采用了 Handler 消息机制来实现一个倒计时的功能，在倒计时期间会定期调用用户实现的回调函数。CountDownTimer 类的示例代码如下：

```
1   CountDownTimer cdt = new CountDownTimer((3000,1000) {
2       @Override
3       public void onTick(long millisUntilFinished) {
```

```
4        Log.i("TAG","每隔1s 执行一次");
5      }
6      @Override
7      public void onFinish() {   //3 秒之后调用
8        Log.i("TAG","3s 之后执行");
9      }
10 };
11 cdt.start();                              //开启倒计时的计时器
```

在上述代码中，第 1 行代码中的"3000"表示 3 秒，每隔 3 秒执行一次 onFinish()方法；"1000"表示 1 秒，每隔 1 秒执行一次 onTick()方法。第 11 行代码通过调用 start()方法开启倒计时的计时器。

11.3　本章小结

本章主要讲解了音频、视频的播放过程及播放时使用到的 MediaPlayer 类、SoundPool 类、VideoView 控件与 SurfaceView 控件。通过对本章知识的学习，希望读者能够开发一些简单的音乐播放器、视频播放器等软件，为以后能够开发更复杂的播放器做好准备。

11.4　本章习题

一、判断题

1. SurfaceView 控件继承自 View，它是显示图像的控件。（　　）

2. SurfaceView 控件具有双缓冲技术。（　　）

3. 使用 MediaPlayer 类播放视频时，SurfaceView 控件显示视频的时候必须要在子线程中更新。（　　）

4. Android 中可以使用 SoundPool 类同时播放多个音频文件。（　　）

5. 使用 VideoView 控件播放视频时，需要使用 setVideoPath()方法设置播放视频路径。（　　）

二、选择题

1. 下列关于多媒体应用开发的描述中，正确的是（　　）。（多选）

A. 可以使用 MediaPlayer 类或 SoundPool 类播放音频

B. 使用 MediaPlayer 类每次只能播放一个音频，适用于播放长音乐或背景音乐

C. 使用 SoundPool 类可以同时播放多个短小音频，适用于播放按键音或消息提示音

D. SoundPool 类和 SurfaceView 控件一起使用，还可以播放视频

2. MediaPlayer 类中的 setAudioStreamType()方法支持的音频类型包括（　　）。（多选）

A. 音乐　　　　　　　　B. 响铃　　　　　　　　C. 闹钟　　　　　　　　D. 提示音

3. 下列关于 MeidiaPlayer 类的描述，错误的是（　　）。

A. MediaPlayer 类是用于播放音频和视频的

B. MadiaPlayer 类对音频文件提供了非常全面的控制方法

C. MadiaPlayer 类会调用底层的音频驱动播放音频

D. MadiaPlayer 类只可以播放音频而不能播放视频

三、简答题

1. 简述使用 MediaPlayer 类播放音频的步骤。

2. 简要介绍一下 SoundPool 类使用的场景。

四、编程题

编写一个使用 SurfaceView 控件播放视频的程序，实现当触摸屏幕时显示播放和暂停的按钮、进度条、播放视频的当前时间及视频的总时间，在触摸事件消失的 5 秒后自动隐藏显示的内容。

第 12 章

综合项目——仿美团外卖

学习目标

★ 了解仿美团外卖项目的功能与模块结构

★ 掌握服务器的搭建，能够独立搭建服务器

★ 掌握店铺列表界面的开发，能够实现店铺列表界面的显示功能

★ 掌握店铺详情界面的开发，能够独立实现购物车功能

★ 掌握菜品详情界面的开发，能够实现菜品详情界面的显示功能

★ 掌握订单界面的开发，能够实现订单界面

拓展阅读

为了巩固第 1~11 章的 Android 基础知识，本章要开发一款仿美团外卖的项目，该项目界面与我们平常看到的美团外卖项目界面比较类似，展示的内容包括店铺、菜单、购物车、订单与支付等信息。为了让大家能够熟练掌握仿美团外卖项目中用到的知识点，接下来我们将从项目分析开始，一步一步带领大家开发仿美团外卖项目的各个功能。

12.1 项目分析

12.1.1 项目概述

仿美团外卖项目是一个网上订餐项目，该项目中包含订餐的店铺、各店铺的菜单、购物车及订单与付款等内容。在店铺列表中可以看到店铺的名称、月售数量、起送价格与配送费、配送时间及店铺特色等信息。点击店铺列表中的任意一个店铺，程序会进入店铺详情界面，该界面主要用于显示店铺中的菜单信息，同时可以将想要吃的菜添加到购物车中，选完菜之后可以点击该界面中的"去结算"按钮，进入订单界面，在该界面核对已点的菜单信息，并点击"去支付"按钮进行付款。

12.1.2 开发环境

操作系统：

● Windows 8

开发工具：

● JDK 8

- Android Studio 3.2.0 +模拟器（天天模拟器）
- Tomcat 8.5.59

API 版本：

- Android API 28

注意：

由于本项目使用在实际开发中的网络请求代码来访问 Tomcat 服务器上的数据，所以开发工具中的模拟器必须为第三方模拟器（如夜神模拟器、天天模拟器），如果用 Android 原生模拟器，则会访问不到数据。

12.1.3　模块说明

仿美团外卖项目主要分为两大功能模块，分别为店铺和订单，这两个模块的结构如图 12-1 所示。

由图 12-1 可知，店铺模块包含店铺列表界面与店铺详情界面，店铺列表界面用于显示各个店铺的信息，店铺详情界面不仅显示店铺的详细信息，还显示店铺中的菜单列表信息与购物车列表信息；订单模块包含确认订单界面与支付界面，确认订单界面用于显示购物车中已添加的商品信息，支付界面用于显示付款的二维码信息。

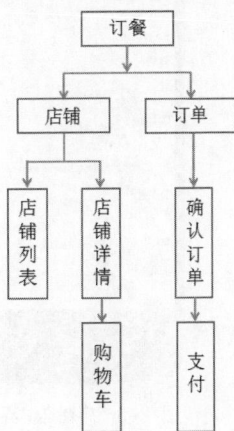

图12-1　项目模块结构

12.2　效果展示

12.2.1　店铺列表界面

程序启动后，首先会进入店铺列表界面，该界面展示的是一些由店铺信息组成的列表与一个水平滑动的广告栏，界面如图 12-2 所示。

图12-2　店铺列表界面

12.2.2　店铺详情界面

点击店铺列表中任意一个条目或广告栏中的任意一张图片，程序都会跳转到对应的店铺详情界面，该界面展示的是店铺的公告信息、配送信息、菜单列表信息及购物车列表信息，界面如图 12-3 所示。

点击菜单列表条目右侧的 "加入购物车" 按钮可以将菜品添加到购物车中，在界面左下角可以看到购物车中添加的菜品数量，如图 12-4 所示。

图12-3　店铺详情界面（1）　　　　　　　　　图12-4　店铺详情界面（2）

在图 12-4 中，点击购物车会弹出一个已选商品的列表，该列表展示的是已点的菜品信息，点击已选商品列表中每个条目右侧的 "+" 或 "-" 按钮，可增加或减少对应的菜品数量。如果加入购物车的菜品总价达不到起送价，界面右下角的按钮上会显示还差多少钱起送，否则显示一个黄色的 "去结算" 按钮。界面如图 12-4 所示。

在图 12-4 所示的已选商品列表的右上角有一个 "清空" 按钮，点击该按钮会弹出一个确认清空购物车的界面，界面为对话框样式，如图 12-5 所示。

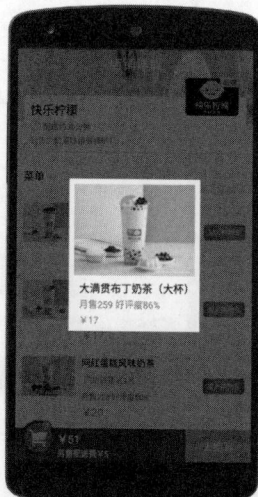

12.2.3　菜品详情界面

在店铺详情界面中，点击菜单列表的任意一个条目，程序都会跳转到菜品详情界面。菜品详情界面是一个对话框的样式，界面如图 12-6 所示。

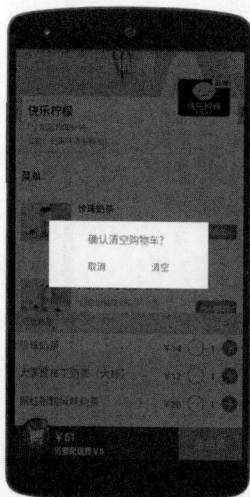

图12-5　确认清空购物车的界面　　　　　　　图12-6　菜品详情界面

12.2.4 订单界面

在店铺详情界面中，点击"去结算"按钮会跳转到订单界面，该界面通过一个列表展示购物车中的菜品信息，点击"去支付"按钮，程序会弹出一个显示支付二维码的对话框，界面如图 12-7 所示。

图12-7 订单界面和支付界面

12.3 服务器数据准备

仿美团外卖的项目涉及的数据存放在一个小型简易的服务器（这里以 Tomcat 8.5.59 为例）中，服务器中存放数据的目录结构如图 12-8 所示。

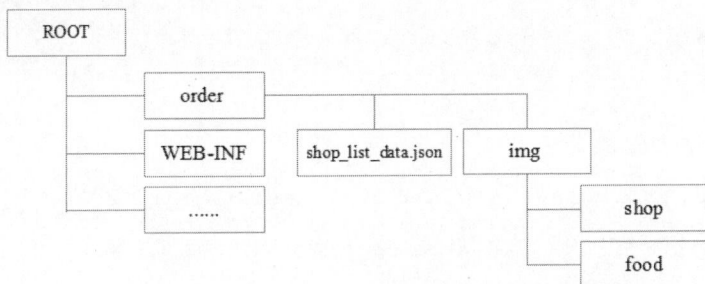

图12-8 存放数据的目录结构

在图 12-8 中，ROOT 文件夹在 apache-tomcat-8.5.59\webapps\目录下，表示 Tomcat 服务器的根目录。order 文件夹存放的是仿美团外卖项目用到的所有数据，其中 order\img 文件夹存放的是图片资源，包含店铺图片和菜单图片。shop_list_data.json 文件中存放的是店铺列表界面与店铺详情界面的数据，由于该文件的内容较多，我们只显示部分内容，具体如文件 12-1 所示。

【文件 12-1】 shop_list_data.json

```
1  [
2  {
3  "id":1,
4  "shopName":"快乐柠檬",
5  "saleNum":1023,
6  "offerPrice":20,
7  "distributionCost":5,
```

```
 8     "feature":"广外大街饮品回头率第 5 名",
 9     "time":"配送约 30 分钟",
10     "banner":"http://172.16.43.20:8080/order/img/banner/banner1.png",
11     "shopPic":"http://172.16.43.20:8080/order/img/shop/shop1.png",
12     "shopNotice":"公告：奶茶味道很棒哟！",
13     "foodList":[
14         {
15         "foodId":"1",
16         "foodName":"珍珠奶茶",
17         "popularity":"门店销量第 1 名",
18         "saleNum":"月售 336 好评度 100%",
19         "price":14,
20         "count":0,
21         "foodPic":"http://172.16.43.20:8080/order/img/food/food1.png"
22         },
23         {
24         "foodId":"2",
25         "foodName":"大满贯布丁奶茶（大杯）",
26         "popularity":"门店销量第 2 名",
27         "saleNum":"月售 259 好评度 86%",
28         "price":17,
29         "count":0,
30         "foodPic":"http://172.16.43.20:8080/order/img/food/food2.png"
31         },
32         {
33         "foodId":"3",
34         "foodName":"网红蛋糕风味奶茶",
35         "popularity":"门店销量第 3 名",
36         "saleNum":"月售 228 好评度 80%",
37         "price":20,
38         "count":0,
39         "foodPic":"http://172.16.43.20:8080/order/img/food/food3.png"
40         }
41         ]
42 },
43 ......
44 {
45 "id":5,
46 "shopName":"宫茶",
47 "saleNum":4000,
48 "offerPrice":20,
49 "distributionCost":7,
50 "feature":"茶的味道很浓郁",
51 "time":"配送约 55 分钟",
52 "banner":"http://172.16.43.20:8080/order/img/banner/banner5.png",
53 "shopPic":"http://172.16.43.20:8080/order/img/shop/shop5.png",
54 "shopNotice":"公告：隐秘而伟大的联名杯套，备注就送，送，送！！！限量，送完为止！",
55 "foodList":[
56         {
57         "foodId":"1",
58         "foodName":"岩烧脆脆奶",
59         "popularity":"门店销量第 1 名",
60         "saleNum":"月售 199 好评度 84%",
61         "price":16,
62         "count":0,
63         "foodPic":"http://172.16.43.20:8080/order/img/food/food51.png"
64         },
65         {
66         "foodId":"2",
67         "foodName":"白玉红豆",
68         "popularity":"门店销量第 2 名",
69         "saleNum":"月售 180 好评度 80%",
70         "price":13,
71         "count":0,
72         "foodPic":"http://172.16.43.20:8080/order/img/food/food52.png"
```

```
73        },
74        {
75        "foodId":"3",
76        "foodName":"鸳鸯茶",
77        "popularity":"门店销量第 3 名",
78        "saleNum":"月售 74 好评度 100%",
79        "price":14,
80        "count":0,
81        "foodPic":"http://172.16.43.20:8080/order/img/food/food53.png"
82        }
83        ]
84 }
85 ]
```

上述代码的"foodList"节点的数据表示各店铺中的菜单列表信息。

注意：

需要将上述文件的 IP 地址修改为自己电脑上的 IP 地址，否则访问不到 Tomcat 服务器中的数据。

如果想要启动 Tomcat 服务器，可以在 apache-tomcat-8.5.59\bin 包中找到 startup.bat 文件，双击该文件即可（详见第 9 章 9.3.3 小节的"多学一招"）。

12.4 店铺功能业务实现

当打开仿美团外卖项目时，程序会直接进入主界面，也就是店铺列表界面。店铺列表界面从上至下分为标题栏、水平滑动的广告栏和店铺列表 3 部分。其中，广告栏与店铺列表的数据是通过网络请求从服务器上获取的 JSON 数据。接下来本节将针对店铺功能的相关业务进行开发。

12.4.1 搭建标题栏布局

在仿美团外卖项目中，大部分界面都有一个返回键和一个标题栏。为了便于代码重复利用，可以将返回键和标题栏抽取出来单独放在一个布局文件（title_bar.xml）中，标题栏界面如图 12-9 所示。

图12-9 标题栏界面

搭建标题栏界面布局的具体步骤如下。

1. 创建项目

首先创建一个工程，将其命名为 Order，指定包名为 cn.itcast.order，Activity 名称为 ShopActivity，布局文件名为 activity_shop。

2. 导入界面图片

在 Android Studio 中，切换到【Project】选项卡，在 res 文件夹中创建一个 drawable-hdpi 文件夹，该文件夹主要用于存放项目中各界面用到的图片。将项目的 icon 图标 app_icon.png 导入 mipmap-hdpi 文件夹（以 mipmap 开头的文件夹通常用于存放应用程序的启动图标，它会根据不同设备的分辨率对图标进行优化）中。

3. 放置界面控件

在 res/layout 文件夹中，创建一个布局文件 title_bar.xml，在该布局文件中，放置 2 个 TextView 控件，分别用于显示返回键（返回键的样式采用背景选择器的方式）和界面标题（界面标题暂未设置，需要在代码中动态设置）。完整布局代码详见文件 12-2。

4. 创建背景选择器

标题栏界面中的返回键在按下与弹起时会有明显的区别，这种效果可以通过背景选择器实现。首先将图片 iv_back_selected.png、iv_back.png 导入 drawable-hdpi 文件夹中，然后选中 drawable 文件

扫码查看文件 12-2

夹，单击鼠标右键并选择【New】→【Drawable resource file】选项，创建一个背景选择器 go_back_selector.xml，根据按钮被按下和弹起的状态来切换它的背景图片。这里，我们设置按钮被按下时显示灰色图片（iv_back_selected.png），按钮弹起时显示白色图片（iv_back.png），具体代码如文件 12-3 所示。

【文件 12-3】 go_back_selector.xml

```
1  <?xml version="1.0" encoding="utf-8"?>
2  <selector xmlns:android="http://schemas.android.com/apk/res/android">
3      <item android:drawable="@drawable/iv_back_selected" android:state_pressed="true"/>
4      <item android:drawable="@drawable/iv_back"/>
5  </selector>
```

5. 修改清单文件

每个应用程序都会有属于自己的 icon 图标，同样仿美团外卖项目也有自己的 icon 图标，因此需要在 AndroidManifest.xml 文件的<application>标签中修改 icon 属性与 roundIcon 属性，引入程序的图标，具体代码如下：

```
android:icon="@mipmap/app_icon"
android:roundIcon="@mipmap/app_icon"
```

由于项目创建后所有界面都带一个默认的标题栏，该标题栏不够美观，所以需要在 AndroidManifest.xml 文件的<application>标签中修改 theme 属性，去掉默认标题栏，具体代码如下：

```
android:theme="@style/Theme.AppCompat.NoActionBar"
```

12.4.2　搭建广告栏界面布局

广告栏界面主要用于展示广告图片信息与跟随图片滑动的小圆点，当前显示的广告图片对应的小圆点颜色为白色，其余小圆点的颜色为灰色。广告栏界面如图 12-10 所示。

搭建广告栏界面布局的具体步骤如下。

1. 创建广告栏界面的布局文件

在 res/layout 文件夹中，创建一个布局文件 adbanner.xml。

2. 放置界面控件

在 adbanner.xml 布局文件中，放置 1 个 ViewPager 控件用于显示左右滑动的广告图片。由于广告栏中的小圆点是随着图片的滑动而发生变化的，所以需要自定义 1 个控件 ViewPagerIndicator 来显示界面上的小圆点。完整布局代码详见文件 12-4。

扫码查看文件 12-4

图12-10　广告栏界面

3. 自定义控件 ViewPagerIndicator

在实际开发中，很多时候 Android 自带的控件不能满足用户的需求，此时就需要自定义一个控件。在仿美团外卖的项目中，水平滑动的广告栏底部的小圆点，需要通过自定义控件完成，因此需要在程序中选中 cn.itcast.order 包，在该包下创建一个 views 包，然后在 views 包中创建一个 ViewPagerIndicator 类并使该类继承 LinearLayout 类，具体代码如文件 12-5 所示。

【文件 12-5】 ViewPagerIndicator.java

```
1  package cn.itcast.order.views;
2  ......
3  public class ViewPagerIndicator extends LinearLayout {
4      private int mCount; //小圆点的个数
5      private int mIndex; //当前小圆点的位置
6      private Context context;
```

```
7     public ViewPagerIndicator(Context context) {
8         this(context, null);
9     }
10    public ViewPagerIndicator(Context context, AttributeSet attrs) {
11        super(context, attrs);
12        this.context = context;
13    }
14    /**
15     * 设置滑动到当前小圆点时其他圆点的位置
16     */
17    public void setCurrentPostion(int currentIndex) {
18        mIndex = currentIndex;        //当前小圆点
19        this.removeAllViews();        //移除界面上存在的view
20        int pex = context.getResources().getDimensionPixelSize(
21                               R.dimen.view_indicator_padding);
22        for (int i = 0; i < this.mCount; i++) {
23            //创建一个 ImageView 控件来放置小圆点
24            ImageView imageView = new ImageView(context);
25            if (mIndex == i) {        //滑动到的当前界面
26                //设置小圆点的图片为白色图片
27                imageView.setImageResource(R.drawable.indicator_on);
28            }else {
29                //设置小圆点的图片为灰色图片
30                imageView.setImageResource(R.drawable.indicator_off);
31            }
32            imageView.setPadding(pex, 0, pex, 0);//设置小圆点图片上下左右的padding
33            this.addView(imageView);//把小圆点添加到自定义控件 ViewPagerIndicator 上
34        }
35    }
36    /**
37     * 设置小圆点的数目
38     */
39    public void setCount(int count) {
40        this.mCount = count;
41    }
42 }
```

4. 修改 dimens.xml 文件

由于在 ViewPagerIndicator 类中需要使用 view_indicator_padding 来设置界面上圆点间的距离，所以需要在 res/values 文件夹的 dimens.xml 文件（若项目中无该文件，则需要自行创建该文件）中添加如下代码：

```
<dimen name="view_indicator_padding">5dp</dimen>
```

5. 创建 indicator_on.xml 和 indicator_off.xml 文件

在自定义控件 ViewPagerIndicator 中需要有 1 个白色和 1 个灰色的小圆点图片，这两个图片是通过在 drawable 文件夹下创建 indicator_on.xml 和 indicator_off.xml 两个文件来实现的，具体代码如文件 12-6 和文件 12-7 所示。

【文件 12-6】　indicator_on.xml

```
1   <?xml version="1.0" encoding="utf-8"?>
2   <shape xmlns:android="http://schemas.android.com/apk/res/android"
3       android:shape="oval">
4       <size android:height="6dp" android:width="6dp" />
5       <solid android:color="@android:color/white" />
6   </shape>
```

【文件 12-7】　indicator_off.xml

```
1   <?xml version="1.0" encoding="utf-8"?>
2   <shape xmlns:android="http://schemas.android.com/apk/res/android"
3       android:shape="oval">
4       <size android:height="6dp" android:width="6dp" />
5       <solid android:color="#BCBCBC" />
6   </shape>
```

在上述代码中，<shape></shape>标签用于设定形状，可以用在选择器和布局中。<shape></shape>标签中属性 android:shape 的值默认为矩形（rectangle），也可设置为椭圆形（oval）、线性形状（line）、环形（ring）。

标签用于设置圆点的宽和高， 标签用于填充圆点的内部颜色。

12.4.3 搭建店铺列表界面布局

店铺列表界面由一个标题栏、一个广告栏及一个店铺列表组成，标题栏主要用于展示该界面的标题，广告栏主要用于展示店铺中的菜品广告图片，店铺列表主要用于展示各店铺的信息，界面如图 12-11 所示。

图12-11 店铺列表界面

搭建店铺列表界面布局的具体步骤如下。

1. 放置界面控件

在 activity_shop.xml 文件中，通过 <include> 标签引入 title_bar.xml（标题栏）文件与 adbanner.xml（广告栏）文件，放置 1 个自定义控件 ShopListView 用于显示店铺列表。完整布局代码详见文件 12-8。

扫码查看文件 12-8

2. 创建自定义控件 ShopListView

由于店铺列表界面上的列表滑动时，列表上方的广告栏也需要跟着滑动，所以在广告栏与列表控件的外层放置了一个 ScrollView 控件。ListView 控件包含在 ScrollView 控件中，会导致列表数据显示不完整。为了解决这个问题，我们需要自定义一个 ShopListView 控件。在项目的 cn.itcast.order.views 包中创建一个继承 ListView 类的 ShopListView 类，具体代码如文件 12-9 所示。

【文件 12-9】 ShopListView.java

```
1  package cn.itcast.order.views;
2  ......//省略导入包
3  public class ShopListView extends ListView {
4      public ShopListView(Context context) {
5          super(context);
6      }
7      public ShopListView(Context context, AttributeSet attrs) {
8          super(context, attrs);
9      }
10     public ShopListView(Context context, AttributeSet attrs, int defStyle) {
11         super(context, attrs, defStyle);
12     }
13     @Override
14     protected void onMeasure(int widthMeasureSpec, int heightMeasureSpec) {
15         int expandSpec = MeasureSpec.makeMeasureSpec(Integer.MAX_VALUE >> 2,
```

```
16                                                            MeasureSpec.AT_MOST);
17        super.onMeasure(widthMeasureSpec, expandSpec);
18    }
19 }
```

12.4.4　搭建店铺列表条目界面布局

由于店铺列表界面使用自定义控件 ShopListView 展示店铺列表，所以需要创建一个该列表的条目界面。在条目界面中需要展示店铺名称、月售数量、起送价格、配送费、店铺特色及配送时间。店铺列表条目界面如图 12-12 所示。

图12-12　店铺列表条目界面

搭建店铺列表条目界面布局的具体步骤如下。

1. 创建店铺列表条目界面的布局文件

在 res/layout 文件夹中，创建一个布局文件 shop_item.xml。

2. 放置界面控件

在 shop_item.xml 布局文件中，放置 1 个 ImageView 控件用于显示店铺图片；放置 6 个 TextView 控件分别用于显示店铺名称、月售数量、起送价格、配送费、店铺特色及配送时间。完整布局代码详见文件 12-10。

扫码查看文件 12-10

3. 创建 feature_bg.xml 文件

店铺列表条目界面上店铺特色文本信息的背景是一个四个角为圆角的矩形，并且矩形的填充色为橙色 feature_bg_color（该颜色在后续添加）。所以，需要在 drawable 文件夹中创建一个 feature_bg.xml 文件，在该文件中设置一个四个角为圆角的矩形，具体代码如文件 12-11 所示。

【文件 12-11】　feature_bg.xml

```
1 <?xml version="1.0" encoding="utf-8"?>
2 <shape xmlns:android="http://schemas.android.com/apk/res/android">
3     <solid android:color="@color/feature_bg_color" />
4     <corners android:radius="3dp" />
5 </shape>
```

在上述代码中，<shape></shape>标签用于定义形状，在没有设置任何属性的情况下，<shape></shape>标签定义的形状为矩形。<solid/>标签用于指定矩形内部的填充颜色。<corners/>标签用于定义矩形的四个角为圆角，属性 android:radius 用于设置圆角半径。

4. 创建条目界面的背景选择器

店铺列表条目界面背景的四个角是圆角，并且条目在被按下与弹起时，其背景颜色会有明显的区别，这种效果可以通过背景选择器实现。选中 drawable 文件夹，单击鼠标右键并选择【New】→【Drawable resource file】选项，创建一个背景选择器 item_bg_selector.xml，根据条目被按下和弹起的状态来变换它的背景颜色。当条目被按下时背景显示为灰色（item_bg_color），当条目弹起时背景显示为白色（#ffffff），具体代码如文件 12-12 所示。

【文件 12-12】　item_bg_selector.xml

```
1 <?xml version="1.0" encoding="utf-8"?>
2 <selector xmlns:android="http://schemas.android.com/apk/res/android">
3     <item android:state_pressed="true" >
4       <shape android:shape="rectangle">
5         <corners android:radius="8dp"/>
6         <solid android:color="@color/item_bg_color"/>
```

```
7          </shape>
8       </item>
9       <item android:state_pressed="false" >
10         <shape android:shape="rectangle">
11            <corners android:radius="8dp"/>
12            <solid android:color="#ffffff" />
13         </shape>
14      </item>
15  </selector>
```

在上述代码中，<shape></shape>标签用于定义形状，属性 android:shape 的值为 rectangle，rectangle 表示矩形，<corners/>标签用于定义矩形的四个角为圆角，属性 android:radius 用于设置圆角半径，<solid/>标签用于指定矩形内部的填充颜色。

5. 修改 colors.xml 文件

由于店铺列表条目界面上有灰色和橙色的文本信息，为了便于颜色的设置与调用，我们需要在 res/values 文件夹的 colors.xml 文件中添加灰色与橙色的颜色值，具体代码如下：

```
<color name="color_gray">#7e7e7e</color>
<color name="feature_bg_color">#fff8e1</color>
<color name="feature_text_color">#ff7d00</color>
<color name="item_bg_color">#d4d4d4</color>
```

12.4.5　封装店铺信息与菜品信息的实体类

由于店铺信息和菜品信息都包含很多属性，所以我们需要创建 ShopBean 类与 FoodBean 类分别封装店铺信息和菜品信息的属性。创建 ShopBean 类与 FoodBean 类的具体步骤如下。

1. 创建 ShopBean 类

选中 cn.itcast.order 包，在该包下创建 bean 包，在 bean 包中创建一个 ShopBean 类。由于该类的对象中存储的信息需要在 Activity 之间进行传输，所以将 ShopBean 类进行序列化，即实现 Serializable 接口。该类定义了店铺信息的所有属性，具体代码如文件 12–13 所示。

【文件 12-13】　ShopBean.java

```
1   package cn.itcast.order.bean;
2   ......
3   public class ShopBean implements Serializable {
4       private static final long serialVersionUID = 1L; //序列化时保持 ShopBean 类版本的兼容性
5       private int id;                          //店铺 id
6       private String shopName;                 //店铺名称
7       private int saleNum;                     //月售数量
8       private BigDecimal offerPrice;           //起送价格
9       private BigDecimal distributionCost;     //配送费
10      private String feature;                  //店铺特色
11      private String time;                     //配送时间
12      private String banner;                   //广告栏图片
13      private String shopPic;                  //店铺图片
14      private String shopNotice;               //店铺公告
15      private List<FoodBean> foodList;         //菜单列表
16      public int getId() {
17          return id;
18      }
19      public void setId(int id) {
20          this.id = id;
21      }
22      public String getShopName() {
23          return shopName;
24      }
25      public void setShopName(String shopName) {
26          this.shopName = shopName;
27      }
28      public int getSaleNum() {
29          return saleNum;
30      }
```

```
31    public void setSaleNum(int saleNum) {
32        this.saleNum = saleNum;
33    }
34    public BigDecimal getOfferPrice() {
35        return offerPrice;
36    }
37    public void setOfferPrice(BigDecimal offerPrice) {
38        this.offerPrice = offerPrice;
39    }
40    public BigDecimal getDistributionCost() {
41        return distributionCost;
42    }
43    public void setDistributionCost(BigDecimal distributionCost) {
44        this.distributionCost = distributionCost;
45    }
46    public String getFeature() {
47        return feature;
48    }
49    public void setFeature(String feature) {
50        this.feature = feature;
51    }
52    public String getTime() {
53        return time;
54    }
55    public void setTime(String time) {
56        this.time = time;
57    }
58    public String getShopPic() {
59        return shopPic;
60    }
61    public String getBanner() {
62        return banner;
63    }
64    public void setBanner(String banner) {
65        this.banner = banner;
66    }
67    public void setShopPic(String shopPic) {
68        this.shopPic = shopPic;
69    }
70    public String getShopNotice() {
71        return shopNotice;
72    }
73    public void setShopNotice(String shopNotice) {
74        this.shopNotice = shopNotice;
75    }
76    public List<FoodBean> getFoodList() {
77        return foodList;
78    }
79    public void setFoodList(List<FoodBean> foodList) {
80        this.foodList = foodList;
81    }
82 }
```

在上述代码中，第 4 行代码中常量 serialVersionUID 的作用是在 ShopBean 类序列化时可以保持该类版本的兼容性，即在版本升级时，反序列化 ShopBean 类的同时，也可以保持该类对象的唯一性。一般情况下，常量 serialVersionUID 的值默认设置为 1L。

2. 创建 FoodBean 类

在 cn.itcast.order.bean 包中创建一个 FoodBean 类并实现 Serializable 接口，该类中定义了每个菜品的所有属性，具体代码如文件 12-14 所示。

【文件 12-14】　FoodBean.java

```
1  package cn.itcast.order.bean;
2  ......
```

```
3   public class FoodBean implements Serializable {
4       private static final long serialVersionUID = 1L;    //序列化时保持 FoodBean 类版本的兼容性
5       private int foodId;                                 //菜品 id
6       private String foodName;                            //菜品名称
7       private String popularity;                          //人气
8       private String saleNum;                             //月售数量
9       private BigDecimal price;                           //价格
10      private int count;                                  //添加到购物车中的数量
11      private String foodPic;                             //菜品图片
12      public int getFoodId() {
13          return foodId;
14      }
15      public void setFoodId(int foodId) {
16          this.foodId = foodId;
17      }
18      public String getFoodName() {
19          return foodName;
20      }
21      public void setFoodName(String foodName) {
22          this.foodName = foodName;
23      }
24      public String getPopularity() {
25          return popularity;
26      }
27      public void setPopularity(String popularity) {
28          this.popularity = popularity;
29      }
30      public String getSaleNum() {
31          return saleNum;
32      }
33      public void setSaleNum(String saleNum) {
34          this.saleNum = saleNum;
35      }
36      public BigDecimal getPrice() {
37          return price;
38      }
39      public void setPrice(BigDecimal price) {
40          this.price = price;
41      }
42      public String getFoodPic() {
43          return foodPic;
44      }
45      public void setFoodPic(String foodPic) {
46          this.foodPic = foodPic;
47      }
48      public int getCount() {
49          return count;
50      }
51      public void setCount(int count) {
52          this.count = count;
53      }
54  }
```

12.4.6　编写广告栏的数据适配器

店铺列表界面上的广告栏用到了 ViewPager 控件，为了给该控件填充数据，我们需要创建一个数据适配器 AdBannerAdapter 将获取到的数据传递到创建的 AdBannerFragment 中，AdBannerFragment 用于将接收到的数据设置到 ViewPager 控件上。编写广告栏的数据适配器的具体步骤如下。

1. 编写数据适配器 AdBannerAdapter

在 cn.itcast.order 包中创建一个 adapter 包，并在该包中创建一个数据适配器 AdBannerAdapter，该数据适配器的具体代码如文件 12-15 所示。

【文件 12-15】　AdBannerAdapter.java

```
1   package cn.itcast.order.adapter;
2   ......
3   public class AdBannerAdapter extends FragmentStatePagerAdapter {
4       private List<ShopBean> sbl;
5       public AdBannerAdapter(FragmentManager fm) {
6           super(fm);
7           sbl = new ArrayList<>();
8       }
9       /**
10       *  获取数据并更新界面
11       */
12      public void setData(List<ShopBean> sbl) {
13          this.sbl = sbl;
14          notifyDataSetChanged();
15      }
16      @Override
17      public Fragment getItem(int index) {
18          Bundle args = new Bundle();
19          if (sbl.size() > 0)
20              args.putSerializable("ad", sbl.get(index % sbl.size()));
21          return AdBannerFragment.newInstance(args);
22      }
23      @Override
24      public int getCount() {
25          return Integer.MAX_VALUE;
26      }
27      /**
28       *  返回数据集中元素的数量
29       */
30      public int getSize() {
31          return sbl == null ? 0 : sbl.size();
32      }
33      @Override
34      public int getItemPosition(Object object) {
35          //防止刷新结果显示列表的时候出现缓存数据,重载这个函数,使之默认返回 POSITION_NONE
36          return POSITION_NONE;
37      }
38  }
```

在上述代码中，第 12～15 行代码创建了 setData()方法，该方法用于接收从 ShopActivity 中传递过来的店铺数据集合 sbl，然后调用 notifyDataSetChanged()方法更新界面数据。

第 16～22 行代码重写了 getItem()方法，该方法用于将每个广告图片对应的店铺数据传递到 AdBannerFragment 中。其中，第 20 行代码调用了 putSerializable()方法传递店铺数据，该方法中的第 1 个参数 "ad" 表示传递数据的 key 值，第 2 个参数 sbl.get(index % sbl.size())表示传递的店铺数据，由于广告栏是一直循环滑动的，index 值从 0 开始一直增加，所以我们获取对应位置的店铺数据时，该位置的值为 index % sbl.size()。

第 30～32 行代码创建了 getSize()方法，该方法用于获取店铺数据集合 sbl 中元素的数量，该数量也就是广告栏中显示广告的数量。

2. 将数据设置到广告栏界面上

由于广告栏界面上的 ViewPager 控件中需要显示滑动的广告图片，这些图片可以使用 Fragment 来显示，所以我们需要在项目中创建一个 AdBannerFragment。同时广告栏界面上显示图片需要用到 Glide 类，该类存在于 glide-3.7.0.jar 包中，我们还需要将 glide-3.7.0.jar 包导入项目中。将数据设置到广告栏界面上的具体步骤如下。

（1）添加 glide-3.7.0.jar 包

在程序中加载广告栏界面图片时，由于这些图片是网络图片，所以需要借助 Glide 类将网络图片显示到界面上。由于 Glide 类存在于 glide-3.7.0.jar 包中，所以需要在项目中导入该包。在项目的 libs 文件夹中导入

glide-3.7.0.jar 包，选中 glide-3.7.0.jar 包，单击鼠标右键并选择【Add As Library】选项会弹出一个 Create Library 窗口，如图 12-13 所示。

单击图 12-13 中的"OK"按钮，即可将 glide-3.7.0.jar 包添加到项目中。

（2）创建 AdBannerFragment

在项目的 cn.itcast.order 包中创建一个 fragment 包，在该包中创建一个 AdBannerFragment，该 Fragment 用于将数据设置到广告栏界面上，具体代码如文件 12-16 所示。

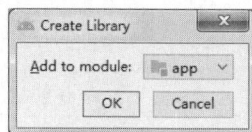

图12-13　Create Library窗口

【文件 12-16】　AdBannerFragment.java

```
1  package cn.itcast.order.fragment;
2  ......
3  public class AdBannerFragment extends Fragment {
4      private ShopBean sb;        //广告
5      private ImageView iv;       //图片
6      public static AdBannerFragment newInstance(Bundle args) {
7          AdBannerFragment af = new AdBannerFragment();
8          af.setArguments(args);
9          return af;
10     }
11     @Override
12     public void onCreate(Bundle savedInstanceState) {
13         super.onCreate(savedInstanceState);
14         Bundle arg = getArguments();
15         sb = (ShopBean) arg.getSerializable("ad"); //获取一个店铺对象
16     }
17     @Override
18     public void onActivityCreated(Bundle savedInstanceState) {
19         super.onActivityCreated(savedInstanceState);
20     }
21     @Override
22     public void onResume() {
23         super.onResume();
24         if (sb != null) {
25             //调用 Glide 框架加载图片
26             Glide
27                 .with(getActivity())
28                 .load(sb.getBanner())
29                 .error(R.mipmap.ic_launcher)
30                 .into(iv);
31         }
32     }
33     @Override
34     public View onCreateView(LayoutInflater inflater, ViewGroup container,
35                                         Bundle savedInstanceState) {
36         iv = new ImageView(getActivity()); //创建一个 ImageView 控件的对象
37         ViewGroup.LayoutParams lp = new ViewGroup.LayoutParams(
38                                         ViewGroup.LayoutParams.MATCH_PARENT,
39                                         ViewGroup.LayoutParams.MATCH_PARENT);
40         iv.setLayoutParams(lp);                     //设置 ImageView 控件的宽高参数
41         iv.setScaleType(ImageView.ScaleType.FIT_XY); //把图片填满整个控件
42         iv.setOnClickListener(new View.OnClickListener() {
43             @Override
44             public void onClick(View v) {
45                 //跳转到店铺详情界面
46             }
47         });
48         return iv;
49     }
50 }
```

在上述代码中，第 14 行、第 15 行代码首先通过调用 getArguments()方法获取 Bundle 对象，然后调用 getSerializable()方法获取店铺广告图片对应的店铺数据。

第 24~31 行代码通过 Glide 类加载网络图片。其中，with()方法传递的参数 getActivity()表示上下文，load()方法传递的参数 sb.getBanner()是网络图片数据，error()方法传递的参数 R.mipmap.ic_launcher 表示当网络图片加载失败时界面上默认显示的图片。into()方法传递的参数 iv 表示显示广告图片的控件。

第 33~49 行代码重写了 onCreateView()方法，该方法用于创建广告栏的视图。其中，第 36~41 行代码用于定义一个 ImageView 控件，该控件用于显示广告图片。第 42~47 行代码用于实现广告图片的点击事件，点击广告图片，程序会调用 startActivity()方法跳转到店铺详情界面，同时将店铺数据也传递到店铺详情界面。由于店铺详情界面会在后续创建，所以此段跳转代码会在创建店铺详情界面后添加。

12.4.7　编写店铺列表的数据适配器

由于店铺列表界面的列表是用 ShopListView 控件展示的，所以需要创建一个数据适配器 ShopAdapter 对 ShopListView 控件进行数据适配。在 cn.itcast.order.adapter 包中创建一个店铺列表的数据适配器 ShopAdapter，在该数据适配器中重写 getCount()方法、getItem()方法、getItemId()方法和 getView()方法，这些方法分别用于获取列表中条目的总数、对应的条目对象、条目对象的 id、对应的条目视图。为了减少程序的缓存，需要在 getView()方法中复用 convertView。ShopAdapter 的具体代码如文件 12-17 所示。

【文件 12-17】 ShopAdapter.java

```
1   package cn.itcast.order.adapter;
2   ......
3   public class ShopAdapter extends BaseAdapter {
4       private Context mContext;
5       private List<ShopBean> sbl;
6       public ShopAdapter(Context context) {
7           this.mContext = context;
8       }
9       /**
10       * 获取数据并更新界面
11       */
12      public void setData(List<ShopBean> sbl) {
13          this.sbl = sbl;
14          notifyDataSetChanged();
15      }
16      /**
17       * 获取条目的总数
18       */
19      @Override
20      public int getCount() {
21          return sbl == null ? 0 : sbl.size();
22      }
23      /**
24       * 根据 position 得到对应的条目对象
25       */
26      @Override
27      public ShopBean getItem(int position) {
28          return sbl == null ? null : sbl.get(position);
29      }
30      /**
31       * 根据 position 得到对应的条目对象的 id
32       */
33      @Override
34      public long getItemId(int position) {
35          return position;
36      }
37      /**
38       * 得到 position 对应的条目视图，position 是当前条目的位置，
39       * convertView 参数是滚出屏幕的条目视图
40       */
41      @Override
42      public View getView(int position, View convertView, ViewGroup parent) {
```

```
43        final ViewHolder vh;
44        //复用 convertView
45        if (convertView == null) {
46            vh = new ViewHolder();
47            convertView=LayoutInflater.from(mContext).inflate(R.layout.shop_item,null);
48            vh.tv_shop_name = convertView.findViewById(R.id.tv_shop_name);
49            vh.tv_sale_num = convertView.findViewById(R.id.tv_sale_num);
50            vh.tv_cost = convertView.findViewById(R.id.tv_cost);
51            vh.tv_feature = convertView.findViewById(R.id.tv_feature);
52            vh.tv_time = convertView.findViewById(R.id.tv_time);
53            vh.iv_shop_pic = convertView.findViewById(R.id.iv_shop_pic);
54            convertView.setTag(vh);
55        } else {
56            vh = (ViewHolder) convertView.getTag();
57        }
58        //获取 position 对应的条目数据对象
59        final ShopBean bean = getItem(position);
60        if (bean != null) {
61            vh.tv_shop_name.setText(bean.getShopName());
62            vh.tv_sale_num.setText("月售" + bean.getSaleNum());
63            vh.tv_cost.setText("起送¥" + bean.getOfferPrice() + " | 配送¥" +
64                                                    bean.getDistributionCost());
65            vh.tv_time.setText(bean.getTime());
66            vh.tv_feature.setText(bean.getFeature());
67            Glide.with(mContext)
68                    .load(bean.getShopPic())
69                    .error(R.mipmap.ic_launcher)
70                    .into(vh.iv_shop_pic);
71        }
72        //每个条目的点击事件
73        convertView.setOnClickListener(new View.OnClickListener() {
74            @Override
75            public void onClick(View v) {
76                //跳转到店铺详情界面
77            }
78        });
79        return convertView;
80    }
81    class ViewHolder {
82        public TextView tv_shop_name, tv_sale_num, tv_cost, tv_feature, tv_time;
83        public ImageView iv_shop_pic;
84    }
85 }
```

在上述代码中，第 47 行代码通过调用 inflate()方法加载条目布局文件 shop_item.xml。

第 48～53 行代码通过调用 findViewById()方法获取列表条目上需要设置数据的控件。

第 60～71 行代码将获取的店铺列表条目的数据设置到条目控件上。其中，第 61～66 行代码通过调用 setText()方法将文本信息设置到界面控件上；第 67～70 行代码通过调用 Glide 类中的 load()方法与 into()方法将店铺图片设置到 iv_shop_pic 控件上。

第 73～78 行代码通过调用 setOnClickListener()方法为店铺列表条目设置点击监听事件。当点击每个列表条目时，程序会跳转到对应店铺的详情界面（该界面暂未创建）。

12.4.8　实现店铺列表界面显示功能

店铺列表界面主要展示一个广告栏和店铺列表的数据信息，这些数据都是从 Tomcat 服务器上获取的，所以在店铺列表界面的逻辑代码中需要使用 OkHttpClient 类向服务器请求数据，获取到数据之后还需要通过 Gson 库解析获取到的 JSON 数据并显示到界面上。实现店铺列表界面显示功能的具体步骤如下。

1. 添加 okhttp 库

由于仿美团外卖项目中需要使用 OkHttpClient 类向服务器请求数据，所以需要将 okhttp 库添加到项目中。用鼠标右键单击项目名称，选择【Open Module Settings】→【Dependencies】选项，点击右上角的绿色加号并选择【Library dependency】选项，然后找到 com.squareup.okhttp3:okhttp:3.12.0 库并添加到项目中。

2. 添加 Gson 库

由于仿美团外卖项目中需要用 Gson 库解析获取到的 JSON 数据，所以需要将 Gson 库添加到项目中。用鼠标右键单击项目名称，选择【Open Module Settings】→【Dependencies】选项，点击右上角的绿色加号选择【Library dependency】选项，把 com.google.code.gson:gson:2.8.5 库添加到项目中。

3. 创建 Constant 类

由于仿美团外卖项目中的数据需要通过请求网络从 Tomcat 服务器上获取，所以需要创建一个 Constant 类存放各界面在服务器上请求数据时使用的接口地址。首先选中 cn.itcast.order 包，在该包中创建 utils 包，在 utils 包中创建一个 Constant 类，在该类中创建店铺的接口地址，具体代码如文件 12-18 所示。

【文件 12-18】　Constant.java

```
1  package cn.itcast.order.utils;
2  public class Constant {
3      public static final String WEB_SITE = "http:// 10.0.2.2:8080/order"; //内网接口
4      public static final String REQUEST_SHOP_URL = "/shop_list_data.json";//店铺列表接口
5  }
```

▌ **注意：**

需要将上述类的 IP 地址修改为自己电脑上的 IP 地址，否则访问不到 Tomcat 服务器中的数据。

4. 创建 JsonParse 类

由于从 Tomcat 服务器上获取的店铺数据是 JSON 数据，JSON 数据不能直接显示到界面上，所以需要在 cn.itcast.order.utils 包中创建一个 JsonParse 类用于解析获取到的 JSON 数据，具体代码如文件 12-19 所示。

【文件 12-19】　JsonParse.java

```
1   package cn.itcast.order.utils;
2   public class JsonParse {
3       private static JsonParse instance;
4       private JsonParse() {
5       }
6       public static JsonParse getInstance() {
7           if (instance == null) {
8               instance = new JsonParse();
9           }
10          return instance;
11      }
12      public List<ShopBean> getShopList(String json) {
13          Gson gson = new Gson(); // 使用 Gson 库解析 JSON 数据
14          // 创建一个 TypeToken 的匿名子类对象，并调用对象的 getType()方法
15          Type listType = new TypeToken<List<ShopBean>>() {
16          }.getType();
17          // 把获取到的信息集合存到 shopList 中
18          List<ShopBean> shopList = gson.fromJson(json, listType);
19          return shopList;
20      }
21  }
```

5. 将数据显示到店铺列表界面上

由于需要将数据显示到店铺列表界面上，所以需要在 ShopActivity 中创建 2 个方法，分别是 init()方法与 initData()方法。这 2 个方法分别用于初始化界面控件与获取界面的数据并将数据显示到界面上。实现初始化界面控件与获取并显示界面数据功能的具体步骤如下所示。

（1）初始化界面控件

在 cn.itcast.order 包中创建 activity 包，将 ShopActivity 移动到 cn.itcast.order.activity 包中。在 ShopActivity 中创建一个 init()方法，该方法用于初始化界面控件，具体代码如文件 12-20 所示。

【文件 12-20】　ShopActivity.java

```
1   package cn.itcast.order.activity;
2   ......
3   public class ShopActivity extends AppCompatActivity {
4       private TextView tv_back,tv_title;              //返回键与标题控件
5       private ShopListView slv_list;                  //列表控件
6       private ShopAdapter adapter;                    //列表的数据适配器
7       private RelativeLayout rl_title_bar;
8       private ViewPager adPager;                      //广告
9       private ViewPagerIndicator vpi;                 //小圆点
10      private View adBannerLay;                       //广告条容器
11      private AdBannerAdapter ada;                    //数据适配器
12      public static final int MSG_AD_SLID = 1;        //广告自动滑动
13      public static final int MSG_SHOP_OK = 2;        //获取数据
14      @Override
15      protected void onCreate(Bundle savedInstanceState) {
16          super.onCreate(savedInstanceState);
17          setContentView(R.layout.activity_shop);
18          init();
19      }
20      /**
21       * 初始化界面控件
22       */
23      private void init(){
24          tv_back = findViewById(R.id.tv_back);
25          tv_title = findViewById(R.id.tv_title);
26          tv_title.setText("店铺");
27          rl_title_bar = findViewById(R.id.title_bar);
28          rl_title_bar.setBackgroundColor(getResources().getColor(R.color.blue_color));
29          tv_back.setVisibility(View.GONE);
30          slv_list= findViewById(R.id.slv_list);
31          adapter=new ShopAdapter(this);
32          slv_list.setAdapter(adapter);
33          adBannerLay = findViewById(R.id.adbanner_layout);
34          adPager = findViewById(R.id.slidingAdvertBanner);
35          vpi = findViewById(R.id.advert_indicator);
36          adPager.setLongClickable(false);
37          ada = new AdBannerAdapter(getSupportFragmentManager());
38          adPager.setAdapter(ada);
39      }
40  }
```

（2）获取并显示界面数据

在 ShopActivity 中创建一个 initData()方法，该方法用于获取界面数据并将数据显示到界面上，具体代码如下：

```
1   package cn.itcast.order.activity;
2   ......
3   public class ShopActivity extends AppCompatActivity {
4       ......
5       private MHandler mHandler;
6       @Override
7       protected void onCreate(Bundle savedInstanceState) {
8           super.onCreate(savedInstanceState);
9           setContentView(R.layout.activity_shop);
10          mHandler=new MHandler();
11          initData();
12          init();
13      }
14      private void initData() {
15          OkHttpClient okHttpClient = new OkHttpClient();
16          Request request = new Request.Builder().url(Constant.WEB_SITE +
17              Constant.REQUEST_SHOP_URL).build();
18          Call call = okHttpClient.newCall(request);
19          // 开启异步线程访问网络
```

```
20          call.enqueue(new Callback() {
21              @Override
22              public void onResponse(Call call, Response response) throws IOException {
23                  String res = response.body().string(); //获取店铺数据
24                  Message msg = new Message();
25                  msg.what = MSG_SHOP_OK;
26                  msg.obj = res;
27                  mHandler.sendMessage(msg);
28              }
29              @Override
30              public void onFailure(Call call, IOException e) {
31              }
32          });
33      }
34      /**
35       * 事件捕获
36       */
37      class MHandler extends Handler {
38          @Override
39          public void dispatchMessage(Message msg) {
40              super.dispatchMessage(msg);
41              switch (msg.what) {
42                  case MSG_SHOP_OK:
43                      if (msg.obj != null) {
44                          String vlResult = (String) msg.obj;
45                          //解析获取到的 JSON 数据
46                          List<ShopBean> sbl = JsonParse.getInstance().
47                                                      getShopList(vlResult);
48                          adapter.setData(sbl);
49                      }
50                      break;
51              }
52          }
53      }
54 }
```

在上述代码中，第 20～32 行代码开启了一个异步线程来访问网络，从服务器上获取店铺列表界面的数据，并将该数据通过 Handler 消息机制传递到 MHandler 类中。

第 37～53 行代码创建了一个 MHandler 类，该类用于处理从服务器获取的 JSON 数据。其中，第 46～47 行代码调用 JsonParse 类中的 getShopList() 方法解析获取到的 JSON 数据，并将解析结果存储在集合 sbl 中。第 48 行代码通过调用 setData() 方法将集合数据 sbl 传递到店铺列表的数据适配器 ShopAdapter 中，并将传递的数据显示到店铺列表界面上。

（3）显示广告栏数据

由于店铺列表界面上方的广告栏图片的高度是设备屏幕宽度的 1/3，并且每隔 5 秒广告图片会自动切换到下一张图片，当前图片对应的小圆点颜色也需要设置为白色，所以我们需要在 ShopActivity 中创建一个线程实现广告图片的自动切换效果，同时也需要创建 getScreenWidth() 方法与 resetSize() 方法设置广告栏图片的高度，小圆点颜色的效果可以通过 setOnPageChangeListener() 方法来实现。显示广告栏数据的具体代码如下：

```
1  package cn.itcast.order.activity;
2  ......
3  public class ShopActivity extends AppCompatActivity {
4      ......
5      /**
6       * 初始化界面控件
7       */
8      private void init(){
9          ......
10         adPager.setOnPageChangeListener(new ViewPager.OnPageChangeListener() {
11             @Override
12             public void onPageSelected(int index) {
13                 if (ada.getSize() > 0) {
```

```
14                vpi.setCurrentPostion(index % ada.getSize()); //设置当前小圆点
15            }
16        }
17        @Override
18        public void onPageScrolled(int arg0, float arg1, int arg2) {
19        }
20        @Override
21        public void onPageScrollStateChanged(int arg0) {
22        }
23    });
24    resetSize();
25    new AdAutoSlidThread().start();
26 }
27 class AdAutoSlidThread extends Thread {
28    @Override
29    public void run() {
30        super.run();
31        while (true) {
32            try {
33                sleep(5000); //睡眠 5 秒
34            } catch (InterruptedException e) {
35                e.printStackTrace();
36            }
37            if (mHandler != null)
38                mHandler.sendEmptyMessage(MSG_AD_SLID);
39        }
40    }
41 }
42 ......
43 /**
44  * 事件捕获
45  */
46 class MHandler extends Handler {
47    @Override
48    public void dispatchMessage(Message msg) {
49        super.dispatchMessage(msg);
50        switch (msg.what) {
51            case MSG_SHOP_OK:
52                if (msg.obj != null) {
53                    ......
54                    if (sbl != null) {
55                        if (sbl.size() > 0) {
56                            ada.setData(sbl);                //设置广告栏数据到界面上
57                            vpi.setCount(sbl.size());        //设置小圆点数目
58                            vpi.setCurrentPostion(0);        //设置当前小圆点的位置为 0
59                        }
60                    }
61                }
62                break;
63            case MSG_AD_SLID:
64                if (ada.getCount() > 0) {
65                    //设置滑动到下一张广告图片
66                    adPager.setCurrentItem(adPager.getCurrentItem() + 1);
67                }
68                break;
69        }
70    }
71 }
72 /**
73  * 计算控件大小
74  */
75 private void resetSize() {
76    int sw = getScreenWidth();//获取屏幕宽度
77    int adLheight = sw /3; //广告条高度
78    ViewGroup.LayoutParams adlp = adBannerLay.getLayoutParams();
```

```
79          adlp.width = sw;
80          adlp.height = adLheight;
81          adBannerLay.setLayoutParams(adlp);
82      }
83      /**
84       * 获取屏幕宽度
85       */
86      public int getScreenWidth() {
87          WindowManager wm = (WindowManager)getSystemService(Context.WINDOW_SERVICE);
88          DisplayMetrics outMetrics = new DisplayMetrics();
89          wm.getDefaultDisplay().getMetrics(outMetrics);
90          return outMetrics.widthPixels;
91      }
92  }
```

（4）退出当前应用程序

在 ShopActivity 中重写 onKeyDown()方法，在该方法中实现点击 2 次返回键的时间间隔小于或等于 2 秒时，退出仿美团外卖应用程序的功能，具体代码如下：

```
1   package cn.itcast.order.activity;
2   ......
3   public class ShopActivity extends AppCompatActivity {
4       ......
5       protected long exitTime;//记录第一次点击时的时间
6       @Override
7       public boolean onKeyDown(int keyCode, KeyEvent event) {
8           if (keyCode == KeyEvent.KEYCODE_BACK
9                               && event.getAction() == KeyEvent.ACTION_DOWN) {
10              if ((System.currentTimeMillis() - exitTime) > 2000) {
11                  Toast.makeText(ShopActivity.this, "再按一次退出仿美团外卖应用",
12                                              Toast.LENGTH_SHORT).show();
13                  exitTime = System.currentTimeMillis();
14              } else {
15                  ShopActivity.this.finish();
16                  System.exit(0);
17              }
18              return true;
19          }
20          return super.onKeyDown(keyCode, event);
21      }
22  }
```

在上述代码中，第 5 行代码定义了一个变量 exitTime，该变量用于记录第一次点击返回键的时间。

第 8 行、第 9 行代码判断 keyCode 的值是否为返回键的值 KeyEvent.KEYCODE_BACK，并且返回键是否为被按下的状态，也就是 event.getAction()的值是否为 KeyEvent.ACTION_DOWN，如果这 2 个条件都成立，则说明此时返回键是被按下的状态。

第 10～17 行代码判断当前时间减去第一次点击返回键的时间是否大于 2 秒，如果大于 2 秒，则程序会调用 Toast 类提示用户"再按一次退出仿美团外卖应用"，同时将当前时间存储在变量 exitTime 中；如果两次点击返回键的时间间隔小于或等于 2 秒，则程序会调用 finish()方法关闭当前界面，同时调用 exit()方法退出当前应用程序。

6. 修改 colors.xml 文件

由于店铺列表界面的标题栏背景颜色为蓝色，为了便于颜色的管理，所以需要在 res/values 文件夹的 colors.xml 文件中添加一个蓝色的颜色值，具体代码如下：

```
<color name="blue_color">#2e8de9</color>
```

12.5　店铺详情功能业务实现

当店铺列表界面的条目被点击后，程序会跳转到店铺详情界面。该界面主要分为 3 个部分：第 1 部分用于展示店铺的信息，如店铺名称、店铺图片、店铺公告及配送时间；第 2 部分用于展示该店铺中的菜单列表；

第 3 部分用于展示购物车。当点击菜单列表中的"加入购物车"按钮时，程序会将菜品添加到购物车中，此时点击购物车会弹出一个购物车列表，在该列表中可以增加和减少购物车中的菜品数量。本节将针对店铺详情功能业务的实现进行详细讲解。

12.5.1　搭建店铺详情界面布局

在仿美团外卖的项目中，点击店铺列表条目时，程序会跳转到店铺详情界面，该界面主要用于展示店铺名称、店铺图片、配送时间、店铺公告、店铺的菜单列表、购物车及购物车列表等信息。店铺详情界面如图 12-14 所示。

图12-14　店铺详情界面

搭建店铺详情界面布局的具体步骤如下。

1. 创建店铺详情界面

在 cn.itcast.order.activity 包中创建名为 ShopDetailActivity 的 Activity 并将布局文件名指定为 activity_shop_detail。

2. 导入界面图片

将店铺详情界面所需图片 shop_bg.png、shop_car.png、shop_car_empty.png、icon_clear.png、time_icon.png 导入 drawable-hdpi 文件夹中。

3. 放置界面控件

在 activity_shop_detail.xml 布局文件中，放置 1 个 TextView 控件用于显示"菜单"文本信息；放置 1 个 View 控件用于显示一条灰色分割线；放置 1 个 ListView 控件用于显示菜单列表。由于店铺详情界面控件较多，所以将其他控件分类后分别放在 shop_detail_head.xml、shop_car.xml、car_list.xml 布局文件中（这 3 个布局文件在后续会进行创建）。其中 shop_detail_head.xml 文件中放置的是店铺名称、店铺图片、店铺公告与配送时间信息，shop_car.xml 文件中放置的是购物车图片、"未选购商品"文本、起送价格、"去结算"文本等信息，car_list.xml 文件中放置的是购物车的列表信息。完整布局代码详见文件 12-21。

4. 创建 shop_detail_head.xml 文件

在 res/layout 文件夹中创建一个布局文件 shop_detail_head.xml。在该文件中，放置 3 个 TextView 控件分别用于显示店铺名称、配送时间及店铺公告；放置 2 个 ImageView 控件分别用于显示配送时间的图标和店铺的图片。完整布局代码详见文件 12-22。

5. 创建 shop_car.xml 文件

在 res/layout 文件夹中创建一个布局文件 shop_car.xml。在该文件中，放置 4 个 TextView 控件分别用于显

示 "未选购商品" "去结算" "不够起送价格" 的文本信息与配送费信息。同时还通过<include>标签引入了一个 car.xml 布局文件（该文件在后续会进行创建），该文件主要用于显示购物车图片和购物车中商品的数量。完整布局代码详见文件 12-23。

在 res/layout 文件夹中创建一个布局文件 car.xml。在该文件中，放置 1 个 ImageView 控件用于显示购物车图片；放置 1 个 TextView 控件用于显示购物车中商品的数量。完整布局代码详见文件 12-24。

6. 创建 car_list.xml 文件

在 res/layout 文件夹中创建一个布局文件 car_list.xml。在该文件中，放置 2 个 TextView 控件分别用于显示 "已选商品" 与 "清空" 的文本信息；放置 1 个 ListView 控件用于显示购物车列表。完整布局代码详见文件 12-25。

扫码查看文件 12-21	扫码查看文件 12-22	扫码查看文件 12-23	扫码查看文件 12-24	扫码查看文件 12-25

7. 修改 colors.xml 文件

由于店铺详情界面上的一些控件需要设置不同的背景颜色或文本颜色，所以需要在 res/values 文件夹中的 colors.xml 文件中添加需要的颜色值，具体代码如下：

```
<color name="light_gray">#d9d9d9</color>
<color name="car_gray_color">#454545</color>
<color name="account_color">#ff9500</color>
<color name="account_gray_color">#535353</color>
```

8. 创建 corner_bg.xml 文件

由于在店铺详情界面中显示店铺名称、店铺公告、配送时间等信息的背景是一个四个边角为圆角的矩形，所以需要在 drawable 文件夹中创建一个 corner_bg.xml 文件，在该文件中设置一个边角为圆角的矩形，具体代码如文件 12-26 所示。

【文件 12-26】　corner_bg.xml

```
1  <?xml version="1.0" encoding="utf-8"?>
2  <shape xmlns:android="http://schemas.android.com/apk/res/android"
3      android:shape="rectangle">
4      <solid android:color="#FFFFFF" />
5      <corners android:radius="3dp" />
6      <stroke
7          android:width="1dp"
8          android:color="@color/light_gray" />
9  </shape>
```

在上述代码中，<corners/>标签用于定义矩形的四个边角为圆角，<corners/>标签中的属性 android:radius 用于设置边角的圆角半径；<stroke/>标签用于定义矩形的四条边的宽度和颜色。

9. 创建 badge_bg.xml 文件

由于购物车右上角有一个显示商品数量的控件，该控件的背景是一个红色的圆形背景，所以需要在 drawable 文件夹中创建一个 badge_bg.xml 文件，在该文件中定义一个红色的圆形，具体代码如文件 12-27 所示。

【文件 12-27】　badge_bg.xml

```
1  <?xml version="1.0" encoding="utf-8"?>
2  <shape xmlns:android="http://schemas.android.com/apk/res/android"
3      android:shape="rectangle">
4      <gradient
5          android:endColor="#fe451d"
```

```
6            android:startColor="#fe957f"
7            android:type="linear" />
8      <corners android:radius="180dp" />
9  </shape>
```

在上述代码中，通过<shape></shape>标签定义了一个矩形（rectangle），<gradient/>标签用于定义矩形中的渐变色，<gradient/>标签中属性 android:startColor 的值表示渐变色开始的颜色，属性 android:endColor 的值表示渐变色结束的颜色，属性 android:type 的值 linear 表示线性渐变；<corners/>标签用于定义矩形的四个边角，属性 android:radius 用于设置边角的圆角半径，在此处圆角半径设置为 180dp，表示整个形状设置为一个圆形。

10. 修改 styles.xml 文件

由于在店铺详情界面上，购物车右上角显示一个商品数量的控件，该控件需要设置的属性较多，放在布局文件中会显得文件代码较多，所以将这些属性抽取出来放在一个样式 badge_style 中。在 res/values 文件夹的 styles.xml 文件中创建 badge_style 样式，具体代码如下：

```
<style name="badge_style">
    <item name="android:layout_width">wrap_content</item>
    <item name="android:layout_height">wrap_content</item>
    <item name="android:minHeight">14dp</item>
    <item name="android:minWidth">14dp</item>
    <item name="android:paddingLeft">2dp</item>
    <item name="android:paddingRight">2dp</item>
    <item name="android:textColor">@android:color/white</item>
    <item name="android:visibility">gone</item>
    <item name="android:gravity">center</item>
    <item name="android:background">@drawable/badge_bg</item>
    <item name="android:textStyle">bold</item>
    <item name="android:textSize">10sp</item>
</style>
```

12.5.2 搭建菜单列表条目界面布局

在店铺详情界面中有一个菜单列表，在该列表中用 ListView 控件来展示菜单信息，所以需要创建一个该列表的条目界面，在条目界面中需要展示菜品的名称、人气、月售数量与好评度、价格及"加入购物车"按钮。菜单列表条目界面如图 12-15 所示。

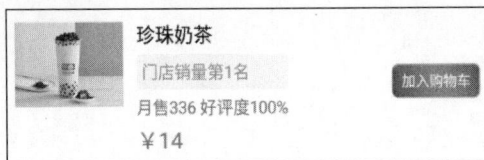

图12-15 菜单列表条目界面

搭建菜单列表条目界面布局的具体步骤如下。

1. 创建菜单列表条目界面布局文件

在 res/layout 文件夹中，创建一个布局文件 menu_item.xml。

2. 导入界面图片

将菜单列表条目界面所需图片 add_car_normal.png、add_car_selected.png 导入 drawable-hdpi 文件夹中。

3. 放置界面控件

在布局文件中，放置 4 个 TextView 控件分别用于显示菜品的名称、人气、月售数量与好评度、价格；放置 1 个 ImageView 控件用于显示菜品的图片；放置 1 个 Button 控件用于显示"加入购物车"按钮。完整布局代码详见文件 12-28。

扫码查看文件 12-28

4. 修改 colors.xml 文件

由于菜单列表条目界面中菜品价格的文本颜色是红色，所以需要在 res/values 文件夹的 colors.xml 文件中添加红色的颜色值，具体代码如下：

```
<color name="price_red">#ff5339</color>
```

5. 创建背景选择器

由于菜单列表条目界面被按下与弹起时，界面背景会有明显的区别，这种效果可以通过背景选择器实现。首先选中 drawable 文件夹，单击鼠标右键并选择【New】→【Drawable resource file】选项，创建一个背景选择器 menu_item_bg_selector.xml，根据菜单列表条目界面被按下和弹起的状态来切换它的背景颜色，给用户一个动态效果。当菜单列表条目界面被按下时背景显示灰色（#d4d4d4）；当条目界面弹起时背景显示白色（@android:color/white），具体代码如文件 12-29 所示。

【文件 12-29】　menu_item_bg_selector.xml

```
1  <?xml version="1.0" encoding="utf-8"?>
2  <selector xmlns:android="http://schemas.android.com/apk/res/android">
3      <item android:drawable="@color/item_bg_color" android:state_pressed="true"/>
4      <item android:drawable="@android:color/white"/>
5  </selector>
```

菜单列表条目界面上的"加入购物车"按钮被按下与弹起时，界面背景也会有明显的区别，同样也需要在 drawable 文件夹中创建一个背景选择器 add_car_selector.xml，根据"加入购物车"按钮被按下与弹起的状态来切换它的背景图片，给用户一个动态的效果。当"加入购物车"按钮被按下时背景显示灰色图片（add_car_selected.png）；当"加入购物车"按钮弹起时背景显示蓝色图片（add_car_normal.png），具体代码如文件 12-30 所示。

【文件 12-30】　add_car_selector.xml

```
1  <?xml version="1.0" encoding="utf-8"?>
2  <selector xmlns:android="http://schemas.android.com/apk/res/android">
3      <item android:drawable="@drawable/add_car_selected" android:state_pressed="true" />
4      <item android:drawable="@drawable/add_car_normal" />
5  </selector>
```

12.5.3　搭建购物车列表条目界面布局

在店铺详情界面底部有一个购物车图片，点击该图片会弹出一个购物车列表，该列表用 ListView 控件来展示购物车中添加的菜单信息。因此，需要创建一个该列表的条目界面，在条目界面中需要展示菜品的名称、价格、数量、"+"按钮及"−"按钮，界面如图 12-16 所示。

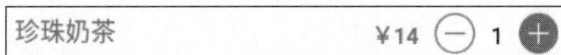

图12-16　购物车列表条目界面

搭建购物车列表条目界面的具体步骤如下。

1. 创建购物车列表条目界面的布局文件

在 res/layout 文件夹中，创建一个布局文件 car_item.xml。

2. 导入界面图片

将购物车列表条目界面所需图片 car_add.png、car_minus.png 导入 drawable-hdpi 文件夹中。

3. 放置界面控件

在 car_item.xml 布局文件中，放置 3 个 TextView 控件分别用于显示菜品的名称、价格、数量；放置 2 个 ImageView 控件分别用于显示"+"按钮和"−"按钮。完整布局代码详见文件 12-31。

扫码查看文件 12-31

4. 创建 slide_bottom_to_top.xml 文件

由于在店铺详情界面点击购物车图片时，会从界面底部弹出购物车列表界面，这个弹出的动画效果是通过 slide_bottom_to_top.xml 文件实现的。接下来，在 res 文件夹中创建一个用于存放动画效果的 anim 文件夹，在该文件夹中创建 slide_bottom_to_top.xml 文件，具体代码如文件 12-32 所示。

【文件 12-32】　slide_bottom_to_top.xm

```xml
1  <?xml version="1.0" encoding="utf-8"?>
2  <set xmlns:android="http://schemas.android.com/apk/res/android"
3      android:interpolator="@android:anim/accelerate_interpolator">
4      <translate
5          android:duration="500"
6          android:fromYDelta="100.0%"
7          android:toYDelta="10.000002%" />
8      <alpha
9          android:duration="500"
10         android:fromAlpha="0.0"
11         android:toAlpha="1.0" />
12 </set>
```

在上述代码中，<translate/>标签用于实现界面平移的动画效果，属性 android:duration 指定动画持续的时间，属性 android:fromYDelta 指定动画开始时界面在 y 轴坐标的位置，属性 android:toYDelta 指定动画结束时界面在 y 轴坐标的位置。<alpha/>标签用于实现界面透明度的渐变动画，属性 android:fromAlpha 指定动画的起始透明度，该属性的取值范围为 0.0~1.0，表示从完全透明到完全不透明；属性 android:toAlpha 指定动画的结束透明度，该属性的取值范围与属性 android:fromAlpha 一样。

12.5.4　搭建确认清空购物车界面布局

在购物车列表界面的右上角有一个"清空"按钮，点击该按钮会弹出一个确认清空购物车的界面，该界面主要用于展示"确认清空购物车？"的文本、"取消"按钮和"清空"按钮，界面如图 12-17 所示。

搭建确认清空购物车界面的具体步骤如下。

1. 创建确认清空购物车界面的布局文件

在 res/layout 文件夹中，创建一个布局文件 dialog_clear.xml。

2. 放置界面控件

在 dialog_clear.xml 布局文件中，放置 3 个 TextView 控件分别用于显示"确认清空购物车？""取消"按钮和"清空"按钮。完整布局代码详见文件 12-33。

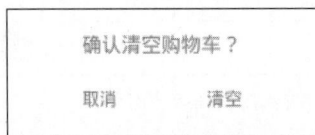

图12-17　确认清空购物车界面

3. 修改 styles.xml 文件

由于确认清空购物车界面是一个对话框的样式，并且该对话框没有标题，背景为半透明状态，所以需要在 res/layout 文件夹的 styles.xml 文件中添加一个名为 Dialog_Style 的样式（在逻辑代码中调用），具体代码如下：

```xml
<style name="Dialog_Style" parent="@android:style/Theme.Dialog">
    <!--设置界面无标题栏-->
    <item name="android:windowIsFloating">true</item>      <!--对话框浮在 Activity 之上-->
    <item name="android:windowIsTranslucent">true</item> <!--设置对话框背景为透明-->
    <item name="android:windowNoTitle">true</item>        <!--设置界面无标题-->
    <!--设置窗体背景透明-->
    <item name="android:windowBackground">@android:color/transparent</item>
    <!--设置对话框内容背景透明-->
```

```
<item name="android:background">@android:color/transparent</item>
<!--设置对话框背景有半透明遮障层-->
<item name="android:backgroundDimEnabled">true</item>
</style>
```

12.5.5　编写菜单列表的数据适配器

由于店铺详情界面中的菜单列表是用 ListView 控件展示的，所以需要创建一个数据适配器 MenuAdapter 对 ListView 控件进行数据适配。编写菜单列表的数据适配器的具体步骤如下。

1. 创建菜单列表的数据适配器 MenuAdapter

选中 cn.itcast.order.adapter 包，在该包中创建一个菜单列表的数据适配器 MenuAdapter，并在该数据适配器中重写 getCount()方法、getItem()方法、getItemId()方法和 getView()方法，分别用于获取列表条目总数、对应的条目对象、条目对象的 id 和对应的条目视图。同样，为了减少缓存，在 getView()方法中复用 convertView。

2. 创建 ViewHolder 类

在 MenuAdapter 中创建一个 ViewHolder 类，该类主要用于定义菜单列表条目上的控件对象。当菜单列表快速滑动时，该类可以快速为界面控件设置值，而不必每次重新创建很多控件对象，从而有效地提高程序的性能。

3. 创建 OnSelectListener 接口

当点击菜单列表上的"加入购物车"按钮时，会增加购物车中菜品的数量。该数量的增加需要在 ShopDetailActivity 中进行，所以需要在 MenuAdapter 中创建一个 OnSelectListener 接口，在该接口中创建一个 onSelectAddCar()方法用于处理"加入购物车"按钮的点击事件，接着在 ShopDetailActivity 中实现 OnSelectListener 接口中的方法，具体代码如文件 12-34 所示。

【文件 12-34】　MenuAdapter.java

```
1   package cn.itcast.order.adapter;
2   ......//省略导入包
3   public class MenuAdapter extends BaseAdapter {
4       private Context mContext;
5       private List<FoodBean> fbl;                    //菜单列表数据
6       private OnSelectListener onSelectListener;     // "加入购物车"按钮的监听事件
7       public MenuAdapter(Context context, OnSelectListener onSelectListener) {
8           this.mContext = context;
9           this.onSelectListener=onSelectListener;
10      }
11      /**
12       * 设置数据更新界面
13       */
14      public void setData(List<FoodBean> fbl) {
15          this.fbl = fbl;
16          notifyDataSetChanged();
17      }
18      /**
19       * 获取条目的总数
20       */
21      @Override
22      public int getCount() {
23          return fbl == null ? 0 : fbl.size();
24      }
25      /**
26       * 根据 position 得到对应的条目对象
27       */
28      @Override
29      public FoodBean getItem(int position) {
30          return fbl == null ? null : fbl.get(position);
31      }
32      /**
33       * 根据 position 得到对应的条目 id
```

```
34        */
35        @Override
36        public long getItemId(int position) {
37            return position;
38        }
39        /**
40         * 得到 position 对应的条目视图，position 是当前条目的位置，
41         * convertView 参数是滚出屏幕的条目视图
42         */
43        @Override
44        public View getView(final int position, View convertView, ViewGroup parent) {
45            final ViewHolder vh;
46            //复用 convertView
47            if (convertView == null) {
48                vh = new ViewHolder();
49                convertView = LayoutInflater.from(mContext).inflate(R.layout.menu_item,
50                                                                     null);
51                vh.tv_food_name = (TextView) convertView.findViewById(R.id.tv_food_name);
52                vh.tv_ popularity = (TextView) convertView.findViewById(R.id.tv_popularity);
53                vh.tv_sale_num = (TextView) convertView.findViewById(R.id.tv_sale_num);
54                vh.tv_price = (TextView) convertView.findViewById(R.id.tv_price);
55                vh.btn_add_car = (Button) convertView.findViewById(R.id.btn_add_car);
56                vh.iv_food_pic = (ImageView) convertView.findViewById(R.id.iv_food_pic);
57                convertView.setTag(vh);
58            } else {
59                vh = (ViewHolder) convertView.getTag();
60            }
61            //获取 position 对应的条目数据对象
62            final FoodBean bean = getItem(position);
63            if (bean != null) {
64                vh.tv_food_name.setText(bean.getFoodName());
65                vh.tv_popularity.setText(bean.getPopularity ());
66                vh.tv_sale_num.setText(bean.getSaleNum());
67                vh.tv_price.setText("¥"+bean.getPrice());
68                Glide.with(mContext)
69                        .load(bean.getFoodPic())
70                        .error(R.mipmap.ic_launcher)
71                        .into(vh.iv_food_pic);
72            }
73            //每个条目的点击事件
74            convertView.setOnClickListener(new View.OnClickListener() {
75                @Override
76                public void onClick(View v) {
77                    //跳转到菜品详情界面
78                }
79            });
80            vh.btn_add_car.setOnClickListener(new View.OnClickListener() {
81                @Override
82                public void onClick(View view) { // "加入购物车" 按钮的点击事件
83                    onSelectListener.onSelectAddCar(position);
84                }
85            });
86            return convertView;
87        }
88        class ViewHolder {
89            public TextView tv_food_name, tv_ popularity, tv_sale_num, tv_price;
90            public Button btn_add_car;
91            public ImageView iv_food_pic;
92        }
93        public interface OnSelectListener {
94            void onSelectAddCar (int position); //处理 "加入购物车" 按钮的方法
95        }
96  }
```

　　在上述代码中，第 74～79 行代码通过 setOnClickListener()方法设置菜单列表条目的点击事件监听器，接着通过一个匿名内部类实现 OnClickListener 接口中的 onClick()方法。onClick()方法内部实现了跳转到菜品详

情界面的功能。由于菜品详情界面暂未实现，所以跳转的逻辑代码在后续创建完菜品详情界面后再添加。

第 80～85 行代码通过 setOnClickListener() 方法设置菜单列表条目中"加入购物车"按钮的点击事件监听器。接着通过一个匿名内部类实现 OnClickListener 接口中的 onClick() 方法，在该方法中调用 OnSelectListener 接口中的 onSelectAddCar() 方法实现"加入购物车"按钮的点击事件。

12.5.6　编写购物车列表的数据适配器

由于店铺详情界面中的购物车列表是用 ListView 控件展示的，所以需要创建一个数据适配器 CarAdapter 对 ListView 控件进行数据适配。编写购物车列表的数据适配器的具体步骤如下。

1. 创建购物车列表的数据适配器 CarAdapter

选中 cn.itcast.order.adapter 包，在该包中创建一个数据适配器 CarAdapter，在该数据适配器中重写 getCount() 方法、getItem() 方法、getItemId() 方法和 getView() 方法。

2. 创建 ViewHolder 类

在 CarAdapter 中创建一个 ViewHolder 类，该类主要用于创建购物车列表条目界面上的控件对象。当购物车列表快速滑动时，该类可以快速为界面控件设置值，而不必每次都重新创建很多控件对象，这样可以提高程序的性能。

3. 创建 OnSelectListener 接口

当点击购物车列表界面的"+"按钮或"–"按钮时，购物车中菜品的数量会随之变化，该数量的变化需要在 ShopDetailActivity 中进行。因此需要在 CarAdapter 中创建一个 OnSelectListener 接口，在该接口中创建 onSelectAdd() 方法与 onSelectMis() 方法，分别用于处理"+"按钮或"–"按钮的点击事件，接着在 ShopDetailActivity 中实现该接口中的方法，具体代码如文件 12–35 所示。

【文件 12-35】　CarAdapter.java

```
1   package cn.itcast.order.adapter;
2   ......//省略导入包
3   public class CarAdapter extends BaseAdapter {
4       private Context mContext;
5       private List<FoodBean> fbl;
6       private OnSelectListener onSelectListener;
7       public CarAdapter(Context context, OnSelectListener onSelectListener) {
8           this.mContext = context;
9           this.onSelectListener=onSelectListener;
10      }
11      /**
12       * 设置数据更新界面
13       */
14      public void setData(List<FoodBean> fbl) {
15          this.fbl = fbl;
16          notifyDataSetChanged();
17      }
18      /**
19       * 获取条目的总数
20       */
21      @Override
22      public int getCount() {
23          return fbl == null ? 0 : fbl.size();
24      }
25      /**
26       * 根据 position 得到对应的条目对象
27       */
28      @Override
29      public FoodBean getItem(int position) {
30          return fbl == null ? null : fbl.get(position);
31      }
32      /**
33       * 根据 position 得到对应的条目 id
```

```
34        */
35       @Override
36       public long getItemId(int position) {
37           return position;
38       }
39       /**
40        * 得到position 对应的条目视图，position 是当前条目的位置，
41        * convertView 参数是滚出屏幕的条目视图
42        */
43       @Override
44       public View getView(final int position, View convertView, ViewGroup parent) {
45           final ViewHolder vh;
46           //复用convertView
47           if (convertView == null) {
48               vh = new ViewHolder();
49               convertView = LayoutInflater.from(mContext).inflate(R.layout.car
50                                                                   _item, null);
51               vh.tv_food_name = (TextView) convertView.findViewById(R.id.tv_
52                                                                   food_name);
53               vh.tv_food_count = (TextView) convertView.findViewById(R.id.tv_
54                                                                   food_count);
55               vh.tv_food_price = (TextView) convertView.findViewById(R.id.tv_
56                                                                   food_price);
57               vh.iv_add = (ImageView) convertView.findViewById(R.id.iv_add);
58               vh.iv_minus = (ImageView) convertView.findViewById(R.id.iv_minus);
59               convertView.setTag(vh);
60           } else {
61               vh = (ViewHolder) convertView.getTag();
62           }
63           //获取position 对应的条目数据对象
64           final FoodBean bean = getItem(position);
65           if (bean != null) {
66               vh.tv_food_name.setText(bean.getFoodName());
67               vh.tv_food_count.setText(bean.getCount()+"");
68               BigDecimal count=BigDecimal.valueOf(bean.getCount());
69               vh.tv_food_price.setText("¥" + bean.getPrice().multiply(count));
70           }
71           vh.iv_add.setOnClickListener(new View.OnClickListener() {
72               @Override
73               public void onClick(View view) {
74                   onSelectListener.onSelectAdd(position,vh.tv_food_count,vh.
75                                                               tv_food_price);
76               }
77           });
78           vh.iv_minus.setOnClickListener(new View.OnClickListener() {
79               @Override
80               public void onClick(View view) {
81                   onSelectListener.onSelectMis(position,vh.tv_food_count,vh.
82                                                               tv_food_price);
83               }
84           });
85           return convertView;
86       }
87       class ViewHolder {
88           public TextView tv_food_name, tv_food_count,tv_food_price;
89           public ImageView iv_add,iv_minus;
90       }
91       public interface OnSelectListener {
92           void onSelectAdd(int position,TextView tv_food_price,TextView tv_
93                                                               food_count);
94           void onSelectMis(int position,TextView tv_food_price,TextView tv_
95                                                               food_count);
96       }
97   }
```

在上述代码中，第 65～70 行代码通过 setText() 方法将购物车条目数据设置到对应控件上。

第 71~77 行代码通过 setOnClickListener()方法设置购物车中"+"按钮的点击事件监听器，接着通过一个匿名内部类重写 OnSelectListener 接口中的 onSelectAdd()方法，实现"+"按钮的点击事件。

第 78~84 行代码通过 setOnClickListener()方法设置购物车条目中"–"按钮的点击事件监听器，接着通过一个匿名内部类重写 OnSelectListener 接口中的 onSelectMis ()方法，实现"–"按钮的点击事件。

12.5.7　实现菜单显示与购物车功能

店铺详情界面主要用于展示店铺信息、菜单列表信息及购物车列表信息，其中在菜单列表中可以点击"加入购物车"按钮，将菜品添加到购物车中。此时点击购物车图片会从界面底部弹出一个购物车列表，该列表显示的是购物车中添加的菜品信息，这些菜品信息在列表中可以进行增加和减少。点击购物车列表右上角的"清空"按钮，程序会弹出一个确认清空购物车的界面，点击界面中的"清空"按钮会清空购物车中的数据。实现菜单显示与购物车功能的具体内容详见文件 12-36。

扫码查看文件 12-36

12.6　菜品详情功能业务实现

点击菜单列表的条目，程序会跳转到菜品详情界面，该界面主要用于展示菜品的名称、月售数量和价格等信息。菜品详情界面中的数据是从店铺详情界面传递过来的。接下来本节将针对菜品详情功能业务的实现进行详细讲解。

12.6.1　搭建菜品详情界面布局

菜品详情界面主要用于展示菜品的名称、月售数量与好评度及价格，界面如图 12–18 所示。
搭建菜品详情界面布局的具体步骤如下。

1. 创建菜品详情界面

在 cn.itcast.order.activity 包中创建一个 FoodActivity，并指定其布局文件名为 activity_food。

2. 放置界面控件

在 activity_food.xml 布局文件中，放置 3 个 TextView 控件分别用于显示菜品的名称、月售数量与好评度及价格；放置 1 个 ImageView 控件用于显示菜品的图片。完整布局代码详见文件 12–37。

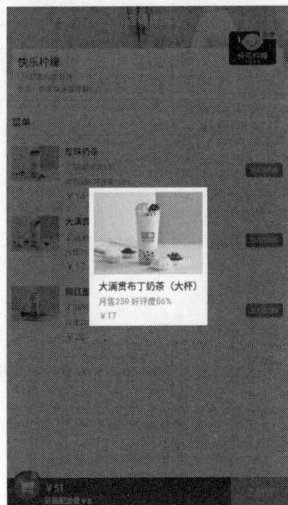

图12–18　菜品详情界面

扫码查看文件 12-37

3. 修改 styles.xml 文件

由于菜品详情界面是以对话框样式显示的，所以在 res/layout 文件夹的 styles.xml 文件中创建一个对话框的样式 Theme.ActivityDialogStyle，具体代码如下：

```
<style name="Theme.ActivityDialogStyle" parent="Theme.AppCompat.Light.NoActionBar">
    <item name="android:windowIsTranslucent">true</item>    <!--设置对话框背景为透明-->
    <!--设置对话框背景有半透明遮障层-->
    <item name="android:backgroundDimEnabled">true</item>
    <item name="android:windowContentOverlay">@null</item> <!--设置窗体内容背景-->
    <!--点击对话框外的部分关闭该界面-->
    <item name="android:windowCloseOnTouchOutside">true</item>
    <item name="android:windowIsFloating">true</item> <!--浮在 Activity 之上-->
</style>
```

在上述代码中，<style>标签中属性 name 定义的样式名称是 Theme.ActivityDialogStyle，属性 parent 定义的样式继承了系统中无标题的主题样式。

4. 修改 AndroidManifest.xml 文件

由于菜品详情界面是一个对话框，所以在清单文件（AndroidManifest.xml）中找到 FoodActivity 对应的 <activity/>标签，在该标签中引入对话框样式，具体代码如下：

```
<activity
    android:name=".activity.FoodActivity"
    android:theme="@style/Theme.ActivityDialogStyle" />
```

12.6.2 实现菜品详情界面显示功能

菜品详情界面的数据是从店铺详情界面传递过来的，该界面的逻辑代码相对比较简单，主要是获取传递过来的菜品数据，并将数据显示到界面上。实现菜品详情界面显示功能的具体步骤如下。

1. 获取界面控件

在 FoodActivity 中创建初始化界面控件的方法 initView()。

2. 设置界面数据

在 FoodActivity 中创建一个 setData()方法，该方法用于将数据设置到菜品详情界面的控件上，具体代码如文件 12-38 所示。

【文件 12-38】　FoodActivity.java

```
1  package cn.itcast.order.activity;
2  ......//省略导入包
3  public class FoodActivity extends AppCompatActivity {
4      private FoodBean bean;
5      private TextView tv_food_name, tv_sale_num, tv_price;
6      private ImageView iv_food_pic;
7      @Override
8      protected void onCreate(Bundle savedInstanceState) {
9          super.onCreate(savedInstanceState);
10         setContentView(R.layout.activity_food);
11         //从店铺详情界面传递过来的菜品数据
12         bean = (FoodBean) getIntent().getSerializableExtra("food");
13         initView();
14         setData();
15     }
16     /**
17      * 初始化界面控件
18      */
19     private void initView() {
20         tv_food_name = findViewById(R.id.tv_food_name);
21         tv_sale_num = findViewById(R.id.tv_sale_num);
22         tv_price = findViewById(R.id.tv_price);
23         iv_food_pic = findViewById(R.id.iv_food_pic);
24     }
25     /**
```

```
26      * 设置界面数据
27      */
28     private void setData() {
29        if (bean == null) return;
30        tv_food_name.setText(bean.getFoodName());
31        tv_sale_num.setText(bean.getSaleNum());
32        tv_price.setText("¥" + bean.getPrice());
33        Glide.with(this)
34                .load(bean.getFoodPic())
35                .error(R.mipmap.ic_launcher)
36                .into(iv_food_pic);
37     }
38 }
```

在上述代码中，第 12 行代码通过 getSerializableExtra()方法获取从店铺详情界面传递过来的菜品信息。第
33~36 行代码调用 Glide 库中的 load()方法与 into()方法将菜品图片显示到 iv_food_pic 控件上。

3. 修改 MenuAdapter.java 文件

由于点击菜单列表的条目时，程序会跳转到菜品详情界面，所以需要找到 MenuAdapter 中的 getView()方法，
在该方法的注释 "//跳转到菜品详情界面" 下方添加跳转到菜品详情界面的逻辑代码，具体代码如下：

```
if (bean == null) return;
Intent intent = new Intent(mContext,FoodActivity.class);
//把菜品的详细信息传递到菜品详情界面
intent.putExtra("food", bean);
mContext.startActivity(intent);
```

12.7 订单功能业务实现

在店铺详情界面，点击"去结算"按钮，程序会跳转到订单界面。订单界面主要展示的是收货地址、订
单列表、小计、配送费、订单总价及"去支付"按钮，该界面的数据是从店铺详情界面传递过来的。点击"去
支付"按钮，程序会弹出一个二维码支付界面供用户付款。接下来本节将针对订单功能业务的实现进行详细
讲解。

12.7.1 搭建订单界面布局

订单界面主要用于展示收货地址、订单列表、小计、配送费、订单总价及"去支付"按钮，界面如
图 12-19 所示。

搭建订单界面布局的具体步骤如下。

1. 创建订单界面

在 cn.itcast.order.activity 包中创建一个 OrderActivity，指定该 Activity 的布局文件名为 activity_order。

2. 放置界面控件

由于订单界面控件较多，布局相对复杂一点，这里我们将订单界面的布局分为两部分：一部分由标题栏、
收货地址、订单列表、小计及配送费组成，该部分控件放在 order_head.xml 文件中；另一部分由订单总价、
"去支付"按钮组成，该部分控件放在 payment.xml 文件中。在 activity_order.xml 文件中通过<include>标签引
入这两个文件。完整布局代码详见文件 12-39。

3. 创建 order_head.xml 文件

在 res/layout 文件夹中创建一个布局文件 order_head.xml，在该布局文件中放置 5 个 TextView 控件分别用
于显示"收货地址:"文本、"小计"文本、"配送费"文本、小计内容、配送费内容；放置 1 个 EditText 控
件用于输入收货地址；放置 1 个 View 控件用于显示灰色分割线。完整布局代码详见文件 12-40。

4. 创建 payment.xml 文件

在 res/layout 文件夹中创建一个布局文件 payment.xml。在该文件中，放置 3 个 TextView 控件分别用于显

示"订单总价"文本、订单总价及"去支付"按钮。完整布局代码详见文件 12–41。

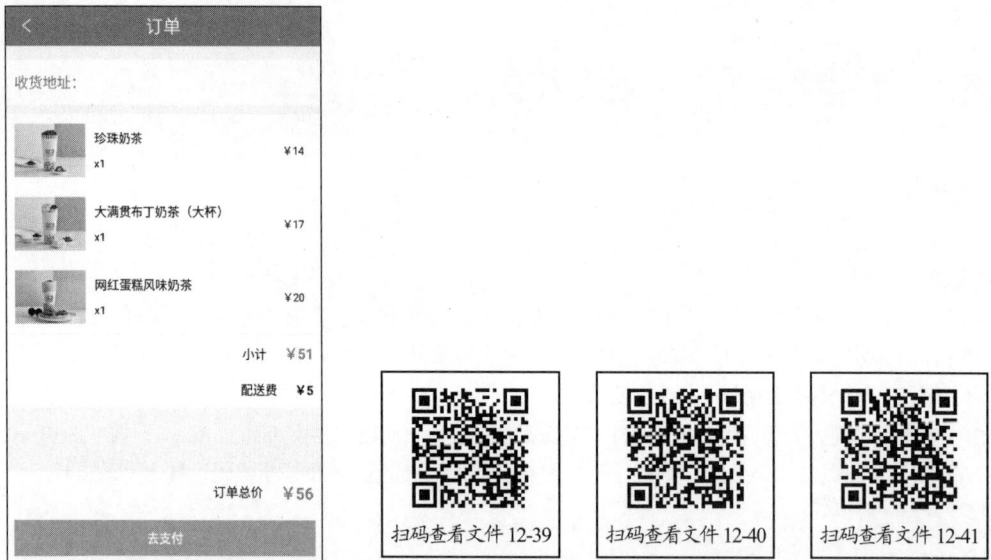

图12-19　订单界面

5. 创建背景选择器

订单界面的"去支付"按钮被按下与弹起时，界面背景会有明显的区别，这种效果可以通过背景选择器实现。首先选中 drawable 文件夹，单击鼠标右键并选择【New】→【Drawable resource file】选项，创建一个背景选择器 payment_bg_selector.xml，在该背景选择器中，根据"去支付"按钮被按下和弹起的状态来切换它的背景颜色。当按钮被按下时背景显示灰色（account_selected_color），当按钮弹起时背景显示橙色（account_color），具体代码如文件 12–42 所示。

【文件 12-42】　payment_bg_selector.xml

```
1  <?xml version="1.0" encoding="utf-8"?>
2  <selector xmlns:android="http://schemas.android.com/apk/res/android">
3      <item android:drawable="@color/account_selected_color" android:
4                                                  state_pressed="true"/>
5      <item android:drawable="@color/account_color"/>
6  </selector>
```

6. 修改 colors.xml 文件

由于订单界面的背景颜色为浅灰色，"去支付"按钮弹起时背景显示橙色，所以需要在 res/values 文件夹的 colors.xml 文件中添加橙色颜色值，具体代码如下：

```
<color name="account_selected_color">#BDBDBD</color>
<color name="type_gray">#f8f8f8</color>
```

12.7.2　搭建订单列表条目界面布局

由于订单界面中使用 ListView 控件展示订单列表信息，所以需要创建一个该列表的条目界面。在条目界面中需要展示菜品的名称、数量及总价信息。订单列表条目界面如图 12-20 所示。

图12-20　订单列表条目界面

搭建订单列表条目界面布局的具体步骤如下。

1. 创建订单列表条目界面的布局文件

在 res/layout 文件夹中，创建一个布局文件 order_item.xml。

2. 放置界面控件

在 order_item.xml 布局文件中，放置 1 个 ImageView 控件用于显示菜品的图片；放置 3 个 TextView 控件分别用于显示菜品的名称、数量及总价。完整布局代码详见文件 12–43。

12.7.3 搭建支付界面布局

当点击订单界面的"去支付"按钮时，程序会弹出支付界面，该界面是一个对话框的样式，该界面上显示一个文本信息和一个二维码图片。支付界面如图 12–21 所示。

搭建支付界面布局的具体步骤如下。

1. 创建支付界面的布局文件

在 res/layout 文件夹中，创建一个布局文件 qr_code.xml。

2. 导入界面图片

将支付界面所需图片 qr_code.png 导入 drawable–hdpi 文件夹中。

3. 放置界面控件

在布局文件中，放置 1 个 TextView 控件用于显示对话框上的文本信息；放置 1 个 ImageView 控件用于显示二维码图片。完整布局代码详见文件 12–44。

图12-21 支付界面

12.7.4 编写订单列表的数据适配器

订单界面的订单列表信息是用 ListView 控件展示的，所以需要创建一个数据适配器 OrderAdapter 对 ListView 控件进行数据适配。编写订单列表的数据适配器的具体步骤如下。

1. 创建订单列表的数据适配器 OrderAdapter

在 cn.itcast.order.adapter 包中，创建一个数据适配器 OrderAdapter，并在该数据适配器中重写 getCount() 方法、getItem() 方法、getItemId() 方法和 getView() 方法。

2. 创建 ViewHolder 类

在 OrderAdapter 中创建一个 ViewHolder 类，该类主要用于创建订单列表条目上的控件对象，当订单列表快速滑动时，该类可以快速为界面控件设置值，而不必每次都重新创建很多控件对象，这样可以提高程序的性能，具体代码如文件 12-45 所示。

【文件 12-45】   OrderAdapter.java

```
1   package cn.itcast.order.adapter;
2   ......//省略导入包
3   public class OrderAdapter extends BaseAdapter {
4       private Context mContext;
5       private List<FoodBean> fbl;
6       public OrderAdapter(Context context) {
7           this.mContext = context;
8       }
9       /**
10       * 设置数据更新界面
11       */
12      public void setData(List<FoodBean> fbl) {
13          this.fbl = fbl;
14          notifyDataSetChanged();
15      }
16      /**
17       * 获取条目的总数
18       */
19      @Override
20      public int getCount() {
21          return fbl == null ? 0 : fbl.size();
22      }
23      /**
24       * 根据 position 得到对应的条目对象
25       */
26      @Override
27      public FoodBean getItem(int position) {
28          return fbl == null ? null : fbl.get(position);
29      }
30      /**
31       * 根据 position 得到对应的条目 id
32       */
33      @Override
34      public long getItemId(int position) {
35          return position;
36      }
37      /**
38       * 得到 position 对应的条目视图，position 是当前条目的位置,
39       * convertView 参数是滚出屏幕的条目的视图
40       */
41      @Override
42      public View getView(final int position, View convertView, ViewGroup parent) {
43          final ViewHolder vh;
44          //复用 convertView
45          if (convertView == null) {
46              vh = new ViewHolder();
47              convertView = LayoutInflater.from(mContext).inflate(R.layout.order_item,
48                                                              null);
49              vh.tv_food_name = convertView.findViewById(R.id.tv_food_name);
50              vh.tv_count = convertView.findViewById(R.id.tv_count);
51              vh.tv_money = convertView.findViewById(R.id.tv_money);
52              vh.iv_food_pic = convertView.findViewById(R.id.iv_food_pic);
53              convertView.setTag(vh);
54          } else {
55              vh = (ViewHolder) convertView.getTag();
56          }
57          //获取 position 对应的条目数据对象
58          final FoodBean bean = getItem(position);
59          if (bean != null) {
60              vh.tv_food_name.setText(bean.getFoodName());
61              vh.tv_count.setText("x"+bean.getCount());
```

```
62              vh.tv_money.setText("¥"+bean.getPrice().multiply(BigDecimal.valueOf(
63                                                       bean.getCount())));
64           Glide.with(mContext)
65                   .load(bean.getFoodPic())
66                   .error(R.mipmap.ic_launcher)
67                   .into(vh.iv_food_pic);
68        }
69        return convertView;
70    }
71    class ViewHolder {
72        public TextView tv_food_name, tv_count, tv_money;
73        public ImageView iv_food_pic;
74    }
75 }
```

12.7.5 实现订单显示与支付功能

订单界面的数据是从店铺详情界面传递过来的。订单界面的逻辑代码相对比较简单，主要是获取传递过来的数据，并将数据显示到界面上。实现订单显示与支付功能的具体步骤如下。

1. 获取界面控件

在 OrderActivity 中创建界面控件的初始化方法 init()，该方法用于获取订单界面所要用到的控件并实现返回键与"去支付"按钮的点击事件。

2. 设置界面数据

在 OrderActivity 中创建一个 setData()方法，该方法用于将数据设置到订单界面的控件上，具体代码如文件 12-46 所示。

【文件 12-46】 OrderActivity.java

```
1  package cn.itcast.order.activity;
2  ......//省略导入包
3  public class OrderActivity extends AppCompatActivity {
4      private ListView lv_order;
5      private OrderAdapter adapter;
6      private List<FoodBean> carFoodList;
7      private TextView tv_title, tv_back,tv_distribution_cost,tv_total_cost,
8                                              tv_cost,tv_payment;
9      private RelativeLayout rl_title_bar;
10     private BigDecimal money,distributionCost;
11     @Override
12     protected void onCreate(Bundle savedInstanceState) {
13         super.onCreate(savedInstanceState);
14         setContentView(R.layout.activity_order);
15         //获取购物车中的数据
16         carFoodList= (List<FoodBean>) getIntent().getSerializableExtra("carFoodList");
17          //获取购物车中菜品的总价
18         money=new BigDecimal(getIntent().getStringExtra("totalMoney"));
19         //获取店铺的配送费
20         distributionCost=new BigDecimal(getIntent().getStringExtra(
21                                              "distributionCost"));
22         initView();
23         setData();
24     }
25     /**
26      * 初始化界面控件
27      */
28     private void initView(){
29         tv_title = findViewById(R.id.tv_title);
30         tv_title.setText("订单");
31         rl_title_bar = findViewById(R.id.title_bar);
32         rl_title_bar.setBackgroundColor(getResources().getColor(R.color.
33                                              blue_color));
34         tv_back = findViewById(R.id.tv_back);
```

```
35        lv_order= findViewById(R.id.lv_order);
36        tv_distribution_cost = findViewById(R.id.tv_distribution_cost);
37        tv_total_cost = findViewById(R.id.tv_total_cost);
38        tv_cost = findViewById(R.id.tv_cost);
39        tv_payment = findViewById(R.id.tv_payment);
40        // 返回键的点击事件
41        tv_back.setOnClickListener(new View.OnClickListener() {
42            @Override
43            public void onClick(View v) {
44                finish();
45            }
46        });
47        tv_payment.setOnClickListener(new View.OnClickListener() {
48            @Override
49            public void onClick(View view) { // "去支付"按钮的点击事件
50                Dialog dialog = new Dialog(OrderActivity.this, R.style.
51                                                    Dialog_Style);
52                dialog.setContentView(R.layout.qr_code);
53                dialog.show();
54            }
55        });
56    }
57    /**
58     * 设置界面数据
59     */
60    private void setData() {
61        adapter=new OrderAdapter(this);
62        lv_order.setAdapter(adapter);
63        adapter.setData(carFoodList);
64        tv_cost.setText("￥"+money);
65        tv_distribution_cost.setText("￥"+distributionCost);
66        tv_total_cost.setText("￥"+(money.add(distributionCost)));
67    }
68 }
```

在上述代码中，第16行、第18行、第20行代码分别通过getSerializableExtra()方法、getStringExtra()方法获取从店铺详情界面传递过来的购物车中菜品的数据集合、购物车中菜品的总价及店铺的配送费信息。

第47～55行代码实现了"去支付"按钮的点击事件。在onClick()方法中首先通过构造函数Dialog()创建一个Dialog（对话框）对象，然后调用该对象的setContentView()方法加载Dialog对话框的布局文件，最后通过调用show()方法显示对话框。

3. 修改 ShopDetailActivity.java 文件

由于点击店铺详情界面的"去结算"按钮时，会跳转到订单界面，所以需要找到ShopDetailActivity中的onClick()方法，在该方法的注释"//跳转到订单界面"下方添加跳转到订单界面的逻辑代码，添加的具体代码如下：

```
if (totalCount > 0) {
    Intent intent = new Intent(ShopDetailActivity.this, OrderActivity.class);
    intent.putExtra("carFoodList", (Serializable) carFoodList);
    intent.putExtra("totalMoney", totalMoney + "");
    intent.putExtra("distributionCost", bean.getDistributionCost() + "");
    startActivity(intent);
}
```

12.8　本章小结

本章主要开发了一个仿美团外卖的项目，该项目主要包括店铺列表、店铺详情、菜品详情、订单等界面。在本项目的实现过程中用到了异步线程访问网络、Tomcat服务器、Handler消息机制、JSON数据解析等知识点，这些知识点在实际开发项目中是必须要使用的，因此希望读者认真分析每个界面的逻辑流程，并按照步骤完成项目。